科技部"全国优秀科普作品"

A Pictorial History
of Materials

材料图传

关于材料发展史的对话

郝士明 编著

化学工业出版社

·北京·

本书是我国第一部全面介绍人类认识和开发材料历史的科普著作。在五十几万字的篇幅里，作者通过一半插图、一半对话的形式，介绍了上下几千年、纵横数万里的人类开发材料的全景画面。该书有助于增进青年对材料的全面了解和研究兴趣，有助于启迪青年在材料发展上的创新能力，进而为推动历史进步展示才华与智慧。本书的本传部分是内容核心，全面介绍了史前、古代、近代和现代文明等各时期里材料的发展，包括材料科学的形成；此外，在前传中简要介绍了与时空、考古及年代学有关的基础知识；还在后传中对未来二十年的材料发展做了展望。本书有如下三个特色：一是通过大量历史图片、照片和示意图，全面、简略地介绍了从旧石器、新石器时代开始，经过铜器、铁器时代，一直到现代材料的发展历程，使读者可获得参观材料历史博物馆的感觉；二是探究材料发展的历史过程，突出历史人物，明确历史年代，以弥补教科书的不足；三是探究材料进步的内在逻辑和相互关联，使读者把握材料发展的总体脉络和特定规律。

本书适合广大爱好科学技术的年轻人，特别是爱好材料科技的青年，也适合高等学校材料科学与工程等专业的学生阅读，并可供材料科技工作者参考。

图书在版编目（CIP）数据

材料图传——关于材料发展史的对话/郝士明编著．—北京：
化学工业出版社，2014.7（2023.9重印）
ISBN 978-7-122-20554-4

Ⅰ.① 材⋯ Ⅱ.① 郝⋯ Ⅲ.① 材料-工业史-普及读物
Ⅳ.①TB3-092

中国版本图书馆 CIP 数据核字（2014）第 095320 号

责任编辑：窦 臻 昝景岩　　　　　装帧设计：尹琳琳
责任校对：宋 玮

出版发行：化学工业出版社（北京市东城区青年湖南街 13 号　邮政编码 100011）
印　　刷：北京宝隆世纪印刷有限公司
787mm×1092mm　1/16　印张 22¾　字数 566 千字　2023 年 9 月北京第 1 版第 4 次印刷

购书咨询：010-64518888　　　　　　　售后服务：010-64518899
网　　址：http://www.cip.com.cn
凡购买本书，如有缺损质量问题，本社销售中心负责调换。

定　　价：99.00 元　　　　　　　　　　　　　　版权所有　违者必究

序

　　材料是人类文明的三大支柱之一,研究材料发展过程的历史是人们了解社会进步,提高科技素质,增进创新能力的一个必要环节。但是,全面地介绍材料发展历史的书籍是非常少见的,这不能不说是一个缺憾。我认真分析一下,出现这种现象并不奇怪。无论以什么形式介绍材料方面的历史,都需要作者有较高的学术素养,对材料整体要有全面、深入的把握能力。即使是多年从事材料研究经验丰富的资深专家,也会感到自己只是对某个领域比较熟悉;很少有人会愿意离开自己的专长,去介绍并不熟悉的领域。因为材料的历史渊源已久,种类很多,全面介绍会感到力不从心。如果一定要做,一般也会选择联合较多不同领域的同道,各自分担,共同负责。但这又绝非易事,也会有种种特殊困难和问题。我想也许正是由于这样的原因,才造成了缺少材料史方面著作的结果。

　　东北大学郝士明教授是我的一位老朋友。当我知道他要写这样一部作品时,曾问他为什么不多找几个人一起合作。他的回答是:人很难找啊!退休的同龄人不愿自讨苦吃,要颐养天年;年轻人要全力拼搏科研教学第一线,没时间干这种报不上账的工作。噢!这确实是一个实际问题啊。在我看来,本来是件很有意义的工作,却因为上面这些原因,难于有合适的人和合适的方式去完成。

　　我与郝士明教授相识于26年前。当时他从国外回来不久,刚担任材料系主任。我们经常在各种学术会议上相遇,共同评审科研项目,共同评审博士生、硕士生论文,还共同负责过化学工业出版社2004年版《材料科学与工程手册》的部分撰写与编辑工作。共同经历使我逐渐了解到,他是一位基础扎实、学风严谨、学术水平很高的教授。不仅对自己专长的相图计算领域有深入研究,成就显著;而且对于材料与冶金的全局性问题也有深刻的认识，是位具有广阔视野的科学家。更难能可贵的是：他对历史问题有特殊兴趣，对人文社会科学也颇有涉猎。在讨论各种问题时，他经常能发表独到的看法和发人深思的见解。如果他有写作材料史题材的打算，确实是最称职的人选之一。

郝士明教授的这部《材料图传》中，作者通过大量的历史图片、问题图解等，全面、简略地介绍了从史前的石器时代，经过铜器、铁器一直到现代材料的发展历程，还对未来20年的前景做了展望和分析，使读者能够获得如同参观材料历史博物馆的感觉。当然，由于上下五千年，纵横数万里，在五十几万字的篇幅里是不可能面面俱到，一一做出专家式的解答的。但是，我却看出，作者是尽其所能表达出了一个材料学者应有的深邃见识，清晰地给出了材料发展的总体脉络。

作为一位七十几岁的作者，郝老师能亲力亲为地检索、绘制出千幅以上的图片，工作量之大，令人钦佩。作者所撰写的解说文字也表现出很强功力，既有深入具体的分析，又有风趣幽默的评论。与通常的材料学读物的重要差别还有：该书注重人物与年代，这正是其他书籍所欠缺的。所以，该书虽然定位为青年科普读物，我却认为，对于材料科技人员也是很有参考价值的。

总之，我认为郝士明教授此书是一件特色突出的难得作品，我为他退休之后能不辞辛劳做此好事而深为感动。该书的问世，给年轻人提供了一部初入材料领域，学习材料与人类文明发展密切关系的读物，是年轻人的幸事，其实也是材料学界的幸事。以上介绍，是自己的初步感受，希望对各界不同类型读者了解此书特点能有所帮助。

胡北麒

中国科学院金属研究所研究员
中国工程院院士
2013 年 10 月

前言

本书是 2012 年中国科协科普部及教育部科技司，关于开展高校科普创作与传播试点活动工作的一部分，并受到了积极支持；东北大学科技处及辽宁省老教授协会也对此书的写作给予了关注与鼓励，谨在此表示衷心的谢意。

我一辈子从事材料学，"材料史"也是我这辈子的偏好，但是从来没有想过要写一本这样的书。因为我一直认为写作这类书籍绝非普通材料学教师、普通材料研究者能轻易胜任的。作者应该是如下几种特殊人物：从事材料史研究的专家、大师级学者、材料领域的领导者等。而我并不属于上述范围，充其量只能算有多年教学、科研经历的材料学教师。但是，中国科协和教育部的科普著作创作计划却激起了我的写作欲望。不过，这里还必须申明，我决没有认为科普著作可以降低要求的任何念头。恰恰相反，我认为科普著作的读者中，会包括判断力相对较弱的群体，低质量作品所产生的危害要远大于专业著作，进而误人子弟，贻害无穷。那么，为什么又说上述科普规划推进了我的写作欲望呢？这是因为：是它促使我下决心要做一次"科普自己"的尝试。

当了一辈子材料学教师，难免经常面对这样的问题："您是教材料的老师，那请问 ××× 是用什么材料制作的？"这时，我常会非常尴尬，有时甚至还没有提问的人知道得多。这时自己总要解释：材料种类太多了，我是教金属材料的；或者说：我是搞基础性研究的。虽然总算能够蒙混过关，但次数多了，也难免会遭遇困惑的眼神。所以，自己也对这种解释怀疑起来。现在材料领域固然很宽：金属、陶瓷、聚合物三大类型外加复合材料。要想尽知其详，确非易事。但是，以教学一生的经历，下功夫去领略一下材料整体面貌，可以不求甚解，但求不出乖谬，难道真的完全做不到吗？这是我产生要"科普自己"的最初心态。

后来，在退休前夕我接受了一门本科生入门课——"材料学导论"，任课教师可以自行确定教学内容，但不能与后续课程重复。我选择了以"材料与人类文明"为中心的内容，收集了较多素材，积累了图片资料，编制了 PPT 课件。其内容后来便成为本书的最初框架。退休后，厦门大学材料学院邀请我为本科生讲授内容相近的课程，使素材与资料获得进一步扩充和积累。见过课件的朋友或学生，一般都给以鼓励或表示欣赏，并提出很多宝贵意见：比如应当力求突出人物、年代和时间，尽量探讨材料发展的内在逻辑和规律性认识等。这些工作最终加强了我决心在"材料史"方面进一步"科普自己"的心理基础。所以，这本书实际上是一个材料学老教师，晚年以材料史为中心"再学习笔记"的另类形式。尽管我喜欢这个题材，学习也算认真，但毕竟不是自己的学术专长，所以我只能以一个爱好者心态与读者讨论，这也是文字部分选择了对话格式的原因之一。

无论对于想了解材料究竟为何物的年轻人，或是想从事材料学习、工作的有志者，还是已经在进行材料学研究和教学的业内人士，材料史无疑都是非常重要的。这个重要性不仅来源于材料与人类文明的关联，更来源于人们对于发展规律、进步方向、演变趋势的关心和追求。我相信，对于某一特殊材料领域有深入造诣、透彻了解固然是必不可少的目标；而对于材料全局的广泛涉猎、对历史问题的贯通学习，尽管不必都了解很深，这也是高水平材料学者应当具备的业务素养。因为这有可能成为创新性智慧的积极因素和重要源泉。

本书能够完成，得益于大量文献及网络图片资源。当然，在很多情况下，这也造成了对图片原作者无法确知的状态，以至于出现感谢无门、致谢无路的窘境。因为历史等原因，在展示为材料发展做出贡献人士的肖像时，也没能获得本人或权利人的允诺，确实有深深的歉意和遗憾。书中除了对于作者明确的艺术作品、出处明确的学术作品做了注释外，其余只能列出参考书目来弥补。因此，作者谨在此，对上述相关文献资料的原作者，一并致以崇高的敬意和衷心的谢忱。

最后说一下书名。之所以没有使用带"史"字的规范书名，是因为难以承担"正史"所包含的郑重色彩；另一原因也是中国古代史书本来就曾有过纪传体例。《史记》中不仅有人物列传，也有关于地方、产业的《朝鲜列传》《货殖列传》等。但是，还必须提到的一点是鲁迅先生的影响，他在为阿Q作传时，曾为书名颇费思忖，最后选择了小说家"闲话休提，言归正传"的"正传"；拙作虽然无法与先生的大作相提并论，但确实也想让书名给读者带来一丝轻松。这"传"字的真正出处，其实正在于此。

限于本人的学术水平，知识的宽度与深度，书中的差错、失误之处料所难免，除了敬祈读者诸君，海内外专家，提高警惕，审慎阅读之外，还望及时指出，不吝赐教，以期及时修正，以免贻误后人。

2013 年 12 月

作者谨识于

目 录

3 材料后传

开始……

1 材料前传

强子对撞大爆炸

人类使用材料的历史，与人类本身的历史一样长。而人类的历史到底有多长？这一点，连科学家们也是在很晚才弄清楚的。当时光前进到了18世纪，人们已经轰轰烈烈地搞起了产业革命的时候，科学家们仍然并不明确知道人类历史到底有多长。因为研究不足，以至于科学家们也只能相信《圣经》的"创世纪说"，认为人类历史大概只有6000多年。另外，在总体时空观上，科学家们也倾向于认为，时间和空间都是无限的，是客观的，是相互独立的，如同牛顿所认识的那样。因此，当我们要了解人类使用材料历史的时候，首先遇到的问题便是：人类到底已走过了多长时间？

还有一件有趣的事：人类使用材料的早期历史，可能还涉及一个很多人从来未曾细想过的问题。那就是，全球人类是在各自生存地逐渐演变出来的呢，还是都来自于同一个遥远的共同祖籍？这一点应该在最古老的工具及材料上留下痕迹。由于这些痕迹都极其古老，所以我们又必须知道：该怎样研究远古发生的事？怎样才能知道事情发生在什么时间？总括起来就是：必须对"过去时光"有个"科学了解"。

现在已经知道，时间并不能独立于空间之外。所谓"科学了解"，实际上就是建立一个"时空框架"，把所有历史——人类的历史、人类使用材料的历史全都装在里面。空间是很具体、很直观的，就是我们眼前的世界。早在2000多年以前的希腊人，就对它有了近乎正确的认识。在我们还相信天圆地方的时候，他们就已经知道了地球是圆的，是悬在空中的。到了16世纪，哥白尼则得到了更接近现代的认识。

相对于空间，时间却是一个流动着的无形感知。人们对它只有近期记忆：太阳周而复始的东升西落；月亮不断重复的盈亏圆缺；年复一年的寒来暑往等等。但是，到底一共过去了多少年？是几百？几千？几万？没有记录，也无法确知，其状况近乎望洋兴叹、束手无策，连头绪都没有。就是说，人类对时间和空间的认识实际上非常不对称。人类依靠天文学，特别是望远镜早已获得了关于空间的正确认识；在18世纪，就已经确认了远处于百万光年之外的河外星系；但是，望远镜对于时间的认识，却没有产生划时代的推进。相反，此时天文学家们更加偏向于空间、时间无限的观念。

所以，直到19世纪末，关于"过去时光"的一切都只是猜测，并没有确切的认识。直到1896年天然放射性同位素发现之后，人们才通过半衰期终于知道：地球的岩石居然有几亿年到几十亿年的历史，远远超出了过去的所有猜测。而只有科学地把握了过去时光的量化，才能正确认识人类的历史，也就是使用材料的历史。所以，我们需要先认识一个正确的"时空框架"，特别是懂得科学量化"过去时光"的方法。因此，在这个"材料前传"中，要先讲一些与材料本身并无直接关系的内容。

1.1　时空框架

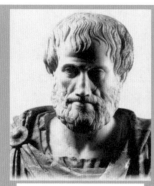

希腊　亚里士多德
（Aristotélés）
（BC 384—BC322）

希腊　托勒密
（C.Ptolemaeus）
（90—168）

　　2000多年前古希腊人的时空观很先进，他们已经知道地球是圆的，太阳、行星和恒星在不同层次上绕地球运行。

　　波兰天文学家哥白尼在1543年去世前夕，看到了他的太阳中心说巨著《天体运行论》的出版，时空观发生革命性变化。

托勒密的宇宙结构——本轮与均论

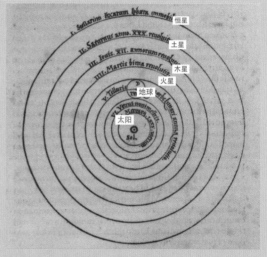

哥白尼的宇宙结构

波兰　哥白尼（N.Copernicus）
（1473—1543）

　　波兰天文学家尼古拉·哥白尼依靠精密的观测，提出了改变人类宇宙观的太阳中心说。
　　（现代油画）

1.1　时空框架

L：老师！我们不是只讨论材料的历史吗？有必要把话题扯得这么远吗？有必要从地球、太阳的事情谈起吗？我们为什么必须建立一个"时空框架"呢？

H：我认为这是很有必要的。因为历史需要一个正确的时空观。今天我们已经认为是常识的时空认知，其实形成的时间并不很长。即使从哥白尼发表《天体运行论》的1543年算起，还不到500年，假如从伽莫夫的宇宙大爆炸理论被证实算起，也就50年左右，越现代的理论也就越晚。著名的时空名著，霍金的《时间简史》也是一个重要的里程碑，发表于1988年，只有二十几年的历史。如果你翻开已经发生了产业革命的1779年伦敦书商辛迪加出版的《世界通史》，你会看到这样一段论述：**这个世界是公元前4004年秋分那天出现的，这项创世伟业的最精彩部分是：在距幼发拉底河畔巴士拉城以北，恰好两天路程的伊甸园里产生了人。**这是一部学术著作，作者之所以这样言之凿凿，一定是他完全相信《圣经》记事。如果是这样的时空框架，那怎能容纳下我们讨论的材料历史呢？

L：问题是我们已经有了正确的时空观，不会再犯那位圣经信徒的错误了。

H：并不会这样简单。时空观念实际上是在变化着，我们回顾一下不同民族时空观的变化就会懂得。古代许多民族都相信天圆地方，混沌初开的观念，比如中国、古巴比伦、古印度等。其实我国古代的天文观测也是很发达的，但是直到西方近代科学传入之前，还是一直承袭着这种古老的时空观念。这与中国古代观象台都是官办的，受到王权天授思想的束缚有关：天上地下，尊卑有别。古希腊的思想自由得多，所以很多"思想"方面的成就都出自古希腊。2000年前，亚里士多德就提出地球是圆的，而且处于宇宙的中心。他的思想被稍晚的托勒密继承，提出了宇宙的"地球中心说"。与亚里士多德几乎同时的阿里斯塔克甚至还提出过"太阳中心说"，但因相信的人太少，被淹没在亚里士多德和托勒密的光辉里。比亚里士多德更早的德谟克利特还提出了"原子"学说。但古希腊哲人们的思想是思辨的，是不讲证据的。他们是高傲的贵族，靠的是严密的思维，坚实的逻辑；不屑于像一个工匠一样去搜寻证据，如同后来的哥白尼、伽利略那样。

L：也许，思想方面的成果本来就是不需要证据的吧？

H：但是，托勒密就不一样了。他是天文学家和数学家，他一直在观测金星、火星、木星、土星等在天空的运行轨迹，为亚里士多德的观点寻找证据。他遇到的最大困难是火星的运动。因为火星有时距地球很近，有时又极远，要用运行轨迹证明火星是绕着地球转，而不是绕着太阳转，那是非常困难的。比遥远的木星，或离太阳很近的金星等其他行星都要困难得多。为此，托勒密煞费苦心，设计了本轮、均轮，却无论如何也难以精确解释火星的运行轨迹。假如用这些观测结果来说明行星不是绕着地球，而是绕着太阳转，那就会立刻豁然开朗。

L：**哥白尼是靠证据推翻了托勒密的"地球中心说"的吗？**

H：是的！哥白尼还是医生，善于观察，重视证据。它采用的工具与托勒密相同，都是量角器。对火星运行轨迹做了多年精密观测研究，当然也包括其他行星的轨迹。结果发现，托勒密设计的均轮是多余的，只要把回转中心由地球对调成太阳，一切都会迎刃而解。但是，这个结论为当时的意识形态所不容。很可笑，这里的尊卑与古代中国完全不同：地（球）必须是高贵的中心。哥白尼决心发表他的伟大证明！在去世前最后时刻，他终于看到了《天体运行论》的出版。

1.2 时空的拓展

天空的银河

南天人马座灿烂银河段是银河系的中心附近

英　威廉·赫歇耳（F.W.Herschel）
（1738—1822）

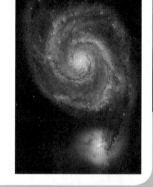

1780 年前后英国天文学家威廉·赫歇耳用他自己设计、制造的直径 1 米的大型金属反射望远镜，在全天发现了 3000 多个银河系以外的星系，把人类的视野拓展到几百万光年之外。

M51 河外星系

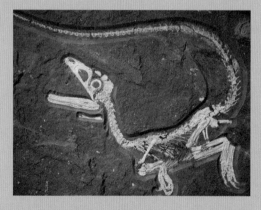

恐龙化石，约 1.5 亿年前（同位素半衰期测定）

亨利·贝克莱尔是该家族第四代物理学家。1896 年贝克莱尔发现铀的天然放射性，并测得半衰期，获 1903 年度诺贝尔物理奖。

法　亨利·贝克莱尔（H. Becquerel）
（1852—1908）

　　1700 年代人类还不知道眼前的世界已经存在了多久，但是在这时期开始的地质学给出了一系列不断加长的答案。1760 年意大利科学家阿尔杜伊提出三纪论，地球历史超过千万年；1812 年法国科学家居维叶的化石答案更长。直到 1896 年贝克莱尔发现铀 238 的天然放射性半衰期为 45 亿年，从此解决了岩石年龄的定量测定，可长达数十亿年。

1.2　时空的拓展

L：哥白尼伟大的"太阳中心说"被誉为近代科学的起点。是啊，有了哥白尼才有了后来的伽利略和牛顿。可是后来也证明，太阳并不是宇宙的中心啊。

H：是的。近代天文学因哥白尼而兴起，也因证明了哥白尼的局限而成熟。到了1760年前后，德国哲学家康德等提出：天空中的所有恒星和银河一起构成了一个巨大无比的恒星系统，可以叫做银河系。太阳不过是其中的一颗恒星，位置也不是银河系的中心。到了1780年前后，英国天文学家威廉·赫歇耳和他的妹妹卡洛琳·赫歇耳在全天找到了3000多个像银河系一样的河外星系，证明了银河系也不过是其中普通的一个。至此，空间构架已经发生了彻底的改变。

L：那么时间构架呢？难道我们应该承认"昨天"只有短短的6000多年吗？是在什么时候，有了对"过去时光"的正确认识呢？

H：这个过程要比对空间的认识过程缓慢得多，也艰难得多。因为"时间"只是一种流动感受，只能有短期记忆。比如，太阳的朝升夕沉，月亮的盈亏圆缺，星空的四时流转。但更长的时间却很难有明确的记忆和记录。比如，几十年、几百年、几千年。在赫歇耳的时代，天文学还没有提出时间的线索和证据。无限时间、无限空间的观念可能更容易被接受。不过，证据其实是有的，不过，不是在天上，而是在地下。与赫歇耳几乎同时，地质学也开始形成了。人们开始研究地上的岩石和化石。无数观察表明，有两方面的结果十分发人深思：一是分层岩石的扭曲、变形等现象绝不是几千年时间能变化出来的；另一个是不同物种的化石保存了一种信息：越是下面的地层，所出现生物就越原始。但是，对这些现象究竟需要多长时间才能形成的准确认识，却是极缓慢的。1779年布丰曾经用灼热铁球的冷却时间来推算地球的年龄，结果比圣经描述长10倍，是6万年。后来估算的时间一再被加长：几十万年、几百万年、几千万年。一直到20世纪初，人们终于有了准确测定地质年代的方法：用岩石中天然放射物半衰期来测定其年龄。结果是，最古老的岩石年龄为45亿年，陨石年龄在46亿~47亿年之间。

L：啊！终于明白了。地球的"昨天"被延长了100万倍。这年龄靠谱吗？

H：不是新测得的地球"昨天"是否靠谱，这是科学实验的结果，而是创世的6000年的说法太不靠谱了。整个18世纪地质学研究都是在与《圣经》信徒们进行激烈斗争中度过的，当时他们站在意识形态的有利位置，对地质学的诞生进行了强烈的干扰和阻挠。人们后来还一直在关注着天体演化、宇宙起源的时间长度，应该说各方面的时间最终是比较接近的。如果宇宙大爆炸真的发生过，根据3K背景辐射估算，应该发生在150亿年前，地球是在大爆炸之后的最后1/3时间内诞生的。或者说，大爆炸的时间在数量级上，与地球岩石年龄的测定是相互符合的。

L：那么，地球的历史到底应当是多长时间呢？

H：是啊。综合各方面的认识，一般把地球的年龄确定为50亿年！

L：啊！是这样长！人类的文明史真的不过是短暂的一瞬间了。

H：是啊！后来人们经常形象地设想一个"简约时钟"：把地球的年龄比作一天的24小时。在第23小时中恐龙出现又灭绝。第23小时40分才出现哺乳动物；人类的形成发生在最后1分钟；在最后1秒钟时，人类还处于旧石器时代的晚期。新石器时代是最后0.2秒钟的事，就更不要说古埃及、古巴比伦、古印度和中国夏商周的古代文明历史了。可以感到，一个时空框架对分析历史是非常必要的！

1.3 地球与生命

代	纪	世	主要生物演化 距今年代（百万年）
新生代	第四纪	全新世 —0.01 更新世	人类时代　现代植物 ——2.4——
	第三纪	上新世—5.3 中新世—23 渐新世—36.5 始新世—53 古新世	哺乳类　被子植物 ——65——
中生代	白垩纪 —135 侏罗纪 —205 三叠纪		爬行动物　裸子植物 ——250——
古生代	二叠纪 —290 石炭纪 —355 泥盆纪 —410 志留纪		两栖动物 蕨类 鱼类 438 裸蕨
	奥陶纪 —510 寒武纪		无脊椎动物 ——570——
元古代	震旦纪 —800		古老菌藻类 2500
太古代			——4000—— 行星形成初期 5000

地球已经存在了 50 亿年，它的表面环境决定了上面的生命。

志留纪的鲎 (hòu) 至今犹存，4亿多年丝毫没变。

侏罗纪的恐龙 2 亿年前称霸全球，7000 万年以前突然灭绝，留下了千古难解之谜。

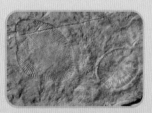

寒武纪生命大爆发　无脊椎动物纷纷涌现。寒武纪中期陆上已有昆虫的前身——节肢动物。种类已达2万多种。

震旦纪的狄根孙水母化石，早于寒武纪生命大爆发的多细胞生命。

1.3 地球与生命

L：终于可以谈到地球本身了，这是我们可爱的家园。

H：可是最初几亿年的地球不但不是人类的家园，也不是生命的家园。46亿年以前的地球是炽热的一团：表面逐渐凝固，火山遍地，岩浆横流。谁也想不到今天这里会高楼林立，绿树成荫。是啊，由谁来想象呢？当然不是由上帝，而只能由现在的我们来想象，这就是要写此篇的原因。我们虽然是谈论材料史，仍必须把环境史也放进来，这就是时空框架的具体内容啊。这里给出的地质年代表，正是地球形成后的演变史，使用材料的人类是这个演变的最后部分。

L：如果真的从头说，是不是该从生命诞生之日谈起啊？

H：是啊。据说由于地球公转和自转周期的匹配得当，为生命的形成奠定了最初的可能性。就是说，如果地球像水星那样，自转周期与公转周期是一样长的，那么地球上压根不会出现生命，就不要说产生动物和人类了。随着地球表面不断冷却和氢氧等各类原子的化合，地球表面开始出现了水，并逐渐汇集得越来越多。大约在39亿年前，经过了10多亿年的汇集，地球上出现了原始的海洋。这时可能还有了浓密的氢气、氨气、甲烷和水蒸气等构成的原始大气，于是，在雷电的作用下，可以在近乎完全淡水的原始海洋中产生了大量的有机质，如氨基酸、核苷酸等。据分析，这些有机质中的一部分也有可能来自于太阳系内的彗星，甚至就是近年发现的碳60，这是生命起源各种观点中的一种。在太阳、地球的其他物理、化学作用下，一些有机质出现了肽键并进而形成蛋白质。在随后的几亿年中，这些蛋白质越来越复杂，终于在34亿年前，生命形态的物质开始出现了。

L：您是说，生物并没有出现，产生的仅仅是复杂的蛋白质，是吗？

H：是的！从距今34亿年前到18亿年前这漫长的16亿年中，不知道都发生了什么，但有一点可以肯定，原始细胞在不断进化，细胞核、细胞器在逐渐分化。从8亿年前进入震旦纪起，地球开始进入藻类生物时代。到距今6亿年前，终于迎来了著名的"寒武大爆发"。这种绝大多数无脊椎动物（节肢动物、软体动物、腕足动物和环节动物等）在几百万年的"短时期"内"突然"出现的现象，被古生物学家称作"寒武纪生命大爆发"，几百万年只相当于"简约时钟"的1分钟。而在寒武纪前更古老的地层中，却从来没有发现过任何最简单的动物化石。

L：如果不算藻类，原来地球近50亿年的漫长历史中，有近90%的时间是无生物的。多么荒漠、多么沉寂的世界啊，有点像今天的火星吧？

H：是。其后近6亿年的生物史中，无脊椎动物占2亿多年，其后出现鱼类；再过1亿5000万年出现两栖类；又过1亿多年出现爬行类，体型最大的动物恐龙在横行2亿年后于7000万年前突然灭绝；爬行类衰败后，地质新生代开始，从此哺乳动物成了地球上的霸主。从240万年前的新生代第四纪开始，人类出现。

L：终于说到人类了。那么，这6亿年中包括恐龙这样的庞然大物在内，很多动物都已经灭绝了。还有没有比恐龙更早的物种一直存留在到现在的呢？

H：可以说有，但严格说又极其稀少。只有极少数的如鲎、腔棘鱼一类被称作活化石的生物至今依然生活在地球上。腔棘鱼曾一度认为早在8000万年前已经灭绝，后来1938年却在南非发现了活着的腔棘鱼。再如鲨鱼，也属于经过数亿年，并没有发生太大变化的物种。但绝大多数曾出现过的物种，99%以上已经灭绝，只能以遗骸、脚印或其他类型的化石遗迹告诉我们，它们曾在地球上生存过。

1.4　第四纪冰川

北半球第四纪冰川是与人类形成过程相伴，关系最密切的古气候、地质事件。虽重点在欧美，但在我国也留下了大量遗迹，如：冰臼、冰川擦痕、山顶冰漂砾等。

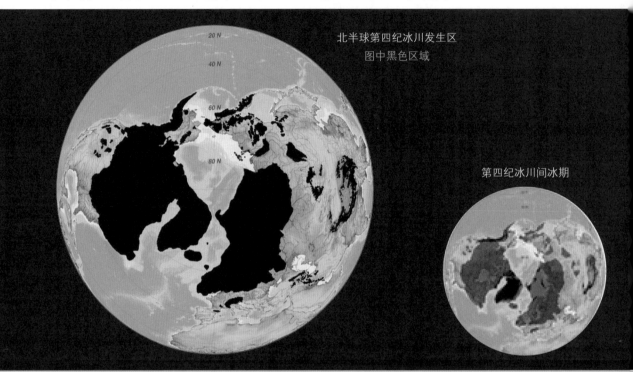

北半球第四纪冰川发生区
图中黑色区域

第四纪冰川间冰期

冰臼

冰川湖

冰漂砾

冰臼沟

冰川石林

1.4 第四纪冰川

L：在旅游时总听说第四纪冰川，看来是和地貌景色有关的。我们在谈论材料史时，怎么也能与这个话题扯上关系呢？另外从地质年代表上看，只有第三纪和第四纪，为什么没有第一纪和第二纪呢？能先来解释一下吗？

H：首先说一下为什么会没有第一纪和第二纪。前面曾说过，在18世纪开始地质学研究时，就在不断地推测地质年代的长度。开始把地质年代划分了三个纪，从最早到最近的顺序是：古生代为第一纪，中生代为第二纪，新生代为第三纪。到了19世纪，又根据法国地质特点改分为四个纪。地质总年数增加到了百万年的量级，后来发现地质早期的年数要更长得多，分期显出不合理，又重新确定了分期依据，划分了代、纪、世等层次。第三纪和第四纪合并为新生代，得到了沿用；而第一、第二两纪则改变为时间更长的古生代和中生代，"代"之下的"纪"增设了很多，接近现在地质年表的格局，已没法再用第一、第二纪命名了。到20世纪，应用放射性同位素半衰期才把各"代"、"纪"的时间都确定了下来。

L：看来，最初地质学家也受了《圣经》的影响，过低估计了地球的年龄了。

H：可能吧！至于说旅游常提到第四纪冰川，那不奇怪，冰川确实造就了大量奇观美景。可是我们讲第四纪冰川可不是为这个，而是要说明原始人类的生活环境和使用工具的关系；是为了明确气候发挥影响的时间，这正是时空框架的具体化。经地质学家研究，地球史上曾有三次大冰川，也称冰河期，即前寒武纪、石炭－二叠纪和第四纪。第四纪冰川与人类关系最为密切。冰川来时，地球年平均气温下降10~15℃，全球1/3大陆为冰雪覆盖，冰川面积达5200万平方公里，冰厚可达1000米，海平面下降130米。第四纪冰川又分4个亚冰期和3个间冰期。间冰期时，气候转暖，海平面上升，大地生机获得恢复。第四纪冰川遗迹很多，如冰臼、斯堪的纳维亚半岛峡湾，北欧、中欧、北美众多的冰碛残丘，阿尔卑斯山的U形谷和陡峭的山峰，法国和瑞士交界处巨大的冰漂砾等。

L：是什么原因造成了第四纪冰川？对人类的形成有很大影响吗？

H：第四纪冰川实际是极地或高山地区沿地面运动的巨大冰体流。由雪线以上大量积雪造成的巨大压力引起，冰川从源头处得到大量的冰补给，而这些冰融化得又很慢，冰川本身就发育得又宽又深，往下运动到高温处，冰补给减少，冰川也越来越小，直到冰的融化量和上游补给量达到平衡为止，一般冰川端部呈舌状。冰川又分为大陆冰川和山岳冰川两类。第四纪时欧洲阿尔卑斯山岳冰川至少有5次扩张。而在我国，相应地出现了鄱阳、大姑、庐山与大理4个亚冰期。240万年前以来的第四纪冰川运动给地球气候和地貌造成了极大影响，生物物种大量灭绝，达到90%以上。也有一些物种形成。而人类正是在这个时期形成、发展的。研究早期古人类的活动及运动方向，必须了解第四纪冰川对古气候的影响。

L：原来如此，今后去旅游时又多了一个看点了。

H：上面说的仅是冰川运动的原因。根本原因是地球整体为什么会降温，关于这点，学说很多。其中之一是太阳率领众行星在宇宙中穿行，而宇宙中的暗物质密度是不同的。当进入了暗物质密度较大的空间时，太阳能到达地球的数量减少，就进入了冰川期；而走出暗物质密度大的空间时，就进入间冰期，或者进入温暖期。这个假说比较直观易懂，看！这里空间框架也在起作用了。

1.5　从猿到人

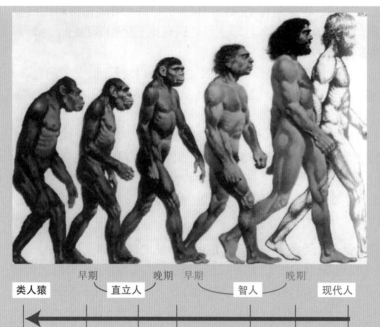

迄今发现的最早的猿类化石是距今 3000 万年前第三纪"渐新世"的埃及古猿，在非洲南方也发现过晚些时的古猿化石；在法国曾发现过距今 2000 万~500 万年前的森林古猿化石。腊玛古猿则发现于印度，距今 500 万~100 万年。最早的直立人化石发现于非洲，距今约 300 万年，其后的智人化石非、亚、欧各大洲均有。拉美最早的人类遗址只有约 3.3 万年前的晚期智人遗址。

	早期	晚期	早期		晚期	
类人猿	直立人			智人		现代人

| 500 | 300 | 50 | 20 | 5 | 1.2 | 距今万年 |

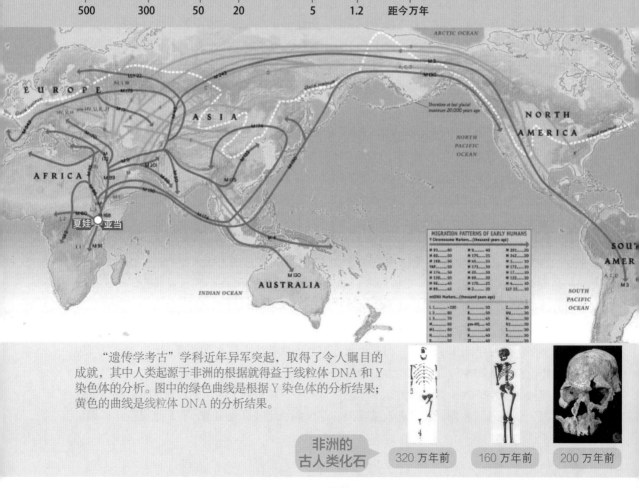

"遗传学考古"学科近年异军突起，取得了令人瞩目的成就，其中人类起源于非洲的根据就得益于线粒体 DNA 和 Y 染色体的分析。图中的绿色曲线是根据 Y 染色体的分析结果；黄色的曲线是线粒体 DNA 的分析结果。

非洲的古人类化石　→　320 万年前　160 万年前　200 万年前

1.5 从猿到人

L：说到从猿到人，想起了恩格斯的一本书也用过这个"书名"。

H：那是后人从恩格斯的手稿中整理出来的。他有个著名论断："劳动创造了人本身"，"没有一个猿曾制作过任何一把石刀"，至今还经常被引用。根据 19 世纪以来的考古学，这个过程可以简化为如下序列：类人猿—直立人—智人—现代人。所谓类人猿主要包括腊玛古猿和非洲南方古猿，其中南方古猿的纤细种在经过漫长的演变后，约在 300 万年前演化为人类，即直立人。以 50 万年前用火为标志分为早、晚两期，到距今 20 万年前为止是晚期直立人。再往后，进入智人阶段，即距今 20 万 ~1.2 万年期间。以 5 万年前为界，也分为早、晚两期。从 1.2 万年前的全新世开始成为现代人或称今人。这可以称作人类发展的主序列。此外，我们还可能见到有关人类进化过程中的各种名称，如能人、原人、古人、新人等，这些称呼都是人类学称谓，都可以在上面的主序列中找到适当的位置。比如，能人实际是早期直立人；原人是日语词汇，应该包括全部直立人，等等。

L：那么，人类最早是从哪里发源的？是单一源头，还是遍地开花呢？

H：这一点至今没有定论，古人类化石或遗址遍布亚、非、欧、美、澳各大洲二十几个国家的五六十个地点。但是，分布极不平均，90% 以上的早期人类化石都集中于非洲。关于人类起源问题有"一元论"、"多元论"两种观点，也可以简化成是"非洲说"和"非洲与亚洲说"在各执一词。

所谓"一元论"又有两个学说，一是"走出非洲说"，主张早期人类由南方古猿进化成直立人后，于 150 万年前曾走出非洲，成为各大洲的现代人的祖先；另一是"夏娃说"，主张是 20 万年前的一位非洲女性，称为"夏娃"，她的后代在 13 万年前走出非洲，扩散到世界各地，取代了各大洲的原生古人类，而成为现代黑、黄、白、棕各色人种的祖先。夏娃说得到了分子生物学、遗传学定量研究的有力支持，线粒体 DNA 只通过母系遗传，大有成为主流学说的态势。

L：难道全世界都有共同的外祖母？这太不可思议了。"多元论"怎么说？

H："多元论"认为，DNA 遗传学并没有成为仲裁者的权威性，化石才是直接的证据。他们主张非洲和东亚都是现代人类的发祥地，基本是各自独立的。主要根据是：（1）东亚和非洲都有丰富的类人猿化石，中国云南曾发现腊玛古猿和森林古猿化石；（2）东亚和非洲都有早期古人类化石，重庆的巫山人化石距今 200 万年左右。中国境内旧石器制作没有中断和突变，没有人种替代的迹象。另外，最近还兴起了一种"多地区进化融合说"，认为非洲人虽然可能三次走出非洲（190 万年前、80 万 ~40 万年前、15 万 ~8 万年前），但不是人种替代，而是融合。

L：我愿意认同"多元论"的观点，全世界都是一个祖先太不可思议啊。

H：但是，起源非洲说的化石根据也一直是比较充分的，既有距今 2000 万 ~1500 万年前的南方古猿化石，也有距今 320 万年的直立人化石，与古地质研究也比较吻合。目前主要问题仅仅是缺少"古猿"和"人属"之间的过渡类型的化石。起源亚洲说的化石根据也较多，尤其是云南禄丰有 1000 万年前的腊玛古猿化石，云南开远有 800 万年前的森林古猿化石，都是宝贵的证据。中国西南也具备从猿到人进化的古代地质与气候条件，包括第四季冰川情况等等。

L：还是融合两种观点吧。"一元论"的观点真的不太好接受啊。

1.6 考古学与考古学家

法 商博良
（J-F Champollion）
（1790—1832）

罗塞塔碑

法国学者商博良 1822 年天才地破译了拿破仑攻占埃及的战利品——罗塞塔碑，使已失传 1800 年的古埃及文字复活。

四大古代文明之一的两河流域巴比伦文明等，到 19 世纪已湮没无闻。除圣经中提及只言片语外，已从人们记忆中消失。英国学者罗林生 1837 年成功破译古波斯楔形文字，为破译西亚其他楔形文字奠定了基础。

英 罗林生（H.C. Rowlinson）
（1810—1895）

德 海因里希·谢里曼
(H. Schilemann)
（1822—1890）

1871 年德国学者海因里希·谢里曼在土耳其发掘特洛伊古城。首次全面运用地层学原则进行考古发掘，被称为近代考古学创始人。1874 ~ 1876 年谢里曼在希腊发掘迈锡尼文明。经过谢氏的发掘和研究，证明希腊古典时代之前，确有一系列灿烂的远古文化，从此揭开了欧洲古代史研究的新篇章。

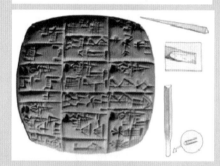

古波斯楔形文字

1915 年捷克学者贝德利齐·赫里兹尼首译赫梯的楔形文字，为解开西亚古代文明之谜做出贡献。

特洛伊古城时代（现代照片）

迈锡尼文明遗址

1.6　考古学与考古学家

L：研究历史特别是史前史，考古学太重要了。考古学是何时诞生的呢？

H：是啊，史前时代没有文字记载，全靠考古学。作为学问，考古学虽可追溯到久远的古代，但近代考古学却发源于欧洲，其后普及到各国。作为一门近代科学，它产生于 18 世纪中期到 19 世纪初。当时对岩石、化石和从各国劫掠来的宝物亟待研究出结果。考古学创造出一套完整、严密的方法。它包含史前考古学、历史考古学和田野考古学等分支，并与自然科学、技术科学的许多学科，以及人文社会科学的其他学科有密切关系。北宋以来的金石学是中国考古学前身，但直到 20 世纪 20 年代，以田野调查发掘工作为核心的近代考古学才在中国出现。

L：那么，初期和成熟期的代表性的研究结果都有哪些呢？

H：1748 年意大利人发掘了庞贝古城；1822 年法国天才学者商博良成功释读古埃及象形文字，开创了"埃及学"；1837 年英国学者罗林生成功释读古波斯楔形文字等。这些可以算初期的代表性成果。1842 年起法国在古代两河流域亚述、尼尼微遗址的发掘，1856 年对尼安德特人的发现，1853 年苏黎世新石器遗址的发现等把考古学引向成熟。1866 年第一届史前考古学国际会议召开，是考古学受到学术界普遍承认的标志，而标志考古学成熟的是旧石器时代的分期研究和最后确定，以及 1868 年法国对旧石器晚期克罗马农人的发现。1871 年德国科学家谢里曼发掘特洛伊古城，首次大规模运用了地层学方法，终于发现了城垣街道遗址，并发现战火焚烧痕迹，在墓葬中获得大量惊人的文物，有金质王冠、金银手镯、项链、酒杯、碗、盘等，从而印证了荷马史诗盛赞的特洛伊古城的富庶和王宫宝藏，使整个学术界为之震动。1874 年谢里曼又发掘了希腊迈锡尼文明，也取得了惊人的成果。谢里曼成为首批考古科学家中最有影响的代表人物。

L：这些研究的最大意义应该不只是挖到了金银财宝和发掘出各种文物吧？

H：当然不是。最大的意义我看有两点：一是证明，考古学可以给漫长的史前史、史前文明提供实物证明，甚至可以说考古是这类研究的唯一史料来源；二是为曾经的文明史起到了挽救和起死回生的重大作用。所谓古埃及、古巴比伦、古希腊的文明史虽然曾经灿烂辉煌；但是到了 19 世纪，这些文明已被淹没在地下，甚至已经从人们的记忆中消失。在古埃及、古巴比伦、古波斯等，固然仍然可以看到高大的遗迹，但居民早已变化，文字已近两千年无人能识，昔日的辉煌无从印证。再如赫梯王国，到 19 世纪时，已经几乎无人再记得，只有圣经中零星提起。这是人类历史上多么遗憾的事情啊！是考古学才使他们重见天日。

L：幸亏中华文明没有中断，可以不必等待这起死回生的考古学功夫了。

H：尽管没有中断，却完全不像你说的那样可以庆幸！中国历史上经常出现的是更加可怕的人为自我破坏。秦始皇的坑焚、楚霸王的火炬可远比尘土掩埋不知要严重多少倍。嬴政是有意识地要把不利于秦国的历史记述全部消灭，而只保留有利记述，致使先秦典籍消亡殆尽。不然，太史公司马迁何以对公元前 841 年以前的历史无法给出明确年代啊？留下五千年历史年代不清的千古之谜，让两千年后的子孙们去搞什么"夏商周断代工程"啊？其实，先秦典籍中是有很多关于中华早期文明的年代记载的。现在要获得夏商周的清晰断代，尚且需要考古，更不要说炎帝、黄帝和尧舜了。搞不清炎黄尧舜禹，何谈五千年的文明史啊？

1.7 安特生与中国史前史

仰韶文化
之彩陶

中国第一个新石器文化遗址
——仰韶文化遗址

1914 年安特生应中国政府邀请，来华担任寻找铁矿、煤矿的顾问，同年找到铁矿，受到袁总统夸奖。1916 年因战乱转向调查古人类遗址，在北京周口店附近发现古人类线索，出土大批化石，1926 年宣布发现古人类牙齿两颗，后被命名为"北京直立人"。

1918 年安特生在河南省渑池县仰韶村发掘古生物化石。1921 年认定这里有新石器时代人类遗存并进行系统开发，出土大量陶器、石器，遂成中国最早的新石器文化遗址，1923 年定名为"仰韶文化"。

瑞典 安特生（J.G. Andersson）
（1874—1960）

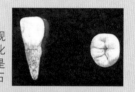

安特生发现的北京人牙齿化石已丢失，这是丁村人牙齿化石

中国 裴文中
（1904—1982）

1929 年考古学者裴文中在周口店遗址发掘出第一块完整的北京人头盖骨化石。

裴文中发现的北京人头盖骨化石已丢失，此为贾兰坡发现的北京人头盖骨化石。

夏鼐是新中国考古事业主要领导人。不断引入自然科学研究方法，对中国史前考古做出了全方位的巨大贡献。

中国 夏鼐
（1910—1985）

夏鼐参与认定的陨铁青铜钺（yuè）

中国 李济
（1896—1979）

1929 年初李济领导章丘城子崖等田野考古发掘，中国学者首次独立发现了龙山文化遗存。

龙山文化特色之黑陶文化

1.7 安特生与中国史前史

L：前面您也说中华文明没有中断过，那么中国的考古学是何时开始的呀？

H：中华文明没有中断，不等于说不需要考古学。中国虽是文明连续的古国，近代考古学却并非国产，而是一位外国人带入中国的。此人就是地质学家安特生。

L：安特生不是民国政府从瑞典聘请的农商部矿业顾问吗？听说当时还特地明确提出，不邀请列强诸国人物，而请中立国学者。他怎么又搞起考古来了？

H：他开始是搞"找矿"的，还在 1914 年发现了一个大型铁矿，并因此受到民国总统袁世凯接见，得以顺利续聘。但是 1916 年袁世凯倒台，地质考察因经费短缺而停滞，安特生只得把精力转向古生物化石收集和研究上来。他本来就是一位以探险闻名的学者，1901 年曾以瑞典南极考察团长的身份，奔赴南极，却因准备不足无功而返。他对考古也有极浓厚兴趣，而且田野考古需要丰富的地质知识，两者本没有明确界限。此后安特生最突出的成就是发现了周口店"北京人"。

L："北京人"不是裴文中发现的吗？与安特生有什么关系啊？

H："北京人"的第一个完整头盖骨化石确实是裴文中在 1929 年发现的。但是，周口店遗址是安特生早在 1918 年骑着毛驴赶去探究，并最后确立的。安特生还于 1921 年发现了一枚"北京人"牙齿化石，1926 年发现第 2 颗并获学术确认。这就已经是关于"北京人"的发现了。当时裴文中还在北京大学的地质系读书，当然不能不说"北京人"是安特生发现的。

L：这样说来，原来这位外国专家对我国考古学的贡献还是蛮大的。

H：安特生的贡献还远不止这些，有人称他为"仰韶文化之父"。这是我国现代田野考古的重要成果，1918 年发现的第一个新石器文化遗址，距今约 7000 年前，地处河南省渑池县仰韶村。此外，从 1918 年到 1925 年，他的足迹遍及大半个中国。先后发现了驰名中外的甘肃"齐家文化"、青海"马厂文化"、甘肃"马家窑文化"、辽宁"奉天沙锅屯遗址"等。"沙锅屯遗址"实际上就是红山文化啊。

L：那么，中国人自己发现、发掘的第一个史前遗址是哪里啊？在什么时间？

H：那应当是 1926 年，中国历史语言研究所考古组主任李济主持的山西夏县仰韶文化类型遗址的发掘，他成为第一位挖掘考古遗址的中国学者。1929 年初他又主持了山东省章丘城子崖遗址挖掘，这导致了后来龙山文化的发现。其实，早在 1924 年李济还曾领导了殷墟考古发掘，所以人们称李济为中国考古学科的创始人。龙山文化对于将中国的文明史追溯、衔接至五千年前，是最重要的考古遗址。

L：1949 年以后中央研究院历史语言研究所的许多人去了台湾，新中国成立后考古事业又有许多重大成就和发展。那么，代表性人物应该是谁啊？

H：做出重要贡献的人很多，可以说数不胜数啊。前面提到的裴文中就贡献很大。我想，如果就代表性人物而言，应该首推夏鼐吧！夏鼐 1935 年留学英国伦敦大学，获埃及考古学博士学位。1943 ～ 1949 年在中央研究院历史语言研究所任职，1949 年后留在大陆。他担任考古研究所领导的时间最长，主张以田野考古为基础，应用包括自然科学技术手段在内的各种方法，并结合古代文献，揭示史前及各历史时期文化遗存的内涵、特征、性质及其规律，对中国考古事业的发展居功至伟。特别值得一提的是，夏鼐在有关材料学的考古问题上也多有建树。我国的碳 14 测年工作就是夏鼐在极端困难的情况下，于 1965 年力主开展研究的。

1.8 碳14与测年技术

威拉德·利比的杰出成就是1949年他对宇宙辐射造成的天然同位素及年代学的研究成果，创造出第一具独特的计时工具——考古学时钟。1960年他因此获诺贝尔化学奖。利比推论，新诞生的放射性同位素碳14会很快氧化，变为二氧化碳参与大气循环。植物吸收了二氧化碳，碳14会寄存于植物体内。植物死亡后，寄存的碳14将按着放射性衰变规律随时间延长而减少。动物体中的碳14也服从这一规律。这样，碳14便可记录下从死亡到测量时所经历的时间。

碳14测年影响因素很多，排除误差需要矫正，通常采用长寿树木年轮矫正。用多个寿命重叠的树木接续起来，可达到断代和矫正的目的。

美 威拉德·利比（W.F. Libby）
（1908—1980）

多时代同类长寿树木年轮的接续

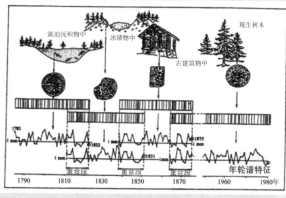

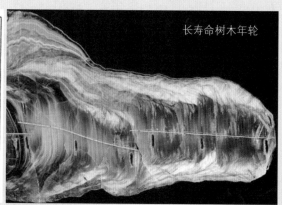

长寿命树木年轮

中美科学家利用古地磁技术证实，非洲古人在170万年前曾首次来到中国。

他们依靠岩石样品确定其形成时的地球磁场方向重新测定了元谋盆地"元谋人遗址"的年代。

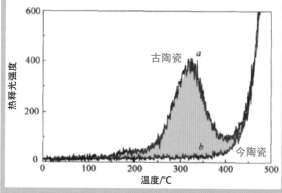

热释光是陶瓷受核辐射后积累能量的热释放现象，其强度与累积时间成正比。古陶瓷在烧制中，原始累积因烧制时的高温而全部释放，相当于"热释光时钟"回零。从烧成后重新积累，热释光时钟运行。测得的热释光强度与烧制成后的时间成正比。

1.8 碳14与测年技术

L：既然考古学是时空的学问，如何才能准确知道古代物事的具体时间呢？

H：这在考古学上称作年代学，是一个专门的领域，主要依靠自然科学方法。有下面几种：① 放射性铀测年法，适合亿年以上的断代；② 古地磁法，适合几万年以上的断代；③ 碳14测年法，适合2万年以下的断代；④ 热释光法；适合万年以内的断代；⑤ 树轮法，适合数千年的断代，而且可以成为碳14测年的校正方法。目前最热门的是"碳14测年法"，也写成^{14}C法。

L：为什么碳14测年法能成为最受欢迎的方法呢？它的基本原理是什么？

H：原来，宇宙射线能在大气中造成放射性同位素碳14，碳14与氧结合后成为二氧化碳，然后进入所有活体组织。先为植物吸收，后为动物纳入。只要植物或动物还生存着，它们就会通过呼吸与大气中的碳14含量维持着平衡，在机体内保持一定的数量。一旦有机体死亡，会立即停止呼吸，碳14含量不再能维持。生物机体组织内的碳14便以5730年的半衰期开始衰变，直至最终消失。所以对于已死亡的含碳有机质，只要测定剩下的放射性碳14的含量，就可以推断其死亡年代。这就是碳14测年法的原理。这种方法的优点是：标本存在量大，选取容易。草木骨骼，枯体贝壳，很容易寻找；另外半衰期合适，适于史前研究需要。缺点是同位素碳14浓度很低，需要极精密的分析技术。

L：史前历史时间这么长，大气中的碳14浓度能一直保持不变吗？这样测得的不同时期的碳14浓度能够具有可比性吗？

H：问得好！由于不同时期、不同地点的碳14浓度不可能完全一样，所以对实测碳14浓度与当时当地碳14浓度的比值要进行修正。一般是采用树轮修正法。树轮法的原理是：树木生长，春长秋停，在树干上形成年轮，年轮数即树龄。年轮的宽窄与气候密切相关，旱年较窄，雨水丰沛之年较宽。同一地区同种树木，在一段时间内的"年轮谱"极为相似。如果活树内层的一段年轮谱与死树外层年轮谱一致，就证明该死树与此活树有过共同生长期，能互相衔接。如果死树内层年轮谱，与更老死树的外层年轮谱一致，又可以继续衔接，依此类推。只要找到适当树种，可以一直衔接到史前时期，建立起本地区的主年轮谱序列，成为气候变化的编年史。同地区考古树样品的年轮谱，在与上述主年轮序列对照时，就可以定出考古树的准确年代。树轮法既可以独立断代，也可以用来校正碳14法。美国加利福尼亚用刺果松建立起来的主年轮序列，已上溯到1万年前左右。

L：考古用树也要选择吧？不同的地区也需要各自树种的主年轮序列吧？

H：正是。地区越接近，误差就越小。热释光法也与此类似，需要建立起本地区陶瓷材料的辐射能量也即"热释光量"的加热曲线与年代关系的数据库，这样才能根据热释光曲线确定样品的年代。古地磁法的原理是：地球的自转轴其实不是永远指向同一方向的，每隔25800年这个指向要旋转一周，称作"岁差"。地磁南北极因此旋转。所以远古地磁南北极与现在方向是不一样的，最大时相差46.8°。古岩石中含有磁性矿物，在冷凝或沉积中被地磁场磁化，记录下当时的地磁场方向和强度。时间越久这个差别越大。如果能把古遗址的磁极方向准确测定出来，便可以测出年代。如果地层不够久远，反倒难于测得很准确。总之，根据实际需要，来选定合适测年方法，最好能有两种以上方法的相互印证。

1.9　时空的另一端

1897 年英国科学家汤姆森发现电子，颠覆了 2000 年来德谟克利特提出的原子为基本粒子的地位，到卢瑟福与玻尔建立起又一个层次的"袖珍太阳系模型"，时空观念开始发生革命性变化。

英　约瑟夫·汤姆森（J.Thomson）
（1856—1940）

英　欧内斯特·卢瑟福（O.Rutherford）
（1871—1937）

丹麦　尼尔斯·玻尔（N.Bohr）
（1885—1962）

1888 年 12 月 29 日 I. 罗伯茨拍摄的仙女座大星云，由于距离我们约 250 万光年，所以 125 年来看不到任何变化。

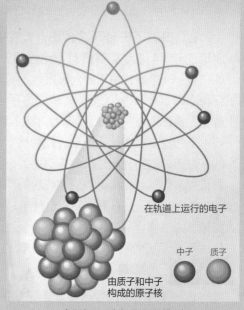

在轨道上运行的电子

中子　质子

由质子和中子
构成的原子核

卢瑟福－玻尔的原子模型

玻尔和爱因斯坦在讨论时空

当空间为小于原子的尺度量级时，比原子更小的电子的运动速度，也接近于另一与空间相适应的量级——光速，体现了时间与空间的联系，时间需用微秒、纳秒量度。还要体现空间、时间与物质的联系。爱因斯坦说：相对论之前，人们认为如果物质从宇宙中消失，剩下的将是空间和时间，而这是错误的。

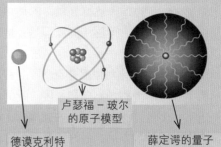

德谟克利特
的原子

卢瑟福－玻尔
的原子模型

薛定谔的量子
力学对原子的描述

1.9 时空的另一端

L：时空怎么会有另一端呢？这与前面提到的"时空框架"是个什么关系啊？

H：首先，这里说的时空仍然是时空框架的时空，这是没有问题的。至于什么是时空的"另一端"，确实有点杜撰的嫌疑，还是姑妄听之吧。这里说的是微观世界的时空观念问题。19世纪末的三项伟大发现：1895 年伦琴发现的 X 射线，1896 年贝克莱尔发现天然矿物的放射性，1897 年汤姆森发现电子，彻底颠覆了传统物理学。原子不可分，元素不可变的观念已经不再能成为研究物质的基础。

L：这些我也知道，可是这与时空观念有什么样的关系啊？

H：是这样。原子的观念最早见于 2000 年前希腊哲人德谟克利特的主张，这是物质的最小单元，有人形象地把原子比作"构筑物质的砖块"。"原子"的希腊文原意就是"不可(a)""分(tom)"的意思（atom），实际液态、固态物质的不可压缩性，支持了这种"砖块"思维。既然是最小的、不可分的砖块，这里就应当是空间的点，端点，所以可以称作是空间的"另一端"。汤姆森证明：原子不是物质的最小单元，是由进一步的细节构成的。1910 年以后，卢瑟福与玻尔建立起了原子结构的模型，这是一个类似于"太阳系"的模型。说它类似于太阳系，有三点内容相似，一是带负电的电子在不同的轨道上绕着带正电的原子核不停地旋转；二是原子核的质量接近于原子的全部，相当于太阳系中的太阳；三是原子核远小于原子，根据卢瑟福的测算，原子核的直径是原子的千分之一。你看：原子并不是"实心"的，这里仍然有空间，还不可以叫做空间的"另一端"吗？

L：您说这些，我也学过一点，但您的题目不是空间，而是时空的另一端啊！

H：是的，是时空。时间与空间在这里体现了相互联系。电子带负电，为什么不落到原子核上去啊？这与太阳系的行星不落到太阳上去的道理是一样的，行星在不停地运动，电子也在不停地运动。行星（如地球）运动周期以年为单位，而电子如果也以年为单位就不行了。电子的回转周期平均是 1.5×10^{-17} 秒。你看，当空间进入"另一端"时，时间不是也已进入另一端了吗？这正是我为什么在第一节就说了：不忙说"我们已经有了正确的时空观，不会再犯那位圣经信徒的错误了"。当我们的材料研究进入到纳米量级时，会重新遇到时空问题的。

L：原来您在这里等着我哪。不过，您说的是卢瑟福－玻尔模型啊，如果采用 1926年薛定谔等提出的量子力学模型，并没有"实心空心"的问题，电子全变成了电子云了，波函数了！这时该怎样认识时空的关系啊？

H：问得好！但这里的问题太深奥了，已经很难形象化思考，也不能用袖珍太阳系来说明，玻尔的能极跃迁等也很难用电子云来讨论，这里也许还要引入海森堡的不确定原理等。正因如此，当进入原子尺度时，必须知道"时空观"要彻底改变才行。这时我们还必须提到爱因斯坦，材料本传中也要多次提到他。他认为无论是在宏观世界，还是在微观世界，必须同时考虑空间、时间和质量三个要素。他认为这是过去从未真正了解的关系。爱因斯坦常常迫切感到需要用一种简单的、非专业性的方式来概括这一观点。因而有一次他说道，在他的"相对论"之前，人们总是认为如果物质从宇宙中消失，将留下空间和时间，但是根据相对论，这是错误的。爱因斯坦问，是否存在一个绝对的时间和空间标准，用以讨论物体的运动关系呢？答案是否定的。这一点在讨论微观世界里的运动时必须注意。

2 材料本传

新石器时期 山东泰安 大汶口文化 钩叶圆点彩陶钵 5300 年前

2.1 史前材料

人类起源的端绪极难判定，所以通常只概括地说人类历史有 200 多万年，而其中有历史记载的部分却最多只有五六千年。所以就时间而论，人类的历史几乎全部是史前史。由于人类是在使用材料、制造工具的过程中，不断进化、走向成熟的，所以，研究材料史是不能忽视史前史这部分的。这一过程极其漫长，演变极其缓慢。如果把史前史进一步分成旧石器时代和新石器时代，新石器时代也只有 1 万年左右，其余 99% 以上的时间都是旧石器时代。在最初 200 万年里，材料的进步很缓慢，发生的事件极稀少。

但是，前面提到的那个有趣问题正发生在这个时期，这就是：当今世界的黑白黄棕各色人种，是在目前的生存地各自产生、演变出来的？还是都来自非洲这个遥远的"共同故乡"？人类学家的基因学证据支持后者。而考古学家中的很多人却在致力于用石器演变的历史，来证明人类的起源也许应该是"多源的"，并非都发源于非洲。至少，亚洲也应该是一个源头。

工具是人类"爪与牙"的延伸，主要是用来战胜对手、获取食物、延续生命的。所以硬度经常是第一要义。因此，一开始就出现了石器。不过，柔韧的竹木，更柔软的天然纤维，人类也很早就发现了它们的重要功用。只是由于这些材料经受不住长久掩埋而很难保存下来，因而不容易引起人们的关注。发展到旧石器晚期，人类曾有过一个伟大的发明，这就是弓箭。在漫长的时间里，人类是在与各种动物争夺着生存空间。在弱肉强食的丛林法则的竞争中，人类之所以能够从各种动物中脱颖而出，并不是靠着力气最大，也不是靠爪牙最利，而是靠智慧利用材料不断创造工具；又是靠改进工具而不断增长智慧，并最终战胜了各类强大的动物。

弓箭是旧石器时代工具创造的高峰，也是材料运用的高峰。它使人类避免直接肉搏，远距离即可致对手于死命，是人类超越动物的能力增长，与科幻小说"超人"的智慧优势可相比拟。石簇、木箭杆、树胶、天然纤维弓弦、木竹弓体的材料综合应用，是晚期智人成为地球主人的标志性事件。

新石器时代约 1 万年，材料的进步比前 200 万年左右的总和还要大得多，规律和经验也更值得总结，当然这都是在这 200 万年历史基础上取得的。最重要的材料成就是陶器的发明，它是人类用火控火能力的延伸。陶器不仅大大改进了人类的生活质量，而且制陶业直接引出了冶铜业，甚至也是冶铁技术的源头。"陶冶"一词恰好记录了材料的进步历程。

由于早期人类的活动范围十分有限，材料使用经验的交流十分困难，所以全球各处材料进步过程差异极大。以至于到了 18、19 世纪，世界上仍有停留在新石器时代，甚至旧石器时代的民族。这种差异虽然为研究史前人类生活提供了宝贵现实样本，但更多的研究还是要依靠考古学方法，特别是各种断代、测年方法，以及 20 世纪晚期出现的分子考古学方法等。

2.1.1　漫长的蒙昧时代

　　旧石器时代也称蒙昧时代，包括直立人和智人两个阶段。直立人距今约200万～20万年前，又以用火的50万年前后分为早晚两期；而智人距今约20万～1.2万年前。我国已发现的早期旧石器遗址属于早期直立人的较少，多为晚期直立人或智人时期的遗址。

坦桑尼亚175万年前的奥杜韦文化石器

非洲的初期、早期旧石器

肯尼亚的176万年前的阿舍利手斧

　　奥杜韦文化因发现于坦桑尼亚的奥杜韦峡谷而得名。20世纪60年代系统发掘。典型器物是砾石砍斫（zhuó）器，以及多面体石器、石球等。发现狩猎、屠兽遗址。还发现石块堆成的窝棚式建筑基址，距今175万年。奥杜韦文化是迄今世界上最早的旧石器文化之一。

　　阿舍利文化是非洲、西欧、西亚等地旧石器时代早期文化，因最早发现于法国的圣阿舍利得名，其石器以手斧为主要特征，是阿舍利文化的典型器物。

元谋人

元谋人牙齿　　　　元谋人的石器

　　元谋人牙齿化石是1965年在云南元谋县上那蚌村发现的，根据古地磁学方法测定，生活年代约为170万年前，是中国境内的最早人类遗址。但年代尚有争议，有学者认为：可能不超过73万年前。已确定是成年人牙齿，还发现一些粗糙打制石器。后又发现大量炭屑、小块烧骨。表明元谋人已能够制造工具，通过狩猎等获取食物，而且已懂得用火。

元谋人生活环境的今天

蓝田人

蓝田人头盖骨　　　蓝田人下颌骨

蓝田人遗址石器　　蓝田人遗址石球

　　蓝田人属于早期直立人，距今80万～70万年，属旧石器时代早期。1963～1964年发现于陕西蓝田。蓝田人脑容量较小，约为780毫升，石器遗存较少，表明蓝田人还比较原始。

北京人

尖状器　　　　　砍斫器

北京人在打制石器

　　距今约50万年的北京人，属晚期直立人，但属于旧石器时代早期，在河滩、山坡上挑选石英、燧石、砂岩，采取石击法打制出刮削器、尖状器和砍斫器等工具，用于肢解猎物、削制木矛等。

2.1.1　漫长的蒙昧时代

L：老师！我们现在正式谈论材料史了。那么什么是蒙昧时代啊？

H：美国民族学家摩尔根（L.H. Morgan）的《古代社会》是一部具体描述史前社会生活的名著。根据该书的分期，蒙昧时代相当于旧石器时代，长达200万年左右；野蛮时代相当于新石器时代，全球各地差别很大，一般约为1万年；文明时代就是有文字记载的历史时期，各地区也有很大差别，约5000年，加起来就是全部人类历史。旧石器时代又分成初、早、中、晚4个时期。每个时期的年数是100万、80万、15万、5万年。我还是真有一点感慨：从非洲的初、早期旧石器制作水平来看，确实比其他地区先民高出很多啊！

L：您是通过怎样的比较，得出了这样的结论或者说印象的呢？

H：旧石器的早期技术主要看"手斧"，就像新石器看"石斧"一样。"斧子"实在是最重要的万能型工具，即使在观察现代木匠师傅的手艺时，也是如此。有道是："手艺高不高，斧子功夫瞧。"所以阿舍利文化的代表性器物是手斧，170万年前的手斧已经比较成型了，比我国50万年前的北京人的手斧还要好。奥杜韦文化的石球水平也已和100万年后的蓝田人相差无几了。到后来，阿舍利和奥杜韦文化的打制技术有更大进步，采用双面打制，器形比较规整，加工精湛。除手斧外，还发展出薄刃斧、手镐等石器。

L：与元谋、蓝田、北京几个遗址的旧石器比较起来，水平确实明显要高。但这也可能是因为出土石器量少，有一定偶然性吧？还能说明其他问题吗？

H：你的说法也不无道理，但是，如果各地真在石器水平上与非洲存在差距，实际上是在支持人类起源的"非洲一元说"。即非洲原始先民的进化程度远高于各大洲先民。他们一旦走出非洲就处于优越地位，对各地先民取而代之的可能性确实是存在的。这就出现了"石器"支持"基因"的情况。

L：我希望非洲人的多次走出，是与各大洲的融合而不是你死我活的替代。

H：百万年前的人类活动与第四纪冰川和间冰期密切相关，走出非洲可不是为了当和平使者，而是为生存而奔走，为了食物而迁徙。虽然从物种上说已进入"人科"，但依旧是弱肉强食、你死我活的丛林法则，毫无客气可言的。

L：这个我懂。但总希望自己的祖先是强者，而不是弱者嘛！

H：这个问题就不必担心了。说中华民族的文化没有中断过，是指新石器时代之后的事情，旧石器时代可并没有这种对应关系。地处中华大地的元谋、蓝田、北京等原始先民并不一定，或者一定不是现代中国人祖先的可能性是极大的。如果日后真的证明了这一点，你也不用失望啊！完全没有必要。反过来说，如果我们的先祖不是足够强大，哪里还会有我们？哪里还有讨论这个问题的余地？

L：这个道理我当然也是懂得的。那么，为什么最早发达起来的是非洲呢？

H：这与第四季冰川活动有密切关系。非洲旧石器文化在全世界是最完整的。不仅有迄今为止最古老的人类化石和石器，而且各阶段没有缺环，年代前后相继。最早的石器发现于东非的肯尼亚和埃塞俄比亚，距今约250万～200万年。旧石器时代早期非洲有两大文化：奥杜韦文化和阿舍利文化。旧石器中期北非有莫斯特文化和阿替林文化；撒哈拉以南有中非石核石斧类型等多种文化。旧石器晚期，非洲气候极为干旱，发现遗存较少，但也有北非代拜文化，撒哈拉以南的奇托利文化等。无论如何，我们的祖先如果真的来自这里，并没有什么不好啊！

2.1.2　旧石器中晚期材料

　　这期间属于智人时期，20 万～ 5 万年前为旧石器中期，是早期智人；5 万～ 1 万年前为旧石器晚期，是晚期智人。在欧洲有人又在 2.5 万年之后划出一中石器时代，但在我国并不典型。旧石器晚期由于时代较近，保留下来的材料种类较多，表现出明显的各类天然材料并用的特色。

　　称霸欧洲大陆近 20 万年之久的强壮的尼安德特人，在 5 万～ 2.5 年前与来自非洲的智人的对决中，很快灭绝。这一千古之谜的原因虽然众说纷纭，但其中尼安德特人不善于利用各种天然材料制作和改进工具，有可能是重要的原因之一。

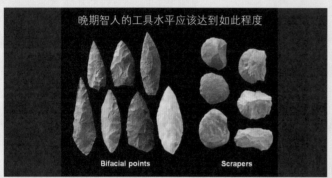

粗壮的尼安德特人灭绝之谜

手斧

石球

丁村人的工具

（21万～ 16万年前）

兽牙饰物

刮削器

砍砸器

山顶洞人复原像

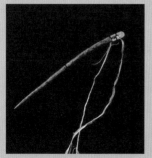

骨针与天然纤维

贝壳等饰物

骨质工具

山顶洞人的工具

（1.8万～ 1.2万年前）

2.1.2 旧石器中晚期材料

L：对这个时代的分期感觉很乱啊，又是新、旧石器，又是直立人、智人，又是初早中晚期，怎么如此复杂啊？不能把它们简化一下吗？

H：请注意划分的角度。直立人、智人是从人类学角度划分的，新旧石器是从考古文化角度划分的。直立人对应于旧石器初、早期；而智人的早、晚期刚好对应旧石器的中、晚两期，两者已经相互照应了。国外还有中石器时期，我国没有，更容易对照一些。旧石器中、晚期最大的疑案是尼安德特人的灭绝。有人把该事件作为非洲智人在13万年前走出非洲，到各大洲后取代当地先民的一个例证。因为有较多证据显示，尼安德特人不像是智人，他们的失败是必然的。失败的原因中就有不能很好地利用各种天然材料制作工具这个因素。当然，"尼人灭绝"之谜还有多种不同猜测，比如有人认为，由于气候突然寒冷和新来智人的驱赶，尼人躲进山洞，群体之间缺乏联系，近亲交配增多而灭绝。更有人认为尼人因缺乏语言能力而灭绝，甚至有人认为他们成了智人的食物。

L：这时的智人，在材料方面都有了些什么样的智慧呢？

H：首先，智人已经积累起对于不同石材的辨识能力，了解到不同石材在硬度、韧性上的差异，选择硬度适中、具有一定韧性的石材进行加工。除了就地取材之外，可以看出对于燧石、黑曜石、玛瑙更加珍惜。对于石材的方向性有了一定的认识。智人已经掌握了所谓"石核"技术，即掌握了有些石头的取向性特征，如果小心地敲击石头的某个核心，石头能够被敲成一些薄片，以进一步达到其他制备目的，制成所需工具的形状。这时制备出的可能是些小石片，但是不能小看这种制备锋利石片的技术，因为锋利小石片工具，在与野兽争夺死亡大动物肉体时非常有用。在敲制石器方面也已经掌握了若干种方法，如直接打击的锤击法、砸击法、碰砧法，以及间接打击的压剥法、击钎法等等。

L：原来旧石器时代的先民们已经掌握了这么多本事，无怪乎称作智人。

H：这里还要谈谈前面说过的重要问题，就是人类起源的多种学说问题。智人阶段正是一元论所说的走出非洲阶段，"夏娃说"的走出非洲时间是13万年前，在13万年以前各大洲如果已经有智人存在，那是不利于"夏娃说"主张的。而我国的丁村人的测年结果是21万～16万年前，也就是说，是在"夏娃说"的走出非洲之前。不仅如此，我国还有很多13万年前的智人遗址：如辽宁的金牛山、湖北的长阳龙洞、安徽的巢县银山等。

L：就是说，非洲智人到来之前，我们这已经有智人了，还有别的证据吗？

H：再就是"手斧问题"。手斧是典型的非洲石器，奥杜韦文化和阿舍利文化都有形状相近的手斧。如果"夏娃说"成立，我国也应在智人或晚期智人遗址中发现很多手斧。但是，情况恰恰相反，在我国智人遗址中，即中晚期旧石器遗址中极少发现手斧。甚至还出现过一个"莫维斯理论"，这种理论认为，旧石器时代早期就存在两个文明系统：一个是非洲、欧洲、西亚、印度的"手斧文化"；另一个是东亚、东南亚的"砍砸器文化"。两种文化之间有一条莫氏线把这两大区域（实际就是欧非和亚洲大陆）隔开。但是近年来我国也出现了反对莫维斯理论的观点，认为我国也有手斧，已发现共69件，但有38件出自广西。

L：六十几件还不能说明什么问题吧。我还是认为，旧石器时代的中国与非洲本来就不是同一种文明，是两种不同的智人。

...

2.1.3 人类第一发明——弓箭

20 万～ 1 万年前的旧石器中晚期，是智人阶段。而 5 万～ 1 万年前的旧石器晚期是晚期智人阶段，这时人类有了一个伟大发明——弓箭。这是以天然聚合物为主的材料集成大创造。拥有这样智慧的人群，不仅在获取食物上处于有利地位，在种群生存竞争中也处于优越状态。

普遍认为我国弓箭的最早遗存，是山西朔县峙峪村距今 2.8 万年的旧石器后期遗址的燧石簇头。后来在山西晋城下川遗址也出土了 2.3 万～ 1.6 万年前的石簇头，被认为是百代弓箭始祖的物证。

中石器时代石片 距今 1.5 万年

下川遗址石箭簇

峙峪遗址石箭簇

◀西班牙中石器时代岩画 距今 1.5 万年

贺兰山岩画 射虎 距今 1 万年左右

贺兰山岩画 部落间战事
距今 8000 ～ 6000 年左右

各地旧石器晚期至新石器时期的岩画是使用弓箭的珍贵记录。

更晚的箭簇遗存

从新石器早期遗址中已发现大量距今 7000 ～ 6000 年前的压制石箭簇。

红山文化遗址的石箭簇
（6000 ～ 5500 年前）

良渚遗址的骨箭簇（4500 年前）

良渚遗址的石箭簇（4500 年前）

2.1.3 人类第一发明——弓箭

L：看来您认为弓箭是人类的第一件重要发明，能知道是什么时候发明的吗？

H：能，但确实很困难。弓箭是几种材料的集成发明，需要高超的智慧。我国古史传说和史籍中对弓箭发明虽多有记载，但并不可信。比如《吕氏春秋》载"夷羿作弓"说，显然太晚，羿是 4000 年前的夏代人物。传说羿可以射日，说明夏代弓箭已经很成熟、很强劲。而我国新石器时代 6000～5000 年前的考古遗址中，都发现了明确的箭簇，有骨制的，也有石制的。弓箭的发明显然要更早得多。比如，德国北部靠近丹麦的什列斯威·霍尔斯坦遗址中，出土了距今 11000～10000 年前的木制长弓，是最早的发现。我国虽迄今尚未发现远古的木制或竹制弓体，但从已发现的新石器时期的骨簇、石簇来看，应与德国的发现是一致的、可相互印证的。

L：看来实际的考古发现，都比《易》《礼》等记载的弓箭历史要更为久远。

H：正是。1963 年，我国考古工作者在山西省大同盆地西南的朔县（今朔州市朔城区）峙峪村发现了旧石器晚期文化遗址。这里出土的石簇竟是 2.8 万年前的遗物。后来，1970 年代**❶**，又在散布于晋南中条山东麓盆地边缘，发现了下川遗址的 2.3 万～1.6 万年前的石簇。我国虽然没有典型的中石器时代，但是这些当作石箭簇的发现却构成了我国独特的旧石器晚期的局域细石器文化特征。

L：那能说弓箭是我国发明的吗？这些石箭簇在材料技术上有哪些特点？

H：这时期不要说国家，连民族还未定型。弓箭发明也一定是多源的，不同族群都可能独立发明。另外，弓箭发明证据只有箭簇是不够的，还需要弓体。石簇类也可能用于投掷工具。发明弓箭的切实证据仍有待发掘。从材料上看，石簇主要是燧石。直到新石器时期，燧石都是最锋利的工具材料，经常用来制作石刀。从加工工艺看主要是打制和压制石核技术制造，还没有磨制痕迹。山顶洞人是与细石器文化年代相近的旧石器晚期文化，已有磨制骨器，却没有打制石箭簇。说明弓箭发明有极大的区域性，因为在这个时代文化交流实际上是很难发生的。

L：弓箭还包括"弓"和"弦"两个部分，您没介绍实物，是怎样的看法呢？

H：这两个部分是极难保存的。后面"冰人奥茨"一节中介绍了 5300 年前的一张弓，是弹性极好的紫衫木的，弦是用天然纤维（葛或麻等）捻成的绳索。箭簇是燧石的，箭杆是忍冬木的，石簇与箭杆的连接使用天然树胶。这些可以构成实物的参考，年代虽然稍晚，但那个时代技术进步缓慢，仍有参考价值。当时还有"就地取材"的特征，地区差异会十分明显。虽然燧石显示了共同性，但是除了天然纤维捻制绳索外，其他材料也会有明显不同。此外，我国古代典籍《周礼·夏官》的记载也有一定参考价值。在周代，国家有专门掌管弓箭制作的部门。当时弓分为六种：弧弓、王弓、大弓、唐弓、夹弓、庚弓。其中弧弓、王弓专门用于车战或守城；大弓、唐弓用于习射和练兵；庚弓、夹弓用于狩猎和渔猎。各种弓的选材和制作，都有严格规定和流程。例如，制作上等弓，需要选木做弓干；对用于装饰弓两边的动物角，缠绕弓身的丝线、涂漆和胶，都有详细规定。

L：您对岩画的证据很重视吗？您能从岩画中得到哪些启示呢？

H：非常值得重视。这是仅次于实物的证据。西班牙岩画是全世界水平最高的，彩色形象都十分逼真。目前断代结果是 5 万～1 万年前的旧石器晚期。其中有关弓箭的部分刚好可以与考古结果相互认证。虽然岩画的断代也很困难，也需单个进行。但是，贺兰山岩画为先民利用弓箭战胜凶猛动物提供了宝贵证据。

---

❶ 即 20 世纪 70 年代，全书同。

2.1.4　新石器时代是现代人

新石器时代是现代人时代，其体型和智商与现在各民族人类并无差别。这个时期的标志一是出现了磨制石器，改进了形制和性能；二是发明了陶器，这是人类最伟大的进步；三是发明了农业。这些在材料方面都有体现。新石器初期为 12000 ～ 9000 年前。

磨制石器

磨制工具从关键部分磨制开始。

这是一些磨制刀具
10000 年前

磨制双边砍砸器
桂林甑皮岩
15000 ～ 11000 年前

磨制砍砸器
桂林甑皮岩
10000 年前

发明陶器

陶器是先用泥土制作成形为陶坯，经干燥后，再用窑炉烧制而成，温度越高，强度越高。温度提高到 700℃以上才能成为陶器。

捷克　爱神陶器小雕像
29000 ～ 25000 年前

道县玉蟾岩　陶器
14800 ～ 12300 年前

万年县仙人洞　圆底陶罐
14000 ～ 11000 年前

日本绳文时代早期　碎片复原
10000 ～ 8000 年前

2012 年度全球十大考古发现
万年仙人洞 陶片　约 20000 年前

农业工具

石锛　桂林甑皮岩
15000 ～ 11000 年前

石磨盘　徐水县南庄头
10500 ～ 9700 年前

骨器　南宁　顶狮山 10000 年前

2.1.4 新石器时代是现代人

L：新石器时代的人类已经不叫智人了吧？他们的智慧如何？

H：是的，已经不再叫作智人，而叫"现代人"，从人类学上说已经与当今的我们没有什么差别。我国的新石器时代有自己的特点，总共只有8000年左右的时间，在全球各地区中是比较短的。但是这期间所取得的文明进步，却比旧石器时期的200万年还要大得多。人类文明呈现出明显的加速进步态势。当然，这是建立在前200万年逐渐进步的基础之上的。新石器时代又可以分成初、早、中、晚四个时期，各是3000年、2000年、2000年和1000年，仍然是一个加速的态势。

L：新石器时代的出现有什么标志性事件吗？为什么从12000年前算起呢？

H：一般认为应以陶制容器出现为准，但全球陶器出现时间相差很大，已知最早的烧制品是捷克格拉维特文化的爱神小雕像，早在29000～25000年前。20世纪初考察陶制容器时，是日本和俄罗斯远东新石器遗址最早，约12000年前，于是这样确定下来。后来发现在我国江西仙人洞遗址和湖南玉蟾岩遗址的陶片，都远早于这个时间，达到14000年前。2012年的十大考古发现称，中美两国学者对新发现陶片的测年表明，可追溯到20000年前。现在把12000年以前的时期，又叫做先陶时期。新石器时期还有两件大事：农业和磨制石器的出现。这两件事在全球出现的时间差别也很大，而且记录在不断刷新。先陶时期的西亚已经有很发达的农业。所以，至少在我国，姑且以12000年的整数划线了。我国在新石器时代之后，是从夏朝开始的共约4000年的"历史时期"。

L：就是说，陶制容器可以说是我国发明的了，这可比四大发明更有意义啊！

H：确实如此，陶器应当是人类最伟大的发明。不过，就发明一词而言，其含义中有传播意蕴。在远古游猎阶段，人类会为追逐猎物而长途奔袭，但在农业出现后，生活半径逐渐缩小，能够学习和交流的人群规模极其有限。从全球意义讲，陶器发明应该是多源的。这与四大发明惠及世界各国的情况又有很大不同。不仅如此，就是我国境内的各考古遗址之间也几乎是相互独立的。

L：您说得是。您说人类是怎样发明了陶器的呢？制陶是个复杂过程啊！

H：关于这个问题有各种假说，其中有一些是来自对18、19世纪仍生活在石器时代原始人类的考察。比较流行的是"火灾启示说"。原始先民为了预防木制或编制器具等易燃品在火灾时损毁，在外面涂上泥类。待到火灾过后，发现易燃物烧毁后，泥制的外壳反倒成了一种耐火的容器。著名民族学家摩尔根的《古代社会》一书中，就主张这一观点。也还有一种说法是先民们的住所在火灾过后，发现火烧过的泥土都变得更加坚固、硬实了，受此启发想到可以用火来提高材料的性能。总之，我们应注意到，新石器时代先民与我们一样聪明，他们只是经历的事情不如我们多罢了。各种启发都会产生有益的联想。

L：是的。听说某新石器遗址附近的现住民得到一个原始石磨盘，拿回去当锤衣石，连夸做得好。究竟是应该赞叹先民呢？还是应该感喟现住民呢？

H：这也说明当时农业的规模多么小，"碾米机"只有锤衣石大小。也有说最初陶器是用篝火烧制的。这是原始先民见到的最大、可控的火。但是直到他们发明了窑炉，有了温度观念，才算发明了陶器。这个过程很长，但已经比旧石器时代的技术进步快多了。那时重要技术进步，需要万年、几十万年的缓慢传承。

2.1.5　新石器时代早期材料

中国新石器时代开启后，早期为 9000 ~ 7000 年前，骨蚌贝器兴起，制陶、农业发达。

骨贝工具的发展

广西豹子头　蚌贝刀约
8000 年前

新郑裴李岗　骨匕
约 8000 年前

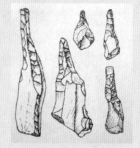

丹徒磨盘墩　钻孔器
约 7500 年前

陶器的普及

武安磁山　陶盂
约 7500 年前

临淄后李　陶碗
约 7500 年前

常德汤家岗　陶盘
约 7000 年前

新郑　裴李岗
三足双耳陶罐
约 8000 年前

武安磁山　陶器　约 7500 年前

敖汉 兴隆洼　敞口陶罐
约 8000 年前

农业工具的专业化

新郑
裴李岗
石镰
约 8000 年前

敖汉兴隆洼　聚落遗址　约 8000 年前

临潼
白家村
骨耜 (sì)
约 8500 年前

敖汉兴隆洼　石磨盘
约 8000 年前

原始先民聚居地的出现，是农业生产兴起
的重要证据，也是建筑材料产生的起点。

2.1.5　新石器时代早期材料

L：经过新石器时代初期3000年发展后，距今9000～7000年前的新石器早期，在材料技术方面又有了很大的进步与发展吧？

H：是的。这时期在材料技术上的明显进步是学会了石器钻孔。人类使用石器200万年，学会打孔是一项划时代的发展。石器有孔之后，就可以安装长度合适的手柄。人类可以第一次摆脱只有用手直接握着，石器才能使用的状态，像手斧那样。不仅力臂可大幅度增加，而且石器可因手柄能做出更复杂的动作，人的能力因此得到大幅度解放和提升。可见，材料加工技术本身是多么重要。

L：石器钻孔确实意义十分重大。材料的进步还有哪些突出表现呢？

H：再就是陶器在各地的普及。新石器时代初期还是在个别地区进行陶器制作的探索，而西亚地区制陶业比农业要晚得多。到这时，在我国东西南北各地的新石器遗址中都发现了制作精美的陶器，如汤家岗陶盘，是红陶加白膏泥制成的，已经有了彩色设计；裴李岗和磁山的各式陶器，器形已经十分复杂。这说明尽管各地的制陶技术水平有很大差别，但都有了自己的工艺特点。一般认为，这时还没发明陶轮，陶器还处于在模型上敷设陶泥条制成形状后，再脱去模型的模制阶段。但磁山的器形已经如此规矩、严整，后李的陶碗已经很薄，这都需要对陶土的性质有足够的认识，对于添加沙子防止开裂有足够的经验积累。总之，技艺已经十分娴熟。到这时陶器已经逐渐普及成为先民们的普通生活必需品。

L：那么，在农业生产发展方面，留下了哪些与材料有关的遗迹呢？

H：一个重要特征是农具已经从通用的工具中分离出来。如翻地用的耒耜骨器、收割用的石镰刀、碾米用的石磨盘都已经有了极大的发展。特别是裴李岗的石镰刀，不仅器形现代，而且已经制作了锯齿。我想，这可能就是后来发明木工锯的起点，传说中的鲁班发明锯的故事，看来是不可信的呀。

L：我也这样认为。哪能等到5000年之后，才由鲁班来发明锯呢？虽然这时还没有金属，但是锯齿具有更好的材料切割能力的认识和经验，是这时摸索、积累起来的。或者也可以说：这就是锯，是石制的锯。鲁班的贡献可能只是应用新的材料——青铜或者熟铁来制作锯这种工具吧？

H：你说得很有道理。另外，这个时期已经有了大批以农业为主的先民，他们需要定居生活，所以就有了聚居的所谓"聚落"，即定居点的出现。建设定居点除了石器之外，还需要大量的木器、竹器以及泥土等建筑材料。只是因时间久远，竹木泥土之类很难成为遗存，只能看到房基遗址，房基多为低于地面的半地窖式。在我国新石器遗址中这样的遗址很多。北方的内蒙古敖汉兴隆洼、黄河中游的新郑裴李岗和渭河流域的白家村等遗址都发现了距今8000年前后的村落遗迹，展现了远古先民古老村落的原始风貌。定居生活促进了农业发展，也促进了各类技艺的进步，特别是制作陶器技术的发展。图中敖汉兴隆洼聚落遗址显示，由于地处北方，房屋成方形，有明确的朝向太阳的追求，表现出生活智慧。而裴李岗的聚落是圆形的房屋基址，半地窖型。聚落中还有排水设施。

L：先民们的智慧真是很了不起的。

H：这再一次显示出，新石器时代的人类与我们有相同的智商。文明和文化需要交流、积累和传承，我们现在的所有智慧都能在这里找到起点或源头。新石器时代的先民们在期待着交流，进而促成新的发展阶段的到来。

2.1.6 新石器时代中期材料

新石器时代中期为 7000 ~ 5000 年前。各类工具有大幅度改善，制陶业、农业高度发展。

磨制工具大发展

西安半坡　石斧
约 6500 年前

西安半坡
石锛(bēn)
约 6500 年前

河姆渡文化　石钻
约 6500 年前

河姆渡文化　石箭簇
约 6500 年前

陶器业成熟

秦安大地湾
人面陶瓶
约 6000 年前

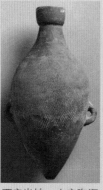

西安半坡　尖底陶瓶
约 6500 年前

嘉兴马家浜　陶盘
约 7000 年前

陕县　庙底沟
陶釜陶灶　约 5700 年前

河姆渡文化　刻猪陶盆　约 7000 年前

仰韶文化　船型陶壶
约 6500 年前

农业工具大发展

河姆渡文化
骨耜
约 7000 年前

叙利亚　哈拉夫陶器
约 6700 年前

西亚的陶器

伊朗　苏萨遗址　陶器
约 6500 年前

红山文化　石锄
约 5500 年前

淮安青莲岗　石锄　石锛　石铲
约 5500 年前

2.1.6 新石器时代中期材料

L: 新石器时期已经过去 5000 年了，材料技术的进步应该更大了吧？

H: 正是。新石器时代的仰韶文化和河姆渡文化，是我国南北两大代表性遗址，都出现在这一时期。考古研究打破了古史传说中，中华文明只发源于黄河流域的认识，其中仰韶文化是中国的第一个新石器文化遗址。最重要的标志是磨制石器的普遍化。在新石器初、早阶段，磨制还主要出现在农业最早发达起来的少数地区，以磨盘工具为主，其他工具磨制较少。新石器中期以来，磨制的数量和水平均有极大提高。河姆渡文化遗址出土的石钻最具代表性。该钻头器形规整，钻体呈圆形。可以用钻弓拉动往复旋转加工，与西亚的史前钻具类似。用以加工比石器软的贝类、骨器、竹木器等，这是材料加工技术的重大进步。石器和玉器等高硬器具的孔加工仍是以骨制、竹制的空心钻具加水沙琢磨而成。

L: 确实如此啊，从南到北，从农具到武器，都全面使用磨制技术了。

H: 箭簇是一个重要的磨制内容。弓箭是在旧石器晚期发明的，我国山西省桑干河畔的28000 年前的峙峪遗址发现过薄片石箭簇。但那属于细石器，未经磨制。早期箭簇也可能用骨制或木制，磨制石箭簇出现后，弓箭的杀伤力大增，能够射杀大型动物。通用工具和农具的制作水平大幅度提升，为农业生产和农业民居的建设提供了精确的工具。由于有了精确的磨制工具，仰韶文化的半坡遗址和河姆渡遗址已经发现了"榫卯结构"的建筑遗存。可以说，精确的磨制石器造就了第一批以木工为生的手工业者。在人类历史第一次游牧业和农业生产大分工后，精确的材料加工技术造就了人类农业与手工业的第二次社会大分工。

L: 磨制这种材料加工技术，竟能发挥这样大的作用，真是不可小觑啊。

H: 这可绝非一日之功啊。陶器制作也有了极大进步，最重要的有三点，一是陶土材料更加讲究，可以加入不同的掺合料。除了懂得加入沙子可以减少开裂之外，还懂得加入其他材料如贝壳屑、木屑、炭屑以改善陶瓷的耐急冷急热性能及改变颜色。第二个重大进步是使用了旋转陶轮技术，即轮制技术。这不仅使加工效率有所提高，而且形状更容易控制、更加规则，特别是以回转体为主要形制的陶器。第三是发明了彩绘技术，这是利用一种矿物颜料描绘，绘制后经炉窑烧制后颜色不变。彩绘图形抽象古朴，非常美观。

L: 我也非常喜欢彩陶艺术，难怪国外经常把古陶器划入艺术领域呢！

H: 我国也是一样，那是另一个欣赏角度。我们最关心的还是陶器的材料与性能。河姆渡黑色陶器上面刻画了一头猪，是写实的，十分逼真。这幅刻画陶器和该遗址出土过的猪形陶偶，还向我们传达了更多信息：至少在 7000 年以前，我们的祖先已经完成了对猪的驯化和饲养，这说明他们的生产能力已经大幅度提高，有时间、有能力饲养家畜。此后的陶器中还出现了狗形器和鸡形器 [陶鬶(guī)]，也从一个侧面反映了这些家畜已经得到饲养，记载了农业的进步。

L: 这里为什么特地展示了一组西亚的陶器，而不是埃及或其他地区呢？

H: 西亚是全球农业文明发达最早的地区，最近报道了 1.3 万年前人工种植小麦的发现。伊朗是最早发明铜冶金的地区，但却是著名的陶器发达较晚地区。所以特地称西亚伊朗的新石器文明为"先陶"文明，以凸显陶器的划时代意义。但这些陶器表明，伊朗虽起步较晚，应在8000 ~ 7000 年前开始制陶业，这时已达到了高度水平，与我国同期陶器相近，也在印证"先陶后冶"的规律。

2.1.7 新石器时代晚期材料

新石器时代晚期为 5000 ~ 4000 年前。各类工具继续改善，陶器玉器发达，初期铜器出现。

各类工具大发展

襄汾陶寺 镶玉骨柄刀 约 4500 年前

良渚文化 磨制石器 约 4500 年前

襄汾陶寺 玉簇 约 4500 年前

齐家文化 玉面具 约 4000 年前

良渚文化 玉带钩 技术复杂 约 4500 年前

良渚文化 玉钺 约 4500 年前

玉器

陶器技术高度发达

马家窑文化 彩陶瓶 约 4500 年前

大汶口文化 兽形陶鬶 约 5000 年前

大汶口文化 陶盆 5000 年前

龙山文化黑陶鬶 4500 年前

龙山文化黑陶杯

小河沿文化 陶尊 4500 年前

农业工具成熟丰富

昌都卡诺 石锄 约 4500 年前

潜山薛家岗 七孔石刀 约 4500 年前

各类农具 约 5000 年前

青铜器初现

齐家文化 阔叶倒钩青铜矛 约 4000 年前

齐家文化 青铜镜 约 4000 年前

永靖秦魏家 铜锥 约 4000 年前

2.1.7 新石器时代晚期材料

L：这是新石器时代的最后 1000 年了，这以后，就是人类的文明史了吧。

H：是啊。但在全球几个大洲，不同地区的情况差异很大。前面讲到，新石器时代各期的材料发展大体上是针对我国的基本情况。而晚期这 1000 年中国特色更加突出。这时期的材料进步非常巨大，首先表现在对各种各样的石材做了清晰的分类，特别是分离出了"玉石"这个品类，认识到玉石的不同产地、以硬度为代表的性质差异、玉石的颜色及实用价值；其次是大大地发展了对石器，特别是对玉石的加工技术，产生了"解玉"、"琢玉"等专门技术，使玉器加工成为这一时期的又一手工业行当。玉器的细腻、温润、半透明、丰富的硬度级别及色彩特性，最终对先民的精神世界也产生了重要影响。有人甚至主张新石器时代晚期后段我国曾独存过一个玉器时代。这个时代的主要特征不仅出现了大量玉石制作的兵器，而且玉石制品还向着象征神权、王权崇拜的礼器方向发展。

L：您所说的先民们对玉器的态度，现在仍然能够感受得到，这在国内的各个地区具有共同性吗？好像外国人并没有中国人这样的玉器情结。

H：首先可以肯定地说：对于玉器的态度全国各地是共同的。其次，中国人的独特玉石情结，最初还是因为较早认识了玉石本身的特殊优良性质。在所有石材中，玉石是综合性能最好的，是硬度可选择性范围最大、韧性最好、颜色种类最多、透明度范围最宽的材料。这可以比作今天金属队伍里的钛合金，钢铁材料中的合金钢。首先是实用性好，让先民感到得心应手，认为这是上天的赐予。久而久之，在先民们的心中逐渐产生了由喜爱到敬重，并用以膜拜上天的情结转换。最终产生了精神层面的中国特有的玉文化，并一直延续到今天。良渚、齐家、红山、龙山、庙底沟等诸多新石器晚期文化中都有清晰的玉文化，虽然发达程度各不相同。其中以江浙地区的良渚文化为最，被称为是史前的"玉石王国"。

L：这个时期，陶器的主要技术进步是什么呢？

H：一是器形更加复杂，如各种鬶类和鬲类的陶器形状十分复杂难制，功能也更加精细；二是彩绘更加流畅精到，以马家窑文化为最，马家窑还因此被称作是彩陶王国；三是掌握了控制窑温和气氛的技术，以龙山文化为最。龙山文化在陶器烧制的后期，控制气氛为还原性气氛，窑温接近 1000℃，使得析出的炭黑得以附着在陶器表面，形成色泽油黑的陶器，成为独树一帜的黑陶文化。国外甚至有时称中国的新石器晚期文化为"黑陶文化"。龙山文化的陶器不仅色泽美丽，而且陶泥细腻，制作精巧。可以制出"黑如漆、薄如纸、声如磬"的蛋壳陶，壁厚只有 0.5~1 毫米左右。这是由经过特殊"淘制"而成的细腻陶泥材料制作的，代表了这一时期陶器的最高水平。

L：龙山黑陶果然名不虚传。这时期还出现了青铜器，这是怎么回事呢？

H：黄河上游的齐家文化不仅具有大量精美的玉器，还已发展成为新石器晚期到青铜时代早期的文化，已处于各地区的前列。冶铜业的出现，是西北地区先民对中华民族的突出贡献。至于冶铜业是否由西亚传入，还有待更多证据出现。齐家文化各地共发现红铜器和青铜器 50 多件，包括刀、锥、凿、环、匕、斧、钻头、镜和铜饰件等，还有一些铜渣。其中铜斧是最大的一件铜器。饰七角星形纹饰的铜镜也保存极好。铜器已有冷锻法，也有单范铸造与简单合范铸造。证明冶铜业已成为这一时期的重要手工业，居全国领先地位。

2.1.8　铜石并用——冰人奥茨

　　新石器时代晚期有一铜石并用的短暂阶段，这是铜和石都缺乏全面性能优势的时代。1991年在意大利境内发现的冰人奥茨清晰地体现了这一点。奥茨生活在新石器晚期，是冰冻保存得十分完好的远古尸体。他身边的遗物科学价值非凡。

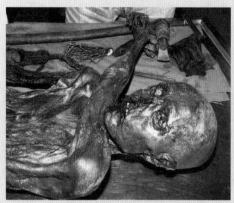

冰人奥茨解冻后的全身　他已5300多岁

冰人奥茨头部和他的遗物

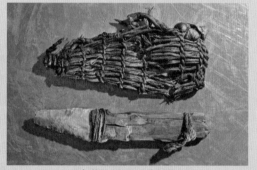

奥茨的燧石匕首和袋

奥茨的铜斧
斧头为纯铜

奥茨的箭
箭簇为燧石，箭杆为忍冬木

复原后的
冰人奥茨

奥茨的弓弦

奥茨的备用鞋

2.1.8 铜石并用——冰人奥茨

H：现在讲一位远古先民的故事，他刚好处于欧洲新石器时代晚期的铜石并用阶段。这可是一位老资格的人物，是一位与我们炎帝、黄帝同时期的平民。

L：啊？真的吗？那时的欧洲就已经有很发达的文化了吗？

H：是的。而且考古界一般认为，在新石器时代与铜器时代之间，会有一个长短不等的铜石并用时期。1991年9月，两位德国旅行者在意大利境内的阿尔卑斯山谷游玩途中，发现了一具赤裸在冰雪中的尸体。起初他们远远望去，还以为是发生意外的现代登山者。可是后来经报告有关人员，再由科学家们研究后，让全世界都大吃一惊：尸体并非现代人，而是几千年一遇的木乃伊。他已被列入史上十大木乃伊的第二位。第一位是古埃及的拉美西斯二世大帝（公元前13世纪）。

L：就是说，这是几千年前的古代尸体？

H：正是！经碳14测年，这是5300年前新石器时代晚期的尸体，人们把他叫做"冰人奥茨"，"奥茨"是发现地的村名。他是铜石并用时期的证人。这可不是猜测，而是真实发生的事情！这里赶上了一个小冰期，奥茨死后很快被冰雪覆盖，而且几千年没有消融，成就了这具绝无仅有的冰冻木乃伊。他身边的遗物都是5300年前的物品，显示了清晰的铜石并用时期的特点：斧头是纯铜的，匕首和箭簇是燧石的，还有极其宝贵的弓体、弓弦。

L：奥茨是干什么的？是一位战士？他为何死于此处？是什么原因致死的？

H：难道你想侦破此案么？那就太晚了。经各方科学家研究后认为：奥茨是一位牧羊人，死前年纪在45岁左右，死于谋杀。奥茨身体保存极好，皮肤毛孔清晰可辨，体上多处文身，甚至眼球都是完好的。他背部中一箭簇，射入很深，应该是流血过多而亡。结肠内发现了蛇麻草角树的花粉颗粒，由此可以断定，奥兹死于春季。奥茨的头发含有附近铜矿特有的微量元素，说明他可能经常在此活动。正是在此捡到了天然纯铜块，并用它打制了铜斧。

L：我对天然纤维材料产生了深刻印象。作为弓弦的绳索与我们乡下邻居老乡搓的麻绳可有一比啊！那匕首套虽过于简陋，但鞋子很像是红军的。

H：那鞋子做了重新整形定位。鞋底是熊皮的，连接处还有鹿皮。箭弓是弹性极好的紫杉木，为保持弹性还涂了动物油。燧石箭簇与箭杆的连接使用了天然树胶。奥茨带有14支箭，有5支现在还能使用，但箭尾羽毛多已残缺。如果铜块是捡来的，那么奥茨身边的全部材料都是天然的。只是现在无法知道奥茨家里是否有陶罐之类。按测年结果分析，这时的欧洲早已有了陶器。奥茨是一位典型的新石器晚期铜石并用阶段的平民人物代表。这是十分珍贵的实物证据。

L：即使我能认同有一个铜石并用时期。但这是任何新老交替都会有的时代特征吧？铁器之后铜器不是还要使用的吗？为什么要单独强调铜石并用呢？

H：你说得不错。任何新老交替都会有"搭接期"。但这里的特殊性在于：一是石器最终要被全部淘汰。由于石器极其廉价，近乎零价格，所以彻底的铜石交替要取决于铜器价格的大幅度下降，而性价比的提高是需要时间的。这是人类史上第一次材料大交替，用了约2000年。二是这个交替需要铜器性能全面超过石器，这就必须等到能炼出青铜的时刻，只有天然纯铜是不能实现交替的。这就有个青铜冶金技术成熟化问题。所以"铜石并用"时期的划定是实事求是的。这也是为什么"铜器时代"又经常叫作"青铜时代"的原因。

2.1.9 铜冶金兴起

在伊朗西部的阿里克斯最早发现了 9000 年前的天然铜制品，最早的矿物冶铜制品也发现于西亚的伊朗，距今约 7000~6000 年前。希腊克里特岛有距今 5500 年前的铜锭。一般认为，西亚已于 5500 年前进入了青铜时代。

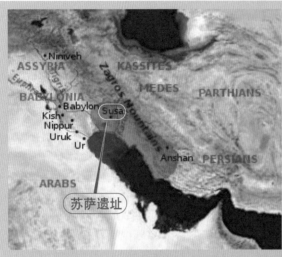

西亚　伊朗
苏萨遗址略图

伊朗　苏萨遗址　铜牛
约 6100 ~ 5860 年前

伊朗　苏萨遗址　铜铸野山羊　约 6100 ~ 5900 年前

Early Bronze Age Sites(3000~2000BC)
青铜时代早期遗址（5000~4000年前）

希腊　克里特岛　铜锭
约 5500 年前

西亚地区 5000~4000 年前
青铜时代早期遗址

2.1.9　铜冶金兴起

L：既然存在天然金属，人类发展到新石器时代以后，一定会使用它们的吧？

H：是这样。其实在新石器初期的9000年前，伊朗就有使用天然铜的记录。但那时的先民可能把纯铜看作一种特殊的柔软石头，把它们的小块打制成喜欢的形状，作为饰品，并没有在生产中发挥过什么特殊作用，也没有产生什么技术需要传承，如此而已。伊朗这时还不会制作陶器，所以这个时期也叫做先陶时期。不仅伊朗，两河流域大抵都是如此。但是，因为已经有了农业，而且是全球农业最早发达起来的地区，所以毫无疑问西亚已经进入了新石器时代。

L：金啊、银啊、铁啊也有天然的，也应该都开始使用了吧？

H：金、银的数量比纯铜（也称红铜或紫铜）少得多，出土记录极少，天然铁只能是陨铁，数量更少，但确实有使用的可能，遗存也很少。真正对人类生产和生活产生巨大影响的还是从矿石中提取铜的技术，这就是铜冶金。

L：您说西亚地区怎么会发明了铜冶金呢？伊朗可是有过先陶阶段的，应该是先发明制陶术，其后才会发明冶金术吧？这个顺序是不会颠倒的吧？

H：你说得很对。这个顺序不会颠倒，"陶冶"一词，正来源于此。必定是先陶后冶。我国的制陶术要早得多，2012年发现了2万年前的陶片，而冶铜是1.5万年之后才发生的。但全球情况差别很大。西亚的地理情况比较特殊，比如说，制陶地点就有富铜孔雀石，于是从制陶到冶铜只要有1000～2000年就足以发生这一转变了。但是不管怎样，陶窑发明之后才有可能发明冶金术。把美丽的蓝色孔雀石放入窑炉烧烧试试，是完全可能发生的偶然事件。再加两个因素，那就是炉温足够高，气氛处于还原性。如果这几个偶然因素碰在一起，那么铜就能炼出来了。在没有控温能力的时代，温度忽高忽低是常见的，炭火炉内的还原性也是经常发生的。所以陶窑发明之后的千余年中，冶铜事件完全有机会发生，可以不必等到万年之后。历史是承认偶然性事件的重要作用的。

L：您是说，西亚是机缘巧合，后发明制陶术，倒先发明了冶铜术？

H：是的！完全有这种可能，前面展示过的伊朗苏萨遗址出土的6500年前的陶器，已经与我国同时期的陶器相差无几，应该在8000～7000年前起已开始制陶。现在展示的苏萨遗址约6000年前的铸铜产品，也并没有违反"先陶后冶"的规律。铜冶金起源于西亚，应该是可信的。伊朗在6000年前炼铜，是用含砷0.3%~3.7%的共生矿冶炼的，共生矿颜色与孔雀石相近，可炼成砷青铜，铜熔点更低。所以，用含砷铜矿冶炼砷青铜比炼纯铜更容易。后来，这种技术传入埃及和两河流域。即使现在仍然可以从铜器是否含砷来判断这种技术的传播方向。伊朗的炼铜技术在5500～4000年前向欧洲和印度传播。爱琴海南端各岛也在5500年前左右进入青铜时代，4600年前迈锡尼文明兴起，宫殿和陵墓中发现了大量豪华的青铜武器和金、银、铜器皿，都可以通过分析含砷量来判断炼铜术的传播轨迹。

L：您是说，从世界范围来看，西亚的冶铜术最早，冶铜术起源于这里？

H：是的。这里有必要把起源和发明两个词的含义再重申一下。起源与发明不仅具有最初创造的含义，还有获得传播或汇集成流、产生承继关系的含义。不过，远古事物的起源和发明往往并不一定具备后面的含义，常常具备多源性。所以，宜少用发明一词，以免引起混淆。但是，铜和青铜冶炼技术的发明确实含有获得传播、产生承继的含义，我们应该接受这个现实。含砷量轨迹就是一个证据。

2.1.10 西亚欧非的青铜时代

青铜冶金术于6000多年前在伊朗发源后，经两河流域、土耳其等地城邦，逐渐扩散到埃及、爱琴海及南欧等地，用以制成武器和工具，极大地推动了各地文明的进步。

西班牙 安大露西亚 复原的5500年前青铜器早期遗址

西亚安纳托利亚北部 青铜长角鹿
约4400~4000年前

塞浦路斯 帕福斯
纯铜饰件
约5000年前

中欧 青铜武器
约3500年前

英馆藏 青铜斧
4300~4000年前

英馆藏 青铜斧
4000~3700年前

英 青铜鹿 2900~2600年前

埃及21~22王朝 国王的青铜像
BC1075~BC716

2.1.10 西亚欧非的青铜时代

L: 您不仅认为伊朗发明了铜冶金，而且还认为这种技术其后走出伊朗西部苏萨和叶海亚地区，继续向两河、北非、欧洲和印度次大陆进行了传播？

H: 是的。虽然采用现代技术，仅从青铜含砷量的线索来分析是有局限性的。但是，从伊朗通过两河流域向埃及、印度、南欧的传播，是有习惯性通道的。传播的不只是铜冶金术，很多农业技术也大体上是这样相互传播的。在埃及和两河流域使用的含镍或含砷铜器可以证实这种冶铜技术出自伊朗。因为冶铜技术的传播首先是矿石选择技术的传播。例如，选择具有怎样色泽、密度特征的矿石。碱性砷酸铜矿石与孔雀石的色泽相似，而且矿石熔点更低，比孔雀石更容易冶炼，得到铜的性能更好。但是，这种技术向东亚、美洲的传播就困难得多了。

L: 您是说，中国的青铜时代虽然晚于西亚，但可能并不是来源于西亚，是吗？这就对了。现在已经有人把陶器、丝绸、青铜、造纸列为新的四大发明，代替旧的四大发明，看来，您是同意这种观点了？

H: 不！那倒不是。现在仍然有人主张中国青铜技术来源于西亚的学术观点，这应当百家争鸣，不忙做出结论。在没有说服力很强的证据之前，宣传中国新的四大发明中包括青铜是很不智的。中国的青铜器在全世界并不是最早，这在学术界已有共识。目前，仅仅是"中国独自发明说"能否成立的问题。其实，仅就这一点来说，也并没有充分的根据。退一步说，就算"独自发明说"有了充分证据，又何尝值得大肆宣扬？这样就可以宣传是自己的四大发明之一了吗？在当前情况下，宣布新的四大发明包括青铜只能自曝轻浮，并无好处。贻笑大方还在其次，对于青少年应当讲究诚信方面的负面影响，实在不可以低估。

L: 啊？您是这样看！您不认为我国的青铜文化曾经灿烂辉煌吗？

H: 那是另外一回事，起源于别处我们就不能灿烂辉煌了吗？你再看 4000 多年前西亚用青铜铸造的长角鹿也是很精美的啊！这是什么技术呢？这显然是用失蜡法精密铸造工艺制作的。时间相当于我国的夏代或更早，不能不令人赞叹。普遍认为西亚和埃及早在 4500 年前就已经用失蜡法铸造金属饰物，古印度、希腊也用失蜡法铸造出精美生动的青铜像。我国在商代中晚期（3400 年以前）也使用失蜡法铸造过精美的制品，但后来却失传了。

L: 这样说，对西亚的冶金技术真的不可以小觑。

H: 是的。承认别人的先进是有自信的表现，妄自尊大不是现代中国人应有的风范。再看公元前 1075～前 716 年之间的埃及第 21～22 王朝中间的一位国王的青铜像，也很精致吧？这是十分写实的塑像。首先它是一件非凡的艺术品，如果铸造得不好，是可能杀头的，很多国家古代都可能如此。其次在铸造技术上也是十分高超的，从精致程度看，也像用失蜡法铸造，能做到解剖学合理，皮肤光洁，难能可贵。这相当于我国的商周之际，确实是世界级工艺精品。

L: 您说得对。承认别人的先进才是自己进步的起点。

H: 英国博物馆藏青铜工具和中欧的武器相当于我国的夏商时期或更早，铸造水平高超，与我国当时的水平不相上下。总体来看，青铜时代的西亚、北非和欧洲的材料技术水平要更先进些。但我国商周时期进步很快，到了春秋战国、汉唐以后，冶金材料技术快速发展进步，并超过了西亚、欧洲等地，成为世界性中心，但那是后来的事情。应当思考的倒是：到了近代我们为什么反而落后了？

2.1.11　神器　礼器　明器

新石器时代中、晚期，自然崇拜和原始宗教逐渐兴起，各种祭祀、庆祝时使用的神器、礼器、明器（即冥器）成为陶器、玉器中的重要品类，制作水平极高。

原始自然崇拜

仰韶文化　人鱼纹陶盆
约 6500 年前

西安半坡　鱼纹陶盆
约 6500 年前

神人崇拜

和政半山
神人陶罐　约 5000 年前

红山文化　牛河梁女神
约 5500 年前

神权与绝地天通

红山文化彩陶筒
约 5500 年前

良渚文化　玉琮　约 5000 年前

齐家文化　玉琮　约 4000 年前

良渚文化　超长玉琮
约 5000 年前

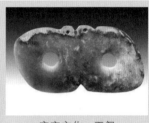

齐家文化　玉佩
约 4000 年前

齐家文化　玉佩
约 4000 年前

王权象征

史前王权的规模可能很小，但它是后来更大王权的起点。

西安半坡　鹗形陶鼎
约 6500 年前

青海大通　马家窑文化
舞蹈纹彩陶盆
约 5500 年前

明器

此陶缸上的鹳鸟衔鱼旁有石斧的画面被称为我国最早的画。究竟此画的寓意是什么呢？

仰韶文化
鹳鱼石斧陶缸
约 5500 年前

2.1.11　神器　礼器　明器

L：这里为什么没有明确指出是哪个时期啊？还应该是新石器时代吧？

H：是的！是新石器时代的中晚期。考古学认为，到了旧石器时代的晚期智人阶段，即距今5万年之后，人类开始产生了语言。到新石器中晚期，共同生活的人群已经变大，生产水平大幅度提高，语言更加发展，人类的精神生活也丰富起来。从蒙昧时代走出后，对食物、繁殖、祖先、死亡、自然万物开始产生崇拜及信仰。在生活群体中产生了祈求、敬拜、感谢、庆祝等需求，并由此发展出原始宗教。本篇想说明属于精神生活的这一切，对材料及加工所产生的影响。

L：您是从哪里看出了原始崇拜或原始宗教的痕迹呢？

H：我们在仰韶文化早期的彩陶中，经常能看到非常精美的彩绘图画，人面纹和鱼纹陶盆最常见。其实这并不是普通生活用具，而是大家族或部落一级人群的公器，是用于庆祝、祭祀、悼念、祈祷等群体活动时所使用的器物。当时制作如此精美的陶器并非轻而易举之事，如果不是非常重要，是不可能如此制作的。

L：您能看出崇拜的具体内容吗？

H：这当然很难。但有一种分析是有一定道理的，认为鱼纹陶盆是食物崇拜的一种，人类捕鱼是当时的重要生产活动，先民认为鱼是有灵性的，鱼生活在常常淹死人的水中，先民会感到人不如鱼；但是人又能捕到鱼，认为这是神明的赐予，于是有了对赐鱼神明的崇拜。捕鱼时人脸是能与鱼映照在一起的，所以有了人面鱼纹。为了感谢捕鱼时神明的保佑，制作了这种人面鱼纹陶盆。这些分析供你参考，相信你也能提出自己的分析。

L：很有意思。那么，怎样能看出对祖先的崇拜呢？

H：位于辽宁省建平、凌源两县交界处的牛河梁遗址有一座"女神庙"，图中的玉眼神像即此女神，体型比其他塑像高大很多。5500年前这里的红山文化应当还是母系氏族社会，或距母系社会不远，因此女神实际是对先祖的崇拜。这个远离居民区的神庙和积石塚，说明了祭祀规模很大，参与人群很大，人数众多。

L：这时期神权的崇拜主要表现在哪些器物上呢？

H：是一种管状的器物。早在红山文化时是一种陶管，这是一种通神之器，这种彩陶筒并没有实用价值，据分析，是个沟通天地的法器。原始宗教产生的同时也出现了一批巫觋（xí），他们靠这种法器与神明对话。良渚人耗费大量工时精心制作的玉琮（cóng）也是巫觋们沟通天地使用的法器，齐家文化的玉琮也是这样。据估算，先民加工一个复杂玉琮要花费几年时间。这说明当时农业生产效率已很高，已能够养得起这些专门加工玉器的工匠，和这些专门通神的巫觋们。

L：您是如何把这些或陶或玉制作的器物与王权联系起来的呢？

H：是这样的。有人说仰韶文化初期半坡人的鸮形陶鼎是新石器时代最具艺术价值的作品。与当时对鸮类动物的崇拜联系起来，以翱翔天际的鸮为形而制成鼎，是不是有很强的王权天授的寓意啊？有人根据在这一地区没有其他墓葬出土同形器物，根据随葬的其他器物数量等分析判断，这是一位地位很高的王者墓葬。这是不无道理的。最后说一下明器，即冥器也，陪葬品之意。鹳鱼石斧陶缸是一件知名度极高的明器，说明墓主人地位之高。此画的寓意十分难解，有人解释为：表达以鸟和鱼为图腾的两个部族战争的胜负。这看来难令人信服，因为仰韶人是崇拜鱼的。更多人强调这是中国最古老的绘画，精美异常，这倒是没错的。

2.1.12　中国青铜时代兴起

　　从新石器中晚期的仰韶文化和龙山文化时期起，各地陆续有冶炼铜器的萌芽出现，出土的东乡林家青铜刀是最早的青铜制品，吹响了中国青铜时代兴起的号角。其后，从更晚些时候的龙山文化开始，出土了各种武器、工具，推动了文明的进步。

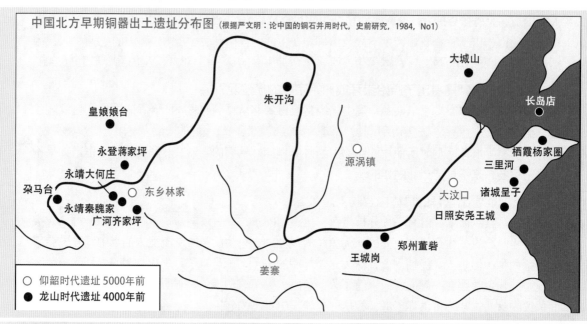

中国北方早期铜器出土遗址分布图 (根据严文明：论中国的铜石并用时代, 史前研究, 1984, No1)

大城山
长岛店
朱开沟
皇娘娘台
永登蒋家坪
源涡镇
栖霞杨家圈
永靖大何庄
三里河
朵马台
东乡林家
大汶口
诸城呈子
永靖秦魏家
日照安尧王城
广河齐家坪
郑州董砦
姜寨
王城岗

○ 仰韶时代遗址 5000年前
● 龙山时代遗址 4000年前

马家窑文化　东乡林家
青铜刀　约5300年前

龙山文化　襄汾陶寺
铜铃　约4100年前

齐家文化
铜镜　约4000年前

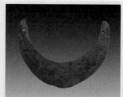

齐家文化
铜器　约4000年前

仰韶文化 临潼姜寨复原遗址 6000～5000年前

锡石矿

孔雀石铜矿

2.1.12 中国青铜时代兴起

L：您说得对。是需要承认别人的先进。既然如此，那么我国境内的铜器时代究竟是在何时、在何地首先开始的呢？

H：这是一个尚在研究的问题。好在我国冶金史学的研究已经处于国际先进水平，相信不久的将来会有明确的结论。总体说，西亚在铜冶金方面要比我国早1000年左右，我国最早的冶铜制品曾是临潼姜寨出土的黄铜残片，一度认为是公元前4675年的制品，但质疑者认为铜片并非在发掘当时发现，可信度较小。现在有时改称公元前3500年前左右。最早的锡青铜制品为东乡林家的青铜刀，碳14测年为公元前3280～前2740年，仍比西亚锡青铜要晚。另外，尚缺少冶铜遗址的证据，在同期铜冶金制品中尚属孤品。真正有说服力的青铜冶金是齐家文化各遗址，距今4000年左右。齐家文化迅速崛起，经历400年后很快消亡，成为一个著名的历史谜团，但齐家人对我国铜冶金发展的贡献却是确定无疑的。

L：南方的古蜀国三星堆文化也很悠久，而且也有灿烂的青铜文化，时间是不是可以和齐家文化相比较，或者更为久远呢？

H：就三星堆遗址而言，时间是很久远的，可能比齐家文化更为久远，但是这里出土的青铜器物等多集中出自祭祀坑内，缺乏明确的地层资料支持，难以准确断代。不过就三星堆文化的整体而言，包括玉器、陶器，合理的断代确实有一个明确的意见。那就是年代上限距今4500年±150年，大致延续至距今3000年前左右，即从新石器时代晚期一直到延续到中原的夏、商时期，一共存在了1500年左右。与我们这里探讨的问题也有密切的关系。

L：既然三星堆青铜器难以精确断代，与我们探讨的问题如何挂钩呢？

H：我是这样想的：三星堆青铜器的起点虽然难于确定，但与中原文化的夏商青铜器风格迥异，这点是大家容易取得共识的。西北的东乡林家青铜刀是同时期的孤品，西南的三星堆的青铜器又似乎与夏商并不同源，那么是否可以设想，青铜实际上是个外来品呢？比如说一条是从西亚经过后来的丝绸之路逆行，从西亚来到了河西走廊的东乡林家；另一条线路是通过伊朗高原、印度平原越过澜沧江经茶马古道，再越过云贵高原到达四川盆地。两条道路都给我们送来了青铜技术，或青铜制品。这不也是一个分析问题的思路吗？

L：您这不就是主张"青铜西来说"吗？这能受欢迎吗？您有什么根据呀？

H：我的专长不是科技考古，当然拿不出什么根据。问题是与其勉强地凑合"独立起源说"证据，也可以转而寻求"西来说"的证据。两者都是科学研究，预先不可能知道哪个结论是正确的。难道中国人就只能研究独立起源说吗？我看过仰韶、龙山文化与冶铜起源的有关资料，感到还都比较薄弱，想证明独立起源说尚比较困难。只要研究态度是科学的，是不应该预先设定研究结论的。

L：您说的也不无道理。这倒使我想象出一幅画面：远古那些寻求希望的游牧远行人，或赶着骆驼，或放牧着牛羊，携带家小，怀揣青铜刀，吟唱着故乡的歌曲，到太阳升起的方向去追求新的生活，该是多么浪漫啊！

H：哪里有那么浪漫啊，其实到处充满着凶险。异族的敌意、野兽的出没无处不在。不是因为生活艰难，谁肯万里远行？我们确实应该对东西方文化交流做出贡献的先民们保持一份崇敬。据说，在殷墟墓葬的人骨中，曾经检测出有印欧人种的DNA。这是一种支持曾有过来自西方文化交流的信息和证据。

2.1.13　中国王权萌芽时期材料

　　新石器时代晚期，生产规模逐渐扩大，剩余产品增多，贫富差别日渐加大，具备奴隶制国家产生的物质条件。"国之大事，在祀与戎"，在材料领域的主要特征是祭祀用具及兵器材料技术的发展。这个时期各地的礼器兵器已具王者之范。

祭器

二里头文化　石璋
约 3800 年前

襄汾陶寺　龙纹陶盆
约 4500 年前

襄汾陶寺　彩绘陶簋(guǐ)
约 4000 年前

龙山文化　陶罍(léi)
约 4500 年前

礼器

龙山文化　陶爵
约 4500 年前

龙山文化　陶鼎
约 4500 年前

赤峰夏家店　彩绘陶壶
约 3800 年前

二里头文化　陶盉(hé)
约 3800 年前

二里头文化　青铜斝(jiǎ)
约 3800 年前

兵器

二里头文化　玉戈
约 3800 年前

二里头文化　玉刀
约 3800 年前

龙山文化　玉斧
约 4500 年前

大汶口文化　玉矛
约 4500 年前

二里头文化　铜钺
约 3800 年前

2.1.13　中国王权萌芽时期材料

L：这应该是新石器时代晚期的最后阶段了吧？为什么要单独对这一阶段加以说明呢？有什么特殊的含义和理由吗？

H：这是因为这个时期的争议最多最大；而这个时期的材料成就又是最高、最丰富的。但最主要的一点还是我想从材料角度给中华文明史的开始时间画出一个准确的起点，从而准确地结束史前阶段的新石器时代晚期。

L："夏商周断代工程"不是给出了结论吗？夏朝开始于公元前2070年。

H：但是，国际上流行的国家文明标准有三个要素："文字、都市、青铜器"。夏王朝按这个标准衡量的明显差距是"文字"。因此，国内外有些学者又生出一种新的论调称：夏王朝不过是周朝为了证明"武王伐纣"的合法性而杜撰出来的朝代，周人自称是夏王朝的后裔。这本来是20世纪20年代"疑古派"学者们早就提出过的论点，但是国外很多人对动用举国力量来研究"夏商周断代工程"有所保留，认为这是在动员民族主义。我在这里想对龙山文化时期的各地材料、器物的发展情况做一展示。在"国之大事，在祀与戎"的传统标准下，看看各遗址是否有王者之风范，是否已达到了国家文明产生的条件。

L：既然对夏朝的有无尚且质疑，展示4000年以前的风范又有何用呢？

H：我想是有用的。如同商王朝不是突然出现的一样，夏王朝也不会凭空出现。它一定是在新石器时代晚期一系列物质条件下产生的。研究一下在材料、物质、器物上是否存在这样的联系是有益的。山西省襄汾的陶寺是传说中的"尧居平阳"之尧都，彩陶盆的龙纹是中华文明"龙图腾"的原点证据之一。可以说是最早的龙形图画，已经比红山文化的"C字形"玉雕龙更接近现在的龙形器物了。再如陶寺晚期的陶簋已经极其精美，除了不是青铜制作的，那气象一点也不输给商朝的铜簋，可以说是一脉相承的。再如龙山文化的陶罍，也完全可以看做商代青铜罍的前身。这些都说明，早在商代的1000年之前，在中华大地上已经有星罗棋布的小方国，建立起了高度发达的农耕文明城邦，并已经建立起礼仪制度。在此基础上产生出一个夏王朝是十分正常的，完全不需要杜撰。

L：我同意。再说了，中国的历史由我们自己做主，何必听外人指指点点？

H：外国人说的合理部分，我们也还是要听的。比如说夏代文字，确实是我们的一个缺项。但是我想，商代文字是侥幸刻在龟甲和牛骨上了，有幸保存了下来，成了甲骨文；再后来是铸在铜器上了，便成了"金文"。夏王朝和商王朝毕竟是两个不同的民族，卜筮的习惯当然也不会完全一样。就一定要用甲骨吗？万一不幸使用了蓍草呢？或者绢帛呢？那就不就什么都保存不下来了吗？不过，没有夏朝文字的发现，无论怎样说，都是无法辩驳的缺憾。

L：那怎么办呢？司马迁不是记载了夏王朝的事迹，并给出了夏王朝的诸王系列了吗？难道说，司马迁的记载是完全靠不住的吗？

H：不！绝不是！司马迁是非常谨慎的。尽管他没有给出夏朝的年代，但确实给出了诸王序列。他给出的商朝诸王系列，已经王国维证实，是可信的。问题坏在秦始皇，他的焚书坑儒毁灭了很多先秦典籍，现在只能依靠考古了。目前河南偃师二里头遗址是早于商王朝的遗址，已经出土了很多王者之器，包括铜鼎、铜钺、铜爵等。当然还要证明这些不是"先商"文物，即商朝人建国前的文物才行。关键还是文字，一个尴尬的问题是：甲骨文中连夏朝的"夏"字还没有找到。

2 材料本传

马王堆西汉朱红漆棺

2.2 古代材料

发明文字，是人类从"史前时期"进入"历史时期"的主要标志。"历史时期"也称为文明时期，或国家文明时期。两河流域和尼罗河下游是文字出现最早的地区，公元前3200年苏美尔人就开始使用楔形文字。这里也是材料文明发达最早的地区。全球各地史前时期的结束，文字产生虽是第一特征，但很多考古学家也主张，进入"国家文明时期"的另一重要标志，应当是青铜冶炼业的产生。就是说，把材料使用状况提高到划分历史时期的高度。我国虽只发现了3300年前的最早文字——甲骨文，但却有更早的关于公元前2070年以前历史的记载，这种记载和4000年前青铜器的历史是可以相互印证的。这是中国的特色。中国古代有"国之大事，在祀与戎"的理念，祭祀和兵器用青铜器曾占居国家文明的重要位置。

全球进入文明时期不仅有很大差异，而且所谓的四大文明古国——古巴比伦、古埃及、古印度、中华文明中，前几个虽时间较早却已经中断消亡；而中华文明虽稍晚，却连续不断直至今天。因此古代材料的大部分内容选择了中国材料的演变，如陶器、青铜、钢铁、造纸、漆器、瓷器等，这既符合历史实际进程，也符合古代文明地域的特征。但古代材料时期的结束，却按照世界历史分期选择了欧洲16世纪文艺复兴结束。因为此前无论在欧洲还是中国，都是一样漫长、黑暗的中世纪。文艺复兴虽然只是一个思想文化运动，但是，它却直接引出了17、18世纪欧洲的产业革命。而产业革命已经是近代材料开始的代表性事件。只有这样选择才能够和世界科技史的进步历程相吻合，也才是符合科技发展的实际情况的。

进入古代文明期，人类经济已经完成了两次大分工：第一次的游牧业与农业的分工，第二次的农业与手工业的分工。所以，与材料发展关系最密切的人类生产已变为农牧业和手工业活动。古代农业和手工业的进步十分缓慢，以此为主要服务对象的材料发展也很缓慢；其次，服务于战争和武器的需要，已是材料的重要内容，相对于农业社会，游牧社会尤其如此。另外，这个时期发生的第三次大分工——职业商人的出现，也对材料技术传播产生了巨大影响，如漆器和瓷器等。

整个古代材料时期，虽然较多地介绍了我国各类材料的发展，但是对于西亚地区在青铜发源和块炼铁发明上所发挥的重要作用，也给出了实事求是的介绍。承认别人的进步是对自己有信心的表现。对于目前流传的所谓中国新的"四大发明"等说法，这里没有给予支持。

中国春秋时期发明铸铁以后，铁器价格迅速下降，性价比大幅度提高，农具遗物大量出现。进入铸铁时代是铁器时代的新里程碑，而且是更重要的里程碑。战国以后中国农业的快速进步，生产水平的快速提高，中华文明在全球范围内中心地位的形成，都是与铸铁为代表的材料技术进步及其在农业生产上的成功应用密不可分的。

2.2.1 夏代青铜器

　　夏 (BC2070 ~ BC1600) 是中国第一个王朝，国际上还有争议，因尚未发现夏朝文字，但夏代青铜器及相关技术，已属于成熟的材料技术，这也是文明时代开始的重要特征。

夏文化的最重要遗址——河南偃师二里头的夏宫城区复原图

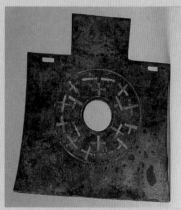

二里头文化
铜钺 约 3800 年前

二里头文化
铜鼎 约 3800 年前

二里头
长流爵
约 3800
年前

二里头
青铜盉
约 3800
年前

二里头文化 绿松石长龙 约 3800 年前

二里头文化 绿松石铜牌饰
约 3800 年前

2.2.1 夏代青铜器

L：夏朝是怎样失去信史地位的，而必须通过考古来证明呢？这还怎么说五千年文明古国啊？都是"疑古派"闹的吧？这就是顾颉刚们的"学术成就"吗？

H：不应该这样说。"疑古派"自有其历史贡献，他们讲究"无征不信"。就是说，没有证据，是不能相信的，有一分证据说一分话。他们曾提出了一个让信古派史学家十分难堪的问题：安阳考古20多年后，甲骨文收集了4000多个单字，居然没有发现一个"夏"字。你说怎么相信这个第一王朝的存在呢？

L：这是真的吗？怎么会没有"夏"字呢？春、秋、冬三个字不是都有吗？

H：确实还没认识夏字。夏商周断代工程首席专家组组长李学勤曾找到了一个可能的夏字，还没有被认可：是日字下面加一个页字。先不说这些吧，能证明夏朝存在过的遗址还是有说服力的。现在不仅是只差个"夏"字的问题，而是差整个夏朝的文字。夏代最主要的遗址是河南省偃师县二里头遗址、河南新密市新砦遗址和登封王城岗遗址。现在的看法是：新砦和王城岗遗址的时间是介于二里头文化与新石器晚期（也称龙山文化时期）之间，刚好补上"夏初"大禹和启的时间。据报道，还发现有青铜器。这样一来，禹造九鼎的传说看来暂时还无法证实。这里展示夏朝的青铜器都是二里头遗址的。

L：那么，二里头遗址相当于夏朝的哪一段时间呢？

H：根据碳14测年，二里头遗址是在公元前1900～前1500期间，除了夏初大禹、启、太康、仲康之外，从少康复国以后开始的各代夏王，都应该是以二里头为都城的。所以在二里头有一个复原的夏都1号宫城遗址。夏代青铜器最引人关注的是鼎，"大禹造九鼎"的传说已经深入人心。图版中的鼎不是大禹造的，但依然有王者风范，古朴庄严，铸造技术上乘。两个小件酒具是"爵"和"盉"，铸造技术更高，有可能采用了多次铸造技术和铸焊技术。形制上有尽量接近陶器的倾向，显示出当时人心尚古，与现在一味追求时髦的风气迥然不同。高端陶器仍深入人心。

L：但是，平民是不可能接触到青铜器的，当时把青铜应当叫做金吧？

H：是的。从材质上看，近期研究表明：二里头各期出土的铜器都是含锡和铅的典型青铜器。最高含锡量达15%以上；最高含铅量达20%以上。金与陶的优劣是判然清楚的。许多文化内容经常反映在纹饰与形制设计上，这时青铜（金）加工技术尚很初级，纹饰简单。兵器是这时的重要器物，可惜，小型兵器如戈、矛、箭镞之类难以见到，也许残损小件当时主要用于回炉重熔吧？金是很贵的。钺是由斧演变而来的，既是兵器也是礼器，后来成了兵权象征，造型威严。

L：绿松石龙以及绿松石铜牌饰都有什么含义？具有特别的意义和价值吗？

H：绿松石当时是一种很贵重的宝石，从远古以来深受人们喜爱。它是含铜和铝的磷酸盐矿物，属高档玉石的一种。我国产量很少，所以稀有名贵。它们的小块经磨制后镶嵌在铜板上。兽面纹小牌饰可能是大臣级别的表记。其他含义尚不清楚。而这里展示的长形绿松石"巨龙"可是个了不起的"超级国宝"。自华夏族逐渐形成了龙图腾以来，这是发现的第一件最贵重、最巨大、最完整、最形象的玉龙制品。长达70厘米，下面有分段铜制底盘。作为中华第一王朝的国宝是当之无愧的。因为出土于二里头文化第二层，处于夏朝中期。松石级别的宝石龙的出现，使偃师二里头成为具有夏朝都城地位遗址的证据更加充分了。专家称："**它的发现，为华夏民族的龙图腾崇拜找到了最直接、最正统的根源。**"

2.2.2　商代青铜器

　　商朝是中国青铜文化辉煌灿烂的时代，可由盘庚分为前后两期，在青铜技术和艺术上有明显不同。前期质朴大方，后期纹饰繁缛，形制、种类多样，可称洋洋大观。

商前期（BC1600～BC1300 年）

杜岭一号大方鼎
约 3500 年前

牛首兽面纹尊
约 3500 年前

涡纹斝
约 3500 年前

兽面纹鼎
约 3500 年前

商后期（BC1300～BC1046 年）

四羊方尊　约 3200 年前

象尊　约 3200 年前

提梁卣 (yǒu)　约 3200 年前

蜀三星堆文化（4800～2800 年前）

青铜纵目像　约 3000 年前

青铜人像　约 3000 年前

妇好
三联甗 (yǎn)
约 3200 年前

兽面纹双面铜鼓
约 3100 年前

2.2.2　商代青铜器

L：商朝是信史了，从公元前 1600 年到公元前 1064 年，青铜器有哪些发展啊？

H：商民族是个有高度文化的民族，建国前后经常迁都。从商汤计算，迁都前八后五之说，即商族约 1500 多年的历史中迁都达 13 次之多。对其原因的分析当然莫衷一是。其中一说很有意思：认为迁都是为了迁就铜产地。且莫论此说能否获得共识，这至少说明铜材料对商王朝的价值。汤定都亳(bó)后为商初期，与夏朝相比商朝礼制更加齐备，青铜礼器比重增加。除鼎之外，尊和斝都是礼器色彩浓厚的器具。商代不仅出土了大量青铜器，也出土了大量铸范，即铸造用模具。可以看出无论在青铜材料方面，还是在铸造技术方面都有了极大的进步。

L：商初的青铜器好像相对朴实厚重一些，而且器具明显增大了，比如鼎。

H：其实最能反映制造技术水平的是斝。斝的壁厚在商初就能达到 0.5~2 毫米，而且三足严格 120 度均分，这些都令现代工程师们赞叹不已。斝等的制造反映出在铸造工艺、制范技术上是非常先进的。就"范"材料而言，当时已有泥范、陶范、石范、地底范之分；在铸造工艺上，现代专家们又总结分类出"分型制模"、"分模制范"、"活块造型"及"纹饰夯嵌"等技术。还有"三分制模法"、"夯出泥范法"、"模上夯范"等实用工艺。这就说明，在精美青铜器的形制设计和纹饰制作上所包含的材料技术是极其丰富的。

L：是啊，我们往往只注意造型纹饰的精美，对于如何制出来的就不太关心了。

H：以上说的还是商前期的青铜器，到了商后期铸造技术就更复杂了。最具代表性的就是四羊方尊了。该器精美绝伦，引起中外艺术家、工程师的齐声喝彩。但是，它的制造工艺也令考古专家、铸造专家们颇费心力地进行过研究和揣摩。据分析，四羊方尊是用两次分铸法铸造的。即先将羊头和龙头单个铸好，然后将其分别配置在外范中，再进行整体浇铸。整个器物用块范法浇铸，一气呵成，严丝合缝，鬼斧神工，不差毫厘，显示了高超的铸造水平。在艺术上，四羊方尊集线雕、浮雕、圆雕于一器，把平面纹饰与立体雕塑融成一体，把器物美与动物形态美结合起来，浑然天成，堪称臻于极致的青铜器典范，不愧为国之重宝。

L：象尊和提梁卣等也都很精美啊！这里有什么讲究吗？

H：这几件青铜器的铸造工艺也都各有特点，就不细说了。特别是象尊为增强纹饰立体感采用了"纹饰夯嵌"等技术。妇好三联甗的设计也很独特，三个甗身的一边安装了类似铰链的部件，甗中食物蒸好后，可以旋转 90 度以上倾倒出去分食。仔细看各甗的双耳位置，都已经为了达到这一目的，做了角度设计上的调整。一些青铜器为了达到铸造的精确性，还注意了液态合金的流动性。

L：原来如此，古代匠人们的聪明智慧真是丝毫不让今人。

H：这里还给出了两个三星堆文化的青铜人像。三星堆文化的起始时间虽然早在夏代以前，但是铸范及铸造作坊的断代表明，青铜器制作年代始于商代前后。三星堆铜器所用铜及铜合金可以分成五种成分：红铜、锡青铜、铅青铜、锡铅青铜和铅锡青铜等。其中又以铅锡青铜三元合金所制造的铜器数量最大。主要使用范铸法浇铸成型，采用了分铸、浑铸和嵌铸法等各种工艺，还大量运用了铸接这种连接技术，并配以套铸、铆铸、嵌铸等复杂高超的工艺。三星堆铜器虽然都具有强烈的本地特征，但是在容器方面仍有中原夏商文化的风格和影响。

2.2.3　西周青铜器

　　西周是中国青铜文化的高峰，包括各种青铜礼器、乐器、兵器、工具和其他日用器。西周期间，青铜冶铸技术继续发展，铜器数量增长，有明显的更新过程。这时期铸造精湛，有造型雄奇的重器传世，且多有长篇铭文，成为研究西周社会历史、文化的重要资料。

西周前期（BC1046～BC841年）

旅父乙觚 (gū)
约 3000 年前

铭文

利簋 BC1046 年

其铭文为武王
伐纣断代做出贡献

折觥 (gōng)　约 3000 年前

著名代表性国宝　西周
青铜技术的标志性作品

大保鼎　约 3000 年前

西周前期（BC1046～BC841年）

鸟文象尊
约 3000 年前

叔牝 (pìn) 方彝　约 3000 年前

勾连纹鼎　约 3000 年前

勾连纹鼎铭文

西周后期（BC841～BC771年）

散氏盘　约 2800 年前

毛公鼎　约 2800 年前
著名国宝 铭文最多青铜器 499 字

散氏盘铭文
357 字

蟠龙盖兽面纹罍
约 3000 年前

2.2.3　西周青铜器

L：我知道，周朝从公元前 1046 年开始；公元前 771 年西周结束，东周春秋开始；公元前 475 年春秋结束，战国开始。这期间的青铜器和材料技术又有哪些发展呢？

H：这是个改朝换代和社会大变革的时代，不仅发生了商朝覆亡的重大事件，材料方面的一个重大变化是春秋期间中国发明了铸铁，由此逐渐开启了铁器时代。在中国盛行了 1500 年之久的青铜时代就要结束了。但是，西周前期的青铜文化还是显示了独有的特点。虽然在最初一段时间，表现出小国攻灭大国的短暂技术下降，但很快在青铜礼器、乐器、兵器、工具和其他日用器等各方面快速发展，并到鼎盛时期。在此期间，青铜冶铸技术继续发展，铜器的数量有较大增长，但从种类上看，也发生了明显的更新、淘汰过程。西周时期有诸多铸工精湛、造型雄奇的重宝传世，而且增加了长篇铭文，这就是后世所说的"金文"，是研究西周社会历史、科技文化的重要资料。铭文多是铸造的，技术很精密。

L：您能举个例子，说明一下金文的重要文化价值吗？

H：图中的利簋就是一个重要实例。"九五"期间，国家重点科技攻关项目"夏商周断代工程"中的核心内容之一，就是确定武王伐纣的时间。利簋的铭文发挥了重要作用。该铭文 32 字，加标点符号后为："**武王征商，为甲子朝，岁鼎克昏，夙有商。辛未，王在阑师，易又事利金。用作檀公宝尊彝。**"经著名古文字学家唐兰等释读结果为："周武王征伐商纣，甲子日早晨夺鼎，打胜昏君，据有商国。第八天辛未，武王在阑师，把铜赏给有司利，利用来做檀公宝器。"利是在辛未这天铸上铭文的，为确定武王伐纣的时间节点起了重要作用。这是该项目核心中的核心，当然还要利用其他证据。最后，在天文历算等方法的协助下确定了武王伐纣发生在公元前 1046 年。再根据文献的商代积年，确定商汤伐桀在公元前 1600 年，是商始；再根据夏代积年，确定夏始于公元前 2070 年。于是断代工程完成。由此可以看出，利簋的价值是何等重要啊！

L：原来利簋铭文作用这么大，那么，利是用什么工具在青铜簋上刻字的呢？

H：古代称合金为齐（音剂）。青铜是铜锡合金，青铜硬度与锡含量有关，含锡越多，硬度越高。青铜簋是食器，用"钟鼎之齐"，是青铜中最软的一种，维氏硬度在 HV300 以下，而含锡高的青铜如"大刃之齐"硬度可达 HV500 以上，可在钟鼎上刻字。此外，硬玉或石刀也可补刻。但实际铭文大多是铸上去的。所谓刻字，是先刻在**预范**上，再转印**模范**上然后铸成。极少数是直接镌刻在青铜器上。镌刻铭文，刀法娴熟，字形壮美，不仅是艺术品，也包含重要材料学内容。

L：无论是刻范还是刻器，刀里都有学问。说明已解决了刻刀材料问题吧？

H：是的。经过短暂的过渡，西周青铜器就赶上了商代的繁华，创造了又一个青铜器高峰，折觥就是一例，极少见的兕形，造型稳重奇特，纹样繁复，装饰富丽，铸造精美，需要极高超的"纹饰夯嵌"等工艺技术。转角和中线铸造透雕脊棱，器与盖也有相同铭文 40 字，确实是代表性的国之重宝。

L：周代青铜器铭文是文字学方面的又一大瑰宝。铭文最多的是哪一个？

H：就铭文字数而言，现藏台北故宫博物院的西周晚期毛公鼎居于首位，499 字，有"金文尚书"之称，是研究周代社会、文化的第一手资料。同院藏散氏盘铭文达 357 字，也堪称国之重器。在大陆藏青铜器中，铭文最多者为河北战国中山王墓的铁足铜鼎，铭文 77 行，计 469 字，也是弥足珍贵的。

2.2.4 青铜兵器农具大观

夏商周三代是中国国家文明发展早期，青铜器的实际用途本应是发展农业生产，但统治者认为"国之大事，在祀与戎"，所以各类兵器的发展迅速。其中钺的体型最大，制作精美、形制各异。兵器以戈矛戟剑为主，农具以犁镰锄铲为主，刀介于农具兵器之间，种类繁多。

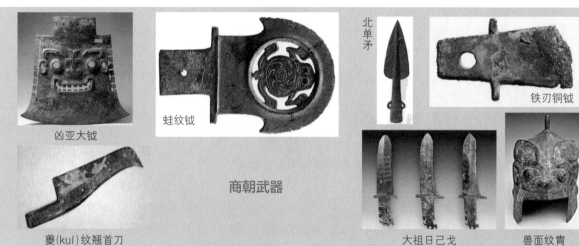

凶亚大钺

蛙纹钺

北单矛

铁刃铜钺

夔(kuí)纹翘首刀

商朝武器

大祖日己戈

兽面纹胄

春秋钺

春秋胄

东周箭簇

战国铍(pī)

战国戟

战国戈

春秋剑

周朝武器

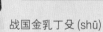

战国金乳丁殳(shū)

商耒(lěi)

商铲   商锄

战国钁(qú)

各朝农具

商镈(bó)

战国镰

战国犁头

战国锄

战国犁铧

战国锸(chā)

东周锄

2.2.4　青铜兵器农具大观

L：从对农业生产和社会进步的作用而言，青铜制农具才是最重要的文物，但文明史以来的夏商周三代出土农具极少，远不如兵器，这是什么原因呢？

H：这是社会制度造成的。有国家政权后，以"祀与戎"为大事。政权来自天命，逐代世袭，故祭祀当为大事，所以礼器为重；戎即战事，兴兵讨伐，镇压反抗，皆赖战士和武器，所以兵器亦为重。小民生计，虽每日都离不开农具、工具，但在掌权者看来，乃小事一桩。即使小民自身，虽仰望王侯巨贾拥有璀璨的金（青铜）器，自己却仍依靠石器、蚌器、骨器也能心安理得。当时青铜称金，并非农耕者皆能有金。纵使有金，亦视之如珍宝，安能入葬以成为后日之文物，身居高位者又岂能以农具入葬？所以农具在考古时常是难得一见的稀罕物。还有一种可能是小件农具常被重熔再铸，期望达到以旧换新。

L：这确实很有道理。夏商周三代刚好是青铜兵器的最繁荣时代，再往后就应当是铁器时代了。代表性的青铜兵器是什么呢？

H：应该是戈。"化干戈为玉帛"的戈。干是指盾。戈是长把武器，以钩的动作构成杀伤力。其次是矛，诗经有"修我戈矛"句，矛是刺杀性武器。再次是戟，戟是戈和矛的结合体。商代后期至周代都铸造连体的戟，以简化武器的制作。这些武器都是集体作战时使用的武器，经常要大量制作，用含锡较高的青铜铸造，以满足硬度较高的需要，特别是在战国后期。春秋后虽然发明了铸铁，但因为脆，被斥曰"恶金"，只能用于农具；而称青铜曰"美金"，才能用于武器。所以整个先秦时期，并没有铁制兵器。块炼铁制钢剑是例外，那是极其罕见的宝物。

L：刀和剑是何时出现的？其用途如何？

H：刀和剑都出现得很早，但刀开始不是专用武器，是通用工具。至今仍有刀耕火种的成语。最初也是农具的一种。商代后期成为短距离作战武器。戈的出现也受到其影响。著名的大祖日己戈就很像刀啊。青铜剑始于商，开始时剑身很短，类似于匕首，也许起源于骨匕。西周和春秋以后，青铜剑的制作逐渐成熟，成为近身武器。铸剑的故事都是出自这时。青铜剑身也加长到五六百毫米。

L：钺的作用是怎样发挥的？它看起来是最威严的。

H：有一种说法，认为它不是从武器演变出来的，开始它只是砍头的刑具。但也有人说钺是从斧演变来的。它不要求太锋利，但要具有足够的韧性，青铜中含锡量不很多。后来它演变成权利的象征，特别是兵权，还保持着刑具出身的威严。后来的钺更像是艺术品，在造型、纹饰上下了很大的功夫，有类似其他国家权杖一样的功能。这里还给出了两种不常见的兵器，一是殳，是狼牙棒类武器的前身；另一是铍，过去误把它当成剑，是长柄双刃武器，比剑厚得多。

L：再讲讲农具吧。夏商周三代早已经完成了农具的专业化了吧？

H：是的。但是近来的研究表明，即使到商周时期，出土农具中，仍然包含着大量的石镰、蚌具、木具等。这说明生产工具的进步是逐渐进行的，有其自身规律。石器、蚌器、木器的大量出土有两个因素在起作用。一是石器等在性价比上仍然具有优势，一时难以淘汰，得以继续使用，生产效率不至于太低；另一个原因可能是青铜农具可以以旧换新，出土自然就少。再有，从青铜锄的形制看，到战国似乎尚未稳定下来，也是农业先民们观望的原因。以至于不到严重影响生产效率时，是不会出手购入"金具"的。"性价比"是难以撼动的价值观啊。

2.2.5　最早的材料设计

在夏商周各代青铜器发展的基础上，成书于公元前6世纪春秋的《周礼·考工记》中载有"金有六齐(jì)，六分其金而锡居一，谓之钟鼎之齐；五分其金而锡居一，谓之斧斤之齐；四分其金而锡居一，谓之戈戟之齐；三分其金而锡居一，谓之大刃之齐；五分其金而锡居二，谓之削杀矢之齐；金锡半，谓之鉴燧之齐"的记述。这正是根据用途，明确性能，根据性能，设计成分的材料设计思想的最早体现。所设计的六齐(6类合金)正是硬度由低到高，韧性由高向低的顺序。青铜文化创造了硬度接近HV500的同时，又有足够韧性的高水平。

商克钟

钟鼎之齐

商后母戊方鼎

斧斤之齐

商妇好钺

商整体戟

戈戟之齐

春秋戈

大刃之齐

春秋越王勾践剑

削杀矢之齐

商镂空宽翼簇

鉴燧之齐

春秋鸟兽纹镜

谁最早发明了金属间化合物?

曾推动1980年代末世界性金属间化合物热潮的日本著名金属学家O.Izumi教授在他的专著《金属间化合物》中指出：早在2800年前中国人就无意间发明了金属间化合物材料。他们所设计的大刃之齐是铜占三份(质量分数75%)，锡占一份(质量分数25%)，这刚好处于已知的$Cu_{17}Sn_3(\beta)$金属间化合物的成分范围之内。毫无疑问，这是人类史上最早的金属间化合物。

2.2.5　最早的材料设计

H：如果现在让你举出一件最心仪的青铜器，你会选哪一件呢？

L：好多名字都叫不出来，有一件商代的司母戊鼎，是我国最大的青铜方鼎，重800多千克；还有越王勾践剑，据说锋利无比，削铁如泥。

H：说得很好！司母戊鼎现在称"后母戊鼎"，是学术界的建议。甲骨文中"后"与"司"写法自由，正反都可以，本无所谓孰是孰非。但经学者研究，以解读作"后"更妥，意为"母后"，所以建议以此为正解。越王勾践剑，几乎妇孺皆知。锋利无比是没错的，但削铁如泥却绝对只是个传说。越王勾践剑有很多把，通常指"鸠潜"剑，鸠潜二字是"勾践"的"通假"或译音。因为当时的越国尚没完全接受中原文化。剑上八字鸟篆是："越王勾践，自作用剑。"下面，我们来讨论一下《周礼》中对青铜成分的说明好吗？这是最早的材料学叙事。

L：我有个疑问，《周礼》不是儒家经典吗？应该是讲礼仪、规矩、礼法、典章什么的，怎么这里还讲与青铜合金成分有关的事情啊？

H：噢，是这样。《周礼》共分"天、地、春、夏、秋、冬"六章，其实是讲六种官员的司职、标准和规则，依此治理天下。其中冬官是管营造的，所以这章就叫《考工记》。传说中，周礼为周公所撰，但从内容看，要晚得多，应该成书于春秋时期。整个《周礼》包罗万象，是周代的百科全书。但内容的核心部分还是关乎礼仪、礼法，十分详尽。好了，我们还是讲材料设计方面的事吧！

L：原来您是要把《周礼》与材料设计联系起来？这倒没有想到。

H：我经常想，当材料越简单的时候，越能看清材料设计的基本要素。比如说石器时期吧。一位先民想把核桃砸开，他要选择工具材料，木棒不行，骨棒也不好，最后他选择了鹅卵石。在这个过程中包含了哪些要素呢？首先，这些材料是他预先记住的，所以第一个要素是记忆；第二个要素是比较，对记住的不同材料性能依据需求做比较，确定优劣；第三个要素是筛分，把不合格的材料筛掉。实际上现代材料设计也是由这几个要素组成的。不过内容更加复杂罢了。记忆环节变成了"数据库"，内容太多了；比较环节变成了逻辑运算；筛分环节变成了"最优化"等等。我们还是分析一下只有青铜一种金属材料时的材料设计吧。

L：材料设计还需要提出任务或目标才能进行啊，这也应是一个要素吧？

H：根据现代材料设计构成，那属于委托方的事情。而这位先民是自己要砸核桃，委托方与设计方同一化了！为什么说《考工记》是最早的、有关材料设计的记述呢？首先，它说"金有六齐"，这就等于说"我们有个材料数据库，内容有限，只有六种合金"；其次它说"有钟鼎之齐……"，这就是说"我的数据库包含用途选择，而且事先已经进行过性能考核，请用户放心"；它还介绍"六分其金而锡居一……"，就是说"本数据库不仅介绍合金的适用范围，而且提供合金配方，并不保密，因本数据库隶属冬官营造建设部，属于国营单位，不以赢利为目的，仅在于求得合理的制作"。

L：在2500年前能提出这样的国家级建设标准，真是太了不起了。

H：但是，关于到底是什么时代的国家标准，还没有定论。《周礼·考工记》成书年代历来争论不休，因为先秦典籍中，并没有《周礼》。但这也不足为证，说不定被秦始皇烧了呢？所以仍众说纷纭，居然还有"成书于王莽"之说。

L：即使是那样，也是2000年前的典籍，仍然是很值得骄傲的。

2.2.6 赫梯文明之谜

近代考古学兴起后，在人们记忆的蛛丝马迹中，找回了古代强国赫梯遗迹，这是个于公元前 20 世纪兴起于小亚细亚的古老文明，曾与强大的埃及、两河文明以及爱琴文明对峙，有发达的农业、制陶业、冶金业。他们在西亚楔形文字基础上发明了自己的文字。赫梯人的重要业绩是发明了"块炼铁"，并于公元前 1595 年一举攻灭古巴比伦王国。

西亚公元前 16 世纪形势图

公元前 13 世纪
赫梯国王金像

赫梯战士石刻像

赫梯楔形文字
1935 年才彻底释读

古赫梯诸遗迹

赫梯都城遗址

赫梯公元前 13 ～前 14 世纪的银器

赫梯石刻

驮勇善战的赫梯人
（现代画）

与赫梯铁骑对峙的埃及
拉美西斯法老(近代画)

2.2.6　赫梯文明之谜

L：有人说，赫梯文明属于人类曾经失去的记忆，为什么会这样说呢？

H：赫梯王国消亡已久，现代人不记得它已不足为奇。因为很多古代文明都消亡了：古埃及、古巴比伦、古希腊等。但这些文明的名字还在。而赫梯却连名字也消亡了，作为一个曾为人类做出巨大贡献的民族，这让人遗憾、感慨。

L：那是什么时候、是怎样又恢复了对它的记忆呢？

H：这个过程十分复杂。简单地说，这是现代考古学的功绩。19世纪现代考古学兴起，一些人还在考察古迹、古物中发了财，所以各色人等到处追寻古迹。1834年法国建筑师特克斯尔来到安纳托利亚半岛（即今土耳其半岛），寻找古罗马时代的一处古迹，却误撞到两处十分雄伟的遗迹，当地人虽然很热情地欢迎了他，但也不知道这是何时的遗迹。经验告诉他，这绝非罗马时代的遗存，要更古老得多，但这疑团却久久未能解开。1872年一位爱尔兰传教士莱特收集到一些经过雕刻的石头，联想到《圣经》上曾提到过古代赫梯人有雕刻石头的经历，便去求助于大英博物馆有关方面的考古专家。

L：既然是专家，大概学富五车，一看便知了，赫梯人可以重现江湖了？

H：没有！专家们说：谁知道赫梯人是否真的存在过？这些雕刻石头也并不系统，没有研究价值。瞧！干脆没理这个茬。到了1887年，埃及传来好消息。在一批当时已认识的西亚阿卡德楔形文字泥板上看到，确实记载过赫梯人。而且另有两块泥板的楔形文字并不是阿卡德文字，从来未见过。不久，1893年再传好消息，在最初发现两处遗迹的安纳托利亚，也发现了从未见过的楔形文字泥板，与埃及那两块一样。最后泥板被认定是赫梯文字，此消息立刻轰动了全世界。从此在全欧洲掀起了破译赫梯文字的热潮。从1905年起，专门研究楔形文字的德国柏林大学温克勒受命研究赫梯文字，他发掘出1万多块泥板，但很遗憾，直到他1912年逝世为止，还未来得及破译。1915年捷克学者赫里兹尼宣称他的破译已取得突破性进展，认识到这是一种印欧语系的文字。在此基础上，继续研究，直到1935年前后，赫梯文字的破译研究才最终完成。

L：哇！太曲折了，也太艰难了。考古学家们也太令人尊敬了。

H：从此世界上出现了"赫梯学"，就像已有的"埃及学"、"亚述学"一样。我国20世纪末的"夏商周断代工程"项目确立后，还专门邀请了我国的"赫梯学"学者参与研究，以期有所帮助。文字能看懂了，事情逐渐清晰了。西亚的两河流域不愧是人类文明最早的摇篮，很多民族都在这里先后创造了灿烂的文化。但是，可惜不仅目前这里战火纷飞，历史上的很多文明也都或中断，或消失。"赫梯文明"就是一个已经在记忆中消失了的文明。古赫梯王国地处土耳其半岛的北部，史称安纳托利亚半岛。公元前20世纪到公元前8世纪曾称雄于此。

L：怪不得我不知道"赫梯王国"呢，连专家们知道的时间也不算长啊。

H：土耳其半岛，安纳托利亚高地是一个历史无比复杂的地方，这里还涉及古代波斯人、希腊人和罗马人的活动，一直可以追溯到7000年前。公元前1950年之前这里是哈梯人居住，此后讲印欧语的赫梯民族来到这里，他们骁勇善战，强悍能干，很快反客为主，成了这里的主人，并将势力扩大到整个半岛。其中一个重要因素是他们特别擅长冶金术，于公元前1800年前后发明了块炼铁技术。

2.2.7　赫梯人的发明——块炼铁

赫梯民族属于印欧语系，既强悍，又聪明。公元前 20 世纪来到西亚高原，制陶业冶铜业发达。公元前 1800 年左右，他们在冶铜术基础上发明了块炼铁，该技术极端保密。制出的铁贵如黄金，是铜的 60 倍。公元前 12 世纪赫梯灭亡，工匠四散，制铁术传播各地。

赫梯人的彩陶器 约3800 年前

赫梯陶冶术

赫梯人金箔及楔形文字约3500年前

赫梯人的青铜箭簇约3500 年前

陨铁制品

2013 年报道了英国考古学家的研究结果：埃及人 约5000 年前的一组铁饰品是迄今发现的最早铁制品，这些铁珠的原料来自陨铁，当时即被视为珍宝。

赫梯人的 青铜剑 约3500 年前

块炼铁制品

赫梯人的铁剑 约3100 年前

块炼铁制品

赫梯人的铁斧 约3500 年前

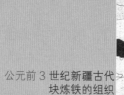

公元前 3 世纪新疆古代块炼铁的组织

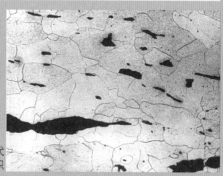

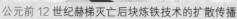

公元前 12 世纪赫梯灭亡后块炼铁技术的扩散传播

赫梯双轮战车石刻

2.2.7 赫梯人的发明——块炼铁

L：照上面所说，公元前 1800 年之前，人类是不知铁为何物了？

H：那倒也不是。2013 年英国考古学家证明，5000 年前的埃及人已经能把铁珠加工成饰物了，而且视如珍宝。这铁珠其实是陨铁，有现代成分分析为证。其中含有较多的镍和钴。铁珠经过锻打而成为筒状，然后可以像其他宝物一样用细线串起来。很多国家都有利用陨铁的遗物，埃及的这些应该是最早的。

L：那么赫梯人发明的"块炼铁"是什么呢？听起来挺拗口。用了什么方法？

H："块炼铁"是中国科技考古学家给取的名字，以区别于我们熟悉的冶炼液态铁的技术。块炼铁是将铁矿石与木炭混合在一起，放入炉中。通过在较高温度（如 1000℃左右）长时间还原的方法，以获得包含一些夹杂物的固态铁的技术。因为全部过程都是在固态下进行的，故称"块炼"。制得的铁呈海绵状，夹杂多而含碳量极低，质地很软。再经炭火加热锻打，除去部分夹杂物，可制成铁器。如果在还原性炭火中反复加热，能够使碳渗入，也能制成"块炼低碳钢"。如果制得了块炼钢，综合性能是青铜所无法比拟的。手执钢矛的赫梯铁骑，所向披靡，威震敌胆，称霸西亚之说，应该是可以相信的。

L：那么，赫梯人是何时发明制铁术的？他们真是靠这个强大起来的吗？

H：赫梯人不仅发明了制铁术，有某些西方学者还认为，铜冶金术，包括青铜冶金术也可能是赫梯人的发明，但是具体情况已难于考证。因为赫梯人是公元前 20 世纪来到安纳托利亚的，此前他们居住何方已不可知。在发明块炼铁之前他们肯定已掌握了青铜冶炼技术，这有青铜制品为证。而块炼铁技术是何时发明的，却极难考证。也许像今天的重要材料发明那样，一直在秘密进行也未可知。根据后来块炼铁生产的极端保密性分析，此说法不无根据。综合各种情况推断，块炼铁技术极有可能是在公元前 1800 年前后（我国夏代）发明的。而伊朗的铜冶炼技术是公元前 4000 年前出现的，赫梯人也应该早已掌握了铜冶金术。

L：这样说来，青铜、铁这两种重要材料赫梯人既然都已先后掌握，是一个了不起的民族，那就应该一直强大下去才对呀，后来为什么销声匿迹了呢？

H：他们确实曾经十分强大。赫梯铁骑在公元前 1595 年一举攻灭了曾出现过汉谟拉比这样的著名法治君主的古巴比伦王国，将巴比伦城完全捣毁并洗劫一空。赫梯铁骑与埃及王国也对峙多年，战事不断。公元前 1284 年双方经过惨烈的战争，终至两败俱伤，最后签订了公元前 1270 年合约。"赫梯文明"重现前，在埃及和赫梯两处，先后发现的那两块泥板就是这个合约的文本。

L：这么强悍的民族后来为什么这样快就灭亡了呢？

H：战争消耗，经济衰退，贵族腐败，残酷统治引起的民众反抗，以及海上民族的崛起等诸多因素造成了赫梯王国的衰弱，公元前 1182 年终于被亚述王国攻灭。值得一提的是，在开战前亚述还是通过间谍，先盗取了赫梯的绝密武器——块炼铁技术，使其铁制武器优势丧失后才进攻的。公元前 8 世纪，后赫梯也终于灭亡。

L：一个称雄了近 800 年，在冶金、材料方面都取得过辉煌成绩的强悍民族，终至消失得无影无终，难道材料技术秘密的存废真的能决定国家的兴亡吗？

H：这确实令人感慨，"其兴也勃焉，其亡也忽焉"。看起来，赫梯的兴亡似乎与制铁秘密之间有某种关联。但这是一种过度的解读。技术保密会妨碍多人智慧发挥，块炼钢效率一直很低。但是，赫梯人的命运绝非单纯由材料决定的。

2.2.8 中国最早的铁器

最晚在公元前 8 世纪西周末年（公元前 771 年前）中国境内已出现铁制品，春秋期间（公元前 770 ～前 451 年）铁器大量出现，不仅有块炼铁、块炼铁渗碳钢，而且有铸铁出现。

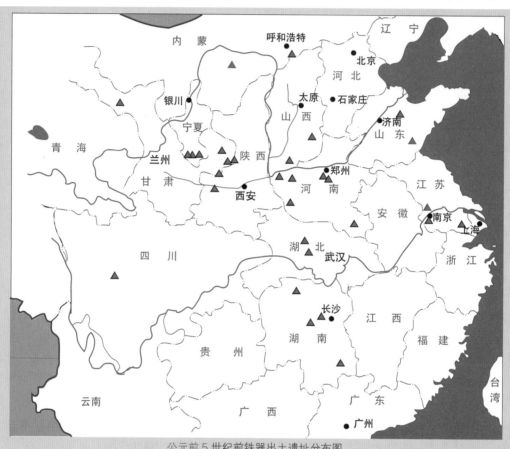

公元前 5 世纪前铁器出土遗址分布图

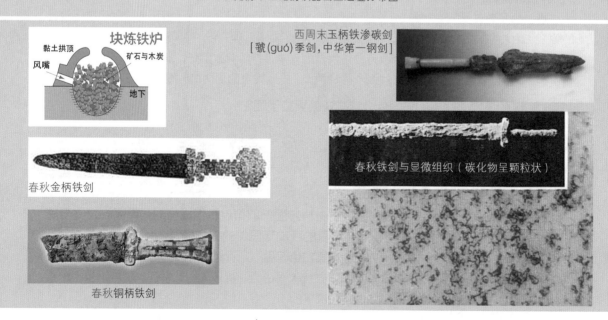

块炼铁炉
黏土拱顶
风嘴
矿石与木炭
地下

西周末玉柄铁渗碳剑
[虢(guó)季剑，中华第一钢剑]

春秋铁剑与显微组织（碳化物呈颗粒状）

春秋金柄铁剑

春秋铜柄铁剑

2.2.8 中国最早的铁器

L：西亚那么早就使用了块炼铁，中国是何时出现铁器、进入铁器时代的呢？

H：最早在商代（约公元前 1300 年前）已经有应用陨铁的记录，在前面青铜兵器大观部分提到，河北藁城出土的青铜钺已经锻接上了陨铁刃，这说明那时的先民已能认识到铁和铜皆属于金，而且性能更好，所以才把它用在了"刀刃"上。说起来辨认出这是陨铁，而不是人工冶制的铁还是费了一番周折的。

L：是啊，都是铁，怎么才能看出来是陨铁呢？而且已经锻接过了。

H：你说得对。陨铁如果未经锻造，其组织有特殊的花样，称魏氏组织。这在还没有金相学之前的 1820 年就已经知道了。现在陨铁已经锻造过了，为了研究明白此事，考古学大师夏鼐特邀北京科技大学著名材料物理学家柯俊进行鉴定。柯老亲自动手，用电子探针、光学显微镜、荧光 X 射线等分析手段检测，首先发现铁层十分纯净，无夹杂，这是陨铁特征；其次铁中含高量镍、少量钴，也是陨铁特征；更重要的是在锈层中发现了镍的分层分布，这是天体超缓慢冷却造成的特有的平衡相成分分布造成的。千古之谜一朝解开，留下一段佳话。

L：陨铁虽然也是铁，到底是天上掉下来的。我国先民是何时冶炼出铁来的？

H：最迟西周末年就出现了用块炼铁法制的玉柄铁剑——虢季剑。到公元前 5 世纪的春秋时期出土铁器更多，如图所示，著名遗址四十几个，共出土铁器近 300 件。不仅有块炼铁法制备出的锻造制品，还出现了铸造的铁制品。

L：图中给出了 4 把宝剑，金柄、玉柄、铜柄和已失柄的各一把。这是否说明先民们十分看重这种新认识的金属，不然何以用金、玉等贵重之物与其相配呢？如果仅仅是含有夹杂的海绵铁的锻造物，恐怕没这么大的魅力吧？

H：你说得很对。如图所示，块炼铁炉很简单，被称作碗式炉。在地上挖一个碗形大坑，砌上拱顶，留出风嘴、料口就行了。因为炼出的铁是固态的，与渣滓是混在一起的。所以炼好一炉后，要扒炉取料，重新再炼。这样成本既高，效率又低。还记得赫梯人的铁贵如黄金吧？当然，铁之贵不仅与扒炉取料有关，还与炼好之后的反复锻打有关。而锻打又不仅为了成型和细化夹杂物，还有一个更重要的目的，那就是增碳。这个技术只有高级工匠才能掌握，技术秘密都在这里。有经验的工匠会看火候，即掌握了还原性气氛的特征。龙山文化的中国匠人制造蛋壳黑陶阶段也掌握了类似秘密。在还原性气氛下反复加热，会使块炼铁渗碳。碳含量如能达到 0.25% 以上，其综合性能包括硬度将远超过青铜。对于剑这样的薄件来说，这是完全可能的。在古代，能掌握这一技术的工匠寥若晨星。这正是为什么欧冶子、干将、莫邪是千载难逢的铸剑名家的原因。

L：春秋铁剑的显微组织中看到了细颗粒的碳化物，这能看出些什么呢？

H：能够看出的问题很多。第一这个组织可以说明块炼铁法是能够制出渗碳钢的，组织表明碳含量已经达到很高，约达到了 0.3% 以上；第二可以看出反复锻造都是在较高温度下进行的，碳化物已长大到较大的尺寸；第三说明工匠没有实施锻后淬火，锻后空冷已经可以达到较高的硬度和足够的韧性，这已经达到了对钢的主要力学性能要求。这种含碳量的钢淬火处理非常困难：温度必须足够高、淬火速度必须快。古代钢中夹杂物多、缺陷多，极易因此开裂。不恰当地选择淬火，固然可以得到更高的硬度，但开裂的危险明显增大。工匠深知此中得失，所以没有选择淬火既是安全之策，也是高明之处。

2.2.9　中国人的发明——铸铁

　　春秋战国时期（公元前770～前314年）冶铁技术出现了重大变革，不再只能获得块炼铁，在铸铜技术基础上，发展出可冶炼液态高碳生铁，即铸铁的技术。可以直接铸造各种铁器。再通过热处理大幅度提高材料性能，为大幅度提高农业生产效率创造了条件。

春秋楚墓的白口铸铁鼎

战国铸铁铲

春秋铸铁锄

战国农具

战国三齿镬

战国铸铁锄

春秋战国期间的炼铜操作（现代泥塑）

春秋早期铸铁的显微组织——过共晶生铁

战国农具铸造用铁范

北京市 辽代冶铁竖炉遗址

铸铁韧化

战国铁铲的显微组织

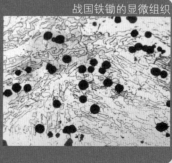
战国铁锄的显微组织

2.2.9 中国人的发明——铸铁

L：您在上一节说道，春秋时期出现了铸造的铁，这岂不是说发明了铸铁吗？

H：正是！所以，这一节要大书特书：中国人发明了铸铁，即生铁。这是有史以来最硬的一种人造材料。人类用铁有三个里程碑：第一是赫梯人发明块炼铁，可从矿石中取铁；第二是中国发明冶炼生铁术，可以大量生产高硬度铁；第三是后来贝塞麦发明转炉炼钢，可以大量生产钢。硬度是工具的第一位的性质，石器硬度可以很高，但太脆，难加工，后被青铜取代。可见工具第二位性质便是韧性，铸铁以最高的硬度和适当的韧性及高性价比取代了青铜。如用"维氏硬度HV"表示，纯铜小于HV100，青铜可达HV300~500，铸铁则可达HV800以上。发明铸铁后不久或几乎同时，中国还发明了控制铸铁脆性的"柔化技术"。

L：先说发明铸铁吧。西亚冶金水平很高，为什么是中国先发明了铸铁呢？

H：这个问题很难回答，因为因素太复杂。但可能的原因有：一是中国制陶业水平最高，最早掌握了气氛控制；二是从夏至西周1500年的连续高度发达的冶铜业，具有提高炉温的丰富经验，特别是向炉内鼓风的技术。终于在公元前6世纪创造了竖炉冶炼液态生铁的技术。因熔制时的增碳，铁的熔点得以大幅度下降，以致成为液体。这很可能受到了铜冶金的启发。炼铜术与竖炉冶铁工艺的思路几乎完全相同。这是一种可以连续生产高碳铁水的方法，这种方法在20个世纪之后才在欧洲出现。而对于竖炉炼制生铁发明于中国，国际上毫无争议。

L：那么铁中的碳已经增加到了什么程度呢？还能够使用吗？

H：根据近年北京科技大学学者们的研究，春秋初年山西的残铁片是过共晶白口铁，含碳量已超过4.5%（质量分数），是含碳极高的生铁，极脆。《管子》（相传春秋时齐相管仲著）称生铁为"恶金"，只能用于农具。青铜才是"美金"，适于制造兵器。这也反映出连续生产的生铁成本不高，农民买得起。由于生铁可铸造成实用农具，所以又称铸铁。按现代说法，含碳超过2.0%（质量分数）的铁碳合金都可称铸铁。春秋后期已经有了用铸铁制的铁锄，战国铁锄已大量使用。这是提高农业生产效率的伟大事件，是当时中国材料技术跃居世界首位的重要标志。

L：您开始时就讲了控制铸铁性能的技术。是怎样解决铸铁太脆问题的呢？

H：在长期实践中，工匠们已经能悟出碳含量与硬度、脆性之间的关系，这在块炼渗碳钢的冶制过程中，也能积累出类似的经验。但还不知道用什么办法可以控制竖炉铁水的含碳量。对于用竖炉铁水铸成的农具等进行性能改进，工匠们是下过很大功夫的。所谓柔化技术，用现代语言讲就是热处理技术，主要是退火。当时对热处理所取得的效果虽然不能定量表征，但工匠们却有办法进行有效的判定。比如，用硬的石块刻画测试硬度；对于小的铸件，可以采用破坏性试验测试其韧性等方法。现代科技考古工作者，通过分析铸铁的微观组织，清晰地判定了当时柔化处理显著效果的原因：包括碳化物的石墨化、石墨的球化等。

L：那么，应该怎样评价铸铁柔化处理的意义呢？这个意义很大吗？

H：意义非常巨大。战国铁铲与铁锄的柔化处理产生了惊人效果，柔化处理铸铁是当时最先进的结构材料，有最宽的硬度范围、最好的综合性能、最高的性价比。作为农具，综合性能和性价比都远高于青铜，使中国的农业达到了世界最高水平，也使中国的材料技术从此超过了最早发明冶金术的西亚，成为全世界最先进的地区。尽管武器仍在使用青铜，但在全球率先开启了真正的铁器时代。

2.2.10 发明生铁脱碳钢

中国从春秋时代发明铸铁以来,几乎同时发明了铸铁韧化技术,使铸铁在提高农业生产效率方面发挥了划时代作用。其后经过 200 ~ 400 年的实践,又创造出生铁脱碳制钢新技术,使铁器材料又上了一个新台阶。这是柯俊等在材料史研究方面取得的新成果。

中国材料物理学家 材料冶金史学家
柯俊(1917—)

河南郑州
古荥河遗址
出土西汉铸板

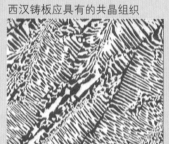

西汉铸板应具有的共晶组织

西汉铸板的实际组织

河南南阳出土 西汉铸造铁刀

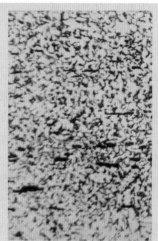

西汉铁刀不同部位的显微组织,显示已经过锻造

河南渑池出土
魏晋铸造斧

河南渑池出土魏晋铸造斧不同部位的显微组织,显示出各处有不同的含碳量,最低处含碳仅约 0.3%。

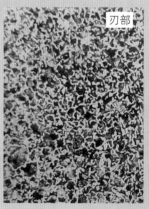

刃部

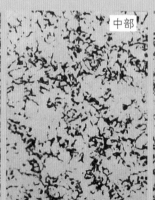

中部

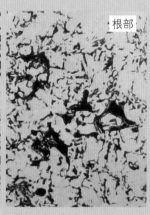

根部

2.2.10　发明生铁脱碳钢

L：生铁脱碳制钢是什么工艺？是固态的吗？怎么过去从来没有听说过？

H：是的！这实际上是一项新的科技考古研究成果。中国铁器时代走的是一条与西亚和欧洲完全不同的路子，块炼铁对中国的影响似仅限于到春秋时代为止，不超过 500 年。中国从春秋时代起又走出了另一条冶炼液态生铁的技术道路。而且几乎同时进行了铸铁柔化技术的研发，使铸成的铁器可实现韧化。作为一种远优于青铜的材料，在农业生产上发挥了巨大优势，成为促进社会进步的伟大力量。近年来，由柯俊院士领导的北京科技大学冶金与材料史研究所的专家们，经研究考证出：生铁铸件不仅可以通过退火处理，实现消除铸造应力、碳化物分解和石墨球状化等过程，进而实现铸件韧化；而且铸铁件还可以通过在氧化性气氛中的脱碳，由高碳的生铁转变成低碳钢，实现了对我国铁器时代内容认知的进一步丰富，完成了对我国古代"铸铁固态脱碳制钢"工艺的新发现。

L："铸铁脱碳法制钢"应当是现代考古学者的称谓吧？有哪些证据呢？

H：铁器文明的最高潮是"钢文明"。或者说，"钢才是最好的铁器"。中国人发明冶炼液态铁时，已经创造了最高的冶金温度——1200℃以上。借助于燃料碳向铁中的溶解，实现了铁的熔化，这个创造是非常了不起的。比西亚、欧洲早了近 20 个世纪。而且，中国并没有在这里停步，而一直在向"钢文明"方向迈进。"脱碳法制钢"有很多证据。图中西汉中期的厚度为 4 毫米的铸铁片，经过退火后，碳含量已经只有 0.1%~0.2%，显微组织已显示主要由铁素体构成。

L：但问题是，当时工匠们只知道高温长时间退火后硬度低了，不脆了，并不知道究竟得到了什么？是球墨铸铁，还是低碳钢？这能算发明吗？

H：有经验的工匠能够区别究竟得到的是球墨铸铁还是低碳钢。不要忘记，他们手里的工具——锤子，它也是检验手段。经退火加热成为球墨铸铁后是不能锻造的；而低碳钢是可以轻松锻造的。所以，虽然工匠无法知道柔化铸铁内究竟发生了什么组织变化，但是，他知道这是两种材料："这是不能锻的，你拿回去只能就这么用了；这个是能锻的，很宝贵呀，你拿回去打剑吧，别忘了用炭火埋起来加热，打好了别忘了弄点马尿淬火！"你能说这不是发明吗？

L：是发明！但是干吗用马尿啊？用水来淬火就不行吗？

H：行！古代工艺往往带些神秘色彩。但也不是无稽之谈，尿中有碱，能提高冷却速度，更容易实现淬火。但是，这项发明确实还是受到一个因素的制约，那就是生铁中的硅含量。各种因素如果导致硅含量过高时，退火时首先发生的不是脱碳，而是碳化物的石墨化，石墨化后生铁虽可软化却仍不能锻造。古代工匠不知道这些，使这种发明更具有一些神秘性质。随着生铁冶炼温度的提高，硅含量会提高，脱碳制钢法便逐渐难于施行了，尽管这是一种简便的方法。

L：那么脱碳制钢法一共应用了多长时间呢？有记载吗？

H：这是一项现代研究结果，不会有记载的，而且是一种成功率很低的神秘方法，从西汉到魏晋用了四五百年吧，到炒钢法广泛应用为止。图中魏晋时期脱碳制钢实例显示了铭文，是铸造的无疑。但各处组织含碳量均小于 0.6%。其中刃部碳含量最高，中部和根部越来越低。这样含碳量的铁熔点高达 1500℃以上，当时绝对无法冶炼，应可确认属于生铁脱碳法制造。有趣的是：最薄的刃部碳含量最高，根部最厚而碳含量反低。工匠手段之高超，真有神鬼莫测之机。

2.2.11　发明炒钢

　　最迟在与汉代发明生铁脱碳法制钢的同时，还兴起了利用液态生铁制钢的另一种形式——"炒钢"技术。这是利用熔化态生铁制钢的最初探索。与铸铁器件脱碳制钢法不同，这是在大量制取低碳铁基材料方面的一个伟大的技术进步。

此图为《天工开物》原图，仅说明文字改成简体、横写

撒潮泥灰

此管流出成生铁流入方塘

堕子钢

板生铁

明代科学家　宋应星
（1587—1666）

明代科学家宋应星在名著《天工开物》卷十四中以"生熟炼铁炉"为题，形象介绍了炒钢过程。

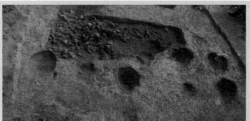

四川蒲江古石山
西汉冶铁遗址
炒钢炉址7座

炒钢过程的现代泥塑

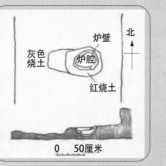

北

炉壁

炉腔

灰色烧土

红烧土

0　50厘米

河南巩县西汉冶铁遗址炒钢炉的剖视图

2.2.11　发明炒钢

L：中国是何时发明炒钢法的呢？与脱碳制钢法相比，哪个意义更大呢？

H：当然是炒钢的意义更大，它的成功率是百分之百。应该说明，"炒钢法"也是现代人给起的名字。此法约始于西汉中期，公元前1世纪。东汉《太平经》卷七二云："**使工师击治石，求其中铁烧冶之，使成水，乃后使良工万锻之，乃成莫邪耶。**"这是对炒钢的最初概略叙述。治石即铁矿石。采铁矿石炼成铁水，然后万锻之，便成莫邪宝剑之钢。万锻之前，语焉不详。但必须使铁水中的碳降下来，方能万锻。根据各地出土的炒钢炉形制，和明代科学家宋应星的详细图解，现代对这种炒钢古法的一般性说明是：使竖炉冶炼生铁水或重熔生铁水流至一浅炉内，以木棒等用力搅拌铁水，使之与空气尽可能接触，以氧化掉其中的碳，直至凝固。由炒钢法可制成熟铁分析，搅拌时由于碳的氧化放热致使铁水降温较慢，所以可维持较好的降碳效果。但因降碳使铁熔点升高，渣铁分离较难，逐渐成渣铁混合的钢块。《天工开物》曾指出"加入潮泥灰"，对此有不同解读。有认为是加入铁矿石粉参与氧化者；也有认为是加入溶剂便于渣铁分离者。与脱碳制钢相比，炒钢法意义十分重大，已成为近代炼钢术出现之前的主流制钢方法。

L：原来是这样啊。那欧洲是什么时候使用炒钢法的啊？

H：欧洲用炒钢法生产熟铁（即可锻铁）始于18世纪后期，英国的考特对炒钢法做了重大改进。一直用到19世纪中期贝塞麦发明转炉炼钢为止。中国古代一直应用炒钢法，到明代已经成为世界上的第一产钢大国，年产3万吨以上。

L：应该怎样评价炒钢法发明在铁冶金技术进步上的价值呢？

H：先说一点，钢与青铜的情况十分不同。早在西汉之前500年的春秋时期，就已经对青铜合金成分有了清楚的认识，并且知道了合金成分与性能之间的关系。但在汉代，人类还不能认识到钢是一种由铁和碳构成的合金。炒钢是在第一不懂得铸铁和钢的成分，第二没有可能达到纯铁熔化温度的情况下，制取钢这种高熔点材料的最聪明方法。不仅实现了材料成分控制，而且有较高生产效率，质量可满足需要。在现代，人们通常把由矿石直接制钢的工艺叫一步冶炼或直接冶金法；但主流方法却是先由矿石冶炼成生铁，再由生铁冶炼成钢的两步冶金法。炒钢生产过程实际上也分为两步：先炼生铁，然后再炒炼成钢。因此，从这个意义上说，炒钢是2000年前就已出现的两步冶金法，是具有划时代意义的重大事件。它不仅使我国早在2000年前就实现了低碳钢的生产，并且实现了广泛应用，促进了社会生产力的大发展，更是对我们今天冶金技术的古老启示。

L：既然如此，这里为什么没有专门介绍炒钢法的产品实物呢？

H：问得好。汉代以后的各代生产的钢制品，基本上都是炒钢实物。如果特地要证明是炒钢法实物，而非其他方法的制品，比如，并非块炼渗碳钢、灌钢等，那又不是一件很容易的事。不过，据介绍，1978年在江苏徐州出土的一把东汉建初二年（公元77年）的"五十涑（炼）"长剑；还有1974年在山东苍山出土的钢剑，东汉永初六年（公元112年）的"三十涑"大刀。都是经科学鉴定，是以炒钢为原料，经多次反复加热折叠锻打而成的实物例证。下一节"百炼钢与灌钢"中还有"五十涑（炼）"宝刀的显微组织，可供参考分析。铸铁固态脱碳钢由于是经过液态冶炼的铸铁再经长时间固态退火制得的，与炒钢相比，组织中的夹杂物应该少得多，这应该是一个易于鉴别的特征。

2.2.12　百炼钢与灌钢

汉朝以来,中国在不断为生铁的进步而努力,在向"钢"迈进。但"钢"字却迟迟没有出场,许慎《说文解字》未收钢字可为证。钢字最早见于魏晋,《晋书》中已用钢字描述高性能铁基材料,有"百炼钢刀,名冠神都"之说。《梦溪笔谈》中详细描绘了百炼钢的生产过程。南北朝时有了"灌钢"记载。其原理是锻合生铁与熟铁,使含碳量趋于均匀的制钢方法。

中国北宋科学家　沈括
（1031—1095）

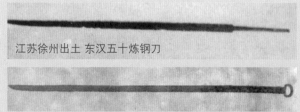

江苏徐州出土 东汉五十炼钢刀

山东苍山出土 东汉环首三十炼钢刀

东汉环首
三十炼钢刀
显微组织

"三十炼"之隶书

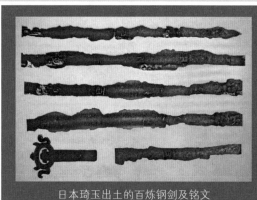

日本琦玉出土的百炼钢剑及铭文
（含东汉灵帝年号"中平"）

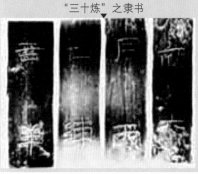

东汉环首
三十炼钢刀
错金隶书铭文

綦毋怀文是我国正史记载的冶金学家第一人。生活于南北朝时期的东魏和北齐,曾任北齐的信州刺史。《北史》和《北齐书》对綦毋怀文的灌钢法做了最详细的记载。

中国北朝冶金学家　綦毋怀文
（生活于公元 6 世纪）

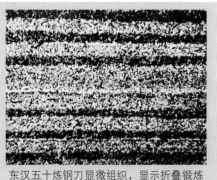

东汉五十炼钢刀显微组织,显示折叠锻炼

北京出土东汉铁斧的显微组织,显示曾折叠锻炼。

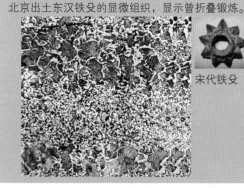

宋代铁斧

2.2.12 百炼钢与灌钢

L：已出现了关于钢的多种说法：脱碳钢、炒钢，再加上百炼钢、灌钢。您说这些都是相互并列的说法吗？是同级别的概念吗？

H：我认为不是。如果与现代材料学、冶金学相比较，炒钢属于液态生铁炼钢，与现代"炼钢"一词相当；百炼钢属于固态下的组织细化和均匀化；而灌钢则属于固态碳扩散和成分均匀化。概念含义和工艺层次是不同的。虽然铁器时代一直向着"钢文明"前进，但"钢"这个字却迟迟没有出场。在炒钢发明后二三百年间，依然在使用铁、熟铁、"鍒"、"鍒铁"等字样，东汉许慎于公元121年完成的《说文解字》中，并没有收入钢字，仅收入了鍒字，解释为柔软的铁。

L：我听说《列子》汤问篇中有"**练钢赤刃，用之切玉如泥焉**"之句。这岂不是说战国时代已有"钢"字了吗？《列子》和《说文解字》到底谁对啊？

H：战国道家列御寇著《列子》在秦始皇焚书后已经失传。据考证，现在看到的《列子》是晋朝人的伪作。"钢"字最早出现在《魏文帝（曹丕）乐府》中，有"**羊头之钢**"句。但这个"钢"字与"刚"相同，其义仅仅是坚硬，与材料名称并无关系。《晋书》中开始有"**百炼钢刀**"的记载。到了北宋，沈括在《梦溪笔谈》卷三中则对"百炼钢"工艺给出了详细说明，称"**锻坊观炼铁，方识真钢。凡铁之有钢者，如面中有筋，灌尽柔面，则面筋乃见**"，还讲到"精铁"锻炼一百多火，一锻一称一轻，待到斤两不减，就变成"纯钢"了。这里所说一百多火并非真能做到。实际上三十炼（古字湅），五十炼已是宝刀。每一炼都是折叠起来，再锻一遍，起到均匀成分、破碎夹杂物、细化晶粒的作用。日本曾出土多把有铭文的中国百炼钢刀或钢剑。图中的一把有东汉灵帝年号中平（公元184～189年）。可见百炼钢只是指固态下的操作。

L：看来百炼钢历史久远，确为精炼，并不涉及生铁熔化事。那么灌钢呢？

H：灌钢的概念出现得更晚些，也称团钢，也是一种把生铁制成钢的方法。最早见于南朝梁代一位著名炼丹家陶弘景的记载，北齐綦毋怀文也制作过灌钢刀。关于灌钢古法，说法不一，反映了实际做法的不同，但都包括用生铁和熟铁两种原料，而非生铁一种；另外，多数说法是只在固态下操作，但也有少数说法称，加热时直到生铁熔化为止。可见使生铁和熟铁含碳量均匀化才是要义。

L：这里的"炼"字该如何理解呢？好像与现代的炼字含义不一样。

H：你说对了。现代的炼字是指液态下的行为，古代则把锻打也称为"炼"，这是需要注意的。最典型的灌钢操作是把生铁包裹在熟铁之内，还可以用泥封好，以尽可能防止氧化。在加热中生铁里的碳向熟铁中扩散，使生铁和熟铁的含碳量相互接近，而且都变成了可以接受锻打的程度。在反复折叠锻打中，成分更加接近，最终生铁变成了含碳较高的钢。成语百炼成钢说的就是指固态锻打。

L：灌钢是最后出现的炼钢术，您认为它的最大价值在哪里呢？

H：我认为在于对含碳量的认识与控制。灌钢匠人们已经朦胧地意识到，生铁里有一种东西是熟铁里没有的，又是生铁里多余的，把它们均匀一下就能制成钢。清朝初年的苏州灌钢匠人们甚至懂得，把熔化的生铁淋在熟铁上也能制钢，这说明，实际上工匠们已明白了生铁多余的碳可以直接转给熟铁的，这是认识的巨大进步。这也说明认识清楚钢的成分本质是一件多么困难的事情。

2.2.13 古代何以为衣？

对人类的衣食住行中的衣，天然纤维一直占据重要地位，从新石器时代以来一直是文明史的重要组成部分。而我国天然纤维又有自己突出的特点，它与一种昆虫——蚕有密切的关系，在葛、麻、丝、毛、棉中所居地位十分显要，形成了独具特色的丝绸文化和衣文化。

史前天然纤维利用遗迹

世界最早的纺织品遗存
法国洞穴纺织物 约 15000 年前

河姆渡文化
陶纺轮
约 6800 年前

大汶口
陶器麻织底纹
约 5500 年前

河姆渡文化
蚕纹象牙盅
约 7000 年前

浙江湖州钱山漾 丝织绢
公元前 2750 年

湖南城头山 麻布 约 6000 年前

河北藁城 商代 丝织品痕迹

新疆且末
西周
毛织套头裙

战国楚墓 龙凤绢

陕西宝鸡 西周 丝绣痕迹

新疆楼兰 东汉 织锦

长沙马王堆 西汉 帛画

新疆尼雅 东汉 印花棉布菩萨

2.2.13 古代何以为衣？

L：天然纤维材料的最重要价值应该是解决"衣食住行"中的"衣"吧？

H：我觉得不是。对天然纤维的需求、利用要早得多，用途也重要得多。有一种现代观点认为，人类是在 5000 年前才知道穿衣的，其根据就是牛河梁女神庙的女神都是裸体的。而女神庙的时间刚好是在 5000 年前。这种说法也合于《尚书大传》所言，"**黄帝始制冠冕，垂衣裳，上栋下宇，以避风雨**"的古史传说。黄帝距今也是 5000 年左右。但是，大量新石器考古结果证明，从早得多的时间起，人类就已注意了纤维材料的重要价值。新石器时期石斧、骨耒耜等工具的连接固定，捕鱼的网，有可能更早的弓箭的弦等，都离不开纤维材料。这些都直接关乎人类的生存、生产，比衣服要更为重要。只是，纤维材料难抵御数千年风雨侵蚀、土掩虫蛀，极难保存下来，考古发现难度比石器、金属器要大得多。

L：到后来，天然纤维材料确实成了衣裳的原材料，这也是不争的事实吧！

H：倒确是事实。但与前面的讨论也并不矛盾。不过我却不能同意衣服只有 5000 年历史的说法。外国的考古结果就不说了。河姆渡、仰韶文化遗迹都发现了大量纺轮、骨梭等工具。湖南城头山遗址的麻布，以及葛布碳化遗迹等都远超 6000 年。黄帝虽然是中国人文初祖象征，但是无征不信的原则高于象征，考古只相信证据。猜想是可以的，但是必须有切实的依据。

L：那您猜测是何时有了衣服的呢？比 5000 年能早多少呢？

H：衣服的出现应该是逐渐的，由小到大的。从原始人的生殖崇拜分析，最初的需要是保护最重要部位，后来逐渐扩大。我猜测，从新石器早期农业产生，先民开始聚居，就有了最初的衣服。这应该是 9000 年到 1 万年前的事情。当然有了衣服不等于就有了纤维材料制品。那时的衣服可能是藤条、树叶、兽皮之类。新石器时代中期有了纺轮、骨梭，可以纺纱织布，衣服的水平才逐渐提高。最先出现的纤维材料应该是葛和麻。从河姆渡文化起，开始养蚕，有了桑蚕丝纤维。所以比较可靠的估计，应该是新石器文化的中期，7000 年前开始有了衣服吧。

L：但是没有这个时期的纤维材料制品的遗存证据啊，这比较遗憾吧。

H：见到这种遗存太难了。但作为佐证，蚕的玉器倒非常多见。红山文化时代就有玉蚕。河姆渡文化也有蚕的雕刻。可见这是一种为历代先民喜欢的昆虫幼虫。在万物有灵的时代，蚕一定是被奉为神明的。据权威专家考证，甲骨文中关于祭祀蚕神的卜辞有四条之多。而蚕神历代均极受信奉。直到现在民间还流传着很多要爱护蚕的神话传说。借助于蚕，中国创造了世界闻名的丝绸文化，也有了相对应的"敬蚕、爱蚕、护蚕文化"。

L：毛纤维的利用历史也很悠久，是不是应该与羊的驯化同时发生的啊？

H：应该不是。羊的驯化说法虽然多种多样，与地域和羊的种类也有关系，时间应在 1 万年前到 5000 年前不等。但最初人们关心的是长的植物纤维，这种短纤维应该是纺丝技术相对成熟之后才能被注意到的。

L：棉花是什么时候开始使用的呢？它的纤维也不算长啊？

H：棉花的种植最早出现在 7000~6000 年前的印度河流域。但对于中国来说，棉花是由外国传入的。秦汉之后由多条路线传入我国。东汉时期新疆尼雅地区的印花棉布应是我国已发现的最早棉织品。由于纤维短，也要求成熟的纺纱技术。我国中原地区使用棉花更晚，到宋元时代才获得普遍应用。

2.2.14 古老的高分子复合材料——漆器

漆器并非现在为防腐而涂漆的器物，它是由天然大漆与内胎共同构成的器物，是一种复合材料构件，是中国人的独特创造。漆器工艺复杂，品类繁多，以优越的性能、华美的外表而深受各代先民喜爱，从史前延续至今，后传到韩、日等国。

河姆渡文化
朱红漆碗
约 7000 年前

商末漆陶
约 3100 年前

二里头文化
漆陶
约 3800 年前

**战国之楚
漆器繁荣**

战国
彩绘描漆豆

楚国漆园吏　庄周

**秦汉期间
漆器高峰**

秦
彩绘兽首凤形勺

西汉马王堆
云纹漆鼎

西汉马王堆　具杯盒

**唐宋明清
继续发展**

南宋　剔犀执镜

明　剔犀如意云纹六方执壶

2.2.14 古老的高分子复合材料——漆器

L：漆器不就是往物件上涂漆吗？涂了漆的物件就可以叫做复合材料吗？

H：不是你说的那样。首先，漆器确实是在胎器上涂漆，术语叫**髹漆**。胎器可以用木、竹、皮革等制作，最早还包括陶器。但这漆必须是漆树皮下流出的汁，谓之漆汁。漆汁是一种天然高分子材料。其主要成分为漆酚、漆酶、树脂质和水，干后成为坚硬的膜。漆汁中可以调入矿物颜料，形成各种颜色，但以朱红和黑色最常用。为什么称它作复合材料呢？是因为漆层有足够的厚度，与现代的很多涂层做个比较：现代涂漆或其他涂层的厚度是微米量级；漆器的大漆层厚是毫米量级，差3个数量级，这是其一。其次工艺不同，髹漆次数少则数十次，多则数百次，才能得到高质量漆层。还有最关键一点是与胎器之间的关系。典型的、标志漆器成熟的是"夹纻胎"的形成。夹纻胎又称"脱胎"，纻即麻布。制胎是先以木或泥做成"内胎"，再以涂过漆灰的麻布在内胎上裱糊若干层，待干实后去掉内胎。麻布等所形成的硬壳就是夹纻胎。然后在夹纻胎硬壳上髹漆，最后才成为漆器。这种轻巧的胎体初见于战国，两汉以后逐渐流行，成为典型的制胎方法。之所以称其为复合材料正在于此。胎漆复合，相互依存，漆不可无胎，胎更不可无漆，于是构成了层状复合材料。

L：如果是这样，真正成为漆器应是在战国之后，此前的还只能叫做涂漆。

H：你一定要这样较真，也并非完全不可，你的意思中也包括了只承认夹纻胎是漆器。但是实际上漆器的胎并非夹纻胎一种，比如屏风、箱子、漆棺等的胎还是较厚的木器，而其他工艺都与漆器无异。你硬要说这些东西都不是漆器，也与历史实际称谓不符。任何定义都要符合实际，而非相反。再说事物的发展都有一个过程，从小到大，从简单到复杂。现在的漆器种类已经非常多，工艺也变得非常复杂。漆陶早就没有了，像河姆渡那样的漆木碗也没有了。但是你得承认，漆器是从漆陶走出来的。不能以发展到高峰以后的状况为标准，去定义全部漆器。不过，你如果说只有"夹纻胎漆器"才能算复合材料，也倒不无道理。

L：我就是这个意思：夹纻胎漆器确实是复合材料。不过庄子怎么出来了？

H：庄子不是当过楚国漆园小吏吗？究竟是他梦到了蝴蝶，还是蝴蝶梦到他庄周？正在纠缠不清的时候，人家工匠们已经把夹纻胎漆器搞明白了。难怪后来汉高祖刘邦看不起儒生，还是漆器工匠有真本事，读书人净会做些不着边际的稀奇古怪的梦。不过话又说回来，战国时期确实是楚的漆器水平最高，担任漆园小吏的庄周也算个管理层白领吧，他也不能只会做梦吧。如果说庄周也曾对漆器做出点什么具体有益贡献，也并非绝无可能吧。中国古代历来认为发明不过是雕虫小技，所以也可能因此没留下什么记录，也不能因此说庄周无所作为吧。

L：两汉的漆器，夹纻胎类型已达到高峰期，后来各代又有哪些发展呢？

H：唐宋之后，漆器又有了很多发展，特别是剔犀和雕漆工艺方面进步很大，制作的工艺品种、器件类型也越来越多，但大都属于艺术水平的提高，材料学问题不是太明显。一种工艺品两千多年长盛不衰，也是非常少见的。还有一点值得一提，漆器传入日本后，受到了极大的欢迎，并在此落地生根，还取得到了一些改进并有所创造革新，后来其产品也远销世界各国。在一些国家居然出现了称瓷器为China，而称漆器为Japan的现象，这不能不让我们感到有些遗憾。

2.2.15 挑战蔡伦——造纸新论

蔡伦是入选影响人类历史进程百位名人的发明家，正史《汉书》记载了他在公元 105 年发明纸的勋业。但是，从唐朝以来对于蔡伦以前是否有纸，纸算不算蔡伦的发明，一直质疑声不断，这里也来论证一下，为什么应该肯定蔡伦造纸发明人的地位。

东汉发明家　蔡伦（61—121）

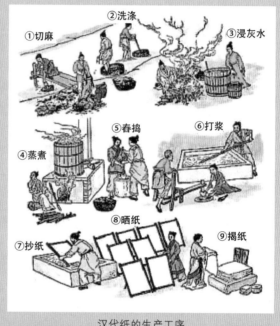

汉代纸的生产工序

公元前 160 年左右的西汉纸绘地图

比蔡侯纸早 120 年左右的西汉纸

比蔡侯纸早 120 年左右的悬泉置西汉纸

西汉烽燧 公元前 100 年的有字纸

比蔡侯纸早 113 年的西汉麻纸

"蔡侯纸"以其优质、廉价、原材料充分而获得应用，属新发明无疑。（现代画）

2.2.15　挑战蔡伦——造纸新论

L：是您要挑战对蔡伦的评价吗？蔡伦曾被美国学者评为影响人类历史一百名人的第7位，在入选的中国人中仅次于孔子居第2位，位置比爱因斯坦还靠前。

H：不是我要挑战对蔡伦的评价。从唐朝以来，就不断有人质疑蔡伦的造纸发明人地位。到了现代，考古学兴起，不断有所谓西汉纸出土发现，而且发现的级别还在不断提高。开始还只是出土粗糙的无字纸，后来发现了光洁纸，再后来又发现了绘有军事地图的和写有汉隶文字的西汉纸。陕西历史博物馆居然把"西汉纸"列为镇馆之宝，你想，陕西那是个缺宝的地方吗？一时间，"造纸时间要提早300年""蔡伦只是造纸术的改进者，而不是发明者"挑战声浪不绝于耳。世界一百名人的评价，在这种声浪面前并没有什么力量，揭底怕老乡嘛。

L：那您是什么态度？是挑战派？是挺蔡派？还是和稀泥派呢？

H：这无关紧要，请先看事实。首先，有造纸专家出来写文章称：西汉纸不符合纸的定义，算不上纸。但我想，这观点也未必各方都能接受。我想强调的是：在蔡伦造纸的公元105年之前，世界上并不是没有书写工具的，两河流域的泥板，中国的竹简木简就不用说了，埃及四五千年前就有了纸草纸，欧洲公元前2世纪就有了羊皮纸，为什么这些并没有影响人们，特别是外国人对蔡伦伟大贡献的评价呢？显然这是由蔡侯纸的基本特征所决定的。这个基本特征都包括哪些内容呢？这就是：**优质、价廉、资源可持续**等三点，而且这三者缺一不可。

L：纸草纸已失传，羊皮纸确实不够廉价。西汉的那些纸呢，也不够价廉吗？

H：西汉纸就算合于纸的定义，也只能以麻纸为代表，其价格应当近于麻布，难说价廉，特殊需要是没有问题的，但普通百姓还难于接受。更重要的是它会与普通百姓的穿衣争资源。在三项基本特征中已经有两项是有缺陷的，这正是西汉时期未能发明纸的根本原因。但是，西汉时期的那些少量尝试、制作，对于造纸发明的最终完成确实是有重要贡献的，也可以说是"造纸发明"这首伟大乐曲的前奏。但也仅此而已，它绝不是这项发明本身。

L：发明就是发端的意思，为什么在西汉已经发端，不能算作发明呢？

H：这就是古代发明与现代发明、伟大发明与普通发明的不同之处。古代发明这个前奏时间要长些。像造纸这样意义重大的、影响人类文明进程的伟大发明需要前面提到的基本特征完全齐备才能最终完成。这时往往还要等待一位关键性伟人的出现。他应当是造纸基本特征达到完全齐备的重要保障。

L：您是说这位东汉宫中的黄门太监蔡伦，就是被等待的关键性伟人吗？

H：正是！《后汉书》是这样介绍蔡伦的："**伦有才学，尽心敦慎，数犯严颜，匡弼得失。每至休沐辄闭门绝宾，曝体田野。后加位尚方令。永元九年，监作秘剑及诸器械，莫不精工坚密，为后世法。**"这是说：身处权力中枢的蔡伦，为了决策得当，敢于犯颜直谏，是位正直的人。每到休息日不是游走权门，或等待贿赂，而是闭门谢客，接触下层。这才能了解到造纸的关键性问题，成就他创造性地发明利用树皮、废网等物，完成廉价造纸的伟业。兼任尚方令时，监制刀剑、器械都十分坚固精密，为后世效法。这说明他是一位热爱科学技术的上层人物。这在中国古代以权势为中心的高官中，是极其稀缺的类型。在因权斗而成为牺牲品后，他沐浴更衣，从容自尽，免受其辱。这一切都说明：蔡伦正是被等待的关键性卓越伟人，绝不可因其仅是位太监而否认之。

2.2.16　建筑材料东西说

　　人类进入文明史阶段，大量材料用于建筑，东西方建筑材料差别显著。建筑物是支撑生存空间的。西方主要靠石，东方主要靠木，各有优缺点。石柱优点是坚固持久，易抵御火灾；木柱优点是轻便易用，易降解。由此对东西文明产生巨大影响。

埃及胡夫金字塔　建于公元前 2670 年

湖南澧县城头山遗址
距今 6500 ~4500 年前
被誉为中华第一城

希腊　帕特农神庙　建于公元前 477 ~ 前 432 年

河北易县 燕下都脊瓦
约公元前 400 年

秦咸阳宫瓦当
约公元前 300 年

日本奈良　唐招提寺　建于 759 年

古罗马斗兽场　建于公元 72 ~ 82 年

山西应县
佛宫寺释迦塔
建于 1056 ~ 1095 年

德国科隆大教堂
建于 1248 ~ 1880 年

山西五台山佛光寺内顶　建于 877 年

山西应县　佛宫寺释迦塔内梁柱

2.2.16 建筑材料东西说

L：东西方古代建筑的差别很大，您看埃及、欧洲的大批古代建筑，雄伟壮丽，而我国千年以上的地面建筑屈指可数啊！这是否说明东方远不如西方呢？

H：差别确实很大。但是若单纯以古代建筑遗存的多寡来论得失，似乎也有失偏颇。首先，这些古代建筑遗存并不是平民百姓的居所，而建筑的第一功能是"庇寒士于风雨"。埃及法老建金字塔可不是要供后世人去观光游览，而是要存之万世，享地下荣光。神庙、教堂也大抵如此。如今，文化遗址，属于稀缺资源，故弥足珍贵。假如，到处都是数千年不毁的平民古代建筑，对于有限的居住土地来说，今人该如何应对呢？建筑材料的降解，已成为大难题之一，建筑材料学者大概不能只着眼今日文化遗存之多少，来论材料选择的成败吧？

L：难道您不为我国缺少地面古建筑遗存而遗憾吗？三皇五帝夏商周，多少朝代的五千年古国，如今只有明清两代两处故宫。这种以木为主的建筑材料缺点不是非常明显吗？岳阳楼、鹳雀楼、黄鹤楼、滕王阁哪有一处是原物啊？

H：以木为主的建筑材料防火功能差、易朽、易蛀确实是缺点，但作为绿色材料不必操心它的降解问题，也是优点。至于说到多少个朝代只留下两座皇宫，那可不全是建筑材料问题了。与西方神权社会不同，中国是王权社会。改朝换代不仅要消灭旧政权，而且要消灭旧政权的象征——皇宫。项羽一把火烧毁咸阳宫就是一例。大多数皇宫都是毁于各种各样的兵燹，如果像现代人那样认真保护、修葺，木结构文化遗迹保护千年以上是完全可能的。鉴真和尚东渡后修建的唐招提寺，已经存了 1254 年，今天还在接待游人。至少，不能把保存时间的长短，作为评价建筑材料的唯一标准。如今，百年已经算做大计，能挺到千年还不行吗？对于有价值建筑，以保存文化之心，让其千年不废，已可以向历史交代了。

L：您认为应该如何评价东西方古代建筑材料的优劣得失呢？

H：我认为，仅以石、木之差来断定优劣太简单了。应该是各有优缺点，都适应了本地区的生活条件。以日本古代及现代仍保持木结构建筑而论，就有适应地震多发的原因。我国也有一特殊因素支持了木结构。建筑难点是处理屋顶。我国制陶术发达极早，最新考古结果显示，两万年前的旧石器晚期已能制作陶器。作为建筑材料的砖瓦烧制温度更低，出现时间不会更晚。瓦的出现减轻了屋顶重量，解决了宏大建筑的屋顶支撑问题。与西方古代建筑的石梁、石柱的方案不同，我国古代木梁、木柱、瓦顶结构，可以更容易实现宏伟建筑的实施，这与砖瓦技术是有重要关联的。可以看出，出土的战国和秦代的瓦器已经十分精美。

L：您是说，陶、瓦器技术的发达为木梁、木柱的应用提供了更大可能性？

H：正是。2001 年湖南澧县城头山新石器中期遗址发现了 6400 年前的砖瓦，还发现了约 5300 年前的用烧制砖瓦铺成的长约 30 米、厚达 10～15 厘米的道路，以及用烧制砖瓦作为地基的神殿、王宫遗址，成为 20 世纪百项重大考古发现之一。世界东西方古代建筑是在新石器中晚期两千多年经验基础上开始的，有各自的道理。现在讨论东西方建筑材料的得失，应该站在一个新的共同基点上，即生态建筑材料这个基点。首先是节约资源和能源，不要以为石块和砖瓦是取之不尽、用之不竭的，其实用过后都难以复原；其次是易于降解，减少环境污染；第三是可以回收循环利用。总之，要求在材料应用全部过程中与生态环境相协调。

2.2.17　瓷器是何时发明的？

　　瓷器是中国的伟大发明，但究竟何时发明了瓷器，认识这个问题不容易。著名考古学家安金槐在 1960～1970 年代对确定瓷器诞生时间作出重要贡献，明确在商代白陶基础上出现的青瓷是百代瓷器之祖，改变了过去瓷器始于魏晋的认识，为新认知奠定了基础。

商代早期的白陶鬶

商代早期的白陶簋

中国考古学家　安金槐
(1921—2001)

浙江德清窑产　商代原始青瓷豆残器

商代青瓷弦纹釉尊

西周原始青瓷七星连杯

西周原始青瓷尊

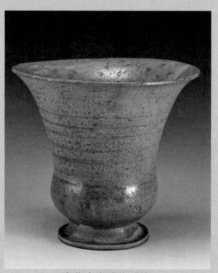

商代青瓷弦纹釉尊

浙江德清窑产　东周原始青瓷

2.2.17 瓷器是何时发明的?

L: 瓷器是我国的发明,但到底是什么时候发明的,有明确说法吗?

H: 这个问题可不是个简单问题,而是个具有重大科学意义的大问题啊!它经历了十分复杂的认识过程,才得出了初步的结论。从1920年代我国刚开始创建现代考古学之后,人们就已经开始探讨这一问题。但由于研究受到出土瓷器实物的限制,最初人们多认为瓷器发端于魏晋时期,即公元3世纪左右。1960年代初,考古学家安金槐对郑州商城出土的所谓"釉陶"制品——商代陶尊,做了认真深入的研究后,敏锐地意识到这已经不再是陶器,而是在新石器晚期白陶基础上发展出来的原始青瓷。总之,是与陶器完全不同的材料。一位文科出身的考古学家的这一判断,尽管有很多支持者,却并没有被陶瓷材料专家们接受,他们的理由居然是:这种所谓"原始瓷"并没有达到后来越窑瓷器的水准。

L: 既然是原始的,水准自然不高。难道应该用未来的水准来衡量发明吗?

H: 说得对!是否新材料应该是与陶器比较才对。与东汉末年越窑水准比较是没有道理的。后来1982年硅酸盐学会主编的《中国陶瓷史》接受了安金槐的观点:中国原始瓷发明于商初。我本人赞成安金槐的观点。这是因为原料已经由瓷土代替了陶器的原料黏土;表面已经施了一层薄釉。我当然也知道,商朝青瓷与后来的瓷器相比,透明度还不够高,吸水度还不够低。但是如果与此前的陶器相比,透明度和吸水度都已经好得无法进行比较了,这才应当是分析问题的着眼点。即商朝青瓷与陶器比发生了质量上的突变,质变已经发生。

L: 任何新发明也都不可能是完美的,又哪里经得住与后来者进行比较啊?

H: 正是!但是事情并没有结束。近几年在浙江德清亭子桥、冯家山和萧山的前山窑出土了一批东周时期的瓷窑,所发现的青瓷器无论是造型艺术还是烧制技术都已相当成熟,体现出很高的工艺水平:胎质细致坚实,釉面匀净明亮,胎釉结合紧密。因此有专家认为,应该把瓷器发明"提前"至东周。

L: 您把人给搞糊涂了,这到底是提前呢,还是推后呢?

H: 与东汉魏晋比是提前,与商比是推后。实质还是不承认商朝发明了瓷器。

L: 有没有大家公认的瓷器特征,可以用来判断商朝是否发明了瓷器呢?

H: 公认的瓷器定义当然是有的!一般接受的瓷器"定义"是:**以瓷土、长石、石英等天然原料制得坯胎,经高温烧制获得的制品**。另外还有上釉、胎体玻璃化或部分玻璃化、气孔率低、吸水率低、敲击声音清脆等。有的定义还给出烧结温度、气孔率、吸水率的定量数值。但是,这显然是现代材料的分类标准。对于古人的发明创造,用现代材料定量分类数据来加以衡量,其实也是不公允的。古代瓷器发明的核心内容应该是:与陶器相比,是否发生了质变?这里最容易判断的应该是:**原料**和**上釉**这两条硬杠杠。其他各条还可以商量一个具体的数量标准。经过一番激烈争论,最终折中出一个"原始瓷"的称谓,承认商代瓷器为"原始瓷",但这里总含有不承认商代瓷器具有正式瓷器地位的意味。

L: 如果把话再说回来,是否可以把商瓷认作是"釉陶"呢?

H: 不可以!第一,胎体已经是高岭土,即瓷土了;第二,釉陶的釉是专指施在陶器上的铅釉。商朝时还没有这种釉,是汉代以后才有的。商瓷的釉是钙釉。所以瓷器发明时间问题,仍存有悬疑,建议读者不妨自己也来探讨一下。

2.2.18 瓷器何时成熟？

　　瓷器到东汉时摆脱了原始瓷器状态，烧制出成熟青瓷器，是瓷器发展史的重要里程碑。从三国两晋南北朝到唐代，瓷器进一步发展，形成"南青北白"越邢两大窑系。

东汉　越窑青瓷罐

西晋　越窑青瓷堆塑罐

东晋　越窑青瓷鸡首壶

东晋　越窑青瓷点彩烛台

北齐　青瓷碗

东晋　越窑青瓷博山壶

唐代邢窑　嵌宝石辟邪

唐代邢窑花口盘

唐代邢窑　白瓷罐

2.2.18 瓷器何时成熟?

L: 我同意瓷器的发明是商朝, 到东周就已接近成熟了吧? 没有什么东西从发明的时刻起就是成熟的, 刚发明的飞机还是用木头和帆布做的呢。

H: 其实, 瓷器真正成熟应是东汉末年, 以浙江上虞越窑为代表的南方青釉瓷的烧制成功为标志性事件, 显示了中国瓷器材料和工艺发展的一个飞跃。在外观、显微结构和性能诸方面已全面达到了瓷器应具备特征的各项要求。作为一种新材料, 从东汉三国时起, 瓷器的影响才更深远。明代科学家宋应星在其著作《天工开物》中说, 这个飞跃是"**陶成雅器, 有素肌玉骨之象焉**"。从商初到汉末, 用了1800年左右的时间。与陶器发明以来的万年以上相比, 这是一个快速发展。青釉瓷在我国南方烧制成功, 首先应归功于南方盛产的瓷石这种胎体原料, 其次则应归功于南方长期烧制印纹硬陶和原始瓷工艺技术的积累。

L: 是啊。您不是已指出, 我国2012年已经发现了2万年以前的陶片了吗?

H: 是的, 所有材料都和整个科技发展一样, 进步都在加速进行。从东汉末年到隋唐时期只用了400多年, 以北方在白釉瓷方面的突破为标志, 展现了我国制瓷工艺的又一个飞跃。这是我国北方也盛产优质制瓷原料, 并有长期制瓷技术与经验的必然结果, 使我国成为世界上最早拥有白釉瓷的国家。

L: **瓷釉由青到白, 为什么就是又一次飞跃性的变化呢?**

H: 胎与釉是瓷器的表里两个方面, 或称两个组成部分, 缺一不可。瓷器发明与中国的传统玉器文化有密切的关系。中国人把玉看作天地精气的结晶, 用以作为人神沟通的中介, 具有了神祇崇拜性意味。还有显示等级, 比附人的道德品质等寓意。所以瓷器的最高境界是具有玉器性征。尽管青瓷的美丽色泽也能产生玉器的联想, 但"昆山之玉"也就是"和田玉"是公认的"宝玉"。白色也就成了瓷器的最高追求之一。当然, 以河北邢台邢窑、巩窑和定窑的白釉瓷为代表的技术成就, 不只是色泽变化, 还可以归纳出其他的材料进步内涵。

L: **这应该是现代陶瓷研究者们的总结吧? 估计还动用了现代检测技术吧?**

H: 那当然。最重要的方面是胎体材料和釉体材料的改进, 这种改进不仅是原料的选择, 很可能已经包括了原料的配制。邢、巩、定窑白釉瓷的胎体中都使用了含高岭石较多的二次沉积黏土或高岭土, 因而使得这些胎中 Al_2O_3 含量可高达30%以上。同时, 在某些白瓷胎的配方中还使用了长石, 因而这些胎中 K_2O 的含量可以高达5%以上。另外, 必须在原料加工和烧成时, 将胎和釉中含铁量有效地控制在1%以下, 方能烧成上乘白瓷。在隋代白瓷釉的成分探索方面, 也取得了丰富的经验。例如在釉的成分中, K_2O 含量大大超过 CaO 含量, 从而形成了一种更加纯白的碱钙釉, 这也是南方早期青釉瓷所从未有过的。唐代邢窑的白瓷, 不仅广销国内, 还远销海外的伊拉克、埃及、巴基斯坦等国。

L: **工匠们真了不起, 在没有现代科技检测的情况下能探索出那么多诀窍。**

H: 不仅如此, 材料技术中还包括烧制水平的提高。主要是烧制温度可以达到1300~1380℃。对古代瓷器的烧制温度的认定, 科技考古学家是通过观察烧结体微观结构来判断的, 有很高的可靠性。烧制温度的提高是气孔率、吸水率等各项指标提高的保证。此外, 还有应用"匣钵"等特殊经验的创造, 以使得烧制过程中能保持烧结温度的恒定和均匀, 有十分重要的实际意义。

2.2.19　宋代的瓷器高峰

　　瓷器到宋代达到高峰。宋瓷是宋文化之奇葩，在海外贸易中成为风靡世界的名牌商品。从宋瓷起除了分南北地域，还有民窑、官窑之分。官窑专门为皇宫王室生产用瓷；民窑则制民间用瓷。官窑不计成本，精益求精；民窑异彩纷呈，亦蔚为壮观。宋瓷窑场遍及全国，但首推汝、官、哥、钧、定诸窑。后人称之为"宋代五大名窑"。

唐三彩　拉骆驼者

宋代瓷器精品

汝窑　炼化石温碗

景德镇　青白瓷注子注碗

南宋官窑　粉青釉官儿扁瓶

哥窑　瓷罐

定窑　婴儿枕

龙泉窑　双龙瓶

钧窑　荷口淑女瓶

汝窑　椭圆水仙盆

2.2.19　宋代的瓷器高峰

L：唐代有一种唐三彩，在国内外影响都很大，还没有提到。它是瓷器吗？

H：唐三彩不是瓷器，而是铅釉陶器。其工艺是先处理陶土，然后用模具成胎入窑经1000～1100℃的烧制，素烧胎冷却后再施以配好的釉料入窑釉烧，烧成温度为850～950℃。色釉中加入不同金属的氧化物，经焙烧形成浅黄、赭黄、浅绿、深绿、天蓝、褐红等多种色彩，但以黄、赭、绿为主，故称三彩。在烧制中发生化学反应，色釉浓淡变化、斑驳淋漓、色彩自然、花纹流畅，是一种独具风格的工艺品，在色彩辉映中，尽显堂皇富丽的艺术魅力。唐三彩因胎质松脆，防水性差，主要用作随葬冥器。从原料和烧制温度也很容易判断唐三彩并不是瓷器，其实用性也就远不如当时已经出现的青瓷和白瓷。

L：为什么说宋代是瓷器的高峰呢？是瓷器产量，还是技术、艺术水平？

H：应该说这三个方面都达到了高峰。在历史上第一次出现了"官窑"和"民窑"之分。可见瓷器已经不再是宫廷专用之物，也不单是富贵人家可享之品，已经真正进入寻常百姓家了，应该是作为一种民用材料来研究的一个新起点，意义非常重大。全国已在170个县发现了古陶瓷遗址，宋代窑址占130个县。国外销量之大也为历代之最，远销日本、朝鲜、东南亚、西亚和非洲诸国。在技术方面，因应产量提高之需，出现了"覆烧法"，使用煤作燃料，提高了火焰控制能力，使窑温稳定性和均匀性都有所提高。特别是竞相开发高温彩釉，大大丰富了瓷器的材料属性。对宋瓷的艺术水平，历代好评如潮，这里不再赘叙。

L：看来宋瓷已全面达到了瓷器的巅峰时期，请再介绍一些各窑特点吧！

H：宋代瓷器突破了历代的青、白瓷单纯色调，除青、白两大瓷系外，黑釉、青白釉和彩色瓷等纷纷兴起，在河南禹县的钧窑发现了窑变现象，使瓷釉具有颜色的各种不同变化，五光十色，光彩夺目。这时期著名的汝、官、哥、定、钧五大名窑，各领风骚。宋代文化在中国古代已达空前水平，宋瓷也是其构成部分。宋瓷官窑，不计成本，从窑址地点到生产技术都严格保密，工艺精美绝伦，存世者多稀世珍品。众多民窑，既重实用价值，又要考虑成本，工料虽不如官窑讲究，也不乏精美佳作，纵览两宋瓷坛，民窑异彩纷呈，完全不可小觑。

L：宋代各名窑产品，在材料与工艺上反映出来的特色有哪些不同呢？

H：汝窑处今河南临汝，北宋后期官窑，前后仅20年却为五大名窑之首，以青瓷为主，釉层较厚，有玉石般的质感，**"其色卵白，如堆脂"**。官窑窑址至今没发现，主要烧制青瓷，其原料选用和釉色调配极其讲究。官窑瓷器传世极少，可以说件件都十分珍稀名贵。哥窑是民窑，确切窑场至今也尚未知，传说为章姓兄弟所建，哥哥的窑场称"哥窑"，也称章窑、龙泉窑。哥窑的特征也主要在釉上，釉面有大小不规则的开片，俗称"文武片"，细小的称"鱼子纹""蟹爪纹"等。小纹片呈金黄色，大纹片呈铁黑色，故有"金丝铁线"之称。钧窑处于河南禹县（时称钧州）。钧瓷两次烧成，第一次素烧，出窑后施釉彩后再烧。钧瓷釉色为一绝，千变万化，红、蓝、青、白、紫交相融汇，灿若云霞，宋代诗人曾以"夕阳紫翠忽成岚"赞美之。这种千古难解的所谓"窑变"现象，已经在材料科学上获得了解释。这实际上是一种"液态相分离"行为。因为釉料是一种多元熔体，在不同温度出现分离时，两相的成分不同，可以导致颜色的改变。

2.2.20　元明清中国瓷器

　　元明清三代瓷器进入新发展时期。研究从胎质进入釉质。元代青花釉的材质非常考究，使青花瓷享誉世界。景德镇的地位从宋起在全国渐居首位。明初仍以青花为主，中期起有釉上彩，成化有斗彩，后期出现五彩。清代初期瓷器达到全面新高峰。

元青花扁壶

元青花鬼谷子下山罐

元釉里红瓶

明宣德青花海水龙纹梅瓶

明成化三彩鸭形座

明永乐红釉高足碗

清雍正粉蝶牡丹碗

清代瓷器大师　唐英
1682—1756

清雍正绿地粉彩描金镂空花卉纹香炉

清嘉庆粉彩百花图撇口瓶

清乾隆仿古铜金釉三足炉

2.2.20　元明清中国瓷器

L：中国古代改朝换代频仍，兵燹之灾应该对瓷器制作产生很大影响吧？

H：这一点有些意外。有人就这一点专门做过研究。中国历代有一种关于手工业者的世代传袭的特殊户籍制度。它既有保护某种"手工艺"不致因战乱失传的有益一面，也有因循保守，秘不传人，缺乏弃旧图新的一面。蒙古铁骑纵横欧亚大陆之时，烧杀抢掠，破坏极大，但对匠人也还是网开一面，即基于这种制度。景德镇的特殊户籍也展现了保护瓷器技术传承的一面，历宋元明清四代而不衰，成为各朝之瓷都。景德是宋真宗年号，景德元年（1004 年）由唐代新平县改称现名，此皆因境内之高岭土质量最好，高岭土和瓷土的英文名称遂为 Gaolin。

L：原来景德镇有这样悠久的历史，那么，其瓷器有何特点呢？

H：景德镇从五代开始烧制瓷器，到宋代烧制的青白釉瓷无论在质量上、数量上和影响上都已成为我国级别最高的窑场。元明清三代，皇家在此设置官窑的时间长达 600 年之久。景德镇官窑瓷器，成为中国陶瓷文化中最辉煌的一页。元代和明初，景德镇制瓷工艺获突破性进展，烧制的枢府白釉瓷和永乐甜白釉瓷质量上乘，更为烧制颜色釉瓷和彩绘瓷提供了工艺条件和材料基础。元代景德镇烧制以 CoO 着色的釉下彩青花和以 CuO 着色的釉下彩釉里红，开创了高温釉下彩先例，特别是青花瓷一直成为景德镇的最大宗和最具特色的长盛不衰的产品。

L：明代瓷器的主要特色反映在哪些方面呢？

H：主要在彩瓷（彩绘瓷）、斗彩、五彩的开发上。彩瓷有釉上彩和釉下彩两种。在胎坯上先画好花纹再上釉，然后入窑烧成的彩瓷叫做釉下彩；在上釉后入窑烧成的瓷器上再加以彩绘，其后用炉火烘烧而成的瓷叫做釉上彩。明代成化年间出现了斗彩。就是在已烧成的青花瓷上加红、绿、黄、紫等彩料，然后再经烘烧而成的，釉上釉下相斗成趣。嘉靖、万历年间出现了五彩瓷。实际上不一定是五种颜色，而是包括红彩在内的多彩瓷器。

L：清朝的瓷器是最好看的，是不是由于已经进入近代的原因？

H：这是一个原因，还有清初国力强盛，经济发达，皇帝爱好等因素。这都是清代官窑器十分发达的重要原因。此外一位瓷器大师级人物唐英担任清初雍正、乾隆两朝的景德镇督陶官也有一定的关系。唐英能文善画，兼书法篆刻。在唐英督办下，乾隆斗彩瓷器，器型变化多端，色彩绚丽缤纷。清朝初年是中国瓷器发展史上的第二个高峰。康熙时不但恢复了明永乐、宣德朝以来的精品特色，还创烧了很多新品种，珐琅彩瓷就出现在这一时期。雍正粉彩非常精致，达到与"国瓷"青花瓷相媲美的程度。乾隆朝的单色釉、青花、釉里红、珐琅彩、粉彩等品种也在继承前辈的基础上，有很明显的创新。

L：清朝瓷器在材料技术上的进步主要体现在哪些方面呢？

H：从商朝发明瓷器以来，历经两周、汉魏、隋唐、两宋、元明一直到了清朝。这时继承、汇总了各代的经验，材料技术的主要进步体现在如下几个方面：第一，原料的选择和精制，不再是历代的就地选土，而是根据原料产地特征烧制特定瓷器；第二，窑炉的改进和烧成温度的提高，平均烧成温度达 1240℃，最高窑温可达 1380℃；第三，釉料的改进和不断发展，从商朝发明瓷器以来就已经有了高温玻璃釉，以后代代都有发展和进步，积累了丰富的配方。

2.2.21　文艺复兴与材料

　　文艺复兴，不仅是欧洲的一场思想文化运动，带来了科学与艺术的革命性变化，揭开了近代欧洲历史序幕；而且是古代和近代的分界，在材料学上也能看到这个伟大时期的身影。代表性事件有印刷铅字合金的制作和《论冶金》著作的出版。

德　古登堡（J.Gutenberg）
（1398—1468）

德国发明家古登堡在15世纪中叶发明了金属活字印刷术

　　15世纪中叶古登堡发明了铅－锡－锑合金，并用铜模铸成铅字，用于活字印刷。这是第一个具有明确发明人的合金。

16世纪的古登堡
铜版雕刻像

古登堡活字
印刷的圣经

古登堡活字印制机
（复制品）

德　阿格里科拉（G. Agricola）
（1494—1555）

德国学者阿格里科拉是一位文艺复兴时期特有的全能型学者，医生，博物、矿物、冶金学家，其巨著冶金学在身后出版，影响巨大。

　　1556年阿格里科拉的遗作《冶金学》（De re metallica）出版，这部著作被誉为西方矿冶学的开山之作，明末德传教士汤若望曾译成中文，名为《坤舆格致》。美国第31任总统胡佛在1912年担任工程师时，将此书译成英文，连载于《矿冶杂志》。书中大量的精美插图是一大亮点。

《冶金学》中对冶炼用料
磨细过程的描绘

2.2.21 文艺复兴与材料

L：现在一下子跳到欧洲，是不是快进入近代了。该如何划分古代与近代啊？

H：这是个历史学问题，我在这里简单介绍一下。按世界史分期，文艺复兴仍属于中古时期。但正是这个思想文化启蒙运动，直接引出了近代文明的出现。漫长的黑暗中世纪因文艺复兴而结束，又恰在此时出现了材料发展的一抹亮色，这是十分令人兴奋的事。这两位代表人物就是德国的古登堡和阿格里科拉。

L：古登堡的名气很大，是德国的毕昇嘛，阿格里科拉可没听说过。

H：因为中、德、韩三国在争"活字印刷"的第一发明者，所以不仅古登堡名气大，也使这个问题不易谈论。我不太赞成在这类问题上民族主义情绪过盛，实事求是是很有必要的。毕昇肯定是最早的，是北宋时期，11世纪。但要说德、韩都是学毕昇的，也必须有足够的证据。在中国国内并没有把毕昇的事业继承下来、发扬下去的事实，元明清三代仍然在用雕版印刷，即使能证明国外是学了毕昇，又能说明什么呢？难道我们要为今天的落后，在老祖宗那里找平衡感吗？如果不是沈括的《梦溪笔谈》中记载了关于活字印刷的事迹，后人可能还不知道毕昇是谁。所以我不赞成称王选是现代的毕昇，这话并没有起到赞扬王选的作用。

L：最近有报道说古西夏国等处有活字印刷品证据，不只是文字记载。

H：已经有点离题了。古登堡的价值在于他是有记载的Pb-Sn-Sb合金的发明者。人类应用金属五六千年了，他是第一位留下姓名的合金发明人。而合金的用途又是如此重要，是用来印制书籍，传播文化的。这项发明是有独特背景的。古登堡出身于金工世家，他首先为每个字母和符号制造了一个铁模，然后压在较软的铜块上形成一铜模。古登堡发明了一种铸造工具，将铜模放置其中，再倾入熔化的合金，可以制造大量字母与符号的铅字，以达到最后完成排版印刷的目的。合金经严格配制，含铅、锡、锑等金属。古登堡已经懂得，锑可以提高合金的硬度，以保证铅字的使用寿命。古登堡还发明了油墨，将榨油机改造成印刷机，于1450年开办了自己的活字印刷厂。经过三年辛劳，第一件印刷品《四十二行拉丁文圣经》在1455年完成，装订成200册，每册1282页，每一册都一样美观。

L：古登堡对世界文化的贡献功不可没。阿格里科拉的贡献是什么呢？

H：比古登堡小近百岁的德国同乡阿格里科拉可不是工匠，他受过高等教育，是一位医生。但阿格里科拉兴趣广泛，尤其喜欢矿物与冶金。矿冶虽然是世界上最古老的技艺，却因为工匠们缺乏文化，而文人们又不屑了解生产实际，以至于从来没有这方面的专门著作。阿格里科拉曾在1527年在波希米亚行医，该地区当时是中欧的采矿冶金中心。阿格里科拉对矿山开采、机械运行、金属冶炼发生了浓厚的兴趣。他经常学习相关知识，并深入生产现场作细致观察、分析。后来阿格里科拉迁居克姆尼兹，1546年当选该市市长，但仍勤于研究著述。他一生撰写专著多部，但最有影响的却是这部《冶金学》。

L：该书有哪些重要论述？为什么会受到如此广泛的重视呢？

H：《冶金学》共十二篇，涉及矿业和冶金工程的各个阶段和工序。书中不仅用文字描述，还雇用画师制作了大量精美插图。生动的图解成为该著作一大特色。例如《冶金学》中介绍了从铜中分离出银的"熔析"法，这是刚出现的新技术，阿格里科拉成为记述该法的第一人。《冶金学》成书于近代化学之前，十分难得。在欧洲各国传播广泛，是16、17世纪采矿和冶金方面的权威著作。

2 材料本传

英国 亨利·贝塞麦

2.3 近代材料1——材料的发展

从17、18世纪开始的近代社会，发生了生产关系的重大变革。英国科技史学家李约瑟曾提出，为什么中国古代大量的科技发明没有导致产业革命在中国发生？这就是著名的"李约瑟之问"。拙见认为这是由于中国没有发生"文艺复兴"这样的思想解放运动，因而也就没有冲破保守的传统生产关系的可能，产业革命在严酷的思想禁锢下是不会出现的。产业革命首先是一次生产关系的变革，其次才是生产力解放过程中各种科学发现，和各项技术上的发明创造所带来的物质文明大发展。

由于产业革命，世界性的材料中心转移到了欧洲，然后转向美国。由于产业革命是以动力革命为中心开始的，动力革命的代表是瓦特的蒸汽机。各行各业都力图实行机械化，以机器代替人力，以大规模工厂代替小规模手工作坊。这就需要大批机器，而机器需要大批钢铁。所以，近代材料的第一大特征是大规模钢铁生产的兴起，代表性人物是英国的工程师贝塞麦。1856年8月13日他豪迈地宣布了自己的发明："**生铁在转炉里猛烈爆发，铁终于变成钢了！诸位！这才是英国的金块！**"第二天《泰晤士报》一字不落地刊发了贝塞麦的演说。从此，钢结束了由坩埚熔炼的历史，从每炉2千克，变成了每炉几十吨的大规模生产；也结束了由搅炼炉在低温生产含有大量夹杂的"可锻铁"的历史，从此可以铸造钢的铸件了。

材料生产的最初变化是规模的增大，首先是钢铁。为了适应于不同需求，以钢铁材料为代表的各种金属材料种类也在百花齐放。与钢铁并行的还有水泥的大规模生产；陶瓷和玻璃也开始走出艺术品的象牙塔，变成大工业生产的各种原材料；天然橡胶的大批量应用直到人工合成橡胶的开发也是这一时期的重大事件；聚合物材料的合成获得成功，并能够大批量生产。因此，为了适应各类机器与各种构件的需要，出现了多种材料并起的繁荣局面，这正是近代材料的一个突出的重要特征。

同时，我们还必须看到，在以力学性能为主的结构材料大发展的同时，也有某些以物理性能为特征的材料开始不断引起人们的注意。例如，1750年发明的消色差透镜，就是使用两种折射率不同的玻璃消除了透镜的色差，从此在显微镜、折射望远镜、照相机发展上发挥了重要作用，使19世纪光学仪器获得了空前的大发展。

另外，1914年的坡莫合金、1916年KS钢永磁材料的发明，和1930年铁氧体材料的发明也在电器文明的发展上发挥了重要作用。人们逐渐意识到，一些数量不大但具有特殊物理性能的材料十分重要。特别是以1948年肖克莱等发明半导体晶体管为代表，一大批具有特殊物理、化学以及其他性能的材料相继出现，推动了第三次科技革命（信息、能源、材料、生物领域）的发生。到近代材料结束的1960年代中期，正式出现了功能材料的概念。其中最具有代表性的事件，就是可使计算机小型化、可靠性提高的半导体晶体管的问世。从此以后，功能材料作为材料的一大独立品类开始令人刮目相看。这是近代材料的又一重要特征。

2.3.1 铁冶金近代化

　　铸铁已不是新材料，但在近代科学支持下，欧洲在改变铁的生产路线，由块炼铁转变为高炉冶炼生铁，增大生产规模，是一重大进步。生铁虽然是一种结构材料，但生铁更是大规模制钢的原料。18 世纪后期的可锻铁是用考特发明的"搅炼炉"技术生产的。

　　英国工匠达比父子于 1709 年发明用焦炭取代木炭炼铁，解决了森林木材资源匮乏问题，大幅度改进了高炉通风状况，提高炼铁效率，实现了高炉的近代化。

英　达比（A. Darby）
（1677—1717）

16 世纪中期德国学者阿格里科拉描述的用立式铁片炉生产可锻铁的情景。它是高炉前身之一。

现代画家为纪念产业革命创作的
19 世纪欧洲高炉炼铁作业的情景。

19 世纪德国最早的高炉

英　考特（H. Cort）
（1740—1800）

　　英国冶金工程师考特 1783 年发明了燃烧与冶炼分离的反射式搅炼炉，焦炭不接触铁水以减少污染。在熔化状态对铁水进行搅拌，以使含碳量降低，最终炼制成半熔态的可锻铁。

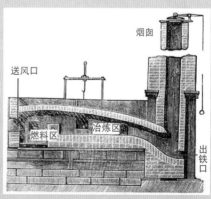

烟囱

送风口

燃料区　　冶炼区

出铁口

考特 1783 年发明的炼制可锻铁的"反射搅炼炉"

2.3.1　铁冶金近代化

L：我国春秋时期就会冶炼生铁了，欧洲人到了18世纪才开始研究高炉炼铁，这两千多年他们使用铁的问题是怎么解决的呢？

H：首先要说明，18世纪产业革命之前全世界都是农业社会，农具上用铁量不大。从18世纪产业革命开始，用铁量才大增。这之前欧洲的用铁量也较少。我国从春秋战国时进入铁器时代后，农业生产水平全球第一。从古代到近代，欧洲主要靠改进的块炼铁方法制取可锻铁，用于兵器和农具。一直持续到16世纪后期。这时瑞典因为铁矿石和森林资源得天独厚，成为产铁大国，号称铁之母国，出口到英国和欧洲大陆。这期间他们在制铁炉上下了很多功夫，不再扒炉取铁。到19世纪还保存一种瑞典农夫炉。国家为了外汇也采取鼓励制铁业的政策。

L：瑞典是欧洲最早使用高炉冶炼生铁的国家吗？

H：不是，瑞典从7世纪起一直使用改进的"块炼铁床式炉"，能连续生产可锻铁；德国和奥地利从10世纪起用立式"铁片炉"也可连续生产可锻铁。16世纪奥地利克恩滕地区的铁片炉逐渐演变成冶炼生铁的"高炉"。到18世纪英国达比父子改造高炉，才成为近代冶金的代表性事件。初期高炉使用木炭，要大量砍伐森林。英国是产业革命发起地，需铁量大增，购入已很不经济，开始高炉炼铁，森林资源受到严重威胁。不仅如此，木炭高温强度低，支撑不住矿石下沉，严重影响通风。炼铁工匠达比在1709年发明煤干馏法制取焦炭。利用焦炭的强度解决了支撑和通风问题，大幅度改善了高炉质量。1729年第二代达比建成近代化高炉，完成了木炭向焦炭的转变，英国成为制铁大国。生铁产量稳步上升。

L：18世纪的生铁是直接用作材料，还是作为进一步冶炼可锻铁的原料呢？

H：两者都有，但主要是后者。生铁经退火后直接应用还很少，社会需要的还主要是"可锻铁"（或称低碳钢，也称熟铁）。随着生铁制可锻铁质量的提高和成本的下降，由1754年至1760年，欧洲块炼铁法制的可锻铁已经逐渐消失。

L：那么，大量生铁制造出来后，当时是靠什么技术把它炼成可锻铁呢？

H：说起来有点像炒钢法，却并不是照搬中国汉代已使用的技术。这是堪称近代冶金创始者的英国工程师亨利·考特的发明。1784年考特建造了第一台用焦炭加热的搅拌冶炼反射炉。其特点是焦炭与冶炼区隔离，靠鼓风机和高大烟囱将燃烧热气送入冶炼区，而冶炼区里放入生铁和粉碎的铁矿石。在1200℃左右将生铁熔化后，它与固态矿石紧密接触并保持在高温。在冶炼区用铁棒搅拌，使铁水与矿石及热空气充分接触达到脱碳目的。因铁水不接触焦炭，避免了污染。铁水中的碳用于还原矿石中的铁而不断下降，铁水熔点因此不断提高，矿石被还原成铁后因碳的溶入熔点下降，最终变成半熔状态，到难以搅动时冶炼结束。

L：您认为这种搅炼炉与中国古代炒钢炉相比，主要进步是什么？

H：一是添加矿石，用矿石中的氧来降低铁水中的碳；二是持续在高温下搅拌，降碳效率高；三是避免焦炭引起铁水污染，可锻铁质量好；四是高温下渣铁易分离，可锻铁纯净度较高。卡尔·马克思从经济学角度盛赞了这项产业革命的代表性发明——可锻铁大批量冶炼法："不管怎样赞许，也不会夸大这一革新的重要意义。"1784年，考特实际上已经懂得了氧化-还原反应，也懂得了搅拌冶炼可以制"钢"，一种含碳适中的铁碳合金，这是人类科学认识"钢"的又一新高度。从块炼铁到"搅炼钢"，欧洲用了3580年，中国用了近1700年。

2.3.2　发明轧钢技术

考特发明反射式搅炼炉后，可锻铁（低碳钢）生产量大增，手工锤锻已跟不上需要。考特又在小型金银制品压花、轧箔机械基础上，在 1770 年代发明了水力驱动的压力加工机械——轧钢机，被尊为轧钢机之父。这为大批量生产钢铁材料奠定了基础，开拓了新路。

现代二辊轧机

英　考特（H. Cort）
（1740—1800）

1780 年代初，英国工程师考特发明"搅炼炉"炼钢之后，又发明了水力驱动轧钢机，开启压力加工革命，是产业革命的巨星。

1875 年欧洲轧钢车间的劳作情景　（同时代画家阿道夫·门泽尔的作品 1872 ~ 1875）

2.3.2　发明轧钢技术

L：是考特第一个真正认识清楚了钢的本质吗？还有别人研究这个问题吗？

H：有，他是贝格曼。但他们的贡献是不同的，考特是从实践上，而贝格曼是从理性上完成了这人类认识的一大进步！这个荣誉最终还是归于瑞典化学家贝格曼。他1781年指出，熟铁、生铁、钢都是铁碳合金，其差别仅在于碳的含量。

L：考特发明搅炼炉，能够大量生产可锻铁了，但靠手工怎么锻得过来啊？

H：正是这样啊。这时产业革命的代表性发明——蒸汽机，虽然在1782年已由瓦特改进成功了，燃料可以为所有机器提供动力，不再仅靠工人的双臂了。但是，可锻铁搅炼冶金法的发明人考特，又一次成为划时代的发明家。18世纪后期他在参考了小型有色金属辊轧技术的基础上，首创了水力驱动二辊式轧钢机，抢在蒸汽机应用的前面，成为产业革命时代的发明巨星，被尊为轧钢机之父。

L：这位亨利·考特太伟大了，连着在两个领域做出有历史意义的重大贡献！

H：是的！这是造就发明家的时代。在钢铁大生产上做出重大贡献的人物经常是身处第一线经验丰富的工匠，考特也是如此。他是一位经验丰富的冶金工匠，也是一位第一线的工程师。他最了解大量可锻铁出现后，下一步最需要什么，那就是需要把它们锻造成材。面对大量的可锻铁，他想起了早年曾见过的用来轧制金箔、银币、铜钱的小型有色金属辊轧机械，只要把它们按比例放大，一定会用得上。至于动力，他熟悉水力：在矿山附近铁厂的小河旁，过去的森林被砍光后，经常建起水塘，叠起水坝。利用瀑布来推动水车，再用水车带动机械和锻锤。这些情景他很熟悉。关键部件轧辊，他选择了铸铁，这是唯一可铸造的材料。

L：看来，考特是一位善于把各种知识综合起来的人。现在叫做综合创新吧？

H：轧钢机是一项很了不起的发明。他不仅把千千万万锻工从铁锤、铁钳下解放出来，更重要的是大大提高了塑性变形程度，增加了塑性变形能力，因而可以改善可锻铁的质量，加工出更多形状的材料。这是锻造的革命。虽然看起来仅仅是小机器的放大，但是，这个放大中包含了大量新创造和新问题的解决。

L：现在轧钢已经成为一个重要的专业，最初只是一位发明家的借鉴与综合。

H：1779年，皮卡德发明了用蒸汽机驱动的轧钢机，轧钢厂终于可以离开河边了，轧钢机也从此得到了非常广泛的应用。1783年，英国人发明带孔型轧辊的轧机。1848年，德国人发明万能式轧机。1861年英国制成棒材和线材的连轧机组。1885年，德国发明斜辊无缝钢管轧机，可以轧制钢管。1891年，美国钢铁公司创建四辊厚板轧机。1897年在德国成功地应用电动机传动轧机。在进入20世纪之前轧钢机的发明与改进以爆发的形势在迅速发展。

L：考特对钢铁冶金的贡献如此重大，是不是应该成为百万富翁了？

H：他确实像其他发明家一样，最后成了一家钢铁厂的老板。在考特之前瑞典和俄罗斯的可锻铁占统治地位，英国需要花高价买它们的可锻铁。就在他的钢铁质量超过瑞、俄两国而蒸蒸日上时，一个突然的变故把他打垮了。为了扩大钢铁厂生产规模，考特曾向一位海军部官员借入资本，官员的儿子成了考特的合伙人。1789年合伙人被控盗用海军公款而畏罪自杀。英国政府扣押了考特的全部财产，连他发明搅炼炉可锻铁的专利证书都被迫拍卖。考特完全破产了。后来多亏一位朋友的帮助，申请到一小笔养老金的考特活到了1800年，还没见到19世纪的曙光仅60岁就抑郁而逝。一位可悲的冶金工业创始人，人们不会忘记他。

2.3.3　伟大钢时代到来

产业革命的爆发，开启了机器文明时代，各种机械的应用需要巨大数量的钢铁。正如李约瑟之所不解：中国古代的大量发明创造却没能使产业革命在中国发生。英国人贝塞麦于1856年发明酸性底吹转炉，是大规模生产钢铁的划时代事件。

顶吹转炉炼钢示意图

贝塞麦尝试向固定坩埚的生铁水中吹入空气，以氧化其中的碳来炼钢的方法，后来建成转炉，于1856年获初步成功，从此发明了大量、廉价制取钢的方法。　贝塞麦开始时使用的是低磷生铁，其他铁厂含磷较高，贝塞麦的专利不能得到广泛应用。后经马谢特父子改进，贝塞麦转炉炼钢完全成功。1873年英国转炉钢已达到50万吨。

英　贝塞麦（H.Bessemer）
（1813—1898）

英国贝塞麦
转炉车间
当时的铜版画

清代洋务大臣　张之洞
（1837—1909）

张之洞为晚清重臣，深感国家积贫积弱，需富国强兵，兴办洋务，主张中学为体，西学为用。张之洞于湖广总督任内在1893年建成亚洲第一大钢铁厂——汉阳钢铁厂。虽未能挽救清廷危亡，但其志可嘉。

1894年张之洞视察汉阳钢铁厂（老照片）

2.3.3 伟大钢时代到来

L：考特的可锻铁还没有经过全液态冶炼，何时才算真正到了钢的时代呢？

H：那应当讲讲英国工程师贝塞麦了。1830年代，贝塞麦这位从英国乡村走出的青年，与很多同龄人一样，满怀幻想和抱负来到了伦敦，寻求发展的机会。但是并没有找到自己的位置，还是童年跟着家长做金工、铸造的一些经验给他带来了机遇。当时英法联军在对俄战争中需要威力更大的大炮，贝塞麦发明了一种新式炮弹却没有能发射这种炮弹的炮管。因为这种炮管需要更大的强度，铸铁是不行的。他们想到了钢，但当时所谓的钢，是专指坩埚钢，不仅产量极小，而且价格十分昂贵，属于贵金属。能用得起的生铁又太脆。不过，这时他们已经明白了生铁脆的原因在于含碳太高。搅炼炉炼出的低碳可锻铁是无法铸造的，因为熔点太高，需要1500℃以上的高温。如果有简单的方法能把生铁中的碳降下来，温度升上去，就能获得低成本、高强度材料——"钢"了。

L：那么，这位金工出身的贝塞麦是否真的有能力想出好办法呢？

H：当时，已经知道铁矿石是一种氧化物，从考特的搅炼炉经验中已经知道氧可以降碳，于是他大胆地设想了用空气中的氧来降碳的方案。但反对的人预言，吹入冷空气将使铸铁凝固，无法进行下去。但是贝塞麦坚持要通过实验来说明一切。他用管子向熔化了铸铁的坩埚中吹入空气，熔铁不仅没有凉下来，温度反而升高了，而且把铸铁中的碳也都除去了，铁不再脆了，这使他高兴万分。

L：就是说，贝塞麦的方法成功了？

H：是的，但只能说是初步的成功！当别人重复他的实验时，却没有成功，于是有人指责他是骗子。其实能否成功还决定于生铁，贝塞麦用的是低磷生铁，所以成功了；别人用高磷生铁，所以失败了。最后，贝塞麦购入瑞典的低磷生铁，成功地利用他自己设计的底吹空气转炉大量炼钢。1856年8月13日，贝塞麦豪迈地宣布了他的发明："**考特的渣铁难分、不停锻造的时代过去了！做好铸型吧！准备把钢铸成各种需要的形状吧！**"是的，他有资格这样说，他第一次得到了大量液态的钢。钢不再是用坩埚熔化的神秘贵金属。贝塞麦让大家都可以用得起钢这种材料了。第二天伦敦泰晤士报全文刊登了贝塞麦的演说全文。

L：贝塞麦的演说可以说是钢时代到来的宣言，是值得纪念的。但是，令我感到难过的是：1856年也正好是第二次鸦片战争爆发的年份，英法联军再一次凭借他们的坚船利炮打开了中国的大门。四年后，侵略军火烧了万园之园的圆明园。此后，原本目空一切的泱泱中华大国一再上演屈辱的近代史剧。今天回想起这段钢铁技术进步的历史，中国人的感觉会是十分复杂的。

H：是啊！历史不会重写，这是腐败王朝的必然命运。十年后的1866年刚好孙中山诞生，准备洗雪历史屈辱的志士仁人会出现的。就是在当时，也有不屈不挠的林则徐、左宗棠嘛。清廷中也不乏有识之士，意识到我们的落后，而落后就要挨打。晚清的张之洞就是以实际行动扶大厦于将倾的代表人物之一。1889年张之洞调任湖广总督。在湖北任职17年间，力主广开新学、改革军政、振兴实业、富国强兵，使湖北成为当时中国后期洋务新政的中心地区。1889年张之洞筹建汉阳铁厂，是中国第一个钢铁联合企业，1893年建成，在亚洲也属首例。日本第一个钢厂八幡制钢始建于1897年。但是，晚清腐败政权绝不是洋务运动和炼钢厂所能挽救得了的，钢铁材料再多也无法支撑起没有希望的制度。

2.3.4 钢质量的提高

贝塞麦的酸性转炉无法解决钢中杂质硫、磷含量过高，分别导致热脆和冷脆的突出问题，严重制约了新材料钢的实际应用。1879 年英国托马斯发明碱性炉衬，解决了这一难问题，并很快用于平炉，使钢质量大幅度提高。这标志着高质量钢时代的到来。

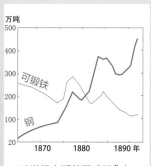

19世纪末期英国"钢"与"可锻铁"的交替

英 托马斯（S.G.Thomas）
(1850—1885)

英国 福思桥，是 19 世纪末世界上最大的铁路桥，于 1883 年开工，1889 年竣工，至今仍在通火车，悬臂钢桁架仍居世界第二位。

英国工程师托马斯与其妹妹发明碱性炉衬和炉渣，可去除钢中有害杂质硫和磷，大幅度提高了钢的质量，使之可用于大型铁路桥梁等重要构件。

法 马丁（P. E. Martin）
(1824—1915)

德 西门子（W.Siemens）
(1823—1883)

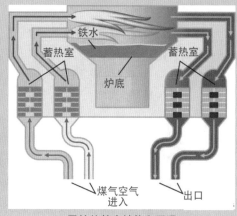

平炉的基本结构和原理
可熔制成分准确的各类钢种。

法国工程师 P.E. 马丁与德国工程师西门子兄弟于 1865 年发明平炉炼钢法，其后风靡世界 1 个多世纪。

法 埃鲁特 (P.L.Heroult)
(1863—1914)

新的冶金方法不断出现。1866 年德国发明发电机，它首先被用于纯铜电解 (1869)。1899 年法国冶金工程师 P. 埃鲁特发明三相电弧炉炼钢，开拓了钢铁电冶金新领域，为各种特殊钢的出现开创了条件。他还发明了电解法炼铝。

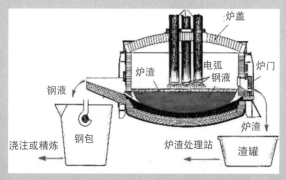

1899 年埃鲁特发明的电弧炉炼钢法用于炼制各种合金钢、特殊钢。

2.3.4 钢质量的提高

L：贝塞麦成功后，考特的搅炼炉炼制可锻铁应该立即退出历史舞台了吧？

H：没有！任何历史交替都是需要时间的，钢铁材料也不例外。转炉钢与可锻铁的交替也用了三四十年时间。这里有钢自身完善和性价比问题。

L：当时研究大规模生产钢的人不会只有贝塞麦吧？不是还有人效仿他吗？

H：是的！岂止有人效仿，更有很多人另辟蹊径。法国的马丁与德国的西门子兄弟就设想了另一种方案。他们没有选择利用空气喷吹来降碳、升温的最经济路线，而是通过蓄热技术更从容地通过外部加热的冶炼方案，即平炉技术。它可以把钢的成分控制得更准确，而且利用刚研究成功的炉衬技术，实现了除去有害杂质硫和磷的目的，成为提高钢质量的好方法。平炉法风靡了一个多世纪。

L：那贝塞麦法的转炉呢？难道炼不出来高质量的钢吗？

H：贝塞麦法需要改进！但它的节能优势在100年后获得了充分展示，现在全球都用转炉炼钢，这是后话。当时贝塞麦法主要面临两个问题：一是过程太快，很难准确控制钢的含碳量和温度；二是难以去除钢中有害杂质硫和磷。后一问题涉及钢的前途，硫导致热脆性，磷导致冷脆性，问题更严重，也更缺乏办法。

L：那么当时没有人来研究这个问题吗？是怎样解决了这个问题的呢？

H：有！一位叫托马斯的二十几岁的英国年轻人，白天在法院里当书记员，夜里钻研化学，目标就是要找出解决贝塞麦转炉无法去除有害杂质的办法。他首先明确了关键在于贝塞麦转炉的炉衬是酸性的，只有制出碱性炉衬才有办法除去硫和磷；而制取碱性炉衬的关键又在于解决炉衬材料！托马斯把自家当成了实验室，用妹妹做自己的助手。两个年轻人通过夜以继日的实验，终于获得了彻底分解的白云石，其成分是氧化钙和氧化镁，可用来做碱性炉衬。就是说，办法找到了！但是，当1878年托马斯在英国钢铁协会春季会议上报告研究结果时，人们却报以怀疑的目光："两个小青年？解决了世界性难题？"完全没把他们当回事。到了秋季会议，干脆以时间紧张为由，没给他们报告研究成果的时间。

L：这也太不讲理了！连讲话的机会都不给吗？能如此论资排辈吗？

H：托马斯没有屈服，他向支持他的英国钢铁公司一位炼钢厂长请求帮助，这位厂长公布了自己对托马斯研究重要价值的判断，结果托马斯被允许在1879年4月钢铁界权威们集会时，进行公开表演性实验。这次实验大获成功。而且托马斯的成果获准在年度全体会员大会时发表。托马斯立即把碱性炉衬在转炉上的成功移植到平炉上，也取得了去除硫和磷的好结果。从此人们把碱性转炉叫做托马斯转炉，炼出的钢由于有害杂质很低，可以轧制成各种钢材，用在十分重要的用途上。但是非常可惜，因为劳累过度，S.G.托马斯在35岁就英年早逝了。

L：真太可惜了。托马斯好像就是为了解决这个难题而来到人间的。

H：如图所示，1880年代起英国因托马斯的发明，钢产量快速增加。在19世纪末，电力技术获得大发展，1899年法国工程师埃鲁特发明三相电弧炉炼钢。电弧炉通过石墨电极向炉内输入电能，电极端部与废钢等炉料间发生电弧构成热源，可造成3000℃以上的高温，使炉料熔化并完成炼钢目的。冶金过程可分成清晰阶端，更加可控，成分更加准确，钢材质量进一步提高。而且废钢可成为原料，炼钢不再只依赖铁水，电炉炼钢成为优质钢和合金钢的主要冶炼手段。值得记住的是：法国工程师埃鲁特还是电解法炼铝发明人，一位真正的冶金天才。

2.3.5　古老坩埚钢

坩埚钢起源于公元前 6～前 5 世纪的印度古老乌兹钢。但是记载清晰的是近代 18 世纪英国洪兹曼家族在谢菲尔德坚持的技术，可造出与大马士革钢媲美的刀剑。这是贝塞麦之前唯一可铸造的钢，价格极其昂贵。19 世纪这一技术由德国克虏伯家族继承，用来制造大炮。

英　本杰明·洪兹曼 (B.Huntsman)
（1704—1776）

英　威廉·洪兹曼 (W.Huntsman)
（1733—1809）

坩埚钢是将块炼铁料切小块与木炭混装并封闭于坩埚中，从外部加热，铁料吸碳而熔化成高碳钢水，夹杂物可在液态上浮除去，凝固成小锭后锻打成材。

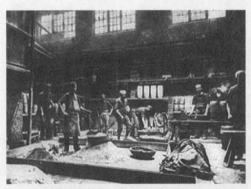

19 世纪英国谢菲尔德的坩埚钢厂（老照片）

洪兹曼旧址的炼钢工具

洪兹曼旧址的炼钢坩埚

19 世纪德国克虏伯的坩埚钢厂规模扩大（老照片）

德　克虏伯（Alfied Krupp）
（1812—1887）

19 世纪后期坩埚钢逐渐成为工具钢的一个名牌，但电弧炉炼钢发明后，坩埚钢工艺逐渐被取代。只在一些试验研究中还有应用坩埚熔炼者，但这已不属于钢生产范围。

2.3.5　古老坩埚钢

L：为什么又转回到18世纪去了？而且是坩埚钢，不是讨论大量制钢吗？

H：是的。钢时代到来是指贝塞麦的成功。但是，不容忽视的是在贝塞麦之前，并非没人获得过液态钢水。这就是英国谢菲尔德的本·洪兹曼家族。他们也许是承袭了公元前6～前5世纪印度古老的乌兹钢技术，即靠坩埚可熔制2千克左右的超高碳钢锭（1.5%~2.0%C），而且可通过锻造，制成不亚于大马士革钢的刀剑，远近闻名。但技术神秘，成品率极低，价格如金，不是一般人能享用的。英文中"钢"这个词，原本就是只用来描述这种坩埚制品和大马士革刀剑的。

L：就是说，考特的冶炼产物仍然叫做"可锻铁"，贝塞麦的才叫钢，是吗？

H：是的！钢的含义中包含经过液态冶炼的内容。坩埚钢产量虽然极少，但它是针对一些关键性的工具。这些用途不需要太多用量。如果说，贝塞麦是给大量结构件用钢，如铁路、桥梁、机器的生产创造了条件；那么，正是坩埚钢的数百年经验给工具钢的发展奠定了基础。早在1740年，贝格曼的判断还没做出，本杰明·洪兹曼已懂得了钢的成分秘密，炼制了不同含碳量的铁，探索了熔制技术，为工具钢打下了基础，开创了声誉。后来的发展表明，到了20世纪，工具钢早已不用坩埚而使用电炉冶炼时，著名工具钢公司仍然叫"坩埚钢公司"。

L：是吗？可见良好声誉的重要价值。不过，后来坩埚钢的工艺也发展了吧？

H：那是自然。比如坩埚用材料与质量、热源条件、测温技术等等。正因为如此，即使在贝塞麦的大量炼钢技术发明之前，19世纪中前期，特殊用途的钢，如工具钢等的研究就已经开始了。这时依靠的正是坩埚炼钢技术。"谢菲尔德特殊钢"的品牌就是这样形成的。但坩埚钢的真正大发展，却是它被德国的克虏伯家族引入到德国并加以扩大生产之后的事情。

L：您是说克虏伯大炮吧？难道说，克虏伯的大炮是用坩埚钢制造的吗？

H：正是！1826年克虏伯家族的第一代，弗里德里希过世时，将制造坩埚钢优质铸钢的秘密，和一个生产几乎陷入停顿的小工厂留给了阿尔弗雷德。正是他成了克虏伯坩埚钢的发展者，和克虏伯大炮的制造者。这时的坩埚钢已经不是每炉只能熔炼几千克，而是数百千克了。他生产的大炮曾使得俾斯麦在1870～1871年先后战胜了奥地利和法国。最大的克虏伯大炮的口径达到280毫米，炮管长11.2米达重44吨，仰角可达30度，有效射程19.8千米。炮弹在3000米内可穿透65.8毫米的钢板，每分钟可发射1~2发炮弹。克虏伯大炮从此名扬四海，而其中最关键的部件炮管用钢，就是用坩埚钢制造的。

L：每炉几百斤重的钢水，是如何制造出几十吨重的炮管来的呢？

H：现在这仍然是个谜团。据猜测，可能是多炉同时熔炼，汇集到一个大钢水包内再浇注而成，总之技术上是极困难的。当时还没有无缝钢管轧制技术，只能铸造。据说当年李鸿章到欧洲考察炮舰技术，一下子就看中了克虏伯大炮。

L：后来与希特勒勾结的军火商也叫阿尔弗雷德·克虏伯，不会是同一个人吧？

H：当然不是，两人同姓同名，分别是克虏伯公司的创始人和最后一代。老阿尔弗雷德死于1887年，纳粹的小阿尔弗雷德生于20年后的1907年。坩埚钢的历史表明，其重要价值还在于它成为19世纪研制新钢种的重要设备。碳素钢和合金钢新钢种的发明，在19世纪后期呈爆发式的发展态势，正是由于已有成熟的坩埚钢技术，可以方便地熔制各种成分合金钢的缘故。

2.3.6　开发新钢种

19世纪后半叶开始的"钢文明时代"不仅表现在钢铁产量的划时代大发展，而且也是各类钢种，特别是合金钢的大发展时期。坩埚法炼钢的进步为钢种研制创造了极好的条件。就钢种而言，合金钢研究的起步是非常早的，完全早于转炉的出现。

油画"法拉第在1842"作者：Thomas Phillips,1842

英　法拉第（M.Faraday）
（1791—1867）

伟大的科学家M.法拉第在电磁学及电化学上的贡献尽人皆知。但如果说他还是伟大的冶金学家、合金钢研究的先驱，恐怕很多人并不知晓。他在1820～1822年对合金钢的研究，给后人很多重要的启发。

现代工具钢制品

1865年，合金钢奠基人，英国工程师R·马谢特发明了高碳工具钢、含钨工具钢，还发明了合金工具钢9CrSi、CrWMn等一批合金钢新材料。

1898年美国工程师F·W·泰勒和M·怀特发明了18-4-1高速钢，其成分沿用至今。

高速钢创造了"红硬性"特色，即在高温下仍具有高硬度，以适应高速切削的需要。工具是时代的标志，钢铁文明创造了前所未有的硬度，达到HV800且仍具有足够的韧性。

英　马谢特（R.Mushet）
（1811—1891）

现代的哈德菲尔德钢——高锰钢
（也称"锰13"）的铸件

R·A·哈德菲尔德出身英国钢铁世家，一生不屈不挠，发明甚多，堪称合金钢奠基人之一。他1882年发明的高锰钢一直沿用至今，成分都没变。他还发明了制作硅钢片的硅钢，并自制了一台变压器。

英　哈德菲尔德（R.A.Hadfield）
（1858—1940）

2.3.6　开发新钢种

L： 您对法拉第这样的伟大科学家居然进入冶金材料领域，是否感到奇怪？

H： 开始有些奇怪！长期以来，人们认为材料与冶金只是一种技艺，是工匠们发挥才能的地方。伟大科学家怎么会问津此道呢？这从一个侧面说明，19 世纪是一个渴望新材料的时代，对发明新材料、新合金是极其重视的时代。另一方面也说明，材料的发明既依赖于实践，又包含着很多科学想象的空间。法拉第是影响人类历史的百位名人之一，是卓越的科学家，同时又因其自学成才而具有高超的实验技能。他出生于英国一位普通铁匠家庭，自幼勤勉灵巧，深受大化学家戴维的赏识与喜爱，有机会成为戴维的皇家学院助手。在 19 世纪初法拉第结识过一位钢铁工程师兼商人，他感受到了产业革命对新材料的需求。这样想来，对他在 1820～1822 年开展合金钢研究也就不再感到奇怪了。

L： 那么，有哪些合金钢是法拉第发明的呢？

H： 按现在的说法，法拉第的工作应算作基础性研究。当时他特别重视工具材料，为了发明新材料他提出了"合金"的概念，并与戴维一起进行了向铁中加入各种元素，如镍、铬、铜等（直到加入 10%）的探索；还做了加入贵金属，如金（到 1.00%）、银（到 0.46%）、铂（到 2.50%），甚至加入铑、钯及锇等的实验。他还试图在铁中加入钛，但未能获得成功。法拉第发现银和铁的合金有良好可锻性，坚硬而光亮，可做多种刀具。由于当时银价不高，他认为该合金具有实用性，在谢菲尔德的一家工厂进行了试制，还将刀具分赠亲友。法拉第虽然没有发明具体材料，但他为研制合金钢所做的系统研究，已成为一种重要方法而永垂史册。

L： 那么您认为谁才是发明具体钢铁新材料的第一发明家呢？

H： 应该说发明家是群雄并起，但最有代表性的是英国工程师 R. 马谢特。商业通用钢种是低碳钢，也叫软钢。所以这时发明新材料不仅有合金钢，也包括高碳钢，因为炼制高碳钢难度很大，也是一种挑战。马谢特是一位经验丰富的冶金工程师，他曾经通过向钢水中加入锰铁脱氧，解决了贝塞麦转炉钢因气体太多而产生的沸腾问题，就是说，马谢特发明了镇静钢。马谢特发明了含碳量高达 1.2% 的一系列碳素工具钢，但还是不能满足金属切削速度增长对刀具的需求。1868 年他又发明了添加 2.5% Mn、7% W 的空冷自硬钢，将切削速度提高到 300 米 / 秒。被人们称作"马谢特钢"。此后他还发明了 CrWMn、9CrSi 等工具钢。他的发明中以高钨自硬钢的影响最大，被尊称为"合金钢之父"。后来在马谢特高钨钢的影响下，1898 年两名年轻的美国工程师泰勒及怀特，进一步提高钨的含量，并加入铬和钒，终于发明了 18W-4Cr-1V 型高速工具钢，创造了 1800 米 / 秒的高切削速度，钢也因此而得名，至今该钢种还在生产。

L： 马谢特一个人发明这么多合金钢，可以算作实至名归了。

H： 还有一位英国工程师哈德菲尔德也是合金钢发展的奠基人。他出身于钢铁世家，在发明大潮中他也在 1880 年代初研究一种高碳高硅高锰钢，但没有成功。他决心弄清楚硅和锰各自的影响，于是分别炼了多种成分的硅钢和锰钢。最后，他终于发明了耐磨高锰钢，也称作哈德菲尔德钢，我国称作锰 13 钢，该钢从发明以来，成分都没变过而沿用至今；哈德菲尔德还发明了电工硅钢，就是后来大放光彩的硅钢片用钢。一个人能有两项这样重大的发明，实在是难能可贵了。哈德菲尔德还动手用硅钢制作了一台变压器。他已经无意中在尝试功能材料了。

2.3.7 新合金大量发明

19 世纪的 "钢文明时代" 不仅出现了以工具材料为前导的合金钢新材料发明热潮，而且在其他金属与合金的研究开发方面，也出现了繁荣局面，为产业革命提供了重要物质保证，造成了以铁基材料为中心的各种合金材料大发明、大发展的时代。

美　巴比特 (I.Babbit)
（1799—1862）

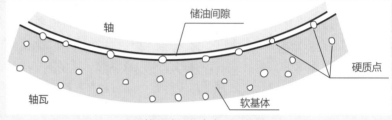

巴比特滑动轴承合金的润滑机制

产业革命以来的机器文明，使得支撑旋转轴的合金应运而生。1839 年美国人巴比特发明了滑动轴承合金。这种合金不仅一直沿用至今，而且由这种合金产生的合金设计理念——软基体 + 硬质第二相，也一直被承袭下来。

密西西比河之维克斯堡大桥

随着机械的转动速度加快，欧洲在 1901 年出现了高碳含铬滚动轴承钢，一直用到今天。

1870 年美国用铬钢 (1.5% ~ 2.0%Cr) 在密西西比河上建造了跨度 158.5 米的大桥；稍后，一些国家还用镍钢建造大跨度桥梁和军舰。

瑞士　纪尧姆(C.Guillaume)
（1861— 1938）

瑞士物理学家 C. 纪尧姆于 1896 年发明热膨胀系数极小，有重要价值的因瓦合金 (Fe-Ni 合金），为此，他获 1920 年诺贝尔物理奖。这是唯一一次以材料学为主要内容的获奖，开启了功能材料研究的先河。

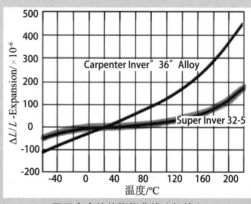

因瓦合金的热膨胀曲线（红线）

2.3.7 新合金大量发明

L：既然合金钢获得了空前发展，其他金属和合金也应该大量应用了吧？

H：其他可作为结构材料的金属也已经发现了很多，如镍、铝、镁、钛等。但是大量应用的还主要是铁基材料。不过有一种材料发明得非常早，叫做巴氏合金，很值得讲一下。产业革命开始后，机器的发明如雨后春笋。绝大多数机器中都少不了旋转，旋转轴与支撑部分的连接就成了关键问题之一。这个古老的问题在1839年通过一种合金的发明获得了很好的解决。美国冶金工程师巴比特发明了一种锡基轴承合金，用来制作轴瓦，可以极好地解决旋转轴的润滑和减摩问题。后来又发展出铅基巴比特合金（巴氏合金）等几十个牌号，也叫"白合金"。

L：现在还在使用吗？为什么您说特别值得讲一讲呢？

H：目前还在照样使用。不仅如此，特别值得提出的一点在于：在巴比特的时代，还没有出现金属内部微观组织的分析与研究。但是，当20～30年后研究这种合金的微观组织时发现：巴氏合金的组织结构非常合理。软的锡基体可以减少对轴的摩擦；硬的第二相锑可以提高整体支撑强度。第二相的存在使基体与轴之间存在一个油润滑层，可以说"组织设计"（当时并无此词）十分巧妙。巴氏合金的这种组织结构后来已成为组织设计的一个重要范例。

L：那么，为什么后来又发展出了"轴承钢"呢？

H：巴氏合金轴承还只适用于初期阶段机器的低速滑动摩擦，而不能适应更高的旋转速度，和更高的支撑强度。轴承钢是在变滑动为滚动之后的产物，需要轴承有高抗压强度和高耐磨性。1901年开发出高碳含量和一定铬（可与钢中的碳形成碳化物）含量的轴承钢，能够适应更高的旋转速度和支撑强度。这个合理成分设计也一直被沿用，成为一个应用和影响都十分广泛的结构材料。此外，合金钢还在建筑用钢方面获得发展，1870年美国将铬钢（含1.5%～2.0%Cr）应用于建造密西西比河跨度为158.5米的大桥上。但由于加工困难较多，其后，在建造大跨度桥梁时，又改用了镍钢（含3.5%Ni）。大约同时，一些国家还将镍钢用于建造舰船上，风靡一时。但在进入20世纪后，由于强化途径、焊接工艺的发展，以及性价比等因素的制约，建筑用及机器用合金结构钢都发生了巨大的变化。

L：纪尧姆是物理学家，是什么动力使他也研究起材料了呢？

H：在这个重视发明的时代，物理学者加入发明大军，是很正常的。何况瑞士物理学家纪尧姆任职于国际度量衡局，关心计量器具用材料是他的本职工作。他在研究铁镍系合金时首先发现了一种含24%Ni和2%Cr的铁基合金，这种合金比纯铁的塑性还要好；后来在对铁镍合金做更系统的研究时，他获得了一种性能特异的铁镍合金，把它称作"因瓦合金"。这种合金含36%的镍，其主要特征是在加热时膨胀系数极小，远低于当时所知道的任何一种金属，只有铁的1/10左右。而且经过适当加工处理后，还可以使其膨胀系数接近于零。

L：纪尧姆身居瑞士，他一定会想到把这种合金应用在钟表上吧？

H：是的！因瓦合金发明后，他立刻意识到这种合金在精密仪器制造中会有特殊意义。1897年他把这种合金应用于制造标准钟表，以用来校正普通手表。他还制成了因瓦合金计量棒，用于大地测量。1920年纪尧姆因发明因瓦合金，和此合金在精密物理测试中的重要性而获得该年度诺贝尔物理学奖。这是材料研究的唯一诺贝尔奖，反映了当时对新材料和对准确物理量测定的高度重视。

2.3.8 钢铁需要标准化

钢铁材料经过近半个世纪的大规模生产，已应用于很多重要工业部门。人们开始对钢铁材料的质量有了更高要求。19世纪末英国工程师结合伦敦塔桥建设经验，推动了英国工业产品标准化质量管理制度，大大推进了钢铁产品生产水平的发展。

英 沃尔夫-巴瑞
S. J. Wolfe-Barry
(1836—1918)

英国工程师巴瑞最终完成伦敦塔桥建设，他推动了英国工业的标准化制度建设，大幅度提高了质量意识，1901年推动制定了英国第一个钢铁材料标准。

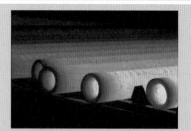

1885年发明无缝钢管

1898年美国材料与试验学会ASTM成立，负责制定各类材料及实验方法的标准。实行标准化之后，钢铁产品逐渐实现了系列化。包括低碳钢、中碳钢和高碳钢，还包括以合金钢为主的特殊钢。与此同时还包括各种规格、尺寸钢材的标准化。钢铁材料已成为最大、最可靠的工程材料群体。

大型连续加热炉

美 卡耐基 A.Carnegie
(1835—1919)

美国企业家A.卡耐基从1872年起改造美国钢铁工业，使之成为一条龙大型联合企业，大幅度降低成本与消耗，使美国在1890年超过英国成为世界第一产钢大国，1900年产钢超过了1000万吨。

2.3.8 钢铁需要标准化

L：现在又回到钢铁材料上来了，您好像是要对钢铁材料做个总结了吧？

H：算作总回顾吧。钢铁材料在整个材料史上实在太重要了，时光走到 19 ~ 20 世纪之交。钢铁材料的什么问题最值得回顾一下呢？我想是它的标准化。这不只是材料生产状态的变化，而是整个工业生产状态的变化。就产业规模而言，到 19 世纪末，钢铁已经是最大型产业之一了。1870 年主要国家的钢铁产量顺序是英 [30 万吨（以下单位同）]、俄（30）、德（20）、法（10）、美（10）；1880 年是：英（130）、美（120）、德（60）、俄（40）、法（40）；再过 10 年的 1890 年是：美（430）、英（360）、德（220）、俄（90）、法（70）；到 19 世纪最后一年 1900 年：美（1040）、德（600）、英（500）、俄（390）、法（160）。变化最大的是美国，30 年间钢铁产量提高了 100 倍以上，只用 20 年就超过了英国。

L：美国这期间发生了什么情况，使得钢铁材料发展如此之快？

H：从大环境说，美国结束了历时 4 年的南北战争，解放了黑奴，国家统一。从小范围说，卡耐基在美国创建钢铁企业，鉴于英国钢铁生产的各环节独立，使产品成本层层累加的问题，建设了各环节相互连续的钢铁联合企业，大幅度降低了成本，生产效率提高。从技术管理来说，标准化也使产品质量和信任度获得保证，是生产快速发展的重要因素。美国在 1789 年就因为枪支零部件配合的需要，制定了相应的公差配合标准。1886 年美国材料与试验学会 ASTM 成立，也肩负着制定各类标准、试验方法、协调供需双方质量要求的使命。

L：标准化为什么如此重要？对于材料的发展有什么具体意义呢？

H：其实，标准化从来都是十分重要的。秦始皇统一中国后，立即实行车同轨，书同文，统一度量衡，这就是最早的标准化。标准化是进入文明社会的必然产物，随着生产发展和科技进步而形成。钢铁材料出现后，是在为各行各业预先生产出等待选择的重要商品，所以必须有明确的外形、质量、性能保证。这是供需双方都需要的共同最佳秩序。其重要意义不仅是防止交易壁垒，减少商业摩擦，促进供需合作；更重要的是对改进产品质量、改善服务内容、发展生产有利。

L：作为最早的钢铁材料大国，英国是第一个制定钢铁材料生产标准的吗？

H：是的。英国在 1834 年就制定了螺纹的标准，1897 年在工程师沃尔夫 - 巴瑞的推动下，开始统一钢梁的图纸，这就是外形和尺寸的标准化。在此基础上他进一步推动更大范围的标准化。1901 年沃尔夫 - 巴瑞主持制定了第一个钢铁产品的英国标准，也是世界上第一个钢铁材料的国家标准。这时能够生产的钢铁材料虽然已经很多了，但实现标准化的主要是低碳钢。当时含碳 <0.25% 的低碳钢（也称软钢）占钢产量的 80% 以上。其他的钢种如中碳钢、高碳钢、合金钢等种类虽然很多，总产量不足 20%。所以这个标准的意义十分重大，标志着钢铁材料的生产已经完全成熟了，产品质量可以接受全社会的检验。

L：沃尔夫 - 巴瑞是钢铁材料专家吗？为什么由他来推动此项标准化呢？

H：沃尔夫 - 巴瑞是一位桥梁工程专家，1894 年由他最后完成了伦敦塔桥历时八年的建设。桥塔和桥身共用 1.1 万吨钢铁。钢铁骨架外增添花岗岩保护层以提升美感。正因为他不是钢铁材料生产方面的专家，这一标准才更有意义。这说明：不必事先协商，钢铁材料生产厂可以在订货前向用户承诺在规格、质量和性能等方面可达到的水平，为钢铁材料的生产发展、质量提高创建了重要前提。

2.3.9 水泥兴起

进入 19 世纪后大量的工业与民用建筑的兴建，需求新的凝胶材料，特别是与海洋有关的建筑。古代曾使用过的凝胶材料已跟不上需求，各国竞相开发耐水建筑材料。

阿普丁家乡的
水泥发明纪念牌

英 约瑟夫·阿普丁
（J.Aspdin）
(1778—1855)

英国工匠阿普丁父子为发明波兰特水泥、提高水泥质量做出了贡献。

英 威廉·阿普丁
（W.Aspdin）
(1815—1864)

英 斯米顿(J.Smeaton)
(1724—1792)

英国工程师斯米顿 1755 年在研究石灰在水中硬化特性时发现了水泥的基本特性，堪称水泥之父。

阿普丁当年的水泥烧制炉窑

1824 年英国工匠阿普丁发明波兰特水泥，开创了硅酸盐水泥的先河，为兴建大量工业与民用建筑提供了重要而价廉的凝胶材料，从此硅酸盐步入了材料领域，开始了种类繁多的新品种的开发。

阿普丁水泥曾参与重修的万神庙

2.3.9　水泥兴起

L：产业革命不止推动了钢铁材料的大发展，还应该包括建筑业的材料吧？

H：说得对。其中钢筋混凝土是近代建筑材料的标志性发展结果。这里水泥的兴起是个关键环节。18 世纪产业革命之后，很多人为发明具有耐水性、强度高的凝胶黏结材料在进行多方努力。1755 年，英国工程师 J. 斯密顿在研究石灰在水中硬化行为时发现：要获得水硬性必须采用含黏土的石灰石烧制，这个重要发现为近代水泥研制奠定了理论基础，应该是水泥的首创性发明人。1796 年，英国工匠 J. 帕克用泥灰岩烧制出一种外观呈棕色的水泥，称为罗马水泥。因为是用天然泥灰岩作原料直接烧制而成的，又称天然水泥，具有良好的水硬性和快凝性，特别适于水接触工程。1813 年，法国技师毕加发现了石灰和黏土按三比一混合可制成水泥。可以看出，为水泥发明做出贡献的人是很多的。

L：您还没有说到英国的阿普丁，他的发明有何意义啊？

H：意义非常重大！因为 1824 年英国工匠约瑟夫·阿普丁发明的水泥才真正实现了"物美价廉"：水硬性好、强度高、原料丰富、价格便宜，堪称无机非金属材料领域最重大的发明。尽管在阿普丁之前已经有过一些类似发明，如罗马水泥、英国天然水泥、法国毕加水泥等，可能会冲淡对阿普丁的波兰特水泥创造性的评价。但是，这些水泥的性能都远不如波兰特水泥。"波兰特"是英国的一种石材的名字，很受欢迎，而阿普丁水泥的颜色与它十分相像，所以他就用波兰特来称呼自己的发明。而那些水准不够的发明是不会被历史记住的，这没有办法。

L：难道已有的这些发明对阿普丁没有任何启发、借鉴作用吗？

H：那当然不是。它们其实都为波兰特水泥的出现奠定了基础。特别是被尊称为英国土木建筑之父的斯密顿工程师对含有黏土的石灰石，经煅烧和细磨处理后，加水制成的砂浆能慢慢硬化现象的发现，是每一个工匠都了解的知识，这肯定直接促进了波兰特水泥的发明。因为约瑟夫·阿普丁本人并没有做过这些系统的研究工作。约瑟夫·阿普丁只是一个细心的工匠。

L：看来任何重大的发明，都不会是一个天才的独家杰作，您说是吧？

H：确实如此。因为原料没有任何特殊之处，发明的秘密全在于配方和工艺。阿普丁父子对于这项发明的实际配方和烧制工艺，采取了高度保密的措施。申请的专利书中完全没有这些技术秘密的真实内容。在实际生产中阿普丁们还实行高墙深院，有时还故意采取一些迷惑措施，加入一些并不起作用的填料，造成假象，以防操作工人们把真实技术学了去。硫酸铜和其他粉料经常扮演迷惑物的角色。在作业时，严格要求工人只了解自己的任务，并限制工人的活动范围等等。所以，直到多年以后，还有一位叫强生的人向专利局提出申诉称，阿普丁实际上并没有掌握波兰特水泥的技术，自己才是波兰特水泥的真正发明人。

L：专利局受理了强生的这个申诉了吗？

H：当然不会。阿普丁实际生产制造的水泥质量会说明一切。当一切秘密都大白于天下之后，阿普丁已经成为百万富翁了。他的水泥实际烧制温度要比专利书上公布的数字高出几百摄氏度。不过阿普丁的水泥在英国的灯塔等海洋建筑上确实发挥了重大作用，也开启了城市建筑物的材料革命。当初的一切保密措施、诡秘手段、狡诈伎俩，都随发展着的历史而去，已经无暇再去追究、计较了。

2.3.10　玻璃大生产

一般认为 1688 年法国最早进入工业制造玻璃时期，从此规模逐渐扩大。到 19 世纪末已可以大面积应用平板玻璃，进入普通玻璃与光学玻璃制品交相辉映的玻璃文明时代。

19 世纪的玻璃制造工厂（铜版画）

1851 年伦敦首届世界博览会的玻璃建筑
——水晶宫大厅（老照片）

玻璃本来只是制作贵重首饰的材料，从进入产业革命后，玻璃制造技术不断革新。1688 年法国的纳夫发明了制作大块玻璃的方法。1888 年曾试用过轧制方法，可制出平板材料。20 世纪初，比利时人 E·弗克开发出提拉平板玻璃。不久，美国发明平板玻璃拉出机械。1920 年代初起，各国平板玻璃已均可以进行大批量生产。

美　克拉克（A.Crark）
(1804—1887)

A. 克拉克父子为叶凯士天文望远镜制作的物镜至今尚无人超过。

光学玻璃是 18 世纪发明的功能材料，1897 年美国建成的叶凯士天文台口径达 1 米的折射望远镜，物镜质量 230 千克，至今仍是世界上最大的折射天文望远镜。

德　蔡司（C.Ziess）
(1816—1888)

爱迪生白炽灯泡 1879 年

第一版
蔡司复式
显微镜
1857 年

2.3.10 玻璃大生产

L：我一直还记得，人类很早就知道玻璃这种东西了，是吧？

H：是的。人类早在新石器时代就已经认识、使用了天然的火山玻璃，但是却不懂得它是什么，和如何制取它。到公元前 2000 年左右，古埃及已有制作玻璃装饰品和简单器皿的记录。当时只能制作带天然色彩的玻璃。公元前 1000 年左右，中国已能制造出无色的玻璃釉，用以作为瓷器的外衣。公元 12 世纪，欧洲已经出现商品玻璃。1750 年，为适应研制天文望远镜的需要，多龙德用不同折射率的燧石玻璃和冕牌玻璃制作出消色差物镜；1874 年比利时人首先研发了拉制平板玻璃。20 世纪初，美国制出平板玻璃拉出机，从此平板玻璃的工业化生产规模增大，各种用途和各种性能的玻璃相继问世，成为一种重要材料。

L：到底应该把哪一年作为玻璃走上工业材料舞台的时间呢？

H：一般都把法国的纳夫制出大块抛光玻璃的 1688 年作为玻璃工业文明的开始年份。虽然在这之前还有几个里程碑：1226 年英国首次制出玻璃宽板，1330 年法国首次制出冕牌玻璃，1620 年英国首次制出吹制玻璃板等。但是 1688 年的进步具有标志性，生产规模开始大幅度增加。1851 年首届世界博览会在伦敦举行，提前向世界各国征集展馆设计方案，但都因为缺乏新意而使工程无法向前推进。在焦头烂额之际，曾任园艺师的约瑟夫·帕克斯顿毛遂自荐了自己的建筑方案。这是借鉴玻璃温室的一种设计，全部使用大块玻璃和型钢组装，完全符合临时建筑要求。最终该设计大获成功，效果轰动，被称为"水晶宫"，还节约了 16 万英镑经费，成为玻璃建筑的先驱。由于深受英国人喜欢，水晶宫被异地重建，但 1936 年毁于一场大火。但从此玻璃建筑给人们留下了极深刻印象。

L：看来是玻璃材料的透明特性打动了各国观众，人类有喜欢透明的天性。

H：正是这样。1879 年爱迪生发明电灯，玻璃再一次展示了透明的优势。无法想象，没有透明材料该如何享用电给人类带来的辉煌无比的光明。其实，玻璃的价值远非透明而已，他的折射特性更使人类的智慧得以极大的发挥。包括现在人人都喜欢的单反数码照相机的各种镜头在内，都是它的赐予。

L：您是指光学玻璃在望远镜、显微镜、照相机上的应用吧？

H：是的！19 世纪是光学仪器的黄金时代，1839 年发明了照相机。但是这三种光学仪器中，以望远镜特别是天文望远镜的贡献最大，但是也最难。因为光学仪器的关键部分是物镜，即光学玻璃部件。显微镜物镜最小，照相机次之，天文望远镜最大。19 世纪最大折射天文望远镜的物镜直径是 1 米，直到现在还是世界冠军。1845 年英国已造出直径达 1.84 米的反射望远镜，2 吨重的物镜坯料，磨成后 1.5 吨左右。虽然很早也发明了显微镜，但一直没什么大的作为，直到 1750 年发明消色差物镜后，19 世纪显微镜才取得了一大批可圈可点的成就。

L：造出好的光学玻璃的关键问题是什么呀？

H：首先是玻璃折射率和色散率必须可控。如冕牌玻璃和燧石玻璃就是根据折射率与屈光度的合理配置，才能制成高质量的消色差物镜。此外还要求材料化学成分合适、性能均匀，无杂质，无气泡，无应力。要做到这些是很不容易的。特别是体积和重量极大的折射望远镜头，需要充分搅拌、缓慢冷却、长时间退火等复杂的工艺。克拉克父子两代人经不懈努力，历十余年才制成了叶凯士天文台的折射望远镜的物镜。高水平照相镜头和显微镜物镜也大抵如此。

2.3.11　陶瓷工业化

　　一般认为 1550 年欧洲批量生产耐火砖类产品是近代陶瓷工业的起点。19 世纪中叶起，随着钢铁冶金、电力工业的发展，耐火、电绝缘材料等品类增加，陶瓷工业形成。

18 世纪　迈森
仿中式碟原作一组

19 世纪
英国人物酒杯

　　18 世纪卓越的俄国科学家罗蒙诺索夫等也参与欧洲的探索瓷器的研究。他支持了维诺格拉道夫的细致工作。
　　其他各国也积极研究，取得了显著的成效。

俄　罗蒙诺索夫
（M.V.Lomonosov）
(1711—1765)

化学瓷

耐火陶瓷

日用陶瓷

化工陶瓷

绝缘陶瓷

　　史前已经发明的制陶技术不仅导致了铜冶金、铁冶金术的发明，还直接引发了瓷器的出现，但一直属于手工艺品。
　　产业革命发生后，陶瓷原料大力开发，技术革新不断出现，首先发展出各种耐火材料应用于冶金行业；其次在建筑、日用陶瓷材料上获得发展；19 世纪电力产业形成后，发展出电绝缘陶瓷，化学工业的发展带动了化工陶瓷等新品种的出现。最终在 20 世纪初实现了陶瓷材料的工业化大批量生产。

　　产业革命后陶瓷研究冲破保守、秘密禁令，工匠们流向中心城市，陶瓷生产日益机械化。英法等国采用新技术、改进成形和涂釉技术，用氧化铋和氧化硼添加剂，研制成功乳浊釉。这时期陶瓷技术的进步主要体现在生产的机械化、批量化、规范化方面。

2.3.11 陶瓷工业化

L：陶器与瓷器都是中国发明的，但现在要讨论的陶瓷工业化是指欧洲吧？另外陶器与瓷器本是两种不同的材料，为什么工业化后又合称为陶瓷了呢？

H：因为产业革命发生在欧洲，所以尽管我国陶瓷发明在先，却没有走向工业化，这另有原因。产业革命前的欧洲虽然也有手工业类型的陶瓷业，但就全球而言，当时的主流产地是中国和日本，产品以日用品和艺术品为主。但是，产业革命之后的陶瓷业是以工业用品为主要内容的，其中主要是指瓷器，但也有陶器如耐火制品、砖瓦等，所以在中文里便合称为"**工业陶瓷**"，或简称**陶瓷**。

L：以罗蒙诺索夫为代表的一代瓷器制品探索者，是工业陶瓷的先驱吗？

H：应该不是直接先驱。他们还主要是艺术陶瓷的探索者，其中，罗蒙诺索夫是名气最大的一位。欧洲在古罗马时代就已经有自己特色的陶瓷艺术和技术。后来，随着罗马帝国的衰亡而衰落。丝绸之路的兴起与发达，使中国瓷器大量进入欧洲。欧洲原有的瓷器便再无能力进入上流社会。意大利、德国、英国、俄国等在文艺复兴时期之后，竞相以中国瓷器为样板，探索自己的瓷器发展之路，这种研发工作在18~19世纪达到了高潮。但是这些探索却与工业陶瓷并不直接相关，只是在胎体原料、釉料、烧制工艺等技术方面，还有较密切的联系。而在炉窑烧制技术方面，对手工艺陶瓷工匠的要求与大工业用陶瓷大体是一致的。

L：那么，从现代的分类角度来看，所谓工业用陶瓷主要是指哪些产品呢？

H：主要包括以下五个方面：①建筑-卫生陶瓷，如砖瓦、排水管、面砖、地砖、卫生洁具等；②化工陶瓷，用于各种化学工业的各种耐酸容器、管道、泵体、槽体等；③化学瓷，用于化学实验的各类瓷坩埚、瓷管、瓷容器、瓷舟等；④电瓷，用于高低压输电线路的绝缘子、绝缘部件、电机套管、支柱、插座等；⑤耐火材料，用于各种冶炼炉、高温窑炉结构的各种部件。到20世纪中期又出现了所谓特种陶瓷，但这种陶瓷还不是我们现在要讨论的内容。

L：您提出第一个近代陶瓷产品是耐火材料，那么，它主要使用在哪里呢？

H：是铁冶金业。前面讲到炼铁的近代高炉是从英国的达比父子1709年用焦炭代替木炭讲起的，但这还只是近代高炉的开始，欧洲从10世纪起制铁业就已开始兴盛，当时瑞典被称为"制铁之国"。块炼铁技术一直在发展。到14世纪又出现了利用木炭冶炼生铁的技术。块炼铁和生铁冶炼炉窑产生了耐火材料需求，生铁退火处理也要建造大量炉窑。16世纪之后，制铁业发展加快，英国因砍伐森林过多而转向使用焦炭，也出现了炼焦炉窑等耐火材料产业。

L：其他几种工业陶瓷出现的时间是怎样的呢？

H：化学瓷应该与近代化学出现大体同时，约在18世纪初；建筑-卫生陶出现的时间应该与水泥发明大体相当，约在19世纪初；化学工业也是19世纪初兴起的，化工陶瓷的出现应该是在这时期。电力工业的出现被认为是第二次产业革命的标志。19世纪前半叶，从法拉第以来重要发明接连不断，最有名的是1867年西门子发明自激式直流发电机。绝缘陶瓷的制造应从此时开始。

L：那么，工业陶瓷与手工艺术陶瓷在技术上的主要差别是什么呢？

H：主要差别不是在材料和工艺方面，而是由手工作业向机械化生产的转化。如原料粉碎、研磨机械化，浆料处理机械化等；其次是造型模具化，烧制处理规范化等。19世纪晚期炉窑温度已能够测定，可以满足批量生产时的质量需求。

117

2.3.12　硫化橡胶成功

　　现在被称作高分子材料或聚合物材料中的一大类是天然材料，这就是橡胶，是人类现代文明不可或缺的材料。但是它的成功应用与一位美国工匠的艰辛奋斗密不可分。

橡胶虽然是天然物质，但只有在1839年美国工匠C·古德伊尔发明硫化橡胶后，才成为实用材料。

美　古德伊尔（C.Goodyear）
（1800—1860）

橡胶园女工在割取橡胶

19世纪的自行车及橡胶轮胎（老照片）

古德伊尔在做硫化橡胶实验（现代油画）

1907年巴黎－北京汽车拉力赛时使用的
充气硫化橡胶轮胎（老照片）

1899年初期汽车用实心硫化橡胶轮胎（老照片）

2.3.12 硫化橡胶成功

L：橡胶是天然材料，人类是从什么时候开始认识它和利用它的呢？

H：大约在 11 世纪，南美洲人就已使用橡胶球做游戏和做祭祀了。1493 年，意大利航海家哥伦布第二次航行探险到美洲时，看到印第安人拿着一种黑色的球在玩，球落在地上能弹得很高。原来这球是由一种树中取出的汁液制成的。后来，西班牙和葡萄牙人在入侵墨西哥和南美后，陆续将有关橡胶的信息和实物带回欧洲。后来人们发现这种弹性球能够擦掉铅笔写字的痕迹，因此给它起了一个名字"擦子 (rubber)"。直到现在这仍是橡胶这种物质的英文名字。

L：欧洲人很快就想到要应用它了吗？硫化橡胶是什么意思啊？

H：并没有立即想到应用。直到 18 世纪，法国派科学考察队奔赴南美。1736 年法国科学家康达明从秘鲁将一些橡胶制品及橡胶树资料带回法国，才引起了人们的重视。1768 年，法国人麦加发现可用溶剂软化橡胶，制成医疗用品和软管。1819 年苏格兰化学家马金托希发现橡胶能被煤焦油溶解，此后人们开始把橡胶用煤焦油、松节油溶解，制造防水布，并在 1820 年兴建了世界上第一个橡胶厂。1826 年汉考克发明了天然橡胶加工机械。1828 年英国人用胶乳制成防雨布，但质量却不好，热天发黏，冷天变脆。橡胶真正成为一种实用材料，是在美国工匠古德伊尔研究成功硫化工艺之后才实现的。虽然橡胶后来为人类创造了巨大价值和财富，但是，硫化橡胶的发明者古德伊尔却为此负债终生，屡次下狱，极端贫困，受尽艰辛。人们说："他的发明创造了许多财富，留给自己的却是债务。"

L：怎么会是这样呢？19 世纪不是个靠发明可以致富的年代吗？

H：是这样的年代。但是这个发明实在太坎坷了。生橡胶确实有些用途，但它是热黏冷硬，不受欢迎。古德伊尔在 30 岁以前帮助父亲经营五金产品，破产后接触了橡胶制品的改良问题。1835 年他成功地用氧化镁和石灰水处理橡胶制品，改善了表面质量，还获得了国际博览会的奖励。但这种橡胶怕酸，一碰到酸光滑的表面便会溃烂。后来他又发明了硝酸改质法，一度有些起色。但不巧又遇到 1835 年的经济危机，工厂倒闭，全家又陷入极度贫困的状态。

L：古德伊尔运气太差了，不过，既然是经济危机，谁都难于幸免哪。

H：后来他卖掉硝酸改质法专利，买了个硫化法专利，力图扭转败局。但硫化后橡胶有一股臭味，卖出的产品又被纷纷退货，古德伊尔再陷困局。1839 年 2 月他在一次操作失手时，将硫化处理中的橡胶弄到了火红的炉子上，过后他细心地发现：烧焦处附近的橡胶弹性极好。在这启发下，他决心研究加热硫化法。

L：就是说，古德伊尔发明的不是"硫化法"，而是"加热硫化法"，是吗？

H：正是。费尽千辛万苦，加热硫化法总算研制成功了。但是，古德伊尔却被投进监狱，因为这期间他欠下的很多债务未能按期归还。几个月后他出狱了，继续研究，终于在 1844 年获得了加热硫化法专利。家境也渐趋好转，但是他又陷入了别人对他专利侵权的诉讼，不得不花费巨资请律师保护自己的发明。最后虽然胜诉了，但直到 1860 年他去世为止，还有 20 万美元的债务没有还完。硫化橡胶的研究成果确实是一项重要发明，但也确实是没能在当代实现致富的典型实例。不过古德伊尔不屈不挠，为坚持自己的信念而奋斗不息，成功发明硫化橡胶的故事已成为科技史上著名的悲情叙事，考验着一代代有志者的决心。

2.3.13 人工合成橡胶

人们很快发现，仅仅靠橡胶园，是满足不了各种行业对这种特殊材料的需求的。于是开始了解它、认识它，进而希望能制取它。橡胶最终成为人类合成的三大材料之一。

法拉第在他的实验室里

德 哈里斯（C.D.Harries）
（1866—1923）

俄 列别捷夫（S.V.Lebedev）
（1874—1934）

在探索合成橡胶中，法拉第又一次走在前面，1826 年他分析出橡胶成分为 C_5H_8；1860 年，C.G. 威廉斯从天然橡胶热裂解产物中分离出 C_5H_8，定名为异戊二烯；1879 年，G. 布查德用热裂解法制得了异戊二烯，并制成弹性体，证明了合成可能性；1900 年俄国科学家孔达科夫用丁二烯聚合成革状弹性体；1910 年德国化学家哈里斯测定出天然橡胶结构是异戊二烯的高聚物，为合成奠定基础；1910 年俄国化学家列别捷夫以钠为引发剂使丁二烯聚合成丁钠橡胶，从此合成橡胶如雨后春笋般出现。

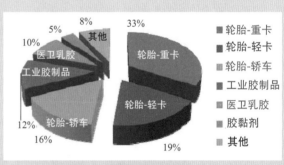

全球橡胶的主要用途

丁基合成橡胶
无衬手套

乙丙橡胶

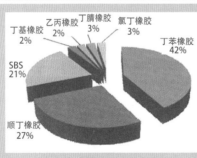

我国合成橡胶的产品结构

20 世纪人工合成 丁腈橡胶制巨型轮胎

合成橡胶是人工合成高弹性聚合物，也称合成弹性体，是三大合成材料之一，产量仅低于合成塑料、合成纤维。1960 年产量已超过天然橡胶。

2.3.13　人工合成橡胶

L：硫化橡胶成功后，立即受到了各方面的关注，并成为受欢迎的材料了吗？

H：是的。在19世纪的同时期，先后发明了自行车（1839）和汽车（1874），人们很快想到了用橡胶来减少振动和颠簸。后来轮胎确实成了橡胶最主要的用途。其实除了轮胎外，人们普遍对于具有很高弹性的材料，抱有极浓厚的兴趣。这在大家的实际经历中都会有深刻记忆。古代对于有很高弹性的钢制刀剑，多半都会产生具有优良性能的联想。因为这是材料力学性质的最形象展示。

L：是啊。橡胶的巨大弹性吸引着人们的兴趣。减少颠簸只是最实际的用途。

H：人们急于知道，橡胶究竟是什么？法拉第再一次扮演了探究先锋的角色。18世纪末已经形成了分析化学。法拉第在大化学家戴维影响下，于1820年最早分析清楚橡胶中只含有碳和氢两种原子，是一种由碳与氢构成的化合物。1826年他又最早测出橡胶的化学式为 C_5H_8。当然法拉第还不可能知道橡胶是长链大分子，他天才地准确测定了橡胶成分，却只能在这里止步，无法给出制造这种化合物的方法和建议。聚合物的概念是在100年后才由斯陶丁格提出的。

L：难道要等到斯陶丁格出世，才能探讨人工仿制橡胶的办法吗？

H：不是的。化学家们从来没有放弃努力。经过三十几年的探索，到1860年，C.G.威廉斯从天然橡胶的热裂解产物中分离出了 C_5H_8，取名为异戊二烯，并指出异戊二烯在空气中还会氧化变成白色弹性体。又过了20年，1879年G.布查德用热裂解法制得了异戊二烯，又把异戊二烯重新制成弹性体。尽管这种弹性体的结构、性能与天然橡胶还有很大的差别，但这时人们已经能够在原有"小分子"的概念下得出结论：合成橡胶是可能的。

L：烃类化合物小分子概念，能够与高弹性联系起来吗？他们怎样来解释呢？

H：这时对烃类化合物的结构还缺乏了解，小分子的概念是根深蒂固的。他们当时认为这些小分子可能以链状或环状聚集成混乱的胶团。到了20世纪初，情况才发生根本的转变。这要归功于德国化学家哈里斯对烃类化合物结构的研究。1900～1910年，哈里斯的测定表明，橡胶不是异戊二烯小分子的集合体，而是异戊二烯成分的长链大分子，分子量可以达到十万的量级。正是在这种结构研究的基础上，产生了聚合成长链状化合物的合成橡胶理念。后来在此基础上合成出异戊二烯橡胶，具有优良的弹性、耐磨性、耐热性和化学稳定性。

L：人们不会都只是在异戊二烯这一个思路上进行合成橡胶的探索吧？

H：确实如此。进入20世纪后，高分子化学、聚合理论迅速发展，各国都在大力进行人工合成橡胶的研究与开发。1900年俄国的孔达科夫最早聚合成丁二烯革状弹性体；1910年俄国化学家列别捷夫从酒精制出丁二烯，并用金属钠作为催化剂进行液相本体聚合，制得了丁钠橡胶；德国则在第一次世界大战的1910年代合成出甲基橡胶；美国在1930年代生产出聚四硫化乙烯橡胶；发明尼龙的著名化学家卡罗塞斯合成了氯丁橡胶，1931年杜邦公司进行了小批量生产。

L：1930年代合成橡胶就算成熟了吧？最有代表性的合成橡胶是哪一种啊？

H：是啊！在此期间出现的代表性橡胶品种有：1935年德国法本公司首先生产了丁二烯与丙烯腈共聚制得的丁腈橡胶；1937年该公司还开发出了丁二烯与苯乙烯共聚制得的丁苯橡胶。丁苯橡胶由于综合性能优良，至今仍是合成橡胶中的最大品种；而丁腈橡胶是一种耐油橡胶，目前仍是特种橡胶的主要品种。

2.3.14　发明赛璐珞

19世纪不仅是科学的世纪，而且是个充满发明的技术世纪，最初的人工合成高分子材料竟是源于一种游戏。由于象牙短缺，悬赏象牙替代品引发了合成材料的发明。

美　海尔特（J. W. Hyatt）
(1837—1920)

台球

照相底片

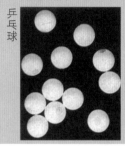

乒乓球

赛璐珞是英文celluloid的音译，是美国发明家J.W.海尔特在1869年创造的一种塑料。但它不是完全的合成材料，而是硝化天然纤维加樟脑在乙醇溶解后高压下共热，在常压下硬化成型的。但赛璐珞仍是人类的第一个合成材料，也是第一种塑料。

发明纪念牌

发明纪念球

美国在1941年举办的一场纪念赛璐珞发明72周年的比赛

赛璐珞的最大历史功绩是能够制作富有弹性的胶卷。它促成了电影的发明。爱迪生在赛璐珞发明后，于1889年制作了可以连续放映画面的机器，就是今天电影技术的雏形。

电影胶卷

2.3.14　发明赛璐珞

L: 硫化橡胶还不能算高分子材料登场吧，第一个人工合成材料是什么呢？

H: 硫化橡胶虽然是高分子了，但人工合成橡胶要等到 20 世纪初才出现！你可能想不到，第一个人造高分子材料的出世，竟是出于 19 世纪后期一种游戏的需要。这时美国的一些有钱人，今天该叫做"成功人士"吧，流行打台球，以展示绅士风度。台球是用象牙制作的，由于当时非洲的大象已经越来越少，美国已经很难获得用来做台球的象牙。台球老板们很着急，为寻求象牙的代用品，有一位台球商竟提出了一万美元的悬赏，这在当年可是个不小的数目。常言道，重赏之下，必有勇夫，1868 年一位叫约翰·海尔特的印刷工人，不知是出于对台球的喜爱，还是对悬赏动心，总之，他下了决心要发明这种材料。最初他是将木屑和天然树胶混合在一起，再搓成球形。样子倒是很像了，重量也差不多，可是太脆，一打就碎。又经多次摸索，试了多种材料，也没有找到可代替象牙的东西。

L: 看来这不是件轻而易举的事情，悬赏怕是没有指望了。

H: 不过，功夫不负有心人，一个偶然的观察，使海尔特眼睛一亮。原来他发现做火药的硝化纤维溶解在酒精中后，再经过干燥能形成结实的膜。他受到这个启发后再进行试制，但试验还是一次次地失败了。这位海尔特可真是位不屈不挠的人，又经过多次试验后，1869 年他终于发现，当在硝化纤维中再加入樟脑后，就可以制成又硬又韧的材料，而且可热压成各种形状，完全可以用来做台球。他将这种新材料命名为"赛璐珞"，意为假象牙。有时也被叫做云石膜。

L: 就是说，海尔特还真的坚持下来了，那一万美元的悬赏也拿到了呗？

H: 不！不知是什么原因，他没有拿到那一万美元。但是，他已经不在乎那点赏金了。这是一个靠发明可以致富的年代，他已经是一位发明家了，他准备用这个发明去换取更多的效益和财富。1872 年，他在美国开了一家赛璐珞工厂，除了生产台球之外，他还制出透明薄片。可以用来制造马车和汽车的风挡，制作感光板代替玻璃板，重要的是它可以用来做电影胶片。这下他可发了财了，俨然就是一位富翁了。1877 年，英国也开始用赛璐珞制作台球等产品。后来，海尔特又开发了箱子、纽扣、直尺、乒乓球和眼镜架等产品。

L: 命运没有亏待这位勤奋的发明家，您怎样评价这位聪明的印刷工人呢？

H: 他是一位非常了不起的材料发明家。他改写了人类的材料史。在海尔特之前，人们炼出了铜，炼出了铁，把泥土制成陶器，再把陶器升级为瓷器。但是，还有一件事人们从来没有做过：这就是把两个已经认识的材料，通过一种办法合成起来，成为具有全新性能的另一种材料。这是一个全新的思路，却在一位印刷工人海尔特的反复实践中成功了。这又将是一个无论怎样评价都不会过分的伟大的材料技术成就。这其实就是所谓"合成材料"的诞生。

L: 您是说，海尔特不只给人类增加了一种材料，而是带来了一大类材料？

H: 正是这样。其实仅就这种材料本身来说，也是意义非凡的。没有赛璐珞，哪有电影艺术啊？没有赛璐珞，哪有直到现在仍让人迷恋的胶片摄影艺术啊？再说了，没有赛璐珞哪有国球的威风啊？这其实也是最早塑料工业的雏形，虽然赛璐珞还不是完全的人工合成材料，硝化纤维毕竟使用了天然纤维。但真正的人工合成材料正是由它开启的大门走进人世间的。

2.3.15 发明塑料——合成材料问世

由德国科学家在 19 世纪末发现的苯酚甲醛，到了美国发明家手里竟发生了改变材料历史的大事件。从此，世界上多了一个以烃类化合物为主体的庞大材料家族——塑料。

1871 年德国化学家 A. 拜耳在研究酞染料时，发现了苯酚甲醛树脂，但 1905 年拜耳获得诺贝尔化学奖的主要理由却是他 1883 年在靛蓝和芳香烃化合物方面的贡献。

靛蓝颜色的景色

德 拜耳（A. von Beayer）
（1835—1917）

金刚石
砂轮黏结

酚醛树脂电木板

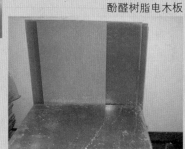

美 贝克兰（L.H.Baekeland）
（1863—1944）

1907 年美国的贝克兰提出酚醛树脂加热固化方法，使酚醛树脂实现工业化生产，开创了人类合成高分子化合物的新纪元。

酚醛树脂的固化前状态

美国发明家 L.H. 贝克兰在实验室

2.3.15 发明塑料——合成材料问世

L：与前面的赛璐珞、硫化橡胶不同，塑料的发明是大科学家完成的，对吧？

H：你说对了一部分。这事确实要从几位化学家说起。早在 1871 年，德国化学家阿道夫·拜耳就在研究酚（从煤渣中提炼的看似松节油的溶剂）和甲醛（从苯醇提炼的防腐液体）之间的反应，而反应产物却包含聚集在玻璃器皿底部的让人棘手的残渣。这时拜耳的兴趣是在合成新的染料上，并不关心这种固体产物。在拜耳看来，玻璃器皿中这种令人生厌的、不易溶解的、黏糊糊的东西毫无研究价值可言。但是，多年之后，比拜耳约小 30 岁的美国年轻化学家贝克兰在重复这个合成反应时，却得出了完全相反的结论：这种黏糊糊的东西有可能导致某种伟大的发明，贝克兰已感到有一种新材料在向他招手。在这个反应中可能产生一种既具绝缘性，又具可塑性的类似橡胶一类的物质。但究竟谁能成功，那就要看当时对这个问题有兴趣的几位研究对手们，谁的竞争能力更强了。

L：您是说，与拜耳相比，贝克兰等人当时还算不上大科学家吗？

H：是的。拜耳在继续做他感兴趣的研究，并于 1905 年获得了诺贝尔化学奖，这是因为他合成了靛蓝染料，并在 1883 年确定了这种染料复杂的结构。与拜耳比，贝克兰虽已年过不惑，1898 年也发明过一种特殊照相纸，但这些成就还无法与拜耳比肩。不过，情况很快就发生了重要变化，贝克兰在酚醛合成产物前景方面所做出的准确判断，和他在研究上做出的敏锐反应，终于没有在强手如林的竞争中错失机会，也不愧是一位伟大的发明家。从 1904 年开始，贝克兰开始研究这种反应，先是得到了一种液体——苯酚 - 甲醛虫胶。到了 1907 年，他又完成了催化剂类型和用量、树脂多阶段固化机理和高温热压法缩短固化时间等几方面的研究，终于使"酚醛树脂"作为第一个合成的高分子聚合物来到了人间。

L：就是说，世界上的第一个塑料，纯粹的人工合成材料从此诞生了？

H：是的！贝克兰的巨大贡献也绝非用诺贝尔奖可以评价的。当然，这是完全不能加以比较的事项。贝克兰用自己的名字命名了这种塑料。他很幸运，英国同行詹姆斯·斯温伯恩只比他晚一天提交专利申请，否则英文里酚醛塑料就是另外一个名字了。1909 年 2 月，贝克兰在美国化学协会的一次会议上公开了这第一个塑料的秘密：与赛璐珞不同的是，酚醛塑料是不含天然胶棉以及其他天然纤维素的材料，是世界第一种真正完全人工合成的材料。

L：那么，这种塑料很快就被各界承认，并且获得实际应用了吗？

H：是的。酚醛塑料具有一系列诱人的性质：绝缘、耐热、耐腐蚀、不可燃、稳定性强等。贝克兰自称这种塑料为"千用材料"。特别是在迅速发展的电力工业、汽车、无线电中，它可被制成插头、插座、收音机和电话外壳、螺旋桨、阀门、齿轮、管道。在家庭中，它出现在台球、把手、按钮、刀柄、桌面、烟斗、保温瓶、电热水瓶、钢笔和人造珠宝上。有人称这发明是"20世纪的点金术"：从煤焦油那样廉价的原料中，得到有如此广泛用途的材料。1924 年《时代》周刊的封面故事称：那些熟悉酚醛塑料潜力的人认为，数年后它将出现在现代文明的每一种机器设备里。1940 年 5 月的《时代》周刊则将贝克兰称为"塑料之父"。当然，像任何材料一样，酚醛塑料也有自己的缺点：受热变暗，只有深褐、暗绿等三种颜色，而且比较脆。但是，一大批有志者已在着手改进它了。

2.3.16 第一金属——铝的出世

铝是地壳中含量第一的金属元素，在各类元素中含量第三，是人类文明发达时期发现的最重要元素之一。铝材料开发极具典型性，回顾它的发现、应用历程具有特殊意义。为铝材料研发做出贡献的人物可列出极长的名单，这里只能做概略介绍。

丹麦 奥斯特（H.Oersted）
（1777—1851）

德 沃勒（F.Wohler）
（1800—1882）

1825年丹麦的奥斯特利用无水氯化铝制得几毫克纯铝粉；1845年德国沃勒制得15毫克的纯铝珠若干，测定了密度、延性和熔点等性质。

奥斯特家乡的纪年铜像

1854年法国德维尔受拿破仑之命制得纯度为3个9的铝，同年工业生产。翌年，铝出现在巴黎博览会上，价超白金。1854年本生将熔融 $NaAlCl_4$ 电解制得了纯铝。

匈牙利制纪念铝诞生徽章（霍尔、本生、拜耳、埃鲁特）

德 本生（R.Bunsen）
（1811—1899）

法 德维尔（H.S.C.Deville）
（1818—1881）

美 霍尔（C.M.Hall）
（1863—1914）

法 埃鲁特（P.L.Herault）
（1863—1914）

1886年美国的霍尔和法国的埃鲁特同时发明电解法制铝，从此走进工业化制铝新时代。1892年奥地利的拜耳发明提取氧化铝新方法，使制铝成本大幅度降低。

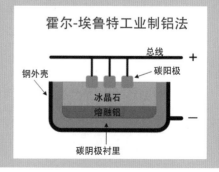

霍尔-埃鲁特工业制铝法

总线
钢外壳
碳阳极
冰晶石
熔融铝
碳阴极衬里

2.3.16　第一金属——铝的出世

L：铝怎么成了第一金属了啊？难道是按地壳中的含量顺序吗？

H：正是。地壳中元素含量前三位的顺序是：氧(45.2%)，硅(27.2%)，铝(8%)；金属元素含量前七位的顺序是：铝(8%)，铁(5.8%)，钙(5.06%)，镁(2.77%)，钠(2.32%)，钾(1.68%)，钛(0.68%)；所以称铝为第一金属，其来有自；另外从制得铝元素，到开发出工业材料所用时间只有80年，这与铜器时代、铁器时代的数千年相比，铝材料的开发速度也是第一的。这充分体现了科技进步的力量和新材料需求所发挥的牵引作用之巨大。这方面是不是也该有个第一呀？

L：为什么在地壳中含量第一的铝，却没有被人们更早地认识呢？

H：是由于铝与地球第一元素氧的亲和力过大，所以铝的氧化物非常稳定，绝无游离铝存在的可能。即使对氧化铝的认识也很迟，到1746年才由德国化学家波特从明矾中提取出氧化铝。而从氧化铝到铝虽只剩一步之遥，却非常困难。伟大的拉瓦锡在1789年出版的《化学概要》里，列出了第一张"元素"表。元素被分为四类：① 简单物质，如光、热、氧、氮、氢等；② 简单非金属物质，如硫、磷、碳、盐酸素、氟酸素、硼酸素等。其氧化物可成酸；③ 简单金属物质，如锑、银、铋、钴、铜、锡、铁、锰、汞、钼、镍、金、铂、铅、钨、锌等，其氧化产物可成为能中和酸的碱；④ 能成盐的简单土质，石灰、苦土、重土矾土、硅土等。可以看出，他当时还不知有铝，也不知道铝的氧化物特性。

L：那么，究竟谁能算得上是制取纯铝的第一人呢？

H：最早制取铝的勋劳，应该首推英国人达瑞在1807年的工作，但他用无水氯化铝分解法，并没能制得纯铝。丹麦化学家奥斯特，1825年用钾汞齐还原无水氯化铝，然后蒸发掉汞，第一次制得了纯铝。奥斯特称得上是制铝第一人。1827年德国人沃勒用钾还原无水氯化铝得到少量铝粉。1845年他再使氯化铝气体通过熔融金属钾，得到一些铝珠，每颗铝珠重10～15毫克，他用这些铝珠首次初步测定了铝的密度、延展性和熔点等性质。铝被制出后，立即引起各国的关注。据说法国第二帝国皇帝拿破仑三世，当即要求法国化学家能早些制出铝来。法国化学家德维尔不负众望，在1854年用钠还原氯化铝制出了纯铝，可是成本高得吓人。尽管如此，他还是为拿破仑皇帝做了一副头盔。1855年德维尔制得的纯铝在巴黎世界博览会上展出时，其价格比白金还高。

L：铝的成本是怎样降下来的呢？谁的功劳最大啊？

H：第一位是法国化学家德维尔，他已经提出了电解氧化铝的思路，但没有来得及实践。第二位是德国科学家本生，他实现了电解制铝。第三、第四是两位异国同龄人，美国的霍尔和法国的埃鲁特。他们两个同时于1886年独立发明了冰晶石－氧化铝熔盐电解法。他们把氧化铝溶解在冰晶石溶液中，通过电解制得了纯铝，因不需要钠作还原剂而成本大降。二人分别在美国和法国取得了专利权。他们当时都是刚毕业的大学生，23岁。霍尔的美国专利是1886年2月，埃鲁特的法国专利是同年4月；当埃鲁特的专利寄达美国时，已经是5月，所以埃鲁特只获得了法国专利。最后二人都于1914年死于伤寒。这是科技史上少有的巧合。第五位是奥地利科学家拜耳。1892年他发明了从铝土矿提取氧化铝的新方法，称拜耳法，使氧化铝资源大幅度扩大，铝生产成本因此大幅度降低。

2.3.17　发明硬铝

　　19 世纪初制得纯铝以来，只用不到一个世纪时间就实现了工业化，到了 20 世纪初铝终于以其低密度、高导热性、高导电性、高耐腐蚀性等优势赢得了人们的高度欢迎。只要能把强度提高上去，铝合金必将会大有所为的。德国维尔姆完成了这一伟大使命。

德　维尔姆（A. Wilm）
(1869—1937)

　　纯铝很软。德国工程师维尔姆在 1906 年发现含 4% 铜的铝合金淬火后会在室温下时效硬化，发明了"杜拉铝"，即硬铝，屈服强度可达 400MPa，相当于低碳钢，震惊世界。后经研究，综合性能不断提高，成为第一个工业铝合金。现属于美国铝业协会的 2000 系列。此后又开发出铝–硅、铝–镁、铝–锌–镁等系列，使铝合金成为仅次于钢铁的第二大金属材料系列群。

1918 年杜拉铝成功用于飞艇的纪念牌

1916 年德国将杜拉铝用于制飞机蒙皮和机翼（当时照片）

1930 年用杜拉铝制半自动手枪

1918 年德国用杜拉铝制造了飞艇（当时照片）

1918 年德国杜拉铝制飞机的飞行照片

2.3.17　发明硬铝

L:　"贵"本来应与"重"相连，没想到"轻金属"铝还有过一段"贵"史。

H:　是啊！不仅拿破仑三世在举行盛大宴会时，弃金、银餐具不用，而独享一套铝制餐具，以显其富贵。就是在化学界，铝也曾被当作极贵重的礼物。英国皇家学会为了表彰门捷列夫对化学的杰出贡献，不惜重金制作了一只铝杯，赠送给门氏。这就是 150 年前，铝被称为"银色金子"的辉煌时期。谁都难以料到，铝在最终成为航空航天材料主角之前，先表演了一个"天价出场"的亮相。随后又以地球上最富藏金属之身，反串了一出"不稀反贵"的煞有介事的喜剧。

L:　真是很有趣！但是，更有趣的是铝的"掉价"速度也是最快的吧？

H:　确实是最快的。不过，铝作为银光闪闪、永不生锈、电导率高、密度极低的金属，虽然当不起那个"天价"，也总算还是有些"明星相"的。可惜这个铝还真有些不争气，竟是个"银样镴枪头"——纯铝是个极弱的弱者。

L:　哎呀，这不是《西厢记》里的话吗？怎么用到这里了？是什么意思啊？

H:　原来高纯铝的屈服强度还不到 10MPa，连许多木材都不如。就是说，铝暂时还派不上什么用场。"霍尔－埃鲁特法"电解法成功后，便使得铝价一落千丈，到处建起电解铝厂。到第一次世界大战前的 1913 年，全球的铝年产量已达到 8 万吨，价格降至每千克仅 2.1 法郎。这时，拿破仑三世已逝去 10 年了，否则不知这位独裁者该作何感想？这时材料学家和工程师们早已把注意力转移到如何才能提高铝的强度，使它真正能不负众望，成为"明星材料"上面来了。

L:　那么是谁，在什么时候完成了这个艰巨使命的呢？

H:　是朴实的德国工程师维尔姆。纯铝之弱使所有喜欢它的人感到遗憾和失望，期盼它有一天能强大起来。这是继铜、铁之后，人类面对的第三个将深刻影响其生活的金属结构材料了。首先想到的当然是合金化，铝的熔点不高，容易熔化，合金化相对容易。面对铜、铁、镁、锰、硅等合金元素，在不丢掉"轻"的优势的同时，维尔姆力图能够有所斩获。1906 年，也就是成功电解出铝后的第十年，维尔姆经过反复摸索，实验研究终于成功了。据说，维尔姆炼成含铜合金后的某一天，他用铁锤敲打铸好的铝合金试样，居然没有打出痕迹。但是他怀疑的却不是铝真的被强化了，而是怀疑自己是不是因为过于劳累而力气变小了。再来一次狠命一击！他终于相信：他成功了！铝的强度提高了至少 5 倍。这是第一个铝合金。因为原来纯铝太软了，新合金就干脆叫硬铝吧。"硬"和"铝"合起来就是"杜拉铝"。于是杜拉铝的名字开始在世界各地不胫而走。

L:　噢，"杜拉铝"原来是这个意思啊，我还以为是纪念哪位人物呢！

H:　杜拉铝还有一个更重要的性质，这是在金属中从来没有见过的，这就是合金经淬火后，在室温下放置 4～5 天，它的硬度会自然而然地逐渐提高。开始维尔姆还不敢相信，但因为屡试不爽，最后不能不相信了，于是就把这种现象称之为"自然时效硬化"，以区别于经过人工加热到某一温度所发生的硬化。1906 年发现了这个现象，但在光学显微镜下无论如何观察不出头绪，包括德国最著名的材料学大师——塔曼。30 多年后才解释了自然时效硬化的产生原因，而真正找到自然时效硬化的清晰证据那是半个世纪以后的事。人们是带着疑问开始铝合金开发的。当然，不清楚的仅仅是机制和原因，性能变化规律还是明确的。

2.3.18　不锈钢发明

进入 20 世纪初，钢铁材料仍然被寄托着人们不尽的期望。虽然当时大量使用的只是综合性能优越的低碳钢，但人们一直在持续追求发明新性能的钢铁材料，其中以不锈钢的发明最具象征意义。它让人们相信：金属科学可以消除铁的最软弱之处。

英国科学家 H. 布雷尔利在研究枪管用合金钢时，于 1912 年意外发现含 13%Cr 钢的不锈特征，成就材料史的佳话。

英　布雷尔利
（H. Brearley）
(1871—1948)

哈特菲尔德继承布雷尔利的工作，在 1924 年发明了 18-8 型奥氏体不锈钢，使不锈钢的性能水平不断提高。

英　哈特菲尔德
（W.H.Hatfeilde）
(1882—1943)

英国布雷尔利家乡的纪年碑亭

美国发明家、企业家海恩斯是一位全能型人才，发明甚多，被尊称为美国的不锈钢之父。1911 年研制成不锈钢，于 1919 年申请了专利。

美　海恩斯（E.Haynes）
(1857—1925)

澳大利亚的现代彩色不锈钢艺术建筑

德　斯特劳斯（B.Strauss）
(1873—1944)

德　毛雷尔（G·von E·Maurer）
(1889—1959)

德国科学家曾在合金钢钝化方面做过细致工作，冶金专家斯特劳斯和毛雷尔在 1912 年也发现在钢中加入铬、镍制成不会生锈的钢材。他们与英国的布雷尔利同时起步，也对不锈钢的发展做出了重要贡献。

2.3.18　不锈钢发明

L：20 世纪初的材料发明很多，为什么要专门讲一下不锈钢的发明呢？

H：这是因为人们普遍关心不锈钢，它给人们生活带来的影响实在是太大了。对于材料学家和材料工程师来说，对铁基材料的最大软肋——"腐蚀问题"，也因此终于看到了解决良方，当然会让人感到欣慰。这就是人们为什么会经常津津乐道英国布雷尔利意外发明了不锈钢故事的原因。

L：您是说布雷尔利发明了不锈钢，其实是个意外收获？

H：正是。这其实并不奇怪。在 20 世纪初第一次世界大战前夕，火药味已弥漫整个欧洲，英国有关部门考虑战事需要，决定研制一种耐磨、耐热的钢材，用以改进枪管的质量。他们将开发任务交给了冶金学家亨利·布雷尔利。布氏和他的助手们从基础研究做起，配制了多种含铬、镍等元素的合金，冶炼成材后，测定、研究各种性能。需要测定的数据很多，从实验室到中期试制的周期也很长，测完数据的试样进行了分组保存。过了很长时间以后，助手们发现，大部分试样早已锈迹斑斑了，但含碳 0.24%、含铬 12.8% 的一组试样却光洁如初，闪闪发亮。他们把情况报告给布雷尔利，他听后十分惊讶也异常欣喜：锈蚀是很正常的，难道钢铁也可以不生锈吗？他决心顺着这个线索研究下去。

L：看来布雷尔利事先并没料到，所以对没有发生锈蚀这事深感意外。

H：正是。他一边继续进行枪管研究，同时也沿着不受腐蚀的方向继续探索下去，进行了水、酸、碱等腐蚀性能试验。结果证明，这种成分的铁铬碳合金具有在上述各种条件下都有耐腐蚀的特点，就这样，在 1912 年，这种后来被称作"Cr13 型不锈钢"的划时代新材料被意外地发明了。但是，看似偶然的发现，实际上是建立在布雷尔利等勤奋研究、系统实验和科学管理的基础之上的，并不是天上掉下来的馅饼。机会这一次是垂青于愿意做系统性探索的人。

L：那么，布雷尔利等是如何保护自己的发明结果呢？

H：1915 年，布雷尔利把发现"含铬不锈钢"的成果首先在美国申请了专利，此后，又在 1916 年获得了英国专利。同时，布雷尔利与莫斯勒合伙创办了一家生产不锈钢餐具的工厂，看到了科技成果向实际工业产品的转化的经济效益。由于始终光亮如新的不锈钢餐具深受人们欢迎，所以很快风靡欧洲，后来又传遍全世界。布雷尔利因此获得了很高的声誉，被尊称为"不锈钢之父"。

L：既然布雷尔利是意外地发现了不锈钢，那为什么美国、德国的发明家和冶金学家也在差不多相同时间，独立地发明了不锈钢呢？难道都是偶然的吗？

H：问得好！这再一次说明此发明虽然是"意外的"，却并不是"偶然的"。布雷尔利是在研制枪管钢的成分探索中，接触到了 Cr 12.8% 这个成分的（这里，碳含量对耐蚀性影响不大）。这可以称为是枪管钢"目标"的意外，但并不偶然。钢中可以添加的元素有限，按经济性和有效性，铬元素都是能够排在前三位的：Mn、Cr、Ni。再往后是 Si、Mo、V。所以，在没有"材料科学"指导的时代，人们在做合金化探索时，接触到 13%Cr 这个合金成分是并不奇怪的。当时，小型坩埚熔炼炉已经十分普及。勤于探索的海恩斯和毛雷尔等人也一定像布雷尔利那样，是在系统地研究合金元素对钢性能影响的探索中，接触到了类似的合金成分，因此也有机会得到了上帝的"垂青"，这里并没有偶然性。

2.3.19　发明磁性材料

20 世纪里不仅钢铁材料、铝合金等结构金属材料获得了大发展，而且以各种物理性能为主要特征的功能材料也显示出极大的重要性。从 20 世纪初的软磁材料、永磁材料和超导材料研究发明开始，功能材料已经崭露头角。

1936~1948 年法国物理学家尼尔提出反铁磁性和亚铁磁性的概念，深化了对物质磁性的认识。

法　居里（P.Curie）
(1859—1906)

法　外斯（P.E.Weiss）
(1865—1940)

法　尼尔（L.E.Neel）
(1904—2000)

1895 年法国物理学家居里发现顺磁物质磁化的温度定律，即居里定律，揭开磁性研究的序幕；1907 年法国物理学家外斯提出分子场理论，引领了国际现代磁学的发展。

1914 年旅美瑞士学者埃尔曼发明磁导率远大于硅钢的 Fe-Ni 合金，后被称坡莫合金。1924 年英国，1931 年、1934 年、1947 年美国的工程师对其不断加以改进，一直沿用至今。

瑞士，美　埃尔曼（G. W.Elmen）
(1876—1957)

日　本多光太郎（K.Honda）
(1870—1954)

1916 年起日本的本多光太郎多次发明、改进永磁材料，发明 KS 磁钢，在世界永磁材料领域处于领先地位。

坡莫合金铁芯

本多光太郎的 KS 钢发明纪念

2.3.19　发明磁性材料

L：永磁材料不是有天然的吗？黄帝发明指南车的时候不就已经有了吗？

H：是的！虽然黄帝的发明只是个传说，但是，天然磁铁矿确实是天然就有的，但那种天然磁铁矿的磁性是很弱的，用来做"永磁材料"是不够用的。定量地说，表示永磁材料性能的术语是"最大磁能积"，天然磁铁矿的最大磁能积小于 $0.8kJ/m^3$，而性能最低的人工永磁材料的最大磁能积也要大于 $3.0kJ/m^3$，所以天然磁铁矿物质是不能够适应人们对更高永磁性能的需求的。

L：这就是说，古代关于"指南车"、"司南"等各种记载，实际上都是以天然磁铁矿为材料制造的了。后来是哪种用途产生了更强永磁性能的需求呢？

H：在19世纪后期，第二次工业革命开始，人类进入了电气化时代，不但有了各种机器，也出现了发电机、电动机，同时产生了各种电器仪表，如电流表、电压表等，这时就有了永磁材料的需求，而且永磁性能越高越好。可以这样说：第一个影响最大的专用人工磁性材料就是永磁材料，1916年由日本东北大学本多光太郎发明的KS钢可称作第一个人造的永磁材料。

L：如果是这样，我有一个问题：1860年代就已经开始电气化了，在1916年发明KS钢之前的半个世纪中，难道没有使用磁铁吗？那是什么样的材料呢？

H：问题提得好。首先说，在KS钢发明之前是使用磁铁的，也就是说，是有永磁材料的。而那时用的并不是天然磁铁矿，而是高碳钢或高碳合金钢。但这些钢材并非专用永磁材料，而是业余兼职材料。主要是含1.0%碳左右的高碳钢，或高碳铬钢，以及高碳高钨钢。这些钢材由来已久，某些高碳钢在18世纪就已经出现了，如谢菲尔德的坩埚钢。而上面各种高碳合金钢的发明人是英国冶金工程师R.马谢特，前面已经提到。其时间也要早得多，约为1865~1885年。当时发明的目的是为了提高硬度，以便制作工具。后来用作永磁材料，是开发出来的兼职行为。因为发现它们经磁化后，最大磁能积远高于天然磁铁矿。

L：那么KS钢究竟是一种什么样的材料呢？为何能够获得高磁性呢？

H：简单地说，这是一种高钴高钨高碳合金钢，专门用作永磁材料。钴虽然昂贵，但比铬和钨能更有效地提高永磁性能，最大磁能积可达 $8kJ/m^3$，而铬钢和钨钢只有 $4kJ/m^3$ 左右。20世纪初把磁性材料粗略分成两大类：硬磁材料和软磁材料。作磁铁用的永磁材料是硬磁材料，因为所有能提高硬度的因素，都有利于提高永磁特性，如矫顽力增大；而用作变压器、电动机铁芯的是软磁材料，所有降低硬度的因素，都有利于软磁特性，如矫顽力变小，磁导率提高。最早的软磁材料是工业纯铁。这些材料的名称，保留着历史记忆。坡莫合金是1914年发明的高磁导率合金，也是低硬度合金。其影响力却不如永磁材料KS钢大。

L：最后一个问题：早在居里之前，从1822年，法国物理学家阿拉戈等就在研究与电磁铁有关的问题，而磁性材料研究为何却在20世纪初才开始呢？

H：简单说，是由于需求和可能的互动。电磁铁需要软磁材料，但纯铁就可满足要求。早在1880年代哈德菲尔德就完成了硅钢研究。但是到了1903年才由德国和美国相继生产出热轧硅钢片。1906年硅钢片才代替工业纯铁成为主流软磁材料。而1914年坡莫合金的发明是由于小型软磁部件的需求。所以，是工业发展的实际需要，才促进了磁性材料的不断发展，需求永远是材料发展最强大的动力。

2.3.20 铝镍钴发明之战

1916 年本多光太郎发明 KS 钢，在世界领先 15 年后，意外地被本国年轻学者三岛德七超过。本多在担任大学校长后仍率人奋起直追，以成本剧增为代价勉强反超三岛的 MK 钢，因此引出了高性能永磁材料铝镍钴 (Alnico) 的发明，及随后百年的永磁材料之争。

三岛德七在实验室

1931 年日本东京大学的三岛德七发明了以 Fe-Ni-Al 为基的 MK 钢，比日本本多光太郎发明的 KS 钢的永磁性能显著提高，矫顽力提高约 3 倍，从此掀起了提高永磁材料性能的大战。

日　三岛德七（T. Mishima）
(1893—1975)

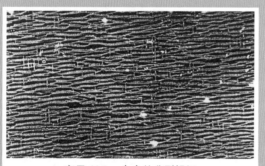

商用 Alnico 合金的典型组织

MK 钢用于扬声器磁铁片

三岛德七 MK 钢发明纪念

1938 年英国学者奥利弗 (D.A.Olivor) 等在 Fe-Ni-Al 基础上加入 12% Co，发明了铝镍钴 Alnico 合金，并采用磁场热处理，大幅度改善了永磁合金的磁性能。

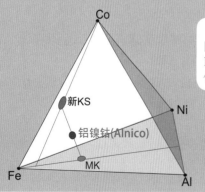

在 Fe-Ni-Al-Co 四元系中 MK 钢、新 KS 钢和 Alnico 合金的位置示意图。

63 岁的本多光太郎在 KS 钢性能被 MK 钢超过后，率弟子奋起直追，于 1933 年发明新 KS 钢，反超 MK 钢。

2.3.20　铝镍钴发明之战

L：为什么说铝镍钴发明是一次战争呢？有那么严重吗？是怎样一个过程啊？

H：1931 年，日本东京大学 38 岁的三岛德七教授正在指导学生做实验，一位学生发现切屑总是黏附在正切削的试样上弄不下去。三岛德七看过后感到情况特异，立即让学生停止了实验，并嘱咐学生：什么都不要往外讲。

L：为什么不让学生讲话啊？难道要爆发战争了吗？

H：因为三岛德七感到，实验中发现的切屑黏附很可能与磁性有关。而这并非自己的专长领域。正在切削的 Fe-Ni-Al 合金，也本不应该有铁磁性，这意味着将有新原理产生。一旦信息泄露，将对自己不利。三岛立即把合金成分、处理工艺等各种情况进行总结和重新测试，发现这种合金的最大磁能积比本多的 KS 钢大大提高，矫顽力提高近 3 倍，而且合金成本还大幅度降低，有重要工业前景。所以他立即向美、日等国申请了磁性材料专利，并将这个发明命名为 MK 钢。

L：三岛德七很精明啊。但他发明的 Fe-Ni-Al 合金的创新点在哪里啊？

H：这个发明的关键之处是加铝，这在过去谁都没想到。三岛德七的研究目标并非磁性材料。永磁材料加铝涉及材料新原理，这在三十多年后才弄清。这是由于 Fe-Ni-Al 合金中存在一种特殊的失稳分解之故，而失稳分解的起因正是铝。

L：三岛德七的专利公布之后，在同行中立即产生了很大反响吗？

H：日本的金属材料研究中心并不在东京，而是在仙台。MK 钢专利一公布，仙台的本多光太郎无比震惊。他已 63 岁，那年他荣任东北大学总长（即校长），已在享受日本金属学之父的尊荣了。一个远在东京的领域外晚辈，居然抢了他专长的风头，他万难接受。《本多光太郎传》作者这样描述他当时的感受："他像被冷水浇头，像被电击了一般。"这时本多虽已担任校长，却还没有辞去金属研究所所长职务，"金研"是本多一手创建的。现在这里弥漫着不安与失败气氛，因为仙台的"金研"一向以日本物理冶金王国自居。一生自负专横的本多，哪里忍得下纪录被超越？他接连发问："这都是我发明 KS 钢后 15 年来的粗心大意！三岛君现在红起来了，是吧？难道我们不应该奋起直追，并超过他吗？"

L：63 岁还不算老啊，本多教授的反应还应该算正常的吧？

H：63 岁是该大学的退休年龄啊！当本多很快了解到，三岛的发明也是事出偶然时，立即下决心赶超。他招集了弟子增本量和白川勇纪两教授联合攻关。但是，三岛的专利已对他们的成分选择构成了限制，铝已经不能添加，只好用更贵的钛来代替，并进一步增加钴含量，在不利条件下，夜以继日紧张研究，本多一天三次到研究室来督战。经过两年的努力，终于在 1933 年发明了新 KS 钢，性能虽然超过 MK 钢一点，却付出了成本大幅度增加的代价。此后不久，英国的奥利弗在 MK 钢和新 KS 钢的基础上，提出了新的永磁合金专利，取名为 "Alnico（铝镍钴）"，性能高而且价格廉，而成分恰处于 MK 钢和新 KS 钢的中间。

L：战斗以这样的方式结束，本多光太郎会作何感想呢？

H：他终于明白：科学无止境，奋斗无穷期，新纪录还会出现的。新 KS 钢发明人上虽然写有本多的名字，但他逢人总要解释：这是增本、白川两君的研究成果，没有我什么事。不过，直到 50 年后钕铁硼永磁出现为止，日本在永磁材料领域的研究上一直领先于世，也是不争的事实，这里未尝没有战斗的影子。

2.3.21　陶瓷功能材料突起

　　20世纪前期,在金属磁性材料获得大幅度进步的同时,第一个氧化物陶瓷磁性材料也问世了。这就是日本科学家加藤与五郎和武井武发明的铁氧体永磁材料。它以巨大的性价比优势,标志着陶瓷功能材料参与竞争的开始,意义十分重大。

日　加藤与五郎(Y.Kato)
(1872—1967)

日　武井武（T.Takei）
（1899—?）

　　1933 年日本加藤与五郎和武井武合作最早发明了含钴铁氧体永磁材料,当时被称为 OP 永磁体,开启了磁性材料的铁氧体时代,其用量曾占永磁材料的一半左右。其后 10 余年法国、德国、荷兰等国相继推进铁氧体研究。这是功能材料兴起的重要标志性事件之一。

第一个铁氧体磁芯（复制品）

　　铁氧体已有软磁、永磁、亚铁磁、旋磁、矩磁等多种类型,广泛应用于电信、电表等领域。

加藤与五郎 和 武井武（右）

荷兰　斯诺克(J.L.Snoek)
(1902—1950)

　　1936 年荷兰科学家斯诺克曾研究出尖晶石结构的含锌软磁铁氧体,并于 1947 年实现工业生产。但他在这方面的成就,却远没有他在内耗方面的研究影响更大,他发现了间隙原子内耗引起的"斯诺克峰"。

铁氧体制品

IEEE 赠送的里程碑纪念牌匾

　　1935 年加藤和武井创立东京电气化学工业株式会社,1983 年改名为 TDK 公司。

加藤与五郎纪念铜像

2.3.21 陶瓷功能材料突起

L： 所谓陶瓷功能材料是指铁氧体吧？那不就是氧化物吗？不算新材料吧？

H： 可不能这样说。这与天然氧化物已不可同日而语了。说到这点，还必须说日本是个精于算计的民族。他们自知为国土所限，资源匮乏，所以自觉地在原材料上注入更多智力，而且一直在磁性材料研究方面居于世界前列。虽然 20 世纪初德国和法国都在进行铁氧体的研究，但最先公布于世的，却是 1930 年日本人加藤与五郎等的发明。铁氧体永磁与我国古代四大发明之一的指南针虽然是同一种物质，却不是同一种材料。或者说从材料学角度看,并不是一回事。

L： 同一种物质为何可以是不同材料呢？物质与材料的差别究竟在哪里？

H： 差别就在于：说"物质"时，是不考虑其组织结构的，既然都是 Fe_3O_4，那就是同一种物质；但是，提到"材料"时，是讲组织结构的，磁铁矿与铁氧体的组织形态是完全不同的，所以尽管两者都是 Fe_3O_4，却并不是同一种材料。这就如同碳纤维和石墨是同一种物质"碳"，却不是同一种材料；金刚石与活性炭也是同一种物质"碳"，却不是同一种材料，其道理是一样的。有不同的组织形态，也就会有不同的相关性能。这就是强调"材料"概念的主要理由。而"物质"与"材料"概念上的这种差别，对于任何材料都是一样的，是普适的。

L： 但实际上，"铁氧体材料"的成分，也已经与"磁铁矿"不一样了吧？

H： 这当然也是一个不可忽视的重要因素。但是，铁氧体材料之所以能够出现，首先是依靠组织因素，其次才是成分调整的作用。而铁氧体之所以具有特殊的组织形态是由特殊的加工方式所造成的。这种特殊加工方式就是一整套"粉末冶金"工艺，其中包括：将氧化铁人工研磨成微细粉末；再经过压力机和模具压制成一定的形状；然后再经一定温度烧结的系列过程。烧结过程中还可以施加磁场，以使细小颗粒沿磁场方向产生取向排列，进而产生有利于磁性的微观组织形态。因此铁氧体产生了远比天然磁铁矿或氧化铁更为优越的磁学性质。

L： 那么，1933 年日本人的发明难道不包括组织以外的成分因素吗？

H： 这次，你问到了点子上。东京工业大学加藤与五郎和武井武首先创制出来的是含钴的铁氧体永磁材料，当时被称为 OP 磁石（即氧化物永磁体）。也就是说包含了添加钴的作用。钴添加能起到提高居里温度的有利作用。但是即使如此，仍如上所述，铁氧体的优异性能还是主要来源于新工艺和新组织的作用。在 1930~1940 年代，法国、德国和荷兰等国也相继开展了铁氧体的研究工作，其中荷兰菲利浦公司的物理学家斯诺克，在 1935 年研究出具有优良性能的尖晶石结构的含锌软磁铁氧体，并于 1946 年实现了工业化生产。1956 年又研究出了亚铁磁性的 Y-Fe-O 铁氧体。从此，在世界范围内开启了一个氧化物磁性材料的新时代。铁氧体的主要原料是各钢厂的"工业垃圾"——氧化铁皮，所以价格低廉，这成为其主要优势。所以，铁氧体一直是性价比最好的材料。在永磁材料方面所占据的市场份额一直处于第一位，最高时居然能达到一半左右。

L： 是这样的？那铝镍钴永磁材料呢，难道不如铁氧体吗？

H： 当然，仅就永磁性能而言，从 1930 年代以后，铝镍钴永磁材料当然要更好些，后来还有各种稀土永磁先后占居优势地位。但如果仅就性价比而言，铁氧体却一直居于第一位。从现代角度看，还必须强调它的资源再生优势。

2.3.22　高硬材料的步伐

　　提高工具的硬度是材料工作者的永恒目标，19 世纪末主要是以高碳合金钢、高速钢为高硬材料。到 20 世纪初，以司太立合金为起点，开始了新一波高硬材料探索。最具有代表性的进步，就是硬质合金材料的发明和氧化铝陶瓷切削刀具的开发。

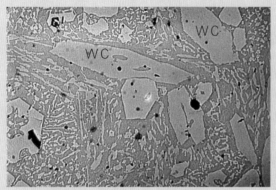

　　1907 年美国发明家海恩斯发明了司太立合金 (Stellite)。这是一种耐磨损、耐腐蚀、耐高温氧化的高硬合金，也称钴铬钨合金或钴钨合金。这是熔铸生产的以碳化钨起主要硬化作用的合金，见左图。其红硬性高于高速钢，是后来粉末冶金硬质合金的前身。

司太立合金的显微组织，基体以 Co 为主，硬化相以碳化钨为主。

美　海恩斯（E.P. Haynes）
(1857—1925)

　　1923 年，德国的施勒特尔 (K. Schröter) 在碳化钨粉末中加入 10% ~ 20% 钴做黏结剂，发明了粉末冶金硬质合金。硬度仅次于金刚石，成为世界上第一种人工合成硬质材料。1959 年美国 Ford 公司开发出以 TiC 碳化物为主，以 Ni-Mo 基合金黏结的硬质合金，获得了更高的硬度 (HRA91,HV1500) 和足够韧性，是人类征服硬度的又一里程碑。1912~1913 年，英国和德国已出现氧化铝陶瓷刀具，1950 年开始应用，但强度、韧性低，仅限于精加工切削用。1968 年开始出现第 2 代陶瓷刀具，应用得以拓展。

WC 硬质合金刀具和 TiC(N) 的硬质合金刀具

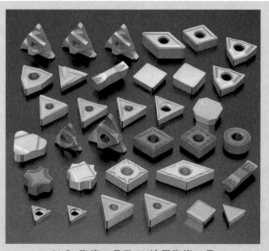

Al_2O_3 陶瓷刀具及 TiN 涂层陶瓷刀具

2.3.22　高硬材料的步伐

L：人类认识材料硬度的历史非常久远，也多次创造了硬度的纪录，是吧？

H：是的。人类认识硬度是从天然矿物开始的，到 19 世纪初，已经知道最硬物质是金刚石，而且 1812 年由德国矿物学家莫斯 (F.Mohs) 首先提出了一种表示硬度级别的方法，称为莫氏硬度。当时人类发明的最硬材料是合金工具钢，却已无法用莫氏硬度来精确表征。淬火后硬度可以达到 HV800 左右。HV 是 20 世纪的一种维氏硬度符号。19 世纪末美国工程师发明了高速工具钢，使钢在 600℃左右温度下的硬度仍能维持在很高水平，即所谓红硬性。但室温硬度也还在 HV800 左右。为进一步提高工具硬度，美国发明家海恩斯在 1907 年发明了司太立合金，这是一种高碳的钴铬钨或钴钨合金。这种合金虽然宏观硬度没有超过 HV800，但它却让人们认识到：合金中碳化物体积分数可以大幅度提高，又不至于像生铁一样脆。这个认识很重要，人们已在选择其他方式力图超越钢铁材料的硬度。

L：这应该是用 Co 基合金代替 Fe 基合金所取得的效果吧？

H：是。正是在这个思路指引下，1923 年德国冶金学家施勒特尔采用粉末冶金方法，制备了碳化钨体积分数超过 80% 的硬质合金。这实际上就是以 Co 做黏结剂把大量粒度合适的碳化物黏结起来的方法。事实证明：粉末冶金是制备这种材料唯一可行的方法。因为 WC 的硬度在 HV1400~1800，而熔点在 2800℃以上。熔制这种碳化物是极其困难的。相反地，通过制粉、混合、压制、烧结等几个步骤，可以直接获得硬度在 HV1000 以上的硬质合金工具。这时 Co 或 Co 基合金其实就是黏结剂，可以保持在室温和使用温度下，都有极好的韧性。因为黏合体是面心立方结构，合金并不脆。这是第一代硬质合金，是人类制出的仅次于金刚石，而高于任何天然矿物的高硬材料。红硬性可维持到 900℃。

L：这确实是材料史上的一个里程碑。此后又发生了怎样的进步呢？

H：这个结果震动了全世界，推动了对高熔点碳化物与铁族金属相黏合的研究。1959 年美国福特公司研制出以 TiC(N) 为硬化相，而以 Ni-Mo 合金为黏结相的硬质合金，可以使合金的硬度进一步提高，达到 HV1500 左右。这是硬质合金发展史上的又一个里程碑。硬质合金的应用范围也在不断扩展，不只作为金属切削工具，也扩展到矿物挖掘工具、钢材拉拔模具、各种耐磨模具和冷加工工具等，一时间已成为无所不能的工具。圆珠笔刚发明时，还被建议用作"笔珠"。

L：此后，硬质合金又走出了更新的步伐吗？

H：是的。硬质合金的第三个阶段是 1969 年瑞典研制成功的碳化钛涂层刀具。其基体仍是碳化钨－钴硬质合金或碳化钛－镍硬质合金，只是在表面上沉积了厚度 10 微米以下的碳化钛或氮化钛涂层。经过这种涂层处理后，同类硬质合金刀具使用寿命可延长 3 倍，切削速度提高 25%～50%。硬质合金的第四个阶段是将硬化相和黏结相都制成更小尺寸，这样可以进一步提高硬度和工具使用寿命。

L：那所谓陶瓷工具是指硬质合金这样的工具吗？

H：完全不是！陶瓷工具或刀具并不包含金属黏结体。早在 1912 年，英、德两国就已注意到 Al_2O_3 陶瓷有极高的硬度，只是韧性还不够。1950 年后在原料纯度、粒度和烧结工艺上有了巨大进步，可制作出高性能切削工具，成为重要工具品种。Al_2O_3 陶瓷的硬度能够超过 HV1500，可以达到 HV2000，是最硬刀具。

2.3.23 钢的工艺性能——易切削钢

20 世纪 30 年代各类钢种已经齐备，特别是用于制造机器的钢。但面对钢在切削过程中的自动化，不仅要求钢的强韧性，而且要求钢能适应高速切削、自动切削，以及其他被加工的能力，即要求好的工艺性能。只有具备这些性能，才能成为适用材料。

20 世纪初与钢的焊接性能几乎同时提出的是切削性能，这是由于金属精确加工的主要方式是切削加工。正在出现切削的高速化、自动化、精密化。

1918 年美国发现钢中加硫可提高切削速度，硫在钢中以条状硫化物形式存在

1932 年以后出现自动车床等切削机械，对钢的切削性能提出了更高的要求。1937 年开始出现专用的自动机用钢，即易切削钢。最先出现的是含铅 0.2% 左右的易切削钢。1938 年日本开始生产硫易切削钢；1968 年起生产含钙易切削钢。

1930 年代以来，逐渐明确钢的切削性能包括 4 个相对独立的方面：① 刀具磨损；② 工件光洁度；③ 切削抗力；④ 切屑处理难易程度。可根据具体切削对象，来确定表征切削性能的内容。

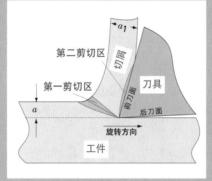

切屑的形成过程

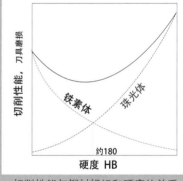

切削性能与钢材组织和硬度的关系

多数钢种都可进行渗碳处理，以提高表面含碳量，增进表面硬度和耐磨性。美国 1920 年代开始转筒炉气体渗碳。1930 年代，连续式气体渗碳炉开始应用，并出现专用渗碳钢。1960 年代高温（960 ~ 1100 ℃）气体渗碳得到发展。1970 年代，出现真空渗碳和离子渗碳。

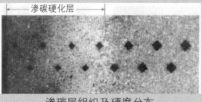

渗碳层组织及硬度分布

齿轮渗碳层形态

渗碳层组织

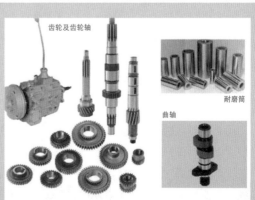

适合用渗碳强化表面的部件

2.3.23 钢的工艺性能——易切削钢

L：什么是钢的工艺性能啊？钢为什么需要工艺性能？这很重要吗？

H：这是个重要问题。钢是铁器时代材料的代表，其基本特征是有极好的综合性能：强度很高，韧性也很高，即具有强韧性，这是铜无法比拟的。但是，钢要制成物件之后才能应用。比如，用钢来造大桥，怎样把钢件连接起来呢？焊接！焊接发明之前是铆接。焊接性能、铆接性能就是工艺性能。总之，把钢制成器件时的铸造、焊接、铆接、切削等工艺的难易，就是工艺性能。在20世纪前期，金属切削机床是精确加工钢件的主要手段。所以钢能否顺利接受切削加工，成为又一个重要的工艺性能。工艺性能有时也能够决定钢铁材料的命运。

L：能否顺利切削应该决定于工具材料，19世纪不就已经发明工具钢了吗？

H：不错，工具很重要。1920年代不但有了高速钢，而且有了硬质合金。但是，材料被切削时的性能差别很大，这种差别可能并不影响钢的使用寿命，却可以在很大程度上决定钢的切削加工成本。当根据成本决定选材时，（被）切削性能可上升为第一要素。1920年代汽车减速箱齿轮的成本中，切削加工费占75%。如果能使切削费用减少一半，齿轮价格也会大幅度减少。巨大的利益驱动，使人们开始设想开发专用的"易切削钢"。特别是在1930年代出现了自动机床之后，没有易切削钢，自动机床是无法发挥作用的。苏联更是把易切削钢直接称作"自动机钢"。不能让自动机床充分发挥作用，就意味着切削成本的提高啊。

L：那可以选择低硬度钢材啊，降低对强度和硬度的要求，不就可以了吗？

H：不行！这样解决不了问题。（被）切削性能包括4个方面的内容，并不只简单地与硬度有关。在自动机上使用的易切削钢，"切屑的碎断"是个重要要求。专用易切削钢是通过向钢中加入0.2%的铅，或0.3%左右的硫，在钢中造成细粒状的铅，或长条状的硫化物。这样，在切削过程中可以在剪切区使切屑断掉，可以顺利排除切屑。钢中的硫化物夹杂和铅微粒的存在，可以使刀具前刀面和后刀面的磨损显著下降，明显提高刀具寿命，进而降低切削成本。

L：但是，铅微粒和硫化物夹杂的存在，也会降低钢的力学性能，这能行吗？

H：是的。会有一定程度的影响。但是，会让这种影响限制在可容忍的范围内。特别是Pb微粒多半是等轴状，对钢的力学性能如强度和塑性影响很少；条状硫化物会降低钢材的横向性能，使性能出现方向性，这是必须注意的。但是，有人嘲弄易切削钢是低强钢却是没有根据的。特别是在德国于1970年代发明钙易切削钢后，几乎完全消除了夹杂物对力学性能的不利影响。钙易切削钢即钙脱氧钢，钢中保存了少量球状钙脱氧产物，这种复合氧化物可以在硬质合金刀具的前刀面上形成特殊的"覆盖层"（Belag），能起到降低刀具磨损的作用。

L：也有专用的渗碳钢吗？如果有，那么是按照怎样的原则设计的呢？

H：渗碳和淬火也是钢件的制造工艺之一。应该说，低碳机器制造钢都可用渗碳工艺来提高表面含碳量，进而提高表面的硬度和耐磨性。但是，由于渗碳工艺的重要性，还是开发出了一些适合于利用渗碳工艺实现表面强化的专用钢种，如20CrMnTi、12Cr2Ni4W等。专用渗碳钢的成分有如下几个特点：①含碳量低而适当，以保证未渗碳的心部有足够的韧性与强度，并非越低越好；②合金元素能保证钢具有足够的淬透性；③合金化能够保证钢有不发生奥氏体晶粒粗化的能力，以使钢可以接受在较高温度下进行长时间的渗碳。

2.3.24　高淬透性钢开发

　　1930 年代合金钢继续发展，钢的热处理也成为改善钢性能的重要手段。对于尺寸不同的合金钢需要用淬透性来表示其接受淬火的能力，这是对钢的性质认识的一大进步，并依此原理开发出具有高淬透性的 Ni-Cr-Mo 合金钢等一系列钢种。

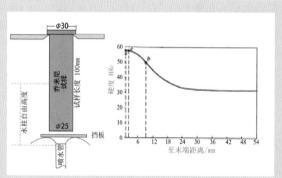

1938 年表征淬透性的乔米尼 (Jominy) 方法示意图

美国科学家格罗斯曼深入研究合金钢的淬透性，1930 年代提出表征淬火特性的格罗斯曼临界直径，可评价各种合金钢接受淬火的能力。

美　格罗斯曼(M.A.Grossmann)（1890—1952 ）

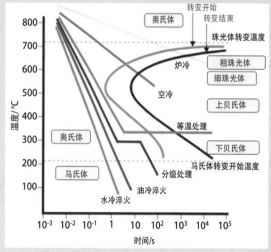

1930 年出现了可以表征淬透性的温度－时间－转变图（TTT 图）

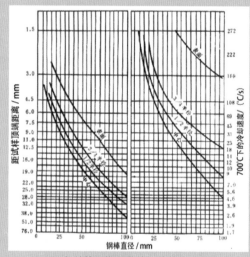

1939 年的格罗斯曼曲线可估算淬透深度

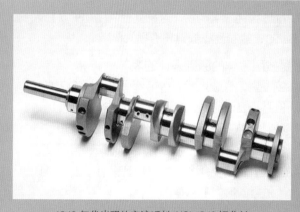

1940 年代出现的高淬透性 AISI 4340 钢曲轴

现代高淬透性 AISI 4340 钢大尺寸部件的调质处理

2.3.24　高淬透性钢开发

L：钢的淬火也是一个重要的生产工艺，淬透性也应当是一个工艺性能吧？

H：正是。热处理是一个重要工艺问题。机器用钢铁材料发展到 1920 年代末期，已经很普遍地采用了热处理工艺。这时热处理已不再是简单的退火处理，而是以提高性能为目的的所谓"调质处理"。即在淬火之后再施以不同温度的回火处理，以达到改善组织、提高性能的目的。美国的贝茵和格罗斯曼都是这方面的权威专家。既然淬火变成了改善组织的第一个步骤，那么，整个部件从表面到心部是否都能淬火成希望的组织——"马氏体组织"，就是第一个重要问题了。

L：那可以选择最强的淬火介质啊，这连中国古代工匠们都是知道的啊！

H：可是，格罗斯曼经过科学的计算证明：即使冷却能力达到无穷大，每种钢所能得到的淬透直径也是有限的，当然也是有差异的。需要给淬透直径以明确定义，因为每种钢不仅热导率不同（其实差别不大），重要的是达到淬火目的所需的冷却速度不同（这点差别很大），即各种钢的淬透性差别是极大的。

L：这不应该是热处理工程师们的问题吗？与材料的开发有什么关系呢？

H：首先，是在表征淬透性上要有一个共识，其次是能够根据用户需求，生产出特定淬透性的结构钢。1930 年 B.F. 谢菲尔德提出了第一种淬透性标准试验方法。在此之前都是采用打断一个淬火工件，验看断口形貌，以确定是否淬透。1938 年伯恩斯等提出了 SAC 法，适合低淬透性钢的表征；同年乔米尼设计了一端淬火法，适合中、高淬透性的表征，一直沿用至今。通过测定沿试样长度上的淬火硬度分布来表示淬透性的大小。硬度曲线越高、越平，则淬透性越高。

L：共识有了，如何才能开发出所需要淬透性的钢铁材料呢？

H：这可就说来话长了。前面提到，钢铁材料的历史也就是合金钢的历史。这历史的特点之一是：并不是先有碳钢，后有合金钢。法拉第 1820 年就开始研究合金钢，马谢特 1866 年才研究碳素工具钢。这样论起来，合金钢还更早呢。受到陨铁成分的影响，法拉第时代认为镍是最好的合金元素，因为含镍 1.76% 的陨铁耐蚀性非常好。到 1880 年又发现加少量镍能够在不降低塑性的前提下，提高钢的强度，所以结构钢都加镍，包括被用于装甲板的钢中。可是后来发现，钢中镍到了 3%~10% 后，将会出现回火脆性，从此不再发展高镍钢。但到后来，为了提高结构钢的淬透性，又重新提出加 2% 左右镍和铬的方案，并进一步演变成同时加 Ni-Cr-Mo 的合金化方案。最后，含 0.4%C, 0.8%Cr, 1.8%Ni, 0.25%Mo 的 AISI 4340 钢变成了淬透性最好、综合性能也最佳的合金结构钢，可以满足大尺寸部件淬火处理的需求，成为 1930~1940 年代的代表性高淬透性钢种。

L：是否也会有低淬透性钢的需求呢？另外，曲轴的断面尺寸也不算大啊？

H：首先，还真有一种"低淬透性钢"，这是因为有的钢只需要表面很薄一层可以淬火成高硬度的马氏体组织；而心部仍然保持着高塑、韧性状态的珠光体型组织。另外，在合金结构钢这个用途广泛的门类中，发达国家如德国、日本已能开发出一种"保证淬透性结构钢"，这是结构钢开发的最高境界。它说明已经对钢的淬透性与成分关系的规律有了精确掌控能力，在熔炼中可借助快速化学分析实现成分微调，精确保证淬透性。至于曲轴要采用高淬透性钢，是为了降低变形。曲轴的对称性差，淬火时极易变形，高淬透性钢可降低淬火冷速以减小变形。

2.3.25　半导体有哪些特性？

在 19 世纪到 20 世纪的近百年中，半导体性质的发现和半导体材料、半导体器件的发明，是具有重大意义的伟大事件，它是电子信息时代的起点，是新技术革命历史的发端，是功能材料的新阶段。这个起点和发端标志材料将成为人类文明的支柱。

英　法拉第（M. Faraday）
(1791 - 1867)

1852 年 12 月 29 日法拉第在做报告（油画）

　　1833 年法拉第发现了硫化银晶体的电阻随温度的提高而减小的现象。这是关于半导体的最早记录，也是半导体的第一特征。1851 年起德国的西多夫也进行了大量研究。

　　1839 年法国贝克莱尔发现半导体光生伏特效应，为半导体的第二个特征。1874 年德国布劳恩观察到硫化物的导电方向性，是半导体第三特性。同年舒斯特发现氧化铜的整流效应。1873 年英国的史密斯发现硒晶体在光照下电导增加的光电导效应，是半导体的第四特征。1911 年开始使用半导体一词。1947 年贝尔实验室总结出半导体的上述特性。

1950 年用于 MADDIDA
计算机的硒整流器

德　西多夫（J. Hittorf）
(1824—1914)

美　皮卡德（G.W.Pickard）
(1877—1956)

英　威尔逊（A.H.Wilson）
(1906—1995)

2.3.25 半导体有哪些特性？

L：从图版看，我们将第三次提到伟大的英国科学家迈克尔·法拉第？

H：正是。但这不是刻意的安排，而是历史的决定。所以在影响世界历史的一百名人中法拉第位居第 23 位。他的老师戴维于 1821 年发现：温度升高时金属电阻提高，变成弱导体。而法拉第 1833 年发现 Ag_2S 刚好与金属相反，温度提高时电阻变小，导电性增强。法拉第测定了很多化合物电阻随温度的变化，都有类似规律，其中硫化银最为明显，电阻在 175℃有一突然变化。法拉第的发现激发了德国科学家西多夫等的研究热情，他们从 1851 年继续对 Ag_2S 和 Cu_2S 进行研究，使其成为第一批被研究的半导体，电阻温度特性也因此成了半导体第一性能特征。而金属电阻随温度升高而提高的现象，也被认为是金属的本征特性。

L：那么，法拉第和西多夫等给 19 世纪末立即带来了半导体研究热潮吗？

H：并没有。虽然 1947 年由美国贝尔实验室总结出来半导体的四个典型特征，在 19 世纪末就都已经发现了，但是半导体的这些性能特征很不稳定，在实验中很难精确重复出来，难于重复实际上在于纯度不够，或化学计量比不严格，或者晶体缺陷太多。以至于一些有名的理论家认为这是一个没有前景的研究领域，比如，以不相容原理著称的泡利就这样认为。当然，也有一位英国理论物理学家 A. 威尔逊在 1930 年代论述了半导体的能带理论，被认为是现代半导体理论研究的起点，对半导体和微电子技术的发展起了不可估量的奠基作用。

L：既然如此，真正的半导体研究热潮是何时兴起的呢？

H：那当然是从 1947 年贝尔实验室几位天才科学家发明半导体晶体管开始的。但是，在这之前的硒、硅和锗等纯元素半导体现象的发现，也应该算另一个里程碑。关于硒的光电效应和整流效应，可以追溯到 1886 年左右 C.E. 菲茨的研究。但是，直到 1924 年硒和硫化铜的整流器才进入工业性应用时代。第二个进入人们视野的是硅。这应该归功于一位美国的发明家皮卡德。在此之前，硅经常以硅铁合金形式成为炼钢时的脱氧剂，或熔制硅钢片，用途相当粗放。皮卡德从 1906 年开始把硅用于射频信号的整流，这时他使用的是冶金级别的纯硅。尽管如此，这仍可看作是硅单质半导体发挥作用的开始。到 1940 年代的硅钨整流器发明时，硅的纯度也不高，但在这之后美国杜邦公司就开始研制高纯度的硅了。

L：那么，锗呢？它是从什么时候开始引起人们关注的？

H：继硅之后，人们开始关注锗。其实，门捷列夫早在 1871 年已经预言了锗的存在，并把它命名为"类硅"。直到 1886 年，锗终于被德国的一位分析化学家温克勒发现。他是在分析一种新的矿石——辉银锗矿的时候，发现这个新元素的，并验证了自己的推断。锗是 1940年代以来研究进展最快的材料，起初被用在电信方面，用作点接触检波器和放大器，随后通过单晶的生长，和对 p-n 结的研究，使锗整流器和放大器的功率大大增加，能耐受很高的反电压，饱和反向电流很小。锗一般从工业副产品中提取，由于提纯及拉制单晶比较容易，所以研究发展很快。1950 年代已经能制出直径 200 毫米、重达 5 千克的单晶体了。

L：那么，最后为什么半导体材料还是转而回归于硅了呢？

H：应该说，是氧化硅膜的稳定性和绝缘性起了决定性作用。当然，作为地壳第二元素的硅在资源上的优势也是个不可忽视的因素。

2.3.26　半导体晶体管悄然登场

　　半导体晶体管是20世纪中期在电子技术方面最伟大的发明，也是功能材料最有意义的应用。它虽悄然登场，却推动了信息产业的变革，奠定了现代文明的基础，迎来了第三次产业革命，极大地改变了人类的工作和生活方式，是怎样评价都不过分的。

美　肖克莱(W.Shockley)
（1910—1989）

美　基尔比（J.Kilby）
（1923—2005）

美　诺伊斯（R.Noyce）
（1927—1990）

　　1958年基尔比制成第一块集成电路，获2000年度诺贝尔物理学奖。

　　被称为集成电路之父的诺伊斯1957年创建仙童公司，1968年再创英特尔公司，力促信息革命。

美　布莱坦（W. Brattain）
（1902—1987）

美　巴丁（J. Bardeen）
（1908—1991）

　　1947年肖克莱等三位美国科学家发明半导体晶体管以来，经基尔比、诺伊斯等一大批科学家的进一步研究和共同努力，终于迎来了伟大的信息革命时代。

1947年肖克莱、巴丁、布莱坦
发明的第一个半导体晶体管(实物)

肖克莱、巴丁、布莱坦因发明第一个
半导体晶体管获1956年度诺贝尔物理学奖

2.3.26　半导体晶体管悄然登场

L：为什么不说半导体材料闪亮登场呢，难道作为整流器的应用当不起吗？

H：不是啊！这里想强调 1947 年半导体晶体管的发明。自从 1907 年美国科学家德弗雷斯特发明电子三极管之后，电子管就一直在电子技术中发挥核心作用。1946 年第一台电子计算机——ENIAC 问世，全机共用 18000 个电子管，耗电 100 千瓦，占地 167 平方米，每秒运算 5000 次。电子管虽已担起了人工智能的重任，使运算速度空前提高，促进了智力解放，但是也很快暴露出许多缺点。第一是使用寿命短，一般为几千到一万小时，这在电报、收音机等电信业上还勉强可以。但电子计算机成千上万电子管中只要有一个出问题，就会使整机瘫痪；第二是过于脆弱，受不得震动；第三是体积庞大；第四是耗电多。电子计算机尽管有神机妙算的优势，但因心脏部件——电子管的缺陷，使发展受到了严重制约。

L：您是说肖克莱等发明晶体管时，就已经瞄准电子计算机这个目标了吗？

H：应该是。至少是包括了这个目标。贝尔实验室是世界上实力最雄厚的研究所，实验室的研究部主任凯利（M.Kelly，1894—1971）是一位著名的电子管专家。1930 年代末，他就发现了电子管的上述缺陷，并深信一定会找到更好的放大元件来代替电子三极管。当时半导体二极管已发明，他觉得能代替电子管的只能是半导体晶体管，所以必须招聘优秀的固体物理学家来求得突破。这时，他立刻想到了肖克莱。1945 年夏天凯利组织了以肖克莱为组长，巴丁、布莱坦参加的固体物理三人组，巴丁擅长电气工程和电子理论探索，布莱坦有丰富的实验研究经验。凯利没有急功近利，而是做好了进行长期研究的准备。

L：看来，凯利既是专家型、服务型的高水平领导人，也是一位伯乐啊！

H：三人组的目标是做出半导体放大器，说起来目的很单纯，也很明确，只要在电子二极管里加上第三极便算大功告成。可是，半导体二极管怎样安上一个第三极呢？半导体二极管那么小，又是"实心的"，非常困难。但第三极又非加不可，出路在哪里？肖克莱根据半导体物理原理，凭他深厚的理论功底，终于提出了一个"场效应"新思路。但是巴丁和布莱坦在实际制作中发现，场效应思路虽然合理，但很难做成。他们又反复摸索了探针法。结果 1947 年 12 月 23 日，巴丁和布莱坦成功了。这时，肖克莱虽然以组长的身份在研究结果上签了名，却没有成为发明者之一，不知他实际上是不是应该很郁闷呢？

L：就是说，半导体晶体三极管的发明完成了，却没有肖克莱的份？

H：正是！但几年后，肖克莱等人又试制成功一种性能更好的结合型晶体管。1956 年他们共同获得了诺贝尔物理奖，实至名归。但就在此前一年，肖克莱离开了贝尔实验室，在硅谷创建了"肖克莱半导体实验室"，并从贝尔实验室带走了一些杰出科学家。1956 年诺伊斯也进入了该研究室，想大干一场。但由于肖克莱并不善于经营开发，1957 年诺伊斯和摩尔等八人同时"叛逃出走"，成立了仙童半导体公司，1968 年又与摩尔等创建了英特尔公司。在 1958 年，诺伊斯几乎与基尔比同时发明了集成电路，却一生两次错过了诺贝尔奖。一次是因为肖克莱的否决，他停止了"隧道效应"研究，而江崎玲于奈在 1973 年却正是因为发现了半导体的量子隧道效应而获得诺贝尔物理奖的；另一次是基尔比 2000 年因发明集成电路而获奖时，他已经于十年前因游泳时心脏病突发而逝世。

2.3.27 超合金问世

1884 年英国帕森斯发明了喷气发动机，1924 年为提升发动机性能开发了镍铬钼钢，开启了为新一代发动机寻找先进材料的历史。经过耐热钢、镍基、钴基合金等多种材料的探索之路，最终以镍基多元合金为主流的超复杂耐高温材料出世。

德　拉夫斯（F.Lavas）
(1906–1978)

为了提高喷气发动机的性能，耐高温材料必然成为材料工作者的研发目标。最终落在镍基合金上。从1905年发明蒙乃尔合金起，1926 年 P.迈瑞卡申请了在镍–铬合金中添加少量铝的首个高温合金专利，1940 年开发因科耐尔、尼莫尼克合金，1950 年代镍基高温合金成熟。这期间做出贡献的冶金、材料学家没留下名字。各国的研发都严格保密，只能见到一些合金的基础研究科学家的名字。

美　迈瑞卡（P.Merica）
(1889 —1957)

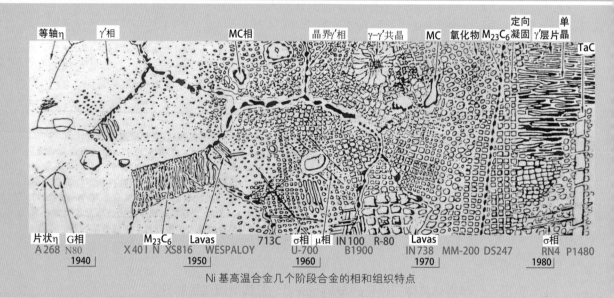

Ni 基高温合金几个阶段合金的相和组织特点

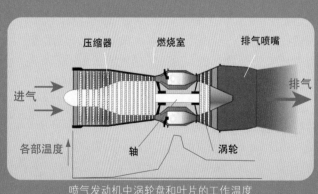

喷气发动机中涡轮盘和叶片的工作温度

喷气发动机是飞机的心脏，其涡轮盘和叶片材料是镍基高温合金。从1940年以来，镍基高温合金的耐热温度逐年提高。镍基高温合金耐热性来源于其特殊成分。如 1968 年开发的耐热达990℃的因可耐尔738合金的组成元素为Ni,Cr,Co,Mo,Al,Ti,Nb,C,B,Zr,Ta,W等12种。涉及的影响因素包括：第二相形态、尺寸、数量、成分、错配度；基体成分，TCP(如拉夫斯相)析出等，是一种超级复杂的合金。

2.3.27　超合金问世

L：为什么高温合金又被称作超合金呢？它是怎样演变出来的呢？

H：超合金就是超级复杂合金。高温合金出现与喷气发动机的发明分不开。发明此发动机之初，人们首先想到的材料是钢，因为铁熔点比较高。到 20 世纪初，在 Cr13 型不锈钢启发下，出现了 Cr-Ni-Mo 型耐热钢；到了 1920 年代，又出现了以 18-8 型不锈钢为基础的奥氏体耐热钢，这是铁基耐热合金的源头。高温合金另一个源头是镍基合金。这可以追溯到 1905 年，这时发明了蒙乃尔 400 合金，这是一种单相的 Ni-Cu 基合金，它极好的耐腐蚀性能引起了人们的关注。

L：人们一直徘徊在铁、镍、钴三种基体间吗？是什么时候集中到镍的？

H：首先是认识到面心立方结构扩散系数最小，其次是镍的化学稳定性最高，逐渐把希望集中到镍上来，从 19 世纪末的过度钢依赖中走出来。为了开发热强性更高、更耐蚀、更抗氧化的材料，1926 年美国迈瑞卡（P. Merica）申请了在镍铬合金中添加少量铝的专利，可以看作是超合金的发端。美国 1936 年开发出了因科耐尔 600 合金。这是一种 Ni-Cr 基耐热耐蚀合金。英国于 1941 年开发出尼莫尼克（Nimonic）Ni-Cr-Ti 系合金以及添加铝的高抗蠕变合金，是超合金的一个重要里程碑。美国于 1940 年代中期，苏联于 1940 年代后期也研制出镍基合金。从此进入了以 Ni 基固溶体为基体，以 γ' 相为主要强化相的镍基高温合金时代。

L：图中给出了高温合金组织随年代的变化，这很奇特，怎么会连续变化呢？

H：是的。不同年代的高温合金，成分差别极大，组织连续地画在一起是奇特的。但这是由于这些合金都是镍基合金，基体都是 γ 相的缘故。年代越早，γ 相基体就越多；年代越晚，γ 相基体也越少。这反映出：只靠基体相的固溶强化，是达不到强化目标的，必须引入第二相。主要的第二相是 γ' 相，而 γ' 相基本上就是 Ni_3Al。年代越往后，γ' 相的体积分数越大，这说明主要是靠第二相来实现强化。除了主要第二相 γ' 相之外，还有少量碳化物等参与强化，这会因成分而异。图中反映的主要组织变化，是随着年代第二相 γ' 体积分数增加的总趋势。但是，成分设计的最主要任务是要避开拓扑密排相（如 σ、μ、Lavas 相）的析出。

L：明白了！组织连续变化图很有意义。不过，19 世纪材料发明都有具体人物；为什么到了 20 世纪，高温合金这样重要的材料反倒缺乏具体人物了？

H：我想，这里有两个重要原因可供分析参考。一是 19 世纪的发明多系个人行为，发明人容易确定，如爱迪生的诸发明。而到了 20 世纪，技术发明已成为公司行为甚至是国家行为，发明人反而不容易确定。二是高温合金本身的特殊重要性，使得各国间的竞争十分激烈，研究和开发通常成为国家级的机密。因此很多研究内容并不公开发表，以致在高温合金发展初始阶段的关键性人物并不为人所知。图中给出的人物是最早提出高温合金专利的人物，人们对其进行深入了解也不容易。人们熟悉的是对材料基础研究有贡献的著名人物。如，欧罗万、纳巴罗等关于蠕变的经典研究。这些理论研究虽然构成了高温合金研发的基础，却不涉及材料开发的具体技术秘密。这一特点越到现代，越发突出。20 世纪的技术发明，不再仅与个人兴趣有关，也不仅仅事关个人的发家致富，而是经常关系到大公司的利益，甚至是国家的安全。发明人的相关信息也成了重要技术情报，以至于确定发明人、关键技术的贡献者变成了极其困难的事情。

2.3.28 高温合金快速进步

经过 20 世纪初开始的 50 多年的探索，镍基高温合金有了巨大进步，成为金属材料王冠上的明珠。从锻造型到铸造型，从多晶到单晶，合金种类数以百计，成分复杂，构成相众多。但是最关键的问题却是 γ 和 γ' 相的平衡问题，以及 γ 和 γ' 相界面性质等问题。

我国开发的镍基
合金涡轮和叶片

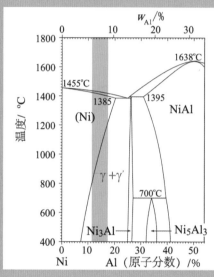

美 维斯特布鲁克（EJ.H.Westbrook）
（于 1977 年）

1958 年维斯特布鲁克发现镍基高温合金组成元素虽多，但可简化为 Ni–Al 二元系的 γ 和 γ' 相平衡分析。参见左图黄区。

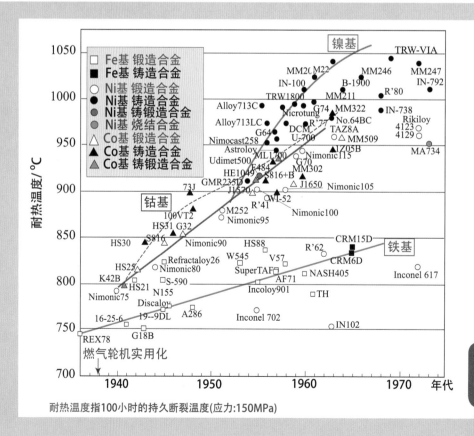

耐热温度指100小时的持久断裂温度(应力:150MPa)

镍基、铁基、钴基高温合金的主要品种，及耐热温度的逐年进步

2.3.28　高温合金快速进步

L：既然超合金的合金元素种类多达十几种，简化成 Ni-Al 二元系可行吗？

H：我认为可行。尽管从数量来看，Al 并不是含量最多的合金元素，还有比 Al 含量更多的。比如 Cr 含量就比 Al 含量高得多，有时 W 的含量也比 Al 更多。但是，这个问题得从 Ni 基高温合金的构成相来分析。构成相主要是两个：Ni 固溶体基体和 γ' 第二相。Cr 含量尽管很高，但主要是进入 Ni 固溶体基体；Al 含量虽少，却是 γ' 第二相的主要构成元素。其他元素种类虽多，但都是以不同的分配比，进入这两个主要构成相中。再有，含量极少的碳和硼是以碳化物和硼化物形式存在，可以另外单独考虑。由于 γ' 相基本上就是 Ni_3Al 相，它的数量取决于 Al 含量。所以把镍基高温合金简化成 Ni-Al 二元系既是有理论根据的，也是可行的分析方法。在相计算（PHACOMP）技术中已积累了很多经验。

L：我明白了。这有点像钢，合金元素虽多，还得主要分析碳对钢组织的影响。那么，为什么 Ni-Al 系的"相平衡问题"是人们很关心的问题呢？

H：这个问题提得很好！这与高温合金的服役条件有关。顾名思义，高温合金是在较高温度（例如 900℃ 以上）使用，并在一定的应力条件下长时间服役。这时合金组织便很容易接近于平衡状态，这样就有可能根据平衡相图分析其组织构成，推断其性能特点。前面提到过，高温合金不只有镍基合金，还有铁基和钴基合金，但 Ni 基合金是主流，也是性能最好的合金。这三种合金都是利用面心立方结构的特点，原子排列最紧密，结合力最强，最不利于原子的扩散，最有利于提高合金的高温抗蠕变强度。而三种不同基体的合金各有自己的优势：铁基最便宜；镍基性能最好；钴基虽最昂贵，但耐更高温度的能力较强，这是因为钴基合金所依靠的第二相不是 γ' 相而是碳化物，这是一种高熔点的强化相。

L：高温合金是不是主要依靠合理的成分设计来提高其耐热性啊？

H：在高温合金发展的初期，确实主要是靠合理的成分设计，来造成最有利的合金组织，以达到提高耐热性能的目的。由图可以看出，从 20 世纪 40 年代初到 70 年代末大约 40 年的时间内，镍基合金的工作温度从 740℃ 提高到 1050℃，平均每年约提高近 10℃。但是，这种耐热性能的提高并不全是成分和组织设计的功劳，其中很大一部分是高温合金生产工艺进步所起的作用。

L：生产工艺的进步是如何在改善高温合金性能方面发挥作用的啊？

H：从 1940～1950 年代，高温合金的冶炼在大气下进行，合金的纯净度较低，夹杂物较多，对合金的耐高温腐蚀性、抗氧化性能和力学性能都有不利的影响。从 1960 年代起，真空冶炼和真空精密铸造快速发展，对高温合金各项性能均起到有利作用。特别是镍基合金因纯净度的提高，为增大合金化程度创造了条件，可以使第二相 γ' 相的体积分数提高到 60% 以上。1960 年代末兴起的定向凝固技术，使镍基合金叶片组织得到了根本性改变，形成了沿叶片长度方向的柱状晶组织，大大减少了垂直于叶片方向的晶界，使用寿命明显提高。同理，1970 年代铸造出单晶叶片，完全消除了晶界，使用寿命得到进一步提高。另外，1962 年美国杜邦公司还开发出了涡轮盘合金的粉末冶金技术，形成所谓微观铸锭的概念，包括雾化制粉和热等静压，根本上消除了偏析的危害，有利于 γ' 相体积分数的进一步提高，大幅度改进了高温合金的组织和性能水平。

2.3.29　发明尼龙

1920 年德国科学家斯陶丁格的聚合物理论提出后，各国高分子材料开发的热潮持续高涨，1928 年美国杜邦公司聘请年仅 32 岁的卡罗塞斯博士担任基础化学所有机化学部负责人。1935 年卡罗塞斯等完成了三大合成材料之一的人造纤维尼龙的发明。

1935 年美国化学家卡罗塞斯发明的尼龙是尼龙 66，即合成聚己二酸己二胺，从而完成了三大合成材料的最后一项——合成纤维。尼龙使纺织品焕然一新，而且是工程塑料的第一品种，具有强度高、耐磨性好、综合性能优越、无毒、易于改性加工、适合复合填充等特点。但卡氏得出的己内酰胺均不能聚合的结论有误，卡氏逝世后翌年，德国的施拉克便发明了尼龙 6，比尼龙 66 生产更简单，成本更低，是几十种尼龙中产量最多的品种。

尼龙丝

美　卡罗塞斯（W.H.Carothers）
（1896—1937）

由玻璃纤维增强尼龙 6 制作的风机

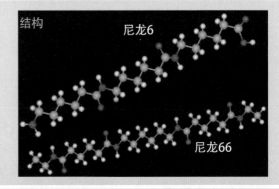

结构

尼龙 6

尼龙 66

卡罗塞斯在实验室

粗棒材

绳缆

尼龙的各种用途

齿轮与链条

最早的尼龙制品丝袜

2.3.29　发明尼龙

L：在高分子材料的发展史上，发明是接连不断的，为什么特别强调尼龙呢？

H：这是因为：尼龙的出现标志着三大合成材料的最后一个，合成纤维的发明完成了。尼龙学名为聚酰胺，英文缩写为PA，是美国杜邦公司最先开发出来的人造纤维，因此有"第一人造纤维"的美称，于1939年实现了工业化。不仅如此，1970年代塑料因为开发出"工程塑料"这个升级版而挑战金属时，尼龙又一马当先走在了最前面，在工程塑料市场中一直占居首位，所以又可以称为"第一工程塑料"。尼龙PA有了这两项第一，你说还不应该特别强调一下吗？

L：是应该高调介绍，那就先说说它的主要性能特点吧。

H：作为人造纤维，聚酰胺纤维最突出的优点是耐磨性好，其次是弹性极佳，回复率可媲美羊毛；还有相对密度小（1.14），仅次于丙纶（小于1），可加工成细匀柔软平滑之丝，织造出美观耐用的织物；另外，它还同其他聚酯纤维一样，具有耐腐蚀性、不蛀不霉等优点。这些估计大家都早已经熟悉了。作为一种工程塑料，它的优点更是突出，可以说举不胜举。比如，具有良好的综合性能：包括力学性能、耐热性、耐磨性、耐化学药品性和自润滑性俱佳，且摩擦系数低，有一定阻燃性，易于加工，适于用玻璃纤维和其他填料来实现增强改性，进一步扩大了应用范围。尼龙PA的品种繁多，有PA6、PA610、PA612等很多新品种。

L：这么好的东西是什么时间，由谁，怎样发明出来的呢？

H：这项发明人是美国著名的青年化学家卡罗塞斯，他在1924年获博士学位后，先后在哈佛大学等处担任有机化学的教学和科学研究工作。1928年应聘为杜邦公司的研究员，主持了一系列重要研究。卡罗塞斯还最早合成了氯丁二烯及聚合物，为氯丁橡胶的开发奠定了基础。1930年卡罗塞斯用乙二醇和癸二酸缩合制取聚酯，在实验中他们发现了一种有趣现象：这种熔融的聚合物能像棉花糖那样抽出丝来，而且冷却后还能继续拉伸到原来长度的几倍，冷拉伸后的纤维强度和弹性大大增加。面对这一有趣结果，卡罗塞斯和他的合作者们都非常兴奋，也预感到这种特性有重大潜力，有可能将聚合物制造成人造纤维。

L：那么，他们一定会加快对这种聚酯的继续研究吧？那结果如何呢？

H：很遗憾，他们没有坚持下去。卡罗塞斯在对这种聚酯化合物的继续研究中发现：它们有易水解、熔点低等缺点。卡罗塞斯还因此得出即使得到这种聚酯也不能制成合成纤维的错误结论，就这样他们遗憾地放弃了研究。可是在他们放弃之后，英国人却汲取他们的经验，改用芳香族羧酸与二元醇缩聚，于1940年合成出聚酯纤维——涤纶，但这已经是后话了。1935年卡罗塞斯改用戊二胺和癸二酸合成了聚酰胺，纤维强度和弹性都超过了蚕丝，不吸水，不溶解，不足之处是熔点较低。他们又很快选择己二胺和己二酸进行缩聚反应，终于在1935年合成出聚酰胺66，具有263℃的高熔点。纤维结构和性质接近天然丝，有丝的外观和光泽，耐磨性和强度超过任何一种纤维，而且原料价格便宜，杜邦公司决定进行商业开发。但就在正式开发的前一年，不幸的事情发生了。卓越的发明家卡罗塞斯竟莫名其妙地自杀。自杀原因众说纷纭：有精神抑郁说，说他一直奇怪地携带着氰化钾；有诺贝尔奖落选说；也有孪生姊病死哀痛说等。好在他的朋友和弟子弗洛里1974年获得了诺贝尔化学奖，也算是对他的一个安慰吧。

2.3.30　复合的意义

高分子、陶瓷、金属都有难以克服的弱点，1930 年代末纤维化使人们找到克服这些弱点的新途径——由纤维构成复合，担起重任的竟是平时脆弱不堪的玻璃。材料纤维化居然有如此神奇效果，在材料界也始料不及。这里才是复合材料的起点。

左起：赫斯，纪尼叶，爱舍比，拉斯维勒

1950 年代爱舍比的缺陷与异物力学成为复合材料的基本理论。

英　爱舍比（WJ.D.Eshelby）
(1916—1981)

爱舍比的缺陷及异物力学专著

1938 年美国欧文－伊利诺伊公司创立玻璃纤维工业，同年环氧树脂研发成功，复合材料有了物质基础。1939 年无碱玻璃纤维问世，1942 年成功开发出玻璃纤维增强树脂，高分子复合材料（FRP）正式登场。其拉伸强度达到 300 兆帕，相当于低碳钢的水平，俗称"玻璃钢"。相对密度只有 1.4 ~ 2.1，远小于铝，在令人震惊的同时，也引发了极大的期待。

1960 年代第 5 代战机开始考虑改进复合材料的增强纤维部分，如高性能的碳纤维、硼纤维、芳纶纤维等。

1940 年接触成型 FRP 复合材料用于军用飞机雷达罩

最先关注 FRP 的是航空业，1944 年美国莱特空军发展中心设计制作了以 FRP 为机身和机翼的飞机并试飞成功。此后汽车等行业也积极试用，并成为船艇类材料，形成为巨大产业。1946 年继续开发出玻璃纤维增强尼龙，1951 年开发出玻璃纤维增强聚苯乙烯。

1953 年雪弗莱跑车下线，车面板为 FRP 复合材料

1960 年代以后民用船艇 FRP 的增强体仍然是玻璃纤维

2.3.30　复合的意义

L：有人说从史前开始就已经有复合材料了，为什么现在才说到它呢？

H：问得对！史前人类和泥筑墙时，有时会加入切成段的干草，用来提高泥土的强度。但这只是原始人生活经验与智慧的积累过程。可以说它是人类智慧的起点，却无法说它是新型材料的起点。"复合材料"的真正科学起点应该是：当人们把块体玻璃拉成细丝时，发现强度会成数量级地提高。拉伸强度可以比块体玻璃提高40倍，达到1500~4000兆帕。为什么纤维化能够使玻璃强度有如此巨大的提高呢？这有不同的理论解释，被广泛认可的解释是"微裂纹残留说"。这种观点认为，微裂纹无所不在地分布于玻璃中，应力集中大大降低了其强度，使其远远低于理论强度（约7000兆帕），其中尤以表面裂纹危害最大。随着玻璃纤维化，表面裂纹尺寸和数量会大大减少，拉伸强度因此得以大幅度提高。

L：玻璃纤维的强度居然可以超过"超高强度钢"，真是不可思议的现象啊。

H：但这却是事实。人们在这里看到了新的希望。不能处处都依赖钢啊！何况钢有一个重要缺点：太重。而玻璃的密度只有2.1~4.2克/厘米^3。1938年欧文斯-科宁玻璃纤维公司成立，标志着玻璃纤维工业的诞生。玻璃纤维不仅能够弹性变形，而且有很高的屈服强度，可以达到2000兆帕；块体玻璃很难测出拉伸屈服性能，弹性变形也很小。这完全颠覆了人们对玻璃的印象。一碰就碎、一拉就断的玻璃，居然能像丝线一样缠在线轴上。原因就在一个细字。玻璃纤维直径只有10微米左右，约是头发丝的1/10。弯曲时的弹性变形取决于直径，直径越小，弹性变形越小。所以细丝轴向的弹性变形比粗玻璃棒小多了，也就变得柔顺了。这是细丝在弹性上的优势。这是第一次认识到材料维度变化的神奇功效。

L：原来如此，我终于明白了为什么要用纤维来强化基体了。这样一来，材料的设计就变得办法多起来了，强化空间也大大拓展了。

H：正是这样。不过事情也并不那么简单，设计容易制作难啊！1938年环氧树脂专利发表，树脂的出现使玻璃纤维有了展示增强作用的对象。到1939年无碱玻璃纤维问世，玻璃纤维质量得到明显提高。1942年热固性聚酯开始进入市场，复合材料终于可以成为现实了。玻璃纤维与热固性树脂的复合可以使屈服强度大幅度提升，从此，玻璃纤维增强塑料（FRP）作为第一个复合材料正式登上了历史舞台。FRP复合材料的需求也就成为玻璃纤维工业发展的主要推动力。由于玻璃纤维的增强作用，玻纤增强聚酯（GFRP）的屈服强度可以达到300兆帕。这个强度已经超过低碳钢了，大量使用的低碳钢只有195兆帕。所以，玻璃纤维增强聚酯确实当得起"玻璃钢"这个美誉，名副其实。

L：太了不起了！玻璃纤维增强聚酯相对密度很小啊，还不到1.8。如计算比强度，玻璃钢比低碳钢高3倍以上，已超过某些超高强度钢了。理论研究怎样呢？

H：理论研究当时在进行中，1950年出现的爱舍比力学理论被视为复合材料的基础理论。正因为比强度优势，GFRP一出世，就受到航空工业的青睐，被视为铝合金之上的又一层次的轻量材料。1940年已在军用飞机上试用，其开发也成为军事机密。为了降低汽车车身重量以降低能耗、增进车速，汽车工业也十分关注GFRP的发展与应用，1952年GFRP已用于跑车车体。为了进一步提高FRP复合材料水平，在纤维增强体和基体两个方面都在积极开展研发与竞争。

155

2.3.31 钛合金走进历史

继钢铁、铝合金之后，20世纪中期又出现一种新的结构用金属材料——钛。它在地壳中的含量仅次于铝、铁、镁，居常用金属第四位，优势极大：密度低、强度高、耐腐蚀性强、综合性能优越。钛改变了结构材料的固有格局，是可寄予厚望的未来金属材料。

美 亨特（M.A.Hunter）
（1878—1961）

卢森堡 克劳尔（W.J.Krall）
（1889—1973）

德 克拉普鲁斯（M.H.Klapuloth）
（1743—1817）

1910年美国科学家亨特首次用Na还原TiCl$_4$制取了纯钛。

1940年卢森堡科学家克劳尔用镁还原TiCl$_4$，成功制取了海绵钛，奠定了钛工业化生产的基础。后来此技术转让美国，1948年美国已用此法成吨生产钛。

1795年德国克拉普鲁斯在研究金红石时发现Ti元素的存在，并用希腊神话的英雄命名为Titanium。

钛合金以其优越的比强度和综合性能受到航空航天部门的青睐，已开发出近50个品种，广泛用于飞机、潜艇的制造，被誉为21世纪的材料。

1960年代苏联制钛合金舰艇

1957年美国贝尔K-15实验飞机，钛合金占总重量的17.5%。

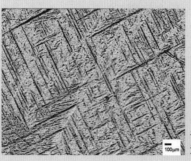

该合金1000℃
淬火组织

第一个实用钛合金——1954年研制成功的Ti6Al4V。综合性能优越，占钛合金产量的80%。

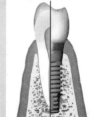

钛合金以其高强度和生物相容性，成为最受欢迎的生物医用材料。

2.3.31　钛合金走进历史

L：钛是最出色的金属：熔点高、密度低、高强度、耐腐蚀，除了贵没有缺点！

H：也不能说没缺点。物因稀才贵，作为工业金属，钛在地壳中储量仅次于铝、铁、镁，远高于铜、锌、锡，本不算稀有，钛之贵，不在于"稀"，而在于提取和熔制的困难。贵源于"难"，这还不是缺点吗？钛太活泼了，其氧化物也就太稳定了，所以发现和提取都比较晚。1791 年英国化学家格雷戈尔发现了白色的钛氧化物，1795 年德国化学家克拉普鲁斯在分析红色的"金红石"时，也意识到这里有新元素。他主张用希腊神话中大地之子"Titan"来命名。

L：钛的出场好隆重，还没提取出来，名字先起好了。是何时提取出来的呢？

H：这可晚多了，用了一个多世纪。直到 1910 年，美国化学家亨特才第一次用 Na 还原 $TiCl_4$ 的方法制得了纯度达 99.9% 的金属钛。但这种方法还不能实现工业生产。30 年后的 1940 年，卢森堡科学家克劳尔用镁还原 $TiCl_4$，成功地制取了海绵状的钛，即海绵钛。并在氩气保护下用电弧炉和水冷铜坩埚重熔了这种海绵钛，获得了致密可锻的纯钛。直到这时，才由克劳尔奠定了钛工业化生产的基础。后来克劳尔将该技术转让给美国，由美国实现了钛的工业化生产。

L：纯钛的制取与纯铝不同，纯铝用电解法实现了工业化，而纯钛是通过还原法制取的。究竟哪个元素更活泼？能否对它们的活泼程度做个定量比较呢？

H：比较可以，但先要明确对象。就是说，要明确是相对于哪种元素的活泼性，通常是相对于氧元素而言。所以，可以用铝和钛的氧化物标准形成自由能来做此比较。可以查得：Al_2O_3 的由元素生成的"标准形成自由能"是 -1582.3 千焦 / 摩；Ti_2O_3 则是 -1544 千焦 / 摩。而在 2000 开的温度下，Al_2O_3 的由元素生成"自由能"是 -2007.2 千焦 / 摩；Ti_2O_3 则是 -1959.7 千焦 / 摩。可见相差不多，还是铝比钛更活泼一些。不过，这只是估计，而且是假设两种化合物都很纯时的数值，如果纯度发生了变化，这些数值都要变化，两者颠倒过来也是有可能的。但铝的还原法确实是很难获得成功的。制取钛的难度还包括它的高熔点。

L：克劳尔的技术到了美国之后的命运如何？还有什么问题吗？

H：其实在克劳尔之前和之后，其他制取金属钛的方法都在不断探索，比如 1925 年，范·亚克和德·波耳发明了碘化法，可以从蒸气中分离出高纯金属钛。这种高纯钛很贵，目前主要用于科学研究。但是，克劳尔法在工业大生产上获得了极大成功，使钛产量每年以 5% 以上的速度在增加。自海绵钛工业化以来，钛在工业上已广泛应用。到 1950 年代美国海绵钛的生产能力已达到 1 万吨，英国年产 1000 吨，日本也达到了 500 吨。但海绵钛不能直接应用，必须熔制成致密的金属之后，才能加工成各种形状规格的实用材料。

钛不仅活泼，熔点又高，熔炼是极其困难的。首先，熔化时不能接触空气，否则将剧烈氧化和氮化；其次，它不能接触任何耐火材料，否则将与耐火材料发生化学反应。所以钛的熔炼需要特殊的条件和设备。比如需要真空或惰性气体的环境，保证不与空气接触；另外，一般用"自耗电弧炉"方法，将海绵钛和合金元素预先用压力加工方法制成棒状电极；在电弧作用下，电极熔化形成钛合金，熔化后的钛合金在水冷铜坩埚中凝固。整个过程不与耐火材料接触。因为熔化后立即凝固，铸锭成分不均匀；所以为了提高均匀性，需要反复熔炼多次。

2 材料本传

德国 威廉·伦琴及夫人的手影

2.4 近代材料2——材料科学的形成

在大规模钢铁生产时代到来之前，对钢铁本质的认知，一直在涉及此材料的人群中艰难进行，这种探究一直可以追溯到最初制造铁器的工匠们。铁器的成分和性能是个十分难以琢磨的谜团，完全不同于上一个结构材料——青铜。早在2000年前就明白了青铜硬度决定于合金成分中的锡含量；而铁器是在使用了3000多年之后的1781年，才由瑞典化学家贝格曼最终揭开了成分之谜：可锻铁（熟铁）、钢和生铁其实都是铁碳合金，其间的差别仅在于含碳量的多少而已。这是材料发展要依赖于科学的第一个实际例证。

而对于材料力学性能和材料构件力学行为的探究要比这更为久远，早在17世纪伽利略的时代就开始了。在探求材料本身的成分与结构之前，力学家和力学工程师就是当时的材料学家，那时便有了"材料力学"和对于材料力学性能表征的学问。19世纪末钢铁成为材料主体之后，又有了拉伸力学性能及塑性大小的表征。20世纪初又增加了硬度和冲击韧性的评价。

在光学玻璃和光学仪器成就支持下，材料还开启了一个对微米尺度细节的探究，这是1863年由英国矿物学家索拜开始的伟大事业。后来把这种细节叫做微观组织。这种微观组织不仅很好地解释了力学性能，而且还能与刚刚形成的热力学理论建立起清晰的联系。人们随意配制的合金，最终形成怎样的微观组织，要服从于热力学规律，特别是相律的约束。材料知识向科学的系统性又迈出了关键的一大步。

不仅如此，观察材料细节的尺度也向着更小尺寸迈进，在电子理论与技术的支持下，于1931年发明了电子显微术，十几年之后，使在纳米量级尺寸上了解材料的细节成为可能，开拓了材料微观结构研究的新领域。

对于只通过微观组织观察和相图分析无法解释、难以认识的"钢的淬火硬化"现象，曾经在19世纪末到20世纪初开展过世纪性大讨论。但是，由于无法相互说服，大讨论只能遗憾地停止于揭开真相之前。这个问题最终是由于伦琴发现的X射线，以及劳厄、布拉格父子的晶体衍射理论和结构分析，才给出了圆满的结局。从此建立起了分析材料结构的强大科学方法。面对理论估算屈服强度的窘境，位错假说凭着科学家们的思辨逻辑在精彩前行，最终在电子显微镜的直接观察面前，获得了完美的证实。

各种功能材料性质的研究与表征一直是直接与物理、化学等基础学科成就密切相连的。材料科学的理论框架已经基本形成了。再加上晶体学、扩散、相变、材料力学性能表征等一系列发展。到了1964年终于出现了用相计算（PHACOMP）方法，来排除镍基高温合金拓扑密排相析出的合金成分的科学筛选，合金设计初现端倪。从索拜起整整100年来的理性探索，形成了一个支撑材料发展的完整、定量的"材料科学"规律体系，这是近代材料发展的重要成就。如果为这一发展选一个时间节点，镍基高温合金相计算（PHACOMP）的出现很合适，可以认为材料科学形成于1964年。

2.4.1　近代化学兴起

古希腊原子论学说受到亚里士多德等的强烈压制。经过中世纪漫长停滞的物质科学，到了18世纪后期才受到拉瓦锡等的继承，取得快速发展。起点是1772年舍勒和普里斯特里发现氧，弄清了地球最多元素的性质和氧化的无所不在。元素发现显著加快。

法　拉瓦锡（A.L. Lavoisier）
（1743—1794）

法国化学家拉瓦锡通过一系列精密、巧妙的实验，使关于物质的理论由思辨转变成不容怀疑的科学。他粉碎了荒谬的燃素说，建立起近代化学的基本理论——元素说。这位在科学史上的地位可与哥白尼、伽利略、牛顿等并列的开创者，却在法国大革命中被构陷而丧生。

英　普利斯特里（J.Priestley）
（1733—1804）

瑞典　舍勒（C. Scheele）
（1742—1786）

化学家舍勒和普利斯特里分别于1772年和1773年独立发现氧气。后经拉瓦锡深入研究，确定了大气氧含量，明确了氧化本质。

瑞典化学家贝格曼是分析化学创始人，建立了矿物和金属定量分析方法。他于1781年揭示了熟铁、生铁和钢的本质：它们都是铁的合金，只是含碳量不同而已。该结论由克劳艾特（Clouet）在1798年证实。

瑞典　贝格曼（T.O.Bergman）
（1735—1784）

拉瓦锡当年工作过的实验室。现保存于法国工艺博物馆。

2.4.1 近代化学兴起

L：您在前传中已经说过，从哥白尼的日心说起近代科学就开始了吧？

H：是的。但是关于物质的科学还没有诞生。物质是由粒子组成的思想，虽然古希腊的哲学家们就已提出过，但是在漫长的中世纪黑暗中，思想被禁锢着，只允许符合圣经的思想存在。哥白尼只是撬开一条缝，其后每次科学技术的进步都需要与思想禁锢的阻挠进行不懈的斗争，地质学面临的阻挠尤其明显。到18世纪初，人类只知道不超过15个元素，对每人每天都要呼吸的大气是什么并不知道，当然不懂得：地壳层中最多的元素是氧，绝大部分物质都是氧化物，氧化反应无时无刻不在进行着。化学是在进入18世纪后才开始萌芽。而同一时期数学和物理学都已经基本成熟，已经建立起了牛顿物理学。目前大学基础数学课中的90%以上的知识，这时都已经建立起来了。化学却差得很远很远。

L：那么，为什么单单化学会如此落后呢？

H：因为它是关于物质的科学，是需要大量的实验，和实践数据不断积累才能前进的科学。逻辑思辨在这里虽然也有用，但是，它也会常常把人引入歧途。化学的开创者是英国的波义耳（1627—1691），而第一位集大成者是法国的拉瓦锡。英国的普利斯特里曾经与舍勒各自独立地发现了氧气，普氏还把结果报告给了拉瓦锡。但是，普氏却终生相信燃素说；相反地，是不相信燃素说的拉瓦锡，继续用精确而巧妙的实验，证明了氧气是大气的一部分，约占五分之一。

L：那么您认为近代化学的诞生与材料的进步有着怎样的关系呢？

H：这关系太密切了，有时简直就是一回事。很多元素的发现既是化学的成就，也同时是材料学的起点，比如铝和钛的发现。再举一个关系非常重要的实例：化学有一个重要分支是分析化学，而所有材料都存在成分分析问题。没有分析化学的进步，材料成分将是一笔糊涂账，寸步难行。18世纪与化学同时兴起的冶金学，就是建立在对氧化 - 还原反应认识的基础上的。首先弄明白铁矿石是一种铁的氧化物，碳不仅是用来燃烧以提高温度的，更重要的是用来还原矿石中的铁。这就是高炉炼铁的基本原理；而炼钢的本质则是用氧把生铁中过多的碳氧化掉。总之，氧化 - 还原反应既是化学的基本问题，也是冶金学的基本问题。当然，冶金学不会停步于认识原理，还要在技术上便捷、经济地解决问题，制造出产品。

L：欧洲的冶金术在公元后的早期比中国落后很多，依您看，是靠近代化学的兴起而快速发展起来的吗？那中国为什么就没有诞生近代化学呢？

H：我认为确实是近代化学起了重要作用。至于说中国为什么没有产生近代化学，很多人还在进行着深入的探讨。我个人认为其主要原因有三：一是汉武帝时接受董仲舒建议，实行"废黜百家，独尊儒术"，开始禁锢思想；二是隋唐时开始的科举制度，把读书人的进身之阶，定在研读四书五经一途，自然科学没有相应的地位；三是手工业者的特殊户籍制度，断了他们靠技术发展进身之阶。所以，儒者以修齐治平为己任，科举在这里优中选优，因此讥科学创造为"雕虫小技"，斥发明革新是"奇技淫巧"。读书人的志向只有一个："当官！"长期禁锢在户籍另册中的各行匠人，只有为饭碗讨生计的份，技艺秘不示人以保住祖业为务。近代科学如何得以产生？16～17世纪，受西方影响，士大夫中只出了一位自然科学家——徐光启（1562—1633），还主要是搞些天文历算。不要说让他们去关心制钢打铁，就是搞测量，做实验，他们也绝不屑去做。

2.4.2　何时认识材料强度？

虽然"材料"的科学概念形成于 20 世纪后半，但是材料力学的概念一般认为形成于 1638 年伽利略的《关于两门新科学的谈话和数学证明》发表的时候。由于材料另有其科学概念，所以当时的材料力学实际是以认识物质的力学性质为主要内容与方法的。

瑞士　欧拉（L.Euler）
（1707—1783）

英　胡克（R.Hooke）
（1635—1703）

意　伽利略（G.Galileo）
（1564—1642）

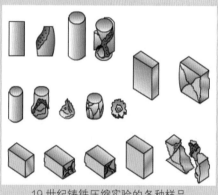

19 世纪铸铁压缩实验的各种样品

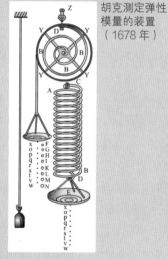

胡克测定弹性
模量的装置
（1678 年）

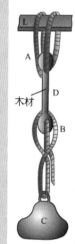

法国力学家
马里奥特
（E. Mariotte,
1620—1680）的
木材拉伸实验

1897 年的一种拉伸试验机（老照片）

　　材料力学把材料作为只有力学特征的连续物质，这与材料学的认识不同。但关于材料的弹塑性变形、疲劳、断裂的研究都早于钢铁材料的大生产。所以在钢铁材料时代，力学知识已非常丰富，已有很多科学家做出了卓越贡献。

2.4.2　何时认识材料强度?

L: 与铜器时代相比，钢铁材料的最大进步应该是强度、硬度更高了吧?

H: 是的。但不只是强度，应该是综合性能提高了。当然，最重要的是强度。后来的发展表明，钢给人类文明带来的进步，是任何材料也无法替代的。最主要也在于综合性能。强度属于力学性能，早在钢铁材料出世之前，人们已在研究材料的力学行为了，而且建立起来一门学问叫"材料力学"。可以说"材料力学"的概念要比"材料"概念早得多，早了3个多世纪，出了很多大师级人物。

L: 这很奇怪啊! 没有材料的概念，怎么会有材料力学的概念呢?

H: 这是"材料"一词的多义性造成的。在很多民族的语言中，"材料"与"物质"都有同义性，比如汉语、英语、俄语、日语等等。包含金属、聚合物和陶瓷在内的"大材料"的科学概念形成于20世纪后期，而"材料力学"的概念形成于1638年伽利略发表"关于两门新科学的谈话和数学证明"之后。那么，当时材料力学中的材料（Materials）一词指的是什么呢?显然是指"物质"，或者说是只有力学性能差异的物质，也叫做连续介质，是不需要分析它们的原子、分子构成的。在伽利略的时代，建筑等行业中大量使用石材、木材，出现很多柱、梁等构件，要分析它们的受力、变形、断裂等行为。即使完全不了解石材、木材等物质的内部结构，也并不影响上述分析。这就是"材料"与"物质"两词，可以相互代用的原因。胡克和欧拉等大师也正是为上述分析做出过重要贡献的。

L: 您是说，伽利略等实际是在研究"物质力学"以区别于其他学问吗?

H: 是这个意思。即使现在，材料科学在热火朝天地研究材料的内部结构，以及其他物理性质、化学性质的时候，材料力学仍可以按照已形成的方法和知识系统，继续进行本学科研究，可以做出十分优秀的成果。尽管两个学科间在紧密地相互渗透，但是，看来材料自身概念的变化对材料力学并无决定性影响。

L: 依您看，材料学（当时是金属学）与材料力学之间的关系并不紧密?

H: 也不是这意思。由于钢铁材料学者当时主要是材料制造者，他们一般不关心传统材料力学的"梁柱问题"等，而主要是关心强度、塑性和韧性等性能如何表征，以及这些性能与材料组织结构的关系。所以字面上材料力学是联系材料与力学两方面的内容，但实际上，当时只是在力学性能上的联系与渗透而已。不过，原来的测定偏向于压缩、弯曲，而在钢出现之后，则主要向拉伸强度和塑性表征方面转移。其实也可这样说，在钢铁材料出现之前，力学家就是真正的材料学家，因为正确指导材料应用的正是他们，至于如何改进石材与木材自身结构的问题，当时并不存在。只是钢铁上升为材料的主体之后，这样的问题才变成材料学的主题。才产生了把材料的力学性能与其内部组织结构结合起来的问题。

L: 那么，包括拉伸强度的材料性能实验方法是什么时候建立起来的呢?

H: 应该是在1870年之前。进入19世纪之后，针对应力分析、弹性分析、强度理论、交变应力下的材料行为等，金属材料学开始与材料力学相互借鉴。1807年英国力学家托马斯·杨等详细描述了弹性模量，开创了弹性理论；1860～1870年间德国学者关于疲劳强度的研究；屈服强度概念的建立等都是力学和金属材料学相互沟通的成果。另外，冲击韧性概念的形成以及艾卓于1903年，夏比于1904年开创的冲击韧性试验研究方法，以及1920年格里菲斯的断裂力学理论等，更是这两个学科相互影响与渗透的极好范例。

2.4.3 何时测定材料硬度?

硬度是最简便的材料力学性能测试方法,出现得却最晚。最早的硬度定量表示是 1822 年出现的莫氏 (Mohs) 硬度,却不是线性测定方法。第一个精确测定硬度的方法是 1900 年的布氏硬度 (Brinell)。其后又开发出洛氏 (1914) 和维氏 (1921) 硬度等方法。

瑞典 布林奈尔(J.A.Brinell)
(1849-1925)

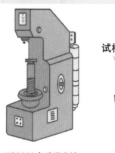

HB3000布氏硬度计

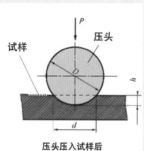

试样 压头

压头压入试样后测定压痕面积

德 莫斯 (F. Mohs)
(1773—1839)

莫氏硬度(1822 年)的创始人

1900 年布林奈尔开发了精确定量测定材料硬度的方法——布氏硬度。其特点是测定一定载荷下的压痕面积,适合中低硬度材料的硬度测定。

美 洛克威尔(H.Rockwell)
(1890—1957)

1907 年由维也纳路德维克教授提出构想,1914 年由洛克威尔兄弟开发出洛氏硬度计。其特点是测定卸载后的压入深度,适合于高、中硬度材料的硬度测定。

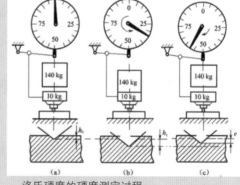

洛氏硬度的硬度测定过程
(a) 预压; (b) 加载; (c) 卸载,测定压入深度

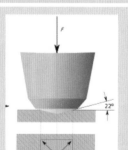

压头加载压入试样

金刚石压头

试样上的压痕形状

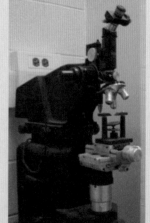

可测定维氏硬度的显微硬度计

1921 年由英国维克斯公司的两位工程师史密斯 (R. L. Smith) 和 桑德兰 (G. E. Sandland) 成功开发了维氏硬度。可测定任何材料的硬度,与屈服强度能很好对应,还可用于测定显微组织中各相的硬度。

2.4.3　何时测定材料硬度？

L：测定硬度应该是最容易的吧？硬度测定方法是不是也出现得最早啊？

H：不！恰好相反。1870年以前已经有了拉伸强度实验机，但是第一个定量表征硬度的实验方法——布氏硬度测定法却是30年以后才出现的。当然，1822年已经有了一种根据各种矿物相互刻画来确定它们硬度的方法"莫氏（Mohs）硬度"：共分10级，金刚石是10，滑石是1等等。但这不是实测硬度，硬度级别数字只是相对顺序，是级别符号，相互之间没有数量联系。1到2和5到6并不是等距的。现在这种方法只用于野外作业和宝石鉴定，并没有测定莫氏硬度的仪器。1900年出现的布氏硬度数值是有物理意义的：是单位压痕面积承担的载荷重力。载荷固定时，压痕越大此数值越小，即硬度越小。

L：这是不是说，硬度实验会比强度实验更难实现，因而出现得更晚呢？

H：也可以这么说。因为强度，特别是抗拉强度实验比较容易。把一个已知尺寸的试棒拉断，单位截面积承担的拉断力就是抗拉强度。定义明确直观，物理意义清晰，实测起来也并不难，只要把拉断力和试样尺寸测准就可以了。据记载，17世纪伽利略就利用靠自重拉断长棒的方法测定过抗拉强度。硬度就不同了，首先涉及定义的科学性，争论很长时间后，明确了硬度的定义是：抵抗塑性变形的能力。这样，硬度测定结果必须与拉伸试验中的屈服强度结果能够相互换算才合理。其次是压痕面积、载荷重力的精确测定方法也都比拉伸试验更难，还存在压头材料引起的测试精度等问题。总之硬度测定并没有像预想的那样容易，所以迟至19世纪的最后一年才出现了第一种方法——布氏硬度，压头是淬火钢球。可以想象此方法不能测定淬火钢的硬度，而只适合测定中等以下的材料硬度。

L：不能测定高硬度材料的硬度，这太遗憾了。应该选用金刚石做压头。

H：1914年出现的洛氏硬度计就是针对高硬度材料的，用了金刚石做压头。但测量压痕面积遇到困难：压痕太小测量精度差。所以洛氏硬度改用测量压入深度。测量精度问题解决了，与屈服强度的关系问题却模糊了。不过总算能测定高硬度材料的硬度了，所以获得了广泛应用。测定中、低硬度材料时仍用钢球压头。

L：能不能找到一种可以从高到低，各种材料硬度都能测定的方法呢？

H：1921年开发出来的维氏硬度就是根据这种需求设计的方法。压头金刚石由洛氏硬度压头的120°顶角圆锥形，改成了顶角度更大的136°四面锥体，使压痕成为尽可能大的正方形，以达到提高测量精度的目的。测得的数值仍然是单位压痕面积上的载荷重力，与屈服强度的量纲一致，而且也有方便的换算关系。这种方法出现后，受到了各方面的高度关注与欢迎。这种形状的金刚石压头还可以被缩小成很小的尺寸，以便镶嵌在显微镜的物镜前面，可制成一种所谓"哈纳门(Hanemann)镜头"，对所观察组织中的某一相，可以直接实施显微硬度测定，以判定观察到的各种物相的硬度，增加了各种物相的有关信息，有助于组织和物相的认定与研究，受到研究者们的欢迎，也发挥了很多重要的作用。

L：看来维氏硬度确实是一种测定范围大、功能全的方法。

H：是这样。硬度是一种无损力学性能测定方法。维氏硬度又能较准确地换算出屈服强度，受到人们的重视。对钢铁材料及各种材料的研究有很高的应用价值，是结构材料研究不可或缺的重要工具。此后，还发明了多种测定维氏硬度以及显微硬度的方法和仪器。目前根据各种不同需求的硬度计已层出不穷。

2.4.4 认识微观世界

从 17 世纪后期开始，近代科学兴起，人们关注的视野逐渐扩大。借助在这个世纪发明的望远镜和显微镜向新的世界迈进。其中显微镜的发明和应用是材料从经验走向科学的重要起点。胡克再一次体现了先驱者的作用，成为科学始于观察的楷模。

英 胡克（R.Hooke）
（1635—1703）

1660 年代胡克
自制的显微镜，
可放大 40 ~140 倍

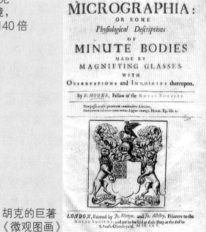

胡克的巨著
《微观图画》

软木的细胞

英国科学家罗伯特.胡克是观察微观世界的第一人。在没有照相术的时代，他忠实地描绘了显微镜下看到的一切。1665 年出版的巨著《微观图画》，产生了深远的影响。

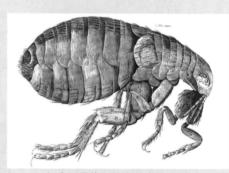

胡克显微镜下的庞然大物 跳蚤

荷兰 安·范·列文虎克（A.v.Leeuwenhoek）
（1632—1723）

列文虎克是发明和使用显微镜的先驱之一，首次发现了轮虫、滴虫和细菌，并称这些生物为微生物。

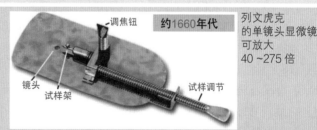

调焦钮　　　约1660年代

镜头　试样架　　　试样调节

列文虎克
的单镜头显微镜
可放大
40 ~275 倍

fig:2.

列文虎克绘出的
他观察到的精子

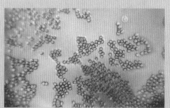

现代人用列文虎克的显微镜
观察到的血液

2.4.4 认识微观世界

L: 这里又一次提到胡克，还是在材料力学里介绍过的那位胡克吧？

H: 是的。还必须提到他，而且还是一位主角。当然，关于显微镜的最初发明有人提到荷兰眼镜商詹森，认为他在1604年就制作了复合式显微镜。但是没有任何观察记录留下，也没有关于显微镜性能的描述。作为一种科学工具人们更重视罗伯特·胡克的制作，因为至今有实物为证。荷兰人列文虎克虽然也有显微镜实物留下，但不是物镜目镜分开的复合式显微镜，所以詹森等虽然功不可没，我更赞成以胡克为显微镜的创始人，因为是他把显微镜作为一种科学工具，做了伟大实践的先驱者。人类认识微观世界的努力确实是从罗伯特·胡克开始的。

L: 您认为，这是由于他留下的显微镜与现代显微镜的原理更一致吗？

H: 是！但不完全是。更主要是由于他1665年发表的巨著《微观图画》。在照相术发明之前，胡克用铅笔忠实地描绘出他在显微镜里看到的一切。这既是非常难得的艺术作品，而且也包含了极宝贵的科学内容。例如，"软木的细胞"就有非常重要的科学价值。它不仅是简单地把微小的物体放大，而是看到了生物结构的新的微观层次——细胞。"细胞"这个专用名词就是胡克留下的。生物的这个尺度层次的细节，不借助于显微镜是无法认识的。这无疑将启发人们去探讨：没有生命的物体是否也存在这样的细节和层次，需要给以关注和研究呢？

L: 您不认为胡克对昆虫细节的描绘也有很重要的价值吗？

H: 当然非常重要。特别是他对昆虫复眼的描绘，可以说精美绝伦，也是一种微观层次的新认识。但是，这最好还是请生物学家去评价。无论如何，胡克的《微观图画》是开启了一个对物体微观层次认识的先河，这将涉及动物、植物、病理和纤维的微观认识，以及所有材料微观细节的认识，所以意义非常重大。

L: 据说，列文虎克与胡克是同时代人，也是显微镜的最早制作与创始者之一，有人甚至把这两个人弄混淆。他的贡献主要是什么呢？

H: 列文虎克的贡献也非常大，他制作了一种单镜头显微镜，他之所以选择单镜头据说是为了避免色差，而且也可以获得极大的放大倍数。这种显微镜的另一优点是便携性。他的主要贡献是在于对活着的小生物、微生物的观察和对它们活动的描述。它是第一位发现细菌的人，微生物一词是他留下的。虽然他受的正规教育不多，是自学成才的科学家。但是他通过对低等动物、昆虫等生活状态的观察，发现了它们自卵孵化的过程，否定了当时流行的它们是在泥土中自然发生的错误观点。他准确地描述了精子的形象，描述了红细胞，证实了关于微血管中的血流的推测等，是一位把人类的视线引向微观领域的开拓者之一。可惜他虽然最后与英国皇家学会建立了联系，通报了自己的观察，但留下的图片却很少。

L: 在显微镜发明之后，把目光转向微观世界的人多吗？

H: 应该说不多！至少从对科学所产生的影响看是这样。显微镜自发明以来所受到的关注远不如望远镜。望远镜的发明促使天文学获得了划时代的飞跃进步。17世纪靠望远镜已经发现木星的卫星和自转；到18世纪发现了天王星、土星卫星和数千个河外星系。天文学因此成为近代科学的领先学科。而列文虎克和罗伯特·胡克的应者寥寥，荷兰有一位医生扬·斯瓦莫丹，他使用显微镜对昆虫领域做了大量观察，并在1669年出版的《昆虫自然史》中有详细的图片描绘。但是，整个18世纪显微镜研究却没有起色，人们把这归因于色差难以克服的缘故。

2.4.5 钢细节的价值

17 世纪显微镜发明后并没有像望远镜那样引起重视，18 世纪几乎没有什么作为。直到 1827 年布朗用显微镜观察花粉运动，才重新引起人们对微观世界的关注。英国学者索拜于 1863 年首先采用岩相方法观察钢的抛光腐刻表面，开创了金属显微组织研究的先河。

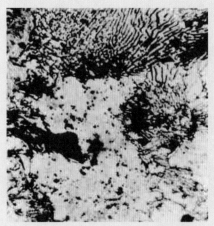

这是 1863 年 H. 索拜曾使用过的试样，于 1950 年重拍照片。而当年索拜观察的组织是用铅笔描绘的。

H. 索拜是英国矿物学者，出身谢菲尔德的钢铁世家。1863 年他首次用显微镜观察钢铁样品，发现了碳化物片层的珠光体组织，揭开了材料科学的序幕。人们后来尊称索拜为金相学之父，把细珠光体命名作索氏体 (Sorbite)。
1864 年他最先拍摄了 9 倍钢铁组织照片。

英 索拜（H.C.Sorby）
(1826—1908)

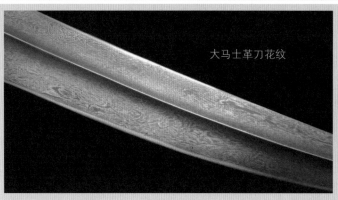

大马士革刀花纹

这是一组凭肉眼观察的结果，但启发了人们对钢铁材料微细结构的认识与探究。

1860 年吕德斯发现金属中的流线，这是特莱斯卡腐刻出的钢件流线。

早于 17 世纪很多年就注意到了大马士革钢刀的特殊花纹，并认为这与钢的质量有关。

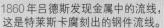

吕德斯带

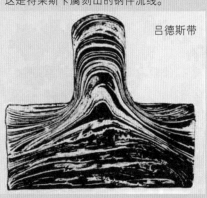

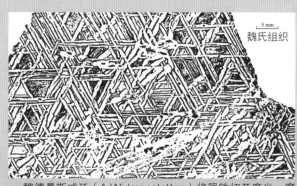

5 mm

魏氏组织

魏德曼斯忒廷（A.Widmanstatten）将陨铁切开磨光、腐刻后，用拓印法制成的图片，于 1820 年发表。现称魏氏组织。

2.4.5 钢细节的价值

L: 您认为显微镜发明之后,为什么没有立即把人类视野引向微观世界呢?

H: 我想原因很复杂,但其中无法消除物镜的色差应该是其中最明显的一个。望远镜也应当遇到同样的问题。但是18世纪是牛顿发明的反射式望远镜大放异彩的世纪,可以完全避免色差困难。赫歇耳在1789年把反射望远镜建到了世界之最,物镜口径接近1.3米,用青铜磨制成球面形凹面,重2吨。天文学是靠它取得了各项成果的。而消色差物镜虽然已在1750年由英国的多伦德发明,但还没有产生重要影响。物镜分辨率难以提高,影响了显微镜的应用与发展。整个18世纪,显微镜都没有大的成就。照相机镜头的发展也是在19世纪后期获得进展的。

L: 到了19世纪是哪些领域首先在应用显微镜方面做出重要成绩的呢?

H: 据我分析,首先应该是生物领域。1827年英国植物学家罗伯特·布朗在观察由澳大利亚带回的花粉时,意外地发现了后来被称作"布朗运动"的花粉无规运动。这是有关显微镜应用的最早报道。后来在矿物界有了岩相分析,再后来才有了对钢微观细节的观察。观察钢组织的第一位学者是英国岩相学家H.C.索拜。他出身于英国谢菲尔德的钢铁世家,却无心管理钢铁产业,而是对科学问题有浓厚的兴趣。1863年他借助观察岩相的经验,把钢试样切成薄片(其实并无必要制成薄片)、磨平、抛光、腐刻,拿到显微镜下去观察了。

L: 是不是像伽利略拿望远镜去看天空那样,立刻看到了月亮的环形山了?

H: 虽然没有那么震撼,但是也差不多!外表黑乎乎,磨平后亮光光的钢的内部,经过腐刻后,原来可以看到丰富的细节,有很多看起来非常细薄的一片片的东西。后来索拜经过分析后明白了:这一片片的东西正是碳原子与铁原子结合成的碳化物(Fe_3C),是碳在钢中的主要存在形式。而这个碳化物是非常硬的;正因为碳以碳化物形式存在,所以碳含量越高,钢就越硬。把钢高硬度的原因与观察细节联系起来了,多么具有科学价值啊!从此,这细节被称作显微组织。

L: 确实具有震撼性!难道这是人类第一次观察到钢的微观组织吗?

H: 是的!至少是有记录的第一次。但后来知道,俄国的安诺索夫在1841年用显微镜曾观察过大马士革钢的花纹,J.R.范福赤在1851年用显微镜观察过铁的解理面,但都没有留下记录。而索拜所获得结果的重要意义,也是逐渐为大家认识的,当时在英国引起的反响并不大。1963年英国、美国的材料学家们专门集会,纪念索拜观察钢的碳化物组织100周年,并认为这是材料科学开始的重要标志性事件。索拜发表的关于钢铁显微组织的论文很少,只有十几篇。但他不仅发现了碳化物,还指出碳化物以外的部分是纯铁。他还认为,碳化物与纯铁的混合物是一种高温相的分解产物,这已经非常接近现代材料科学对钢的认识了。

L: 不愧为金相学之父!一位矿物学家的兼职研究能获如此成果,令人钦敬。

H: 其实,在索拜之前,即使不用显微镜人们也已经注意到钢铁并不是光亮的连续体,而是有更小尺度细节的。大马士革钢刀的花纹是第一个引人注意的对象。1808年魏德曼斯式廷观察陨铁时发现了有规律的花纹,并用类似我国石碑拓印的方法印制出来,非常精美,不亚于当今照片。他于1820年发表了这个结果,现在称这类组织为魏氏组织。1860年吕德斯发现把锻造过的低碳钢腐蚀后能看到其中的变形流线。这些结果对于引导人们去关注金属的微观世界是有启发作用的,尽管当年保守者们曾讥笑索拜:用显微镜观察钢铁无异于坐井观天。

2.4.6　材料组织学诞生

从大量生产钢铁的 19 世纪后半叶开始，不同钢种开始大量涌现，钢的组织研究非常活跃。工程界与学术界都希望把种类繁多的钢铁材料与它们的组织联系起来，弄清楚形成五彩缤纷钢铁组织的根源。从此诞生了材料组织学，当时叫金相学。

1901 年法国学者奥斯蒙用显微镜拍摄的高碳钢组织——珠光体与碳化物（上）、高碳钢淬火组织（下），并建议将针片命名为马氏体。

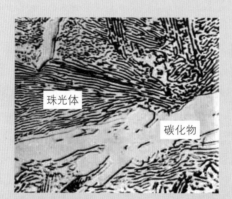

珠光体

碳化物

奥氏体

马氏体

法　奥斯蒙（F.Osmond）
(1849—1912)

美　豪乌（H.M. Howe）
(1848—1922)

美国学者豪乌也是材料组织学奠基人。他建议称 γ 相为奥氏体，以纪念罗伯茨-奥斯汀的巨大贡献。

法国学者奥斯蒙是钢组织研究的主要奠基者之一。从 19 世纪后期开始，辨识钢铁的各种组织。成为这一领域的领袖人物，对金相学形成居功至伟。

德　马丁（A.Marten）
(1850—1914)

马氏体片

左图为德国工程师马丁 20 世纪初拍摄的钢淬火组织，后来把针片命名为马氏体。

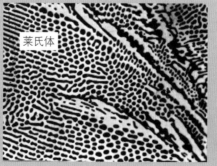
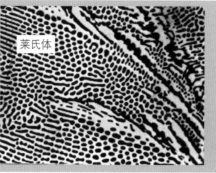

莱氏体

德　莱德波尔（A.Ledebur）
(1837-1916)

右图为生铁中的主要组织奥斯蒙建议用德国工程师莱德波尔名字命名为莱氏体。

2.4.6 材料组织学诞生

L：您说过，索拜用显微镜观察钢的组织后，并没立即在英国产生很大影响。

H：是的。但是在法国和德国却反应强烈，立即有奥斯蒙和马丁等钢铁工程界人士加入金属显微术的研究中来。马丁是德国铁路局工程师，1878年起业余研究金相分析；奥斯蒙是法国著名合金钢厂工程师，从1885年开始做金相检验。他们取得的研究成果迅速在冶金界传播开来，甚至有人认为他们就是金相学的创始人。这可能与照相术在这两个国家诞生有关。照相术是1839年，由法国的达盖尔在德国人尼普森工作的基础上发明的，1840年代立即应用于天文望远镜上。受此鼓舞，显微照相术也取得进展，19世纪后期已有照相显微镜出现。

L：看来，照相术给很多学科的发展都带来了革命性的变化。

H：图中奥斯蒙在20世纪初（1901年）拍摄的高碳钢的两幅组织照片已经如此清晰透彻，即使与今天的钢铁组织照片相比也毫不逊色。奥斯蒙是一位贡献全面的冶金学家，不仅学识出众，而且品格高尚。由他最终确认的钢组织最多，但在命名这些相或者组织时，他经常建议使用其他学者的名字，以表彰这些学者为发展金相学做出的贡献，如马氏体和莱氏体等。名称的后缀"体"（英文中的"ite"）是借用了矿物名称后缀的方法，现在已基本不使用了。用人名命名的主要缺点是不能把这种组织的结构或形态特征、产生原因等信息表达出来。

L：19世纪末期主要奠定了哪些基础？为什么说钢的组织学从此诞生了呢？

H：由以下三点构成了材料组织学的基础。一个是明确了在接近平衡条件下钢的组织与碳含量的关系，这主要表现为珠光体含量随碳含量的提高而增加。所谓珠光体就是索拜观察的片层状碳化物与片层状纯铁的混合物。其次是明确了生铁与钢这两种材料的组织分界：钢与生铁的区别在于是否有莱氏体组织的出现。含碳量增加到出现莱氏体时就是生铁，含碳量较低而不出现莱氏体者为钢。而且已得知莱氏体并非单一固相，而是两种固相的混合物。第三是明确了钢在高温加热后水冷淬火时，产生了一种被称为马氏体的相，这种相硬度很高，它导致了淬火后硬度的增加。以上三点确实已构成了钢组织学的基础框架。当然还有很多细节或本质并不清楚，还有待科学的发展和新技术、新方法的出现。

L：主要不清楚的问题是什么呢？是细枝末节还是本质问题呢？

H：是一个本质性的问题，后来引发了著名的世纪大辩论，即"钢通过淬火硬化的原因究竟是什么"，历时近半个世纪。辩论虽然极其激烈，但双方都拿不出决定性证据来证明对方的"错"，或证明己方之"对"。当时几乎所有与钢铁组织有关的大师们都参与了。对立之强劲，语言之尖刻，让人瞠目结舌。其中以法国学者奥斯蒙为首的是 β 相硬化派，其主要根据是：铁的高温相在冷却时是先转变为 β 相，然后才变成室温相的，受到英国的罗伯茨－奥斯汀等的坚决支持。另一派以美国的 H. 豪乌为首，认为硬化是碳的作用，其主要根据是：纯铁是不能淬火硬化的，得到英国的哈德菲尔德、德国的莱德波尔等的坚决支持。

L：最后的结果怎样呢？既然都没有决定性证据，这场争论的意义是什么呢？

H：最后事实表明：争论胜利方是碳派。但参辩者们很多都没能看到最后结果，如代表人物奥斯蒙、豪乌等。决定性证据是在 X 射线衍射分析法出现多年后的1926年，芬克和坎贝尔测出了碳钢马氏体正方度与含碳量的关系。这是最根本的证据。但辩论促进了对同素异晶转变与固溶体的认识，使金相学进步加速。

2.4.7 热分析能测得什么？

19世纪产生了测定高温的技术，而冶金与材料工程都涉及高温。钢铁生产工艺要求准确了解各环节温度。通过研究物理量与温度的关系，获得了定量、准确测定高温温度的方法，并可进而了解温度变化时材料内部发生的结构变化，这就是热分析研究方法。

1868年俄国工程师D.切尔诺夫首次发现碳钢中的临界温度，即图中箭头所指的 a 点，如果加热温度不超过此温度，是不能使钢淬硬的。而且发现此温度与钢中含碳量有关。他还意识到存在着马氏体点。

俄 切尔诺夫（D.Chernov）
（1839—1921）

1821年德国物理学家塞贝克发现由两种不同金属连接成回路且两个节点温度不同时，回路中将出现电流，电流造成的磁场可使磁针偏转；电流由温差电动势引起。塞贝克据此发明了温差电池。他更重视磁场的产生，却没向测定温度方向迈进。

德 塞贝克（T.J.Seebeck）
（1770—1831）

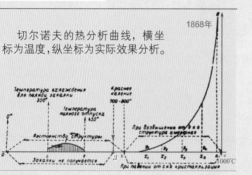

切尔诺夫的热分析曲线，横坐标为温度，纵坐标为实际效果分析。

1821年塞贝克制作的双金属磁场发生装置，实际上磁场是由温差电动势所引起的电流造成的。

1875年德国科学家W.西门子根据电阻与温度的关系，发明了电阻温度计，开启了冶金和材料的精确测温时代。

德 西门子（W.Siemens）
（1823—1883）

1875年德国科学家西门子发明的铂电阻温度计。

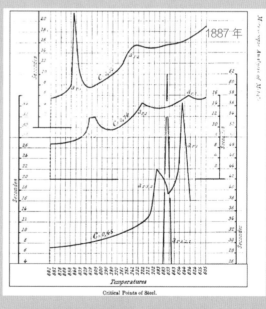

1888年法国化学家勒夏特列发明了铂－铂铑热电偶，使冶金学首次有了可靠的温度测量工具，从此出现了热分析方法。由于勒氏是著名化学家，此发明很快产生了重要影响。

法 勒夏特列（H.L.LeChatelir）
（1850—1936）

法国学者 F.奥斯蒙还是利用热分析方法测定钢中临界点的奠基人，该图是1887年发表论文中的热分析曲线。

2.4.7　热分析能测得什么？

L：钢铁热分析的必要性很容易理解，因为它是经历一系列高温才形成的材料。

H：是啊。当时首先遇到的问题是如何定义和表示高温下的温度。虽然1724年制定了华氏温标，1742年又有了摄氏温标，但这些温标都只适合表示100℃以下的温度。对于高达1000~1500℃的高温，在18世纪还没有办法定义和实际测定。虽然1780年代已经发现查理定理，实际上已经可以构建气体定律了，但是，直到1802年盖－吕萨克才真正建立起气态方程式，明确了绝对温度温标——热力学温标，推定了绝对零度是－273℃。这时才在从理论上解决了如何标定任何温度，特别是那些已远离华氏、摄氏温标所定义的温度范围的高温温度。

L：上面的气体研究与测定高温温度、建立热分析，有什么具体联系呢？

H：联系非常密切。1821年德国科学家塞贝克发现：两种不同金属组成一个回路，当一个节点被加热时这个回路周围将出现磁场，使磁针偏转。在学会发表时，有人指出这可能是因回路中产生了电流所致。这个在今天看来十分正常的看法，却使塞贝克十分恼火，他说："**你们已被奥斯特的理论（电流导致磁场）蒙上了眼睛。**"塞贝克希望他的发现与电磁感应无关，但这个发现就是两个节点的温差造成了电动势，而磁场正是温差电流感应造成的。此发现意义十分重大，但塞贝克本人和其他人都没向着发明热电偶的方向努力。如果一旦用热电偶来测定温度时，遇到的第一个问题便是如何使用热力学温标来标定真实的温度。

L：我也常想：用热电偶测出热电势后，怎样才能知道对应的实际温度呢？

H：现在就说这件事。著名的法国化学家勒夏特列，在塞贝克的发现67年后发明了铂铑－铂热电偶。无论用哪种物理量来测温度，都需要标定测得的物理量与实际温度的对应关系。例如，铂铑热电偶测得银的熔点是8毫伏，那么是多少摄氏度呢？或者多少华氏度，多少开尔文呢？这就需要准确测出一定数量的室温气体的体积，再测出银熔化温度下的体积，然后根据气态方程式算出：温度是960.8℃。这就叫做**标定**。但说起来容易，做起来极其复杂，但总算是有了科学的办法，剩下的事是如何测得准确。其实在发明热电偶之前，发明平炉炼钢的德国科学家西门子在1875年还发明了电阻温度计，这是根据温度越高电阻越大的原理。这时也存在上述的温度如何标定的问题。由于温差电动势比温差电阻更容易测量，测量的误差也更小，所以后来主要是使用热电偶来测定高温时的温度。

L：切尔诺夫的时代还没有上面两种测温方法，他是怎样发现临界点的呢？

H：切尔诺夫使用的可能是光测高温计，即温度越高，颜色越亮。1800年英国物理学家F. W.赫胥尔发现红外线后，明确了光线与温度的对应关系，但这种方法精度不高。据说切尔诺夫能力超常，能根据钢件冷却时颜色的变化，判断出是否发生了相变，即内部结构的变化。因为冷却相变中伴随着放热效应，这时钢件会瞬间稍微变亮，经验丰富的人才能觉察到。但他发现钢临界点还主要是根据淬火后能否变硬。如不能变硬，便是因为加热温度不够，还没有超过临界点。

L：切尔诺夫真不得了，能肉眼看出钢是否发生相变，这也太神奇了！

H：这也是绝活。奥斯蒙的热分析也很神奇。他采用的是正在研制中的铂铑－铂热电偶。图中的曲线，他没有用温度随时间的变化曲线，而是使用了类似示差热分析的方法，以便把发生相变温度测得更准。奥斯蒙已经实测了铁和钢的三个临界点：910℃（同素异晶转变），768℃（磁性转变）和723℃（共析转变）。

2.4.8　第一个相图诞生

19 世纪后期钢产量大增，钢时代开始。自俄国工程师切尔诺夫发现钢的临界点以来，热分析方法受到重视。随着钢种类增加，英国工程师罗伯茨－奥斯汀发现了钢的临界点都与碳含量有密切关系，并首次通过热分析测定了 Fe-C 二元合金系相图的最初框架。

英　罗伯茨－奥斯汀(W.C.Roberts-Austen)
（1843—1902）

荷兰　罗泽布姆 (B.Roozeboom)
(1854—1907)

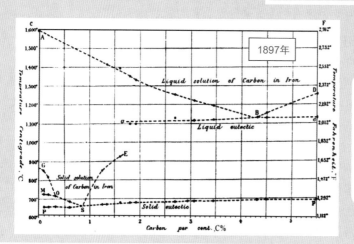

英国科学家罗伯茨－奥斯汀受法国学者奥斯蒙影响，于 1897 年用热分析方法测定了 Fe-C 相图的主体部分，但由于他不了解吉布斯相律，只忠实地绘出实测共晶和共析温度，未画成水平线。但他正确地画出了奥氏体溶解度线。这是史上的第一张相图。

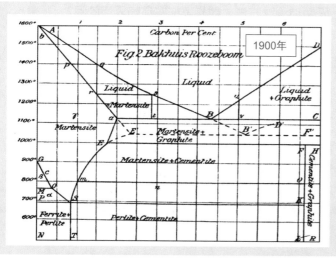

荷兰 B.罗泽布姆教授已经接受吉布斯相律，1900 年他对罗伯茨－奥斯汀的 Fe-C 相图按相律做了修正，使相图的科学性得以体现，并使相图研究从此受到学术界的高度重视。

2.4.8 第一个相图诞生

L：二元合金相图现在已经为大家熟知，19 世纪是怎样开始测定相图的呢？

H：这是由于在 18 世纪末，贝格曼通过化学分析终于认识到：熟铁、生铁、钢实际上都是同一种东西：铁－碳合金。到 19 世纪开始大量生产钢铁时，人们已经有了对铁碳合金的系统认识。在奥斯蒙实测纯铁和钢的临界点的启发下，从 1887 年到 1896 年这十年里，测定钢临界点的工作曾风行一时。英国的罗伯茨－奥斯汀，美国的豪乌和萨乌维尔等都做了大量的测定和研究，其中尤以罗伯茨－奥斯汀的工作最为系统。他虽然只测定了熔点和重要固态相变温度与含碳量关系的基本框架，但是意义十分重大。同时代的美国金相学大师豪乌说："**这些数据可能会被更精确的和更完整的数据所替换，但是他创建的形式却是永恒的。**"正是这样！二元合金相图这种表征系统热力学关系的方式被永久地袭承了下来。从此各种合金系统的研究，都选择这种方式表示合金状态与成分和温度的关系。

L：您是说，这是第一个二元金属系相图，甚至是第一个二元相图吗？

H：是的。是对相图这种形式的创造。当然这不是一个人的创造，切尔诺夫、奥斯蒙等很多人对一个个合金的诸多临界点的测定，都是这个创造的组成部分。罗伯茨－奥斯汀创造的核心内容是两个坐标轴，从此三元合金、多元合金都是增加成分坐标轴而已，当然问题也越来越复杂。其次是高温 γ 相溶解度的确定。这是对固态溶体的第一次准确描述。罗伯茨－奥斯汀的第三项创造是将铁基合金的组织学研究结果综合于一个相图之中，包含纯铁、钢与生铁三个部分，三种组织的形成规律。正是因为罗伯茨－奥斯汀的卓越贡献，美国的豪乌提议，将钢的高温相 γ 命名为奥氏体。而且奥斯汀所使用的符号如 G、E、P、S 等也从此沿袭下来。

L：那后来呢？罗泽布姆对 Fe-C 相图的贡献究竟是什么啊？

H：罗泽布姆并没有实测相图，罗伯茨－奥斯汀的相图是花费近 10 年的时间才完成的。但是罗泽布姆对奥斯汀的相图做了极其重要的原则性修正。罗泽布姆是荷兰的物理化学教授，较早地接受了吉布斯相律这一新的热力学理论，所以经他修正的相图符合相律。最明显的地方是共析线，奥斯汀的相图中根据实际测定结果画成了弯曲的形状；但是根据相律，二元系定压三相平衡状态的自由度应该为零，应该是一条水平线。由于罗泽布姆的修改提高了罗伯茨－奥斯汀的铁碳相图的科学性，大大提高了相图在材料组织研究中的地位。20 世纪前期，实测各种合金系统的相图，一度成为材料科学的一个最活跃的组成部分。

L：罗泽布姆对相图的发展功不可没，这是理论指导实践的一个范例。那您对后来出现的"相图是合金的地图"这句话怎么看？在 1900 年第一个相图——Fe-C 相图出现之前，很多钢铁材料都早已出世了，您仍认为这句话是有道理的吗？

H：是的！我认为是有道理的。"相图是合金的地图"的含义，不能解读成生活中对地图的需求，也并不含有"先有相图，后有合金"之意。相图研究史表明：哪里有材料需求，哪里就有相图研究，经常同时起步。因此"相图是合金的地图"实际是指：① 相图应与材料同时研究，使材料的研究更清晰、更科学，相图即使与材料研究同时完成，仍可为后续的材料研究、修正、提高提供依据；② 相图研究可以超前，那时将起引导作用；③ 即使先有材料后进行相图研究，也对材料的进一步发展提供系统性思考。**地图的含义是指每个合金都有其特定的热力学位置。**

2.4.9　追寻理论基础

　　金属组织学诞生后逐渐认识到，材料学要发展只通过实验是不够的，必须获得理论上的支持。并意识到，19世纪初以来，为提高热机械效率而出现的热力学，原来是一个普适理论。热力学逐渐发展成为材料微观组织分析可以依赖的理论基础。

英　焦耳（J.Joule）
1818—1889

机械热力学

法　卡诺（S.Carnot）
1796—1832

德　赫姆霍兹
（H. von Helmholtz）
1821—1894

德　克劳修斯
（R. Clausius）
1822—1888

热力学定律

英　开尔文
（L.Kelven）
1824—1907

德　能斯特
（W.H.Nernst）
1864—1941

统计热力学

英　麦克斯韦
（J.C.Maxwell）
1831—1879

德　玻尔兹曼
（L.E.Boltzmann）
1844—1906

美，瑞士　爱因斯坦
（A.Einstein）
1879—1955

化学热力学

瑞典　阿雷纽斯
（S.Arrhenius）
1859—1927

荷兰　范特霍夫
（J.Van't Hoff）
1852—1911

德，俄　奥斯特瓦尔德
（F.W.Ostwald）
1853—1932

　　一个理论，如果它的前提越简单，而且能说明各种类型的问题越多，应用的范围越广，那么它给人们的印象就越深刻。因此，经典热力学给我留下了深刻的印象。**经典热力学是具有普适内容的唯一物理理论。**

　　我深信在其基本概念适用的范围内是绝不会被推翻的。

阿尔伯特·爱因斯坦

材料微观组织热力学

$F=C-P+2$

| 相 | 相平衡 | 相律 |

1873 ~ 1879

| 化学势 | 界面 | 缺陷 |

美　吉布斯（J.W.Gibbs）1839-1903

2.4.9 追寻理论基础

L：您这里为什么使用追寻理论基础的说法？是指当时呢，还是指现在呢？

H：是指当时。但如此系统、完整的认识，又是现在形成的。从钢铁冶金的角度出发，当然很容易意识到基础在于化学。可是当研究钢铁的微观组织学时，究竟基础是什么，确实有一个追寻的过程。应当说，实验技术和理论分析两个方面都促进了这个追寻过程。比如本来是任意配制成分的铁碳合金，其组织却要受相图的约束；而相图本来是实测的结果，却要受相律的约束。人们逐渐懂得了钢铁、合金、材料的组织学都要受一个基本的理论的约束。这是从19世纪末到20世纪初，材料学者认识的一大进步。仅仅有实验研究是不够的，必须寻求理论支持，寻找材料组织学必须遵循的基本原理。那么，这个理论究竟是什么呢？

L：是啊。到19世纪末，近代自然科学全面发展，相继成熟，构建了空前严密、完整的知识体系，19世纪也是科学的世纪，材料组织学的基础究竟在何处？

H：还是要回到当时的实际材料研究上，钢铁组织学是当时最前沿的材料科学，由此上溯追寻的结果是：热力学是最基本的理论。当然，分析一些具体问题是需要很多物理的、化学的、力学的原理来支撑的。但是，在分析材料组织学的基本规律时，最需要的还是热力学的支持。

L：热力学不是在研究热机效率、能量转换和传热方向问题中产生的理论吗？

H：是的。但是它是不需要证明、推导的普适理论。为什么在研究热机时建立起来的概念，到后来却成了研究材料的人，须臾不能离开的理论基础了呢？从1803年道尔顿提出原子理论，到1865年克劳修斯建立熵增加原理的热力学第二定律的描述，再到1912年能斯特提出热力学第三定律。可以说，一个多世纪的大量事实证明，所有自然现象无不服从热力学原理。材料学当然也不能例外。所以才有后来爱因斯坦关于热力学的一段评论性的名言。

L：爱因斯坦除了这段评价之外，还有与材料学相关的更直接的研究工作吗？

H：有啊！那就应当是爱因斯坦的定容热容表达式了。这是一个关于固体热容的普适公式，现在还经常用来计算固态材料的热容，只要温度不是特别低，计算精确度还是令人满意的。但是，通常应用这个公式并不是为了工程性的计算，因为工程计算另有一套专用的数据库。爱因斯坦公式的意义在于它十分简洁，能够获得积分解析式。因此可以对赫姆霍兹自由能、焓和熵等进行解析计算。这种计算便成为人们对包括Fe在内的，任何固体在任一温度下的自由能与绝对零度下的差值的计算。使自由能不再抽象，可以进行定量计算分析。这时的爱因斯坦是很具体、很可爱的。他并不总是在遥不可及的神秘的时空隧道里。

L：其他的科学家呢？除了他们对热力学的贡献外，能与材料学联系上吗？

H：最密切的当然就是吉布斯了。吉布斯相律是我们判断相平衡关系的最重要的依据：平衡相的数目、自由度等等；能斯特的绝对零度下熵相等原理也经常要作为分析依据；奥斯特瓦尔德熟化更是材料组织中粒子粗化的基本规律；再有克劳修斯－克拉柏龙方程所描述的固态相平衡温度与压力的关系，在涉及压力问题时是经常要用到的；描述热激活过程（如扩散系数等）的阿雷纽斯指数方程等更是经常使用的方法；吉布斯自由能、赫姆霍兹自由能是在分析材料学问题时最常用到的热力学函数；还有玻尔兹曼常数，能量、温度的单位焦耳、开尔文等。联系已经十分紧密了吧？几乎都直接提到了。其他人物也与材料密切相关。

2.4.10　X射线与材料

　　19世纪末物理学酝酿着翻天覆地的变革，1895年的X射线发现、1896年贝克莱尔发现放射性和1897年汤姆森发现电子等三大事件，如石破天惊一般，宣告经典物理理论的终结，现代理论从此诞生。材料结构的未解之谜也因此找到了破解的途径。

伦琴经常使用的阴极射线管（克鲁克斯管）

1879年英国科学家克鲁克斯发明阴极射线管。1895年德国科学家伦琴在维尔茨堡大学发现X射线，他拒绝了人们的"伦琴射线"的称谓，坚持不申请专利，他认为X射线属于全人类。

1901年伦琴获首届诺贝尔物理学奖。

德　伦琴（W. C. Rotgen）
（1845—1923）

伦琴获得的1901年度首届诺贝尔物理学奖奖章

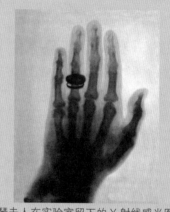

伦琴夫人在实验室留下的X射线感光图像

伦琴实验室一角

伦琴在实验室里

2.4.10　X射线与材料

L：为什么一下子转到X射线上来了，这与材料发展有什么特殊关系吗？

H：这关系可太大了，是划时代性质的！你还记得19世纪末钢材淬火硬化原因的世纪大辩论吧？简单地说，那就是因为没有X射线啊。从这个意义上来说，伦琴是材料学进一步发展的大救星啊。X射线的发现引起的轰动是空前的。

L：X射线的轰动可不是冲着材料学的，是X射线那可怕的穿透力引起的。

H：你说得对。由于对穿透能力的预估缺乏必要的准备，1879年英国物理学家克鲁克斯就错过了发现X射线的机会。在研究中，他发现自己发明的阴极射线管（后称克鲁克斯管）附近实验台上用黑纸包好的照相底片全都曝光了，但他没有仔细分析曝光原因，只是指责厂家底片质量有问题，并强行退了货。本来可以导向未知射线发现的一次曝光，却简单地变成底片退货。这退掉的哪里是照相底片，分明是诺贝尔奖章啊。1890年美国的古兹皮德等在演示阴极射线管时也发现过照相底板曝光，1892年勒纳德也观察到克鲁克斯管附近的荧光，但都没有引起重视。后来知道，克鲁克斯管实际上就是一种充气式低效率X射线管。

L：您是说伦琴的运气太好了，还是他突发灵感地注意到荧光的闪烁了？

H：不！恰恰相反。包括阴极射线管发明人克鲁克斯都错过了，说明X射线在等待一位超级人物的出现。就在克鲁克斯退掉曝光底片之后的第16年。1895年11月8日晚，巴伐利亚的维尔茨堡大学一片寂静。一个房间亮着灯，灯光下年过半百的教授凝视着一叠变得灰黑的照相底片在沉思。他在想：预先已用锡纸和硬纸板包裹得严严实实的底片为什么会曝光？对着阴极射线管的一块涂有氰亚铂酸钡的屏板为什么会发出荧光？这苦苦思索预示，曾被很多人忽略的现象这次不再会逃过这位教授的眼睛。他就是伦琴，他正是被等待的超级人物。

L：伦琴这时就已经认定了这个旷世现象的发现了吗？

H：没有！伦琴十分持重。但他意识到这是黑纸无法阻挡的一种未知射线，他用"X射线"来称呼它，决心要仔细研究一番，这就是伦琴与前面数人的不同之处。他先把一个磷光物质小片放在阴极射线管与发荧光的屏板之间，结果小片马上发出亮光。他又拿一些书本、木板放到这个位置，仍然无法阻挡那看不见的神秘射线，甚至15毫米厚的铝板也被轻易穿透，直到他把一块厚厚的钢板放在阴极射线管与屏板之间，这才挡住了未知的射线。看来它的穿透能力也有限！他还发现只有薄的铅板和铂板能挡住它。伦琴已经几晚没回家了，夫人安娜特地赶到实验室来探望。教授要求妻子用手捂住照相底片。显影后在底片上看见了夫人手指骨和结婚戒指的影像。探望者给了教授一个重要支持，夫人安娜成了那不明射线在照相底片上留下记录的第一人。

L：教授是什么时候公布了自己发现的呢？影响如何？

H：伦琴的原始论文《一种新的X射线》在50天后刊出。维尔茨堡大学为此授予他荣誉医学博士学位。从1895年到1897年他一共发表3篇关于X射线的论文，引起了各界的震动。首先是医学界马上着手制作人体透视装置；材料界也很快设计出探测内部缺陷的探伤仪，材料第一种无损X射线探伤设备20世纪前叶已经成熟，后经不断轻便化一直用到现在。但是X射线对材料的价值却远非如此而已，揭开材料中原子排布结构秘密的任务，就全靠这种新出世的射线了。

2.4.11 认识结构的利器

X 射线发现后仅 10 年，不仅展开了其本质的讨论，而且德国的劳厄力主电磁波说，获得了晶体 X 射线衍射斑点花样。英国的布拉格父子进一步建立衍射条件，使 X 射线衍射成为探明材料本质及晶体结构的有力武器，开启了结构分析的 X 射线时代。

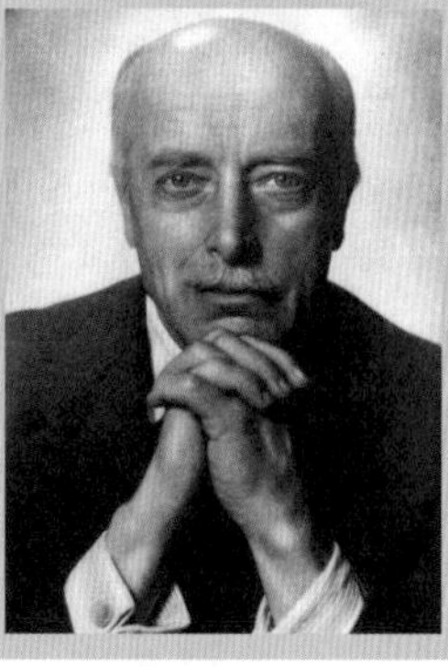

德　劳厄（M.von Laue）
(1879—1960)

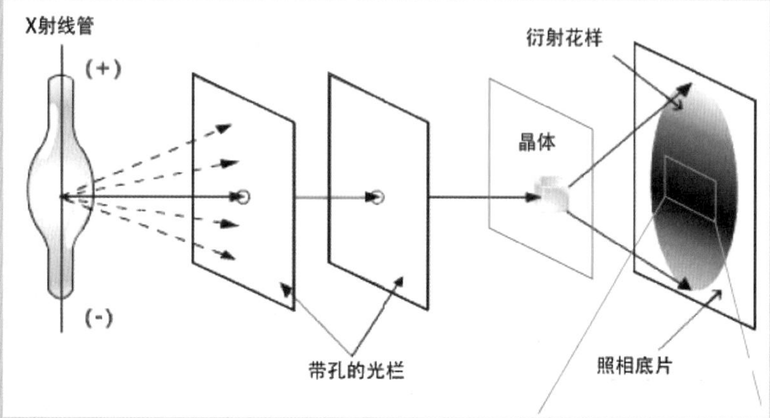

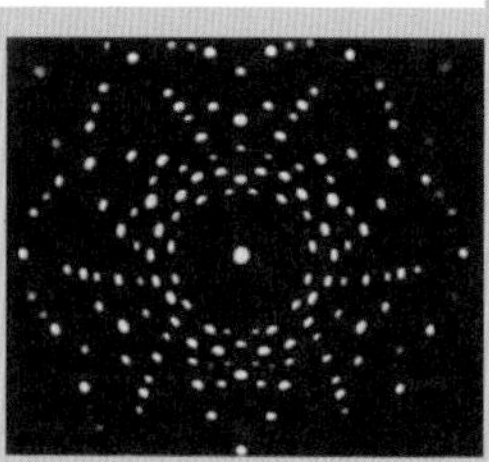

X 射线发现后，劳厄认为 X 射线是电磁波，拟用其照射晶体以研究结构。他设想只要 X 射线波长和晶体原子间距有相同量级，就能观察到干涉现象。经劳厄鼓励，弗里德里奇和克尼平在 1912 年开始实验，结果在照相底片上获得了有规则的斑点群。劳厄因此获 1914 年诺贝尔物理学奖。

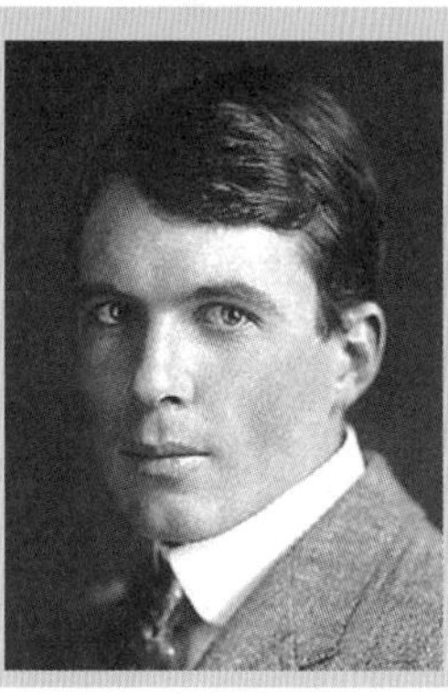

英　劳伦斯•布拉格(W.L.Bragg)
(1890—1971)

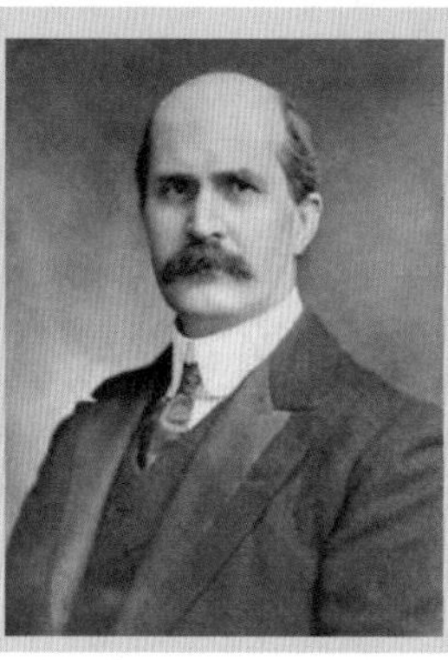

英　亨利•布拉格(W.H.Bragg)
(1862—1942)

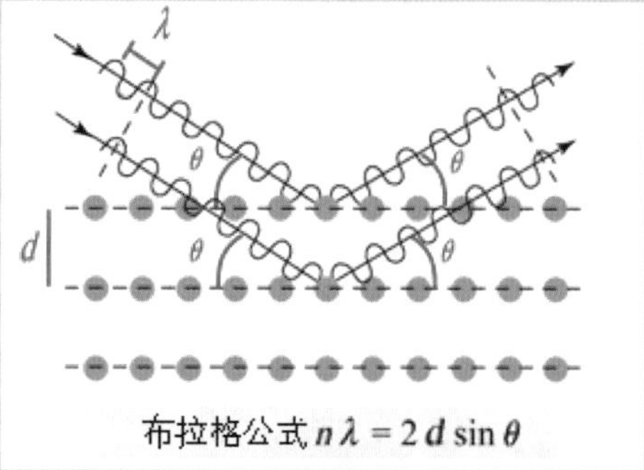

X 射线波长与晶面间距的布拉格关系

1912 年起英国物理学家布拉格父子深入研究了 X 射线的晶体衍射条件，提出了关于 X 射线波长与晶面间距关系的著名的布拉格公式，成功进行了晶体结构分析，该结果获 1915 年度诺贝尔物理学奖。

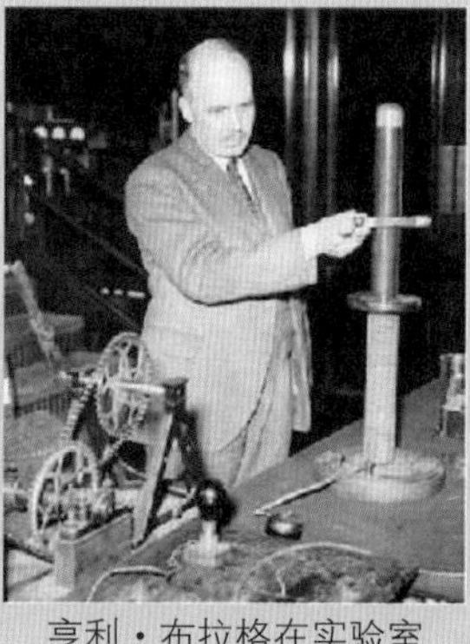

亨利・布拉格在实验室

2.4.11 认识结构的利器

L：您说 X 射线对材料的重要性绝非无损探伤一面，最主要的是什么呢？

H：当然是结构分析。作为一种射线，或者一种光线，伦琴的发现究竟其本质是什么，当时并没有权威性的结论。经典物理学不再什么都能解释了。X 射线的发现给物理学家提供了新机会，众多学者纷纷转入 X 射线研究，很快形成热潮，不断取得进展。先是，英国的汤姆森很快证实了 X 射线会使气体电离，他不仅发现了电子，还测得电子的质量很轻，只有氢原子的两千分之一，并因此获得了 1906 年度的诺贝尔物理学奖。

L：这与结构分析暂时还联系不上啊，有更直接的吗？

H：有！30 岁的劳厄到慕尼黑大学任教授。著名物理学家 A. 索末菲的精彩讲座和关于 X 射线本性的讨论把很多青年才俊吸引到慕尼黑来。劳厄的看法是：X 射线是一种波长很小的电磁波。但是，当时参与讨论的 A 索末菲和维恩却提出了反对意见。不过劳厄的想法得到了当时博士生厄瓦尔德等的支持。劳厄认为：只要 X 射线波长和晶体中的原子间距具有相同量级，在用 X 射线照射晶体时就能观察到干涉现象。在劳厄的鼓励下，索末菲的助教 W. 弗里德里奇和伦琴的博士生 P. 克尼平在 1912 年 4 月开始了这项试验。他们把一个垂直于晶轴的晶片试样放在 X 射线源和照相底片之间，在照相底片上获得了规则的斑点群，劳厄的设想被证实了。这初步展示了 X 射线在揭示晶体微观结构上的能力，还在很大程度上澄清了 X 射线本性问题的认识。爱因斯坦称之为最美丽的实验。劳厄也因此获得了 1914 年度诺贝尔物理学奖。伦琴真是开发出了一个诺贝尔奖章的富矿啊！

L：这是与 X 射线有关的第 3 个诺贝尔物理奖了吧？

H：很快又有了第 4 个。1912 年劳厄关于 X 射线衍射的论文发表后不久，就引起了布拉格父子的密切关注。当时，亨利·布拉格是利兹大学的物理学教授，劳伦斯·布拉格则刚从剑桥大学卡文迪许实验室毕业，留在实验室作科学研究。劳伦斯对 X 射线衍射的兴趣，起源于父亲的启发。而对于 X 射线的本性，亨利·布拉格坚持粒子说观点。但是劳厄发现的 X 射线衍射，不可避免地加重了波动说的分量，这使他感到困惑。1912 年暑期，布拉格一家度假时父子围绕劳厄论文讨论起来。亨利·布拉格试图用微粒理论解释劳厄照片，未能取得成功。而劳伦斯最初不抱成见，但讨论中却逐渐领悟到劳厄是对的，斑点是衍射结果。劳伦斯还进一步注意到劳厄对闪锌矿晶体衍射照片的定量分析还存在问题：按劳厄确定的五种波长本应形成的某些衍射斑，照片上却并未出现。经过反复研究，他摆脱了劳厄的特定波长假设，利用原子面反射概念，立刻成功地解释了劳厄的实验事实，并以更简洁方式解释了 X 射线晶体衍射，提出了著名的布拉格方程。

L：布拉格们的结果获得肯定了吗？他们的研究的重要价值是什么呢？

H：是的。劳伦斯·布拉格的研究获得了高度评价，并成功地解释了若干符合衍射条件的晶面斑点消失问题，认为这与晶面上原子密度和衍射线能量等因素有关。亨利·布拉格在解决衍射线性质方面也做出了重要成果。父子两个成功完成了 X 射线晶体衍射学科分支的建设，获得了 1915 年度诺贝尔物理学奖。这是 X 射线领域的第 4 次获奖。两年后，英国的巴克拉因为发现每种元素都有自己的标识 X 射线谱线而获得 1917 年度的诺贝尔物理学奖。这是 X 射线领域的第 5 块奖章。从此 X 射线衍射方法便成为了材料晶体结构分析的主要武器。

2.4.12 实测材料结构

　　劳厄和布拉格的 X 射线衍射成就出现 10 年后，各国材料学者相继投入到实用材料结构研究中来，力求搞清楚在金相学中留下的难题，取得的成就十分丰富，也令人十分惊叹。从此产生了一门新学科——X 射线材料组织学，又称 X 射线金属学。

瑞典　威斯特格林（A.Westgren）
(1889—1975)

　　在实际材料的结构研究中，以威斯特格林（A.Westgren）为首的瑞典学派的成就十分突出。1922 年他们用高温衍射证明 Fe 在不同温度具有不同结构：bcc 或 fcc，并不存在 β Fe 和 δ Fe，平息了世纪大讨论。1925～1926 年该学派又确定了一系列电子化合物的结构。

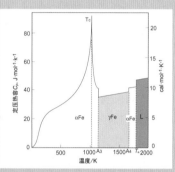

纯铁的热容变化 - 结构转变的最后证实

美　贝茵（E.C.Bain）
(1879—1960)

　　美国学者贝茵在材料结构研究上贡献巨大。1923 年确定了间隙化合物的结构。1923 年还 确定了有序固溶体中超结构衍射的存在。

用贝茵的名字命名的钢中贝氏体组织

苏联　库尔久莫夫
（G.Kurdyumov）
(1902—1996)

　　1926 年 W. 芬克等证明马氏体的高硬度在于体心正方结构。1927 年苏联库尔久莫夫获相同结果。库氏还与德国萨克斯发现马氏体与母相有特定的晶体学联系。
（1930 年）

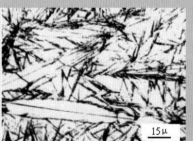

碳钢的
马氏体组织

15μ

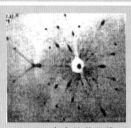

Al-Cu 合金的劳厄像

Al-Cu 合金的高分辨像

　　1937 年法国纪尼叶与英国普莱斯顿几乎同时用 X 射线衍射劳厄像揭开杜拉铝时效硬化之谜——铜原子的偏聚。后来这种偏聚被称作 GP 区。

法　纪尼叶（A. Guinier）
（1911—2000）

2.4.12　实测材料结构

L: 看来科学界十分看重 X 射线对人类认识世界的价值，材料界的反响如何？

H: "材料界"的说法需要解释。搞材料结构分析的学者在当时和在当下，都很少是直接开发材料的人，但却是不可或缺的同盟军。还记得 19 世纪末的那场材料组织学的世纪大辩论吧？辩论主题是"钢为什么能够通过淬火而硬化"？用现在的眼光看，法国大师奥斯蒙确实有误，美国大师豪乌基本正确。但是这场论战旷日持久的原因，在于无法否定 β 相的存在。1915 年，"布拉格方程"获诺奖之后的第七年，瑞典学派的领军人物威斯特格林等就用高温 X 射线衍射方法证明，纯铁只有两种不同的晶体结构：体心立方 α 相和面心立方 γ 相，完全排除了低温 β 相和高温 δ 相。并证明 δ 相与 α 相是同一种结构。

L: 半个世纪的争论，一朝解决，足见 X 射线衍射方法的强大威力。

H: 但问题并没有彻底解决。高温 γ 相淬火时变成了 α 相也未必能导致硬化。当时 X 射线衍射技术还不能分辨淬火马氏体与 α 相有何差别，到了 1926 年，芬克和坎贝尔证明，淬火得到的马氏体，并不是体心立方相，而是体心正方相，只是正方度 a/c 很小，很接近于 1。马氏体的正方结构才是高硬度的原因。正方结构又起因于碳的溶入。一年后 1927 年苏联学者库尔久莫夫也得到了相同结果。一场世纪性大辩论，到此才因晶格常数的精确测定而最终尘埃落定。让大师们在半个世纪前，没有这些结构信息的情况下探讨清楚，太勉为其难了。

L: 没有结构分析，有点像二郎神没有了"法眼"，研究无法触及本质啊！

H: 比喻虽涉于神灵，但确实如此。讲材料史是离不开讲述分析方法的。搞钢铁材料的人一定都知道美国科学家贝茵。钢中的一种中温转变组织——贝氏体，就是用他的名字命名的。这种组织在现代钢铁组织中变化出很多种新的形态，也因此有很多特殊的性能，所以人人皆知。贝茵的青年和中年时期，X 射线衍射分析正处于高潮阶段，他的知名度也正是由高超的 X 射线衍射研究建立起来的。他在研究 Cu-Zn 合金时曾预测 Cu 基固溶体有发生有序 – 无序转变的可能，一直在寻找多余的衍射线，以证明原子的有序排列，却一直没有找到。后来他改在原子间尺寸相差比较大的 Cu-Au 系统中去找，1923 年终于在 Cu_3Au 和 $CuAu_3$ 这样特殊成分比的固溶体中都找到了原子有序排布的证据——超结构衍射线。

L: 贝茵关于所谓"中间相"的研究，获得的是怎样的结果呢？

H: 这主要是针对合金钢研究的结果。合金钢中是少不了碳和氮等元素的间隙式固溶体的。如果钢中这些元素含量很少，它们也就是固溶体中的溶质元素，并不参与形成新相，也不会出现新的衍射线，只是影响到基体相的衍射线位置。但是，当碳和氮的含量很多或合金元素很多时，则可以造成新的碳化物或氮化物相，而这些相不再是普通合金钢中的 Fe_3C 类型。这时必须知道它们的衍射线特征。1923 年贝茵在 Fe_3W_3C 化合物的研究中，及其与高速钢性能研究上有突出贡献。

L: GP 区为什么这样有名啊？这里也有 X 射线衍射分析的贡献吗？

H: 是的！杜拉铝曾使铝合金风光无限。但杜拉铝的时效硬化也曾使材料学家们焦头烂额，因为他们无论如何在显微镜下也观察不到合金中到底发生了什么变化。但是，X 射线衍射劳厄相特征给出了发生铜原子富集的解释，以及相应证据；而直接观察到铜原子富集，那还要等三十八年后，要靠高分辨电子显微镜了。

2.4.13　认识金属结晶与晶界

　　虽然 18 ~ 19 世纪冶金材料工业有了巨大进步，但是，钢究竟是什么、金属是不是晶体、凝固是不是结晶、晶界有多厚等一系列基本问题还有待仔细研究和证实。有无数科技工作者对此做出了重要的贡献，使冶金和材料逐渐从工艺走向了科学。

　　法国学者 F.列奥姆在 1722 年用放大镜观察金属晶粒尺寸，对凝固有了正确的认识，认为是结晶。瑞典科学家德莫维奥 1776 年明确指出，金属的凝固是一种结晶过程。

瑞典　德莫维奥（L–B.de Morveau）（1737—1816）

英　埃文（J.A.Ewing）
（1855—1935）

1900 年英国学者埃文和罗森汉
（W.Rosenhain）发现铅中的滑移线

▲罗森汉(2 排右起第 3 位)参加 1924 年索尔维高端会议，第一排左起是卢瑟福、居里夫人、霍尔、洛伦兹、亨利.布拉格、布里渊等

中国　葛庭燧
（1913—2000）

　　从 1870 年代起，对晶界结构的认识就很模糊，甚至认为是数百原子厚的非晶体。1947 年 34 岁的旅美中国学者葛庭燧 (T.S.Ke) 用自己发明的扭摆测定纯 Al 的内耗滞弹性后提出，晶界应只有 2 ~ 3 个原子的厚度，这一主张使国际学术界震惊。但 20 年后获得精彩的证实。

现代高分辨电镜观察的 Al 晶界，只有 2 ~ 3 个原子厚

2.4.13　认识金属结晶与晶界

L：为什么要专门强调对金属结晶行为和晶体、晶界等问题的认识过程呢？

H：这是因为大部分材料是晶体，对凝固结晶过程必须有清晰的认识。而金属与传统的晶体有很大不同。比如，不像很多矿物那样有规则的几何外形，如水晶、钻石、岩盐等等；而这些典型的晶体又都不像金属那样可以随意塑性变形。以至于认为，塑性是与晶体结构互不相容的性质。在使用了钢铁很长时间之后，人们都希望能看到钢铁确实是一种可塑性变形晶体的更有意义的证据。

L：在有了 X 射线衍射之后，这个问题应该不再存在了吧？

H：那也不尽然。就整体而言，可以认为是晶体。但由于多晶体是有晶界的，X 射线衍射结果并不能证明晶界的性质。从整体上，不需要等到 X 射线衍射出现，就已有人通过金属其他特征意识到它是一种晶体。如 18 世纪法国化学家列奥姆用放大镜观察低熔点金属锡、铅的熔化，看到凝固初期的晶粒形态，断定它们是晶体；瑞典学者德莫维奥，也通过类似的细致观察认定金属凝固是一种结晶过程，就像水结晶成冰那样的过程。当然普通人很难建立起这样的认识。

L：既然认识到整体是晶体也就够了吧，为什么一定要认识清楚晶界呢？

H：晶界的价值越来越被大家所重视，它涉及对强度、塑性的认识，是个意义重大的问题。1900 年埃文和罗森汉发表了一篇论文，报告了他们对铅在发生塑性变形后组织的观察。他们论文的题目是"论金属的晶体结构"。一个世纪过后，人们仍认为这是现代材料科学的最重要文献之一。当时埃文教授要求其学生罗森汉找到铅在发生塑性变形后，仍然保持晶体结构的机制。埃文相信，一定存在这样一种机制，只是人们还没有观察到，罗森汉在铅中找到了这个机制。尽管这张照片无法显示晶界的细节，但无疑整体上仍维持着晶体结构。

L：就是图版中给出的这张组织照片吗？看不出有特别精彩之处啊！

H：其实很精彩。铅是发生过塑性变形的，不同取向的晶粒尺寸约 0.1 毫米。塑性变形之后各晶粒仍维持着联系，并无空洞。但各晶粒中留下了剪切过的痕迹——滑移带。有的晶粒内还发生过交叉的滑移。是滑移机制维持了铅的晶体结构，当然这时结构中已经有了缺陷。正是这些观察工作导致了后来关于临界切应力的研究，和对塑性变形机制的认识。这一工作是此后大量关于塑性变形机制研究的重要起点。研究思想很深刻，可以说确实是功莫大焉！

L：晶界在变形中扮演了怎样的角色呢？这时已经研究清楚了吗？

H：还没有。当时认为晶界是两个不同取向晶粒的过渡部分。根据腐刻后所看到的晶界厚度估计，晶界约有数百上千个原子间距，即数百纳米到微米的量级。罗森汉一直坚持认为这是一层非晶态的薄层。但是，这个看法在 1947 年发生了极大的变化。当时 34 岁的旅美中国学者葛庭燧（英文拼写是 T.S.Kè），用他自己发明的扭摆（后来称葛氏摆）测定了铝的晶界内耗峰，根据内耗峰可以估算晶界的厚度。葛庭燧得到的结果是：晶界并没有数百上千原子间距那么厚，而只有 2~3 个原子间距。这个结果让世人十分震惊，相差数百甚至上千倍啊。

L：那么这个结果是正确的吗？能用其他方法验证码？后来证实了吗？

H：当时还不能直接证明其正确性，但最终获得了证实。研究结果表明，葛庭燧是最早正确认识了晶界的人，至少也是其中的一位。

2.4.14 光学显微镜的发展

材料微观组织研究离不开显微镜的支持。19 世纪后期由于消色差物镜已经出现，极大地改进了透镜质量，专用金相显微镜问世。德国物理学家阿贝使显微镜上了一个新台阶，使金相显微镜成为材料组织学研究最重要的工具，极大地促进了材料科学的进步。

英 多龙德（J.Dollond）
(1706—1761)

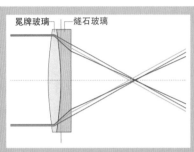

消色差原理

多龙德的消色差折射望远镜（1750）

显微镜发明后，长期不能进一步发展，是受阻于色差问题。1750 年英国的多龙德用不同折射率的冕牌玻璃和燧石玻璃黏合在一起制出了既有一定焦距，又不出现色差的凸透镜，解决了色差问题，为光学仪器的发展做出了巨大贡献，从此光学仪器大踏步前进。

德 阿贝（E.K.Abbe）
(1840—1905)

德国物理学家阿贝是现代显微镜的奠基人。1874 年他经过细致实验后提出：**显微镜物镜焦平面上像的分辨率由物镜孔径（收集衍射光多少）和光的波长决定**，为改进物镜质量指明了方向。

1879 年德国学者阿贝改进的蔡司显微镜

1872 年冯朗格将垂直照明引入显微镜，使金相显微镜独立出来；1891 年法国学者奥斯蒙将显微镜与照相机结合起来，开拓了显微照相术；1901 年法国学者勒夏特列为金相显微镜设计了倒立光程。

20 世纪金相显微镜在照明、成像、光路、物镜等诸多方面进步显著，成为微观组织研究的有力武器。电子显微镜发明后仍发挥重要作用。20 世纪后期的发展是与电子计算技术的结合及数字显示的发展，促成了定量组织学的形成。

倒立光程的照相金相显微镜

与电子计算机和数字显示技术结合的金相显微镜

2.4.14 光学显微镜的发展

L：您曾经说过显微镜虽然与望远镜同时发明，却一直没有发挥太大作用。

H：是的。除了17世纪最初胡克和列文虎克利用简单的显微镜做过一些开创性的观察之外，整个18世纪都没有更大成就。究其原因是色差的问题难以克服，以致分辨率难以提高。望远镜由于有反射式的，可以避开色差的问题。所以18世纪的天文学是金属反射式望远镜的贡献。1750年英国的多龙德认识到用折射率大小不同的玻璃制成凹透镜和凸透镜，可以使不同颜色（波长）的光线聚焦在一起，基本解决了色差问题。这是一个了不起的发明，不只是为显微镜，而是为整个光学仪器，包括折射望远镜、照相机开拓了发展之门，居功至伟。

L：还是说显微镜吧！金相显微镜的主要特点是什么？阿贝的贡献在哪里呢？

H：阿贝在大量深入细致实验的基础上，总结出物镜成像原理，被称为阿贝成像原理。其中最关键部分是明确了像的分辨率由物镜孔径、光线波长决定，并提出了定量公式，为改进物镜质量指出了方向，是光学显微镜发展的里程碑。金相显微镜是用"入射照明式"来观察金属试样的显微镜。因为金属不透明，所以，成像用的光线是先通过物镜入射到试样，再反射回物镜的光线。生物显微镜主要观察透明或半透明试样，光线是由照明装置入射到试样后直接进入物镜成像的。但是物镜成像的分辨率原理是一样的。阿贝原理还能指导电子显微镜的开发。

L：后来光学显微镜又出现了很多新事物，如干涉、偏光、相衬、荧光、超声波、激光显微镜或附件等，它们都能够用阿贝成像原理来指导吗？

H：正是。阿贝成像原理对它们都适用。阿贝充分考虑了光线的波动性和相干衍射，所以即使像超声波和干涉显微镜也都只是"波源"的频率、位相不同而已，仍然服从该成像原理。1891年奥斯蒙把显微镜与照相机结合在一起，是一个带有划时代意义的进步，为显微镜增添了记录功能，使观察者群体得到极度放大，观察结果可跨时空分享，大大提高了研究深度和广度，从此有了金相技术。

L：是啊，我过去还以为"金相"就是给金属照相的技术呢。

H：其实，金相之"相"，乃物相之"相"也，并非照相之"相"。不过就研究方法而言，含义实在也相差不远，也不一定必须十分较真。20世纪中显微镜的进步是全方位的：物镜、目镜、照明、光线性质、显微硬度等等。但更大的进步当然是近年来与计算机技术和数字显示技术的结合。直接的成果之一是定量金相学的出现。它可以根据金相显微镜中不同相的灰度，或者利用试样染色技术，对材料中的各种物相进行定量分析，成为材料研究的重要领域。

L：有了电子显微镜后，金相显微镜的重要性是不是已经下降了啊？

H：不是！并没有下降！电子显微镜固然有分辨率更高，景深更大，可以辨识不同晶粒的取向，进行选区衍射等很多光学显微镜不具备的优越功能。但是，光学显微镜的固有功能并没有被覆盖，而只是功能被电镜延伸。光学显微镜的操作简单，制样方便等优点是无法取代的。更重要的是：材料的组织具有多尺度性，不仅需要更小尺度细节的研究，而且需要更大尺度上的低倍形貌、相分布、相尺寸的信息，有时这些信息还有更重要的意义和价值。因此，这个尺度研究的必要性不会降低，金相研究方法的价值也不会下降，而是需要进一步改善，使它在微米尺度材料组织的分析上发挥更重要作用，而这个尺度有时可能是最重要的。

2.4.15 发明电子显微镜

根据阿贝成像原理，受可见光波长限制，光学显微镜的分辨率已到极限。20 世纪人们开始寻找分辨率更高、景深更大的观察和分析手段。新兴的现代物理学为开发这种手段提供了有力支持，终于发明了电子波成像的崭新武器——电子显微镜。

德 鲁斯卡（E.Ruska）
（1906—1988）

德国科学家鲁斯卡和克诺尔（M. Knoll）在 19 世纪末以来一系列物理学家研究基础上，于 1931 年成功制成第一台电子放大镜，实践了电子光学原理。其后分辨率大幅度提高。1939 年大批量生产，为材料研究提供了极其重要的手段。1986 年 E. 鲁斯卡获诺贝尔物理学奖。

鲁斯卡 1939 年在西门子公司造出的第一台电子显微镜 TEM（老照片）

德国科学家安登奈在 1937 年成功制成了第一台兼具透射与扫描两种功能的电子透射显微镜。

安登奈在实验室

德 安登奈（M.von Ardenne）
(1907—1997)

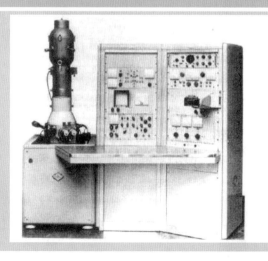

英国科学家奥特利 1965 年 在剑桥造出第一台利用电子束扫描样品表面从而获得信息的电子显微镜。能产生样品表面的高分辨率图像，即扫描电子显微镜 SEM。

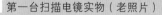
第一台扫描电镜实物（老照片）

英 奥特利（C. Oatley）
(1904—1996)

2.4.15 发明电子显微镜

L：是从什么时候开始，人们开始有了发明电子显微镜的想法呢？

H：可以说，从有了阿贝成像原理之后，人们就知道显微镜的分辨率是要受到光线波长限制的，可见光的最短波长所能达到的有效放大倍数在 1000 ~ 1500 倍左右，无法超过 2000 倍。19 世纪末有人设想如果用波长比紫外线更短的 X 射线，放大能力和分辨本领应该会大大提高，但是找不到使 X 射线聚焦的透镜。1920 年起法国科学家德布罗意发现电子流也具有波动性，能量越大则波长越短。比如，电子经 1000 伏电场加速后，其波长是 0.0388 纳米，用 100 千伏电场加速后，波长只有 0.00387 纳米，已经远小于金属原子间的距离。于是科学家们就想到了有可能利用电子束来代替可见光波，这就是电子显微镜思路的最初萌生。

L：原来这么早。那么，电子束有合适的透镜来聚焦吗？

H：当然，一般的光学透镜是无法使电子束聚焦的。但是，1923 年，德国科学家汉斯·布希提出了一个电子在磁场中运动的理论。他指出：具有轴对称的磁场对于电子束可以起到透镜的作用。这样，汉斯·布希便不仅从理论上解决了电子成像的透镜难题，提出了"磁力透镜"原理，而且在 1926 年实际制作了第一个磁力透镜。在这些研究工作的基础上，德国的年轻研究员卢斯卡和马克斯·克诺尔，在 1931 年制作了第一台电子放大镜，这是一台经过改进的阴极射线示波器，成功地得到了铜网的放大像。加速电压为 7 万伏，仅放大 12 倍。尽管放大倍数不大，但它却证实了使用电子束和磁透镜可以得到与光学成像原理相同的电子像。当时用于观察的试样不是可以透过电子的样品，而是一个金属的网格。

L：这个突破的意义太重大了。这就应当看作是电子显微镜的发明了吧？

H：确实如此。经过不断地研究改进，1933 年卢斯卡制成了二级放大的电子显微镜，获得了金属箔和纤维的 1 万倍的放大像。1937 年应西门子公司的邀请，卢斯卡建立了超显微镜学实验室。1939 年西门子公司制造出分辨本领达到 30 埃的世界上最早的实用电子显微镜，并投入批量生产。电子显微镜发明后，不断改进提高。人类的分辨能力提高了好几百倍，看到了病毒，看见了一些大的分子，一直到经过特殊制备的某些材料样品里的原子；1960 年代透射电子显微镜的加速电压越来越高，可透过的试样也越来越厚；到了 1970 年代，高分辨电镜出世，普通样品里的原子也能被"看"到了。但是，受电子显微镜原理和现代技术手段的限制，目前它的分辨本领已经接近极限了。要想进一步研究比原子更小尺度的微观世界，必须要有从概念到原理上的根本性突破才能实现。

L：您说，鲁斯卡等从发明电镜的 1931 年，到获得诺贝尔物理奖的 1986 年用了 55 年，超过半个世纪了。若不是老爷子身板好怕赶不上了吧？这是为什么呢？

H：这很难回答。据分析有一种可能是：自从古希腊提出原子概念以来，已过去两千多年了，亲眼"看见"原子一直是人类的梦想。根据阿贝成像原理，显微镜最高分辨率是光波长的一半。德布罗意已指出电子波长与电压有关，并计算出电子的波长可以达到 0.0037 纳米，这已经远小于原子直径（约 0.2~0.3 纳米）。所以也许科学家们一直把电子显微镜的目标确定在"看见"原子上了。多少年过去，这个目标一直没实现，所以没没诺贝尔奖。直到 1970 年代，制出了高分辨电镜，原子也"看见"了，各种伟大功勋也都建立了，这才颁发了诺贝尔物理学奖。

2.4.16　发明电子探针

电子显微镜的发明使人们能了解材料更小尺度的微观细节，但是却无法了解微小区域里的成分特征，这对于多元多相材料的深入分析是个障碍。20 世纪电子、X 射线的深入研究为开发材料的微区成分分析创造了条件，在这个背景下发明了电子探针。

英　莫斯莱（H. Moseley）
(1887—1913)

英国科学家莫斯莱 1913 年发现，不同元素靶产生的特征 X 射线的波长是不同的。他还惊奇地发现：这种特征谱线与元素在周期表中的顺序有密切关系。他把这个关系称之为原子序列。此后他又提出了各元素原子序数与标识 X 射线波长之间的经验公式。

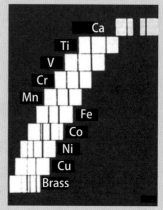

莫斯莱的元素标志 X 射线与原子序数关系

1941 年电子显微成分分析设备设计首次获专利，1949 年法国科学家卡斯坦因与导师纪尼叶合作，制造了第一台电子探针仪，并在博士论文中探讨了微区成分分析，及信息修正处理方案。1958 年第一台商品电子探针由法 CAMECA 公司推出，是在卡斯坦因等人的基础上设计的。这期间苏联学者也研制成完全不同的电子探针。

法　卡斯坦因（R. Castaing）
(1921—1998)

1958 年法国总统戴高乐前来参观卡斯坦因发明的电子探针。

1973 年英国著名材料物理学家剑桥大学教授 N. 莫特（1977 年诺贝尔物理学奖得主）前来参观卡斯坦因的发明。

2.4.16 发明电子探针

L：既然已经有了电子显微镜了（TEM），为什么还要发明电子探针呢？

H：这属于两个完全不同的研究目的。透射电子显微镜主要用来观察材料的微观组织形貌，但不涉及材料组成相的成分分析。电子探针最初是对光学显微镜所观察到的材料组织的某个相，通过电子束对其进行化学成分分析。在1960年代发明的扫描电镜（SEM）上，经改进也可以在完成高倍率形貌观察的同时，进行化学成分的能谱分析，但分析精度不高。这里主要讲前一种电子探针。

L：现在已经是三种电子仪器了：电子显微镜，电子探针和扫描电镜。

H：是的。这里的电子显微镜，准确说应该是透射电子显微镜（TEM），要与扫描电子显微镜（SEM）相区别。电子探针简称为EPMA，下面简述其发明的历史。我们要回顾一下X射线发现后的一项初期研究。1917年英国的巴克拉曾因发现每种金属都有自己的标识X射线而获得诺贝尔物理学奖。其实在这之前英国卢瑟福的学生，天才的科学家莫斯莱在1913年已经发现各种金属的标识X射线谱符合原子序数的玻尔关系。现在把这一关系称作莫斯莱定律。第一次世界大战中莫斯莱毅然应征入伍，在与土耳其军的战斗中不幸阵亡，年仅26岁。

L：真太可惜了！为什么要动员物理学家上战场前线，参与拼杀呀？

H：三十九年后，莫斯莱定律对又一位年轻的法国材料物理学者发明电子探针，起了重要的启发作用。前面提到，法国材料科学家纪尼叶（Guinier）曾对解开Al-Cu合金自然时效硬化之谜做出过杰出贡献，并因此把铝合金固溶体中出现的Cu富集区，叫做G-P区。28岁的博士生卡斯坦因，在与导师纪尼叶讨论如何分析材料中的一个相，一个微小区域的化学成分时提出：可以采用测定电子束入射该微区后所产生的标识X射线强度，用以确定这个区域里是否含有这种元素，以及所含的数量。这正是电子探针的基本原理。

L：这位博士生真可谓志存高远啊，他最后成功了吗？

H：成功了，这个内容就是他的博士论文题目，该论文在1951年通过。纪尼叶充分肯定了卡斯坦因的思路，并指导其将实验室中的一台静电型电子显微镜，改造成为电子探针仪的样机，1955年公开展示了该样机。卡斯坦因在博士论文中不仅探讨了对指定微区进行化学分析的根据，还制定了把测得的X射线强度换算成化学成分的一整套修正方法。其中包括：原子序数修正，吸收修正，荧光修正等。这就是所谓理论修正的一整套极繁难工作。该博士论文后来被誉为这方面的经典性文献，一时广为流传和采用。后来，这种修正最终被实验法校正所代替。

L：一位博士生的工作能做到如此程度，真可当得起名师指导的高徒了。

H：确实如此。1956年英国剑桥大学卡文迪许实验室的卡斯莱特和杜坎波一起设计并制造出了动态扫描电子探针的样机。1958年第一台商品化的电子探针由法国的CAMECA公司推出，是以卡斯坦因在纪尼叶实验室制造的那台电子探针样机为基础进行设计的。在光学显微镜下精确选择分析部位，用波谱分析测出标识X射线的波长和强度，这时电子束是静止的；而卡斯莱特和杜坎波在电子扫描功能中引入成分分析功能后，使分析能力获得进一步提高。1960～1970年代的电子探针多为此类型结构。此后，离子探针、原子探针等新型微区分析工具竞相开发，深受材料工作者欢迎，为20世纪的材料研究大发展创造了多种有效的研究条件。

2.4.17 理论估算强度的尴尬

20 世纪前期，人们已经非常熟悉材料的强度和塑性。但是，当 1926 年弗伦克尔试图对实际材料的屈服强度进行理论估算时，才惊讶地发现，我们对晶体的认识还很粗浅，还完全不能实行这种理论估算，必须下决心改进我们对晶体的理论认识。

1926 年弗伦克尔对晶体屈服强度与切变模量做理论估算后认为，两者应为同一数量级，但屈服强度实测值却不到理论值的千分之一。Cu 单晶屈服强度理论值为 1540 兆帕，实测只有 1 兆帕，使固体理论界十分困惑。

苏联 弗伦克尔（Y.Frenkel）
（1894—1952）

弗伦克尔在做学术讲演

英 泰勒（G.Taylor）
（1886—1975）

匈牙利，英 波朗依（M.Polanyi）
（1891—1976）

匈牙利，美 欧罗万（E.Orowan）
（1902—1989）

美国物理学家欧罗万和英国学者泰勒、波朗依在 1934 年几乎同时提出：晶体不可能是完整的，必然存在缺陷，包括刃形位错这样的缺陷。在未观察到位错前，该假说曾遭到激烈反对，特别是来自苏联学者的，一直到 1950 年代在透射电镜上观察到位错为止。

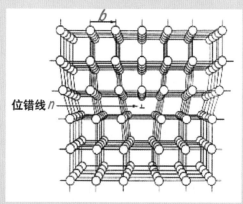

位错线 n

泰勒、波朗依和欧罗万认为晶体中一定会存在这种缺陷——刃形位错

单晶硅(111)面位错腐蚀坑

单晶硅(100)面位错腐蚀坑

2.4.17 理论估算强度的尴尬

L：为什么在各种材料已开发多年，在接近成熟的时候才开始估算强度呢？

H：正是因为各类材料的发展研究已接近成熟了，人们也就开始不再只满足于实际测定材料强度和塑性了。首先是物理学家们产生了要运用他们已掌握的理论知识，来预测金属屈服强度的愿望。尽管很早就有了材料力学，却从来没人基于材料的微观结构来估算过其屈服强度。第一位做这种尝试的是苏联物理学家雅科夫·弗伦克尔。他假设：材料的屈服就是一排原子面相对于相邻原子面的滑移，这当然是合理的。这样屈服强度就应该与切变弹性模量有关。而各种金属的弹性模量都有现成的实测数据。经过理论分析，材料的屈服强度约等于切变弹性模量的1/6。单晶铜的切变弹性模量约9300兆帕，理论屈服强度应为1540兆帕；但是，铜的实测屈服强度却只有1兆帕。显然，预测的结果很不靠谱。

L：差一千多倍，也太大了吧？这还能算理论估算吗？是哪里弄错了吧？

H：弗伦克尔开始也这样想，所以反复检查，没错！就是这样。于是，1926年他把结果发表出来，请大家分析。理论家们都很关注这个问题：弗伦克尔没有错，切变模量数值没有错，实测屈服强度没有错。错在哪里呢？整个理论界陷入了尴尬状态。已经进入20世纪了，物理学已经被相对论和量子力学改造过了，原来，在实际问题面前还是这么一筹莫展！大家都很郁闷地度过了8年。

L：怎么是8年？后来有了解决问题的方案了吗？

H：说来也巧，时间到了1934年。不同国家、不同专长的三位科学家，却几乎同时，以不同文字在不同国度，对弗伦克尔提出的难题给出了自己的解决方案，他们是英国的泰勒，匈牙利科学家欧罗万和波朗依。其共同的论点是：任何晶体都不可能是完整无缺的，都会存在各种各样的缺陷。其中一种如图所示的叫做"位错"的缺陷，就能使滑移非常容易地进行。这种位错的预先存在，可以解释为什么屈服强度只有理论估算值的千分之一。弗伦克尔本人也早在1930年提出了晶体中可能有原子离开平衡位置的缺陷，称为脱位原子；各个平衡位置上也可能不都有原子占据，而存在空位。这些缺陷叫做弗伦克尔缺陷，或点缺陷。

L：那么所谓"位错"这种缺陷假说的提出，很快获得了大家的认可了吗？

H：反应十分两极化。赞成者认为：这是解决问题的合理的出路，也是唯一的出路。反对者认为：这是异想天开的假设，没有任何根据。当然赞成者还是主流，研究从此不断向前推进，取得了一系列成就，有效地指导了强度和塑性研究的发展就是明证。但反对者后来又带上了意识形态色彩，苏联将这种位错理论定性为唯心主义，一直持批判态度，直到在透射电镜下观察到位错的存在为止。

L：就是说，位错理论的研究并没有等待实际观察到，而是一直向前推进？

H：正是！在透射电镜观察到位错之前的二十几年中，已经有很多人为位错理论的进一步发展做出重要了贡献。所谓"眼见为实"不过是思维浅陋的借口，深邃的思想已经屡次为科学的继续发展所证明。真正"看"到原子是1970年代以后的事情。但关于原子的各种理论研究却从来没有停止过。后来还知道，位错的存在其实也可以用干涉显微镜等通过观察腐蚀坑的方法间接地"看"到。

2.4.18 位错理论靠思辨前行

位错理论提出后，一大批科学家在没有实际观察的情况下，对位错理论的发展做出重要贡献，形成了一个完整理论体系，使材料的强度和塑性建立在可靠的理论基础之上。其后，位错理论已完全由电子显微镜观察所证实，成就了科学史上的一段佳话。

美　柏格斯（J.M.Burgers）
(1895—1981)

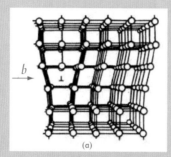
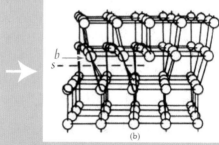

1939 年柏格斯提出用柏氏矢量 b 来表征位错，可以更准确地描述位错的性质和能量，并引入了螺形位错的概念，使位错线得以完整描述。

英　弗兰克（F.C.Frank）
（1911—1996）

1950 年弗兰克与瑞德（W.Read）联合提出了一种位错增殖机制，精彩地说明了位错何以能够源源不断产生，而造成滑移，被称为弗兰克－瑞德源。不久得到了电镜观察的证实。图示 A—B 位错线段受力运动并增殖。

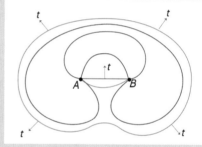

弗兰克－瑞德源的形成

英　科垂尔（A.H.Cottrell）
(1919—2012)

1947 年 A.H. 科垂尔提出了溶质原子与位错线的交互作用，可以形成科垂尔气团；间隙式溶质尤其容易在位错线上富集的构想，解释了很多重要的现象。

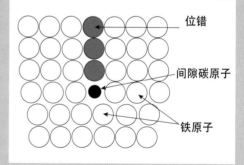

1950 年代以后透射电镜技术渐趋成熟，为位错理论提供了大量证据。

SiC 中的螺形位错
(A.R. 沃马与 S. 阿美林斯克，1951)

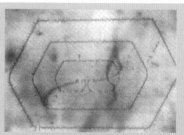

单晶硅 (W. 达西，1955) 的
弗兰克－瑞德源

2.4.18 位错理论靠思辨前行

L: 在电子显微镜实际观察到位错之前，位错理论都取得哪些主要成果呢？

H: 第二个里程碑就应该是 1939 年美国科学家柏格斯提出：可以用一个矢量来表征位错的基本性质。这包括：位错移动的方向、移动后所产生的滑移量、位错的总能量等。后来这个矢量被称作柏氏矢量，被广泛采用。由该矢量还自然引出了螺形位错的概念，使位错可成为一条环状的线。这条位错线可以被想象成一条极细的管线，只有管中的原子排列不规则，但它位于某一密排晶面上，由管线包围的区域和线外的区域都是完整的晶体。一条位错线在晶面上扫过便能提供 1 个原子间距的滑移。大量位错线的移动就能造成晶体的塑性变形。

L: 是啊！位错线应该是弯曲的，只有刃形位错就没法想象了，有螺形位错才圆满了。可是，从哪里出来那么多的位错，通过滑移来造成塑性变形呢？

H: 确实如此！这正是位错理论的第三个里程碑，即位错的来源问题。这个问题在 1950 年，由于弗兰克与瑞德 (W.T.Read) 共同提出了一个位错增殖机制，而极其精彩地解决了。如果在垂直于切应力的方向上，有一段位错线的两端被钉扎，那么如图所示，它将成为源源不断提供位错的位错源。而在实际材料中这种两端被钉扎的条件，是极容易满足的。因为位错线经常是纵横交错的，交叉点便构成钉扎点。有两个交叉点就构成一个位错源，所以位错极易增殖。

L: 您是说，如图所示的位错增殖机制绝非特例，而是经常发生的？如果是那样的话，位错增殖应该经常被观察到，而且被电镜拍摄到才对呀？

H: 正是这样！你看，1955 年由 W. 达西（W.Dash）所拍摄的单晶硅中的弗兰克 - 瑞德源该是多么典型啊，简直像画出来的一样。这是因为试样表面刚好与滑移面重合，所以可以观察到不同阶段的位错线。在高倍的透射电镜中，与滑移面有一定角度的弗兰克 - 瑞德源俯拾皆是，很容易拍摄到，足以证明这种机制的普遍性。左侧的 1950 年的照片中就有很多不同阶段的弗兰克 - 瑞德源。当然，位错不会只有这一种产生机制，还有诸如空位聚集机制等多种。

L: 位错理论研究还有其他里程碑吗？

H: 还有！再就是科垂耳的贡献。这也许算不上一个单独里程碑。但大师科垂尔对材料科学的贡献是多方面的，其中"科垂尔气团"就是很有名的一个。它可以解释固溶体因溶质原子，特别是间隙式原子对位错的钉扎所引起的特殊屈服现象。本书写作过程中，恰逢大师科垂尔辞世（2012），写到此，用几句题外话算作对他的纪念。科垂尔 1953 年写成《晶体中的位错和范性流变》一书，1960 年由葛庭燧院士翻译成中文，对中国学者学习位错理论起了极大的推进作用；科翁 1955 年写的另一本名著，1961 年由萧纪美院士等译成中文，中译名是《理论金属学概论》，也对中国的一代材料学人关于材料科学的启蒙起到过很重要的作用。

L: 老一代科学家为引进外国的先进学术思想真是不遗余力啊！

H: 就把位错的直接观察算作第四个里程碑吧。自从 1939 年电子显微镜的分辨率达到 3 纳米以后，就开始批量生产了。首先用在生物医学领域。1949 年对金属薄膜的透过观察技术成功之后，位错的观察自然也是人们十分关注的题目，取得了极其丰硕的结果。1951 年的螺形位错照片就是典型一例，从此位错结束了靠思辨发展的阶段，直接观察和计算机模拟开启了一个位错研究的新阶段。

2.4.19　相变与材料结构

　　钢铁材料在 19 世纪后期一出场就碰上相变问题，以至于出现世纪性争论。因铁有固态同素异晶转变，才导致了淬火硬化。但相变究竟是什么？有些什么规律？是怎样由一相变成另一相的？这个问题关乎材料结构，理论家关心，材料学家也十分关心。

美　甄纳（C.Zener）
（1905—1993）

Al-Cu 合金的 Al+Al₂Cu 片层状共晶组织的解析是个理论难题。

上图为纵截面
下图为横截面

　　美国物理学家甄纳兴趣广泛，对冶金问题尤其关心。关于从一种液相共晶成两种固相的相变，他于 1946 年给出了独特的解析。

德　沃尔默（M.Volmer）
（1885—1965）

德　塔曼（G.Tammann）
（1861—1938）

　　德国学者塔曼是冶金物理化学的创始人，他的贡献是极其丰富的。1895 年起他坚持认为所有的相变，都是由形核与长大两个环节完成的。他的主张得到沃尔默的继承与发扬。1926 年沃尔默在理论上和实验上都对形核这个环节的普遍性做了最好的说明。

美　迈尔（R. F. Mehl）
（1898—1976）

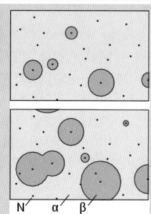

N　α　β

　　大多数相变是扩散控制的形核 – 长大机制相变。1939 年美国学者迈尔等提出了这种相变的普适动力学方程，极大地促进了用相变来控制组织的研究。特别是凝固组织控制，有形核控制（非自发形核"变质"）和长大控制（定向凝固），固态相变也有控制作用。

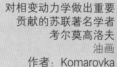

对相变动力学做出重要贡献的苏联著名学者考尔莫高洛夫
油画
作者：Komarovka

苏联　考尔莫高洛夫
（A.N.Kolmogorov）
（1906–1987）

处理前　　处理后

Al-Si 合金通过"磷变质"处理使初晶组织细化

2.4.19　相变与材料结构

L：相变的重要性好像从钢铁材料的大规模生产以来就表现出来了，是吧？

H：是的！我又要提到"关于钢为什么淬火会硬化"这个世纪大讨论了，因为这次讨论给材料学的启发太多了。双方的分歧也是因为对相变问题没有清晰认识而造成的。铁碳相图清楚地告诉我们钢在高温下是面心立方的奥氏体相，X射线衍射告诉我们淬火后变成了体心正方的马氏体相。这是一种相变，相变决定了淬火的硬化。但尽管如此，钢是怎样由一种"相"变成了另一种"相"的呢？却并不清楚。第一位清楚地指出所有相变都是通过第一步**"形核"**和第二步**"长大"**两步走的人，是德国著名冶金物理化学家塔曼。他在1912年最明确地提出了这个主张。如果他不是第一位，那也一定是影响最大的一位。他的观点得到了沃尔默的继承和发展：所有的熔化与凝固、所有的同素异晶转变都是这样完成的。沃尔默不止提出了实验结果，还有理论分析，直至建立形核理论。

L：那么，所有的相变真的都是这样发生的吗？这一观点是正确的吗？

H：现在看来，虽然并不完全正确。但在1938年以前，提出和接受这种观点，都是材料学的一个重大进步。1938年之后，才知道相变还有不同的级别，塔曼和沃尔默等解释的仅仅是一级相变。另有一种凝固相变叫做共晶相变，同时形成两种固相，成为片层相间等状态。一时无人能解释这种组织，特别是片层厚度受何种因素控制等。这个问题是对冶金问题有特殊兴趣的物理学家甄纳（葛庭燧的合作导师），在1945年给出了令人信服的热力学解析。甄纳指出，片层厚度不像猜测的那样，受扩散系数控制，而是受从共晶温度算起的过冷度的控制。

L：弄清楚相变机制和动力学，是为了能够精确掌握相变进行的速度吗？

H：是的。塔曼在1898年就曾提出过一个与后来的JMA方程很类似的相变动力学方程，不过影响并不大。还是美国著名冶金学家迈尔等人在1939年提出的，自发形核相变体积分数与时间关系的Johnson-Mehl（迈尔）方程更有广泛的影响，受到冶金、材料学术界的广泛关注。在1960年代以前引用这个方程式时，都写成上面的形式。后来发现，美国化学家阿弗拉米（Avrami）在1939年《化学物理杂志》上也发表了内容完全相同的方程式。不仅如此，阿弗拉米对这个方程的导出方式更形象，而且解说更富说理性优势。化学家们都称其为阿弗拉米方程。从1980年代起材料冶金界学者们也因此把这个方程改称为J-M-A方程。

L：**化学和物理本来与材料冶金应该是关系密切的，怎么相互之间竟会如此缺乏了解啊？难道分工引起的隔绝竟到了如此程度吗？真有点令人感到悲凉！**

H：这确实是20世纪科学分工越来越细的结果。故事到此并没有结束。到了1990年代，人们发现苏联一位数学领域的概率论大师，考尔莫高洛夫比美国学者迈尔和阿弗拉米早两年，在1937年的苏联科学院《科学》杂志上发表了内容与J-M-A方程相同的论文，数学更加严整。了解这一情况的冶金材料学者们，纷纷把这一方程改称为J-M-A-K方程或K-J-M-A方程。

L：**看来材料学者们很尊重原创。这也说明，关心这一问题的人是很广泛的。**

H：是的。形核与长大理论更核心部分是形核环节，形核率低，便容易形成粗晶组织；反之，形核率高更容易形成细晶组织。图中给出的一例是通过外加磷（P）结晶核心，来细化铝合金初晶Si组织，把这种处理叫做"磷变质"。

2.4.20　有多少种相变？

　　20 世纪已知相变有很多种。至于有多少种要看你根据什么划分。绝大多数相变都是形核 – 长大机制，包括所有凝固 – 熔化相变以及大部分固态相变，也称为一级相变。其他类型的相变主要有两种是非常重要的：有序 – 无序相变和失稳分解相变。

美　考恩（M. Cohen）
（1911–2005）

高碳钢的马氏体组织

Cu–Zn–Al 形状记忆合金形变诱导马氏体

　　马氏体相变是无扩散相变，是钢铁强化和形状记忆效应的基础。20 世纪以来，广受关注。通过苏、美、欧、日等各国学者的研究，明确这是形核 – 长大机制的相变，但在晶体学、热力学和动力学方面，有突出特征。现已在很多材料中发现了马氏体相变。

苏联　朗道（L.Landau）
（1908—1968）

　　1936 ~ 1937 年苏联著名物理学家朗道对合金中的有序–无序转变、铁磁 – 顺磁转变等二级相变进行了深入细致的研究与分析，大大增进了人们对于相变的认识。

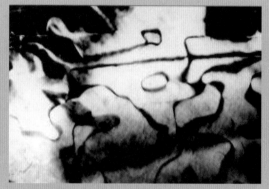

Cu–Al–Ni 形状记忆合金母相中的反相畴

瑞典　希拉特（M.Hillert）
（1924—）

美　卡恩（J.W. Cahn）
（1928—）

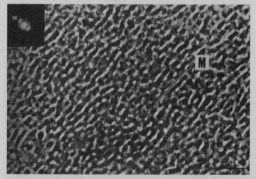

Fe–Cr–Co 永磁合金的失稳分解组织

　　失稳分解（spinodal 分解）一词是范德瓦尔斯最先使用的。瑞典科学家希拉特在 1956 年的博士论文中最早揭示了失稳分解的热力学条件。1958 年之后美国学者卡恩与希里亚德建立了这种转变的动力学，确认这是一种不需要形核 – 长大的全新机制的相变。

2.4.20　有多少种相变?

L: 前节提到相变是有级别的，怎样划分级别呢? 相变一共有多少种呢?

H: 首先说，相变级别属于热力学问题中的理论问题，很抽象，离材料科学更远了，这里就不细说了。只要知道铁磁－顺磁转变、有序－无序转变、超导－常导转变是二级相变，其他的都是一级相变也就可以了。至于说相变一共多少种，这与其他事物一样，还取决于划分种类的角度，也不必了解那么全面。能够把二级相变分离出去，再能够把不是以形核－长大机制进行的失稳分解相变也分离出去，其他的就都是一级相变了。这样简单地一划分，就算对相变有了最必要的基本认识了。

L: 那为什么要把马氏体相变单独拿出来说明呢? 是因为马氏体都很硬吗?

H: 首先，由于19世纪末钢淬火硬化的跨世纪大辩论给人的印象太深了。一提到马氏体，就和高硬度联系起来了。其次，马氏体相变也确实不同于其他的一级相变，这种相变的条件是：要抑制原子的扩散移动，以原子集体定向移动方式完成相变，但仍然是形核－长大机制相变。你看，现在就涉及了一个划分相变的角度：是否发生扩散? 因为马氏体相变涉及对钢的淬火强化本质的认识，所以历来引人注目。20世纪以来，美、苏、日、德、英等国家的大批学者参与其中，就马氏体相变的热力学、动力学、晶体学、组织学研究做出了重要贡献，在结构分析一节中提到的苏联学者库尔久莫夫、美国学者贝茵、日本学者西山善次都有重要建树。如果只发生碳的扩散，其余原子不发生扩散，也称贝氏体相变。但马氏体并不一定硬，这是钢中马氏体的高硬度留给人们的记忆太强了。其实马氏体相变特征只是原子集体定向移动方式，也称切变方式，并不直接与高硬度相关。比如铜合金、钛合金中的马氏体并不硬。正如"世纪大辩论"中美国学者豪乌已经早在19世纪末就正确指出过的：**钢中马氏体的高硬度是碳原子过饱和固溶所造成的**。

L: 那么再说说二级相变吧! 是何时才认识清楚二级相变的?

H: 这要提到苏联物理学家朗道，他在1936～1937年间研究清楚了二级相变的原子间相互作用根源。朗道是苏联的一位天才学者，被称为全能型物理学家。他的十项重要贡献被称为"朗道十诫"，二级相变是其中之一。卓越的成果并没有给他带来好运，像一切天才一样，朗道恃才傲物，语言无忌，得罪了许多人。1938年冬，朗道因被告密而突遭逮捕，并以"德国间谍"罪名被判处10年徒刑。这一消息震动世界物理学界，他的导师丹麦著名物理学家玻尔向斯大林求情，他的好友卡皮查冒死向斯大林进谏，最终在度过一年黑暗牢狱之灾后获得释放。朗道说，我顶多还能在狱中支持半年。朗道1962年因为在凝聚态物理方面的杰出成就而获诺贝尔物理学奖，但他却因年初的车祸而无法去领奖，车祸后他虽然保住了生命，可是天才的头脑却从此无法再思考问题，四年后溘然长逝。

L: 朗道真是命途多舛。那么，把失稳分解完全搞清楚是怎样的过程呢?

H: 这也有点戏剧性。范德瓦尔斯早在19世纪的博士论文中使用了spinodal分解(失稳分解)一词。1956年瑞典留学生M. 希拉特在美国材料大师考恩指导下完成的博士论文中，从热力学角度详细论证了"负吉布斯自由能、负扩散系数"出现的可能性及其后果。希拉特的博士论文当时并没有引发人们的关注。但1958年正在研究固溶体分解的美国材料学家J.卡恩和J.希里亚德，却正需要这样的理论支持才能坚持下去。结果发现了这种不需要形核－长大的全新相变模式。

2.4.21　扩散、蠕变与超塑性

19～20世纪，人们一直在关注固态扩散、蠕变和超塑性变形等金属材料原子的缓慢迁移，这与温度和应力作用有关。扩散也可在无应力作用下发生。金属的这些行为都与较高温度下的组织与性能变化有密切关系。必须深入掌握与这些行为有关的规律。

美　科根达尔（F. Kirkendall）
（1914—2005）

氢原子由下而上通过金属的扩散过程

红球代表氢原子

德　菲克（A.Fick）
（1829—1901）

扩散是很多材料相变中原子运动的基本方式，1855年菲克提出原子定向移动的扩散定律。1946年科根达尔发现二元合金中不同原子扩散系数的差异，证实了空位在扩散中的地位。

南非　纳巴罗（F.R.N.Nabarro）
（1916—2006）

蠕变是材料在应力作用下的缓慢永久变形行为。1948年纳巴罗与赫尔令首次提出了扩散蠕变的机理，成功地解释了多晶合金材料高温低应力蠕变行为。

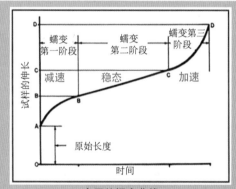

金属的蠕变曲线

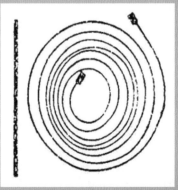

Bi-44Sn 挤压材料在慢速拉伸下的异常大延伸现象（δ=1950%），左为拉伸前试样。

超塑性现象是在1928年由英国的森金斯在研究低熔点金属时发现的。1940年代，苏联、美国等学者也对此进行了系统研究，在许多实用合金高温拉伸时获得极大伸长率。1964年美国学者巴考芬深入研究超塑性力学，提出了变形应力与应变速率的关系方程式。1970年代以后，超塑性加工已成为一种实用的先进工艺。

美　巴考芬（W.A.Backofen）
（于2005年）

2.4.21　扩散、蠕变与超塑性

L：这几种不同的材料问题列在同一个篇目里，一定是有某种共同性吧？

H：对。这个共同性就在于：这几种不同的材料行为，进行速度都很慢。只有在长时间作用之后，才能达到足以被感知的程度。而且，这几种行为都随温度提高而加速，又都因应力加大而增快。其中扩散的发生也可以只与温度有关。

L：经您这样一说，还确实是有共性的。希望能再讲得更具体一点，好吗？

H：可以。那就得分别来讲了。先来讲扩散，液态和气态中的扩散很容易感知，但更重要的是固态材料中的扩散，特别是定向扩散。这服从于菲克1855年发现的两个扩散定律。用扩散系数表示某种原子的扩散能力，扩散系数与温度之间是指数关系，温度提高扩散系数将快速增大。方程中有两个数据（扩散常数和激活能）是属于这个原子本身的性质。20世纪前段集中研究了固态扩散发生的机制，最后认定，晶体中点缺陷的贡献最重要。1946年美国科学家科根达尔通过一个著名的实验证明：由两种金属组成的代位式固溶体中，两种原子方向相反的互相扩散，其扩散系数可以并不相同，这是由空位流造成的。这就是科根达尔效应。它实际证明了：晶体中存在空位的假设是正确的。这还引出了组元金属本征扩散系数的概念，以及与互扩散系数之间的量化关系——达肯方程。

L：那么，研究扩散的重要性在哪里？蠕变与扩散有关吗？

H：重要性之一是多数固态相变都是由扩散控制的，掌握扩散才能掌握相变，进而掌握组织控制规律。另一是很多行为如蠕变、超塑性、表面处理等都与扩散有关。蠕变的第一个定量模型就是纳巴罗与赫尔令等在1940年代提出的扩散机制的蠕变速率模型，这实际上是把蠕变看作了应力作用下的扩散，模型的形式也与扩散系数相同。蠕变是在应力作用下固体材料的缓慢永久性变形，它发生在远低于材料屈服强度的应力下，但作用时间极长。当材料被加热，蠕变则因温度升高而加剧。在熔点附近蠕变会剧烈加速。蠕变被关注与耐热材料的研究有关，但其实这是一种普遍存在的形变方式，在建筑材料界称为**潜变**。在聚合物中蠕变更是重要的变形形式，纳巴罗－赫尔令模型也更有价值。由此可见，蠕变与扩散关系之密切。无论是在过程机制上，还是在研究方法上，都能表现出来。

L：那么超塑性是一种怎样的现象？其过程像扩散吗？还是更像蠕变呢？

H：从都有应力作用这一点来说，超塑性更像蠕变。有的人干脆把这两种行为看作同一过程本质的两极化思考，也不无道理。所谓超塑性是英国物理学家森金斯1928年在金属中发现的，他给出了如下的定量描述：凡金属在适当温度下（约为熔点热力学温度的一半）变软，在应变速率很小时，可产生本身长度3倍以上的伸长率（300%），便属于超塑性。现在，伸长率下限已定为100%。最初发现超塑性的合金多是些低熔点共晶合金，可以得到1950%的伸长率，但因强度太低，并没引起更大重视。1960年代后，发现许多实用合金也具有超塑性，于是苏联、美国和西欧各国加强了对超塑性现象的理论和实验研究。使航空航天领域的难变形材料的超塑性加工达到了实用化的程度。到了1970年代，超塑性成型已发展成流行的成型新工艺。1986年日本的若井史博使多晶陶瓷获得了近1000%的超塑性，受到广泛关注。超塑性研究者致力于获得更大塑性以有利于加工；蠕变研究者致力于减小蠕变，以提高材料热强性，遂成为同一问题的两极化结果。

2.4.22 高分子成为科学

从 19 世纪的天然高分子改性，如橡胶硫化成功和赛璐珞发明开始，经过真正合成出酚醛树脂 (1907 年)、人工橡胶 (1912 年)，聚合物材料已经兴起。但一直到 1920 年德国科学家斯陶丁格第一次提出了"长链大分子"概念，高分子材料科学才开始逐渐形成。

德　斯陶丁格(H.Staudinger)
(1881—1965)

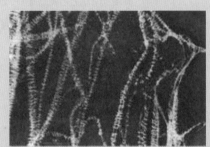

现代电子显微镜观察到的线型聚乙烯串晶

1920 年斯陶丁格发表划时代文献《论聚合》，提出高分子、长链大分子概念，预言了含有某些官能团的有机物可以聚合，比如聚苯乙烯、聚甲醛等，后来得到证实。

德　齐格勒(K.Ziegler)
(1911—1999)

斯陶丁格的概念使大量的重要新聚合物被合成出来，如聚氯乙烯 (1928)、聚苯乙烯 (1930)、高压聚乙烯 (1935)、丁基橡胶 (1940)、环氧树脂 (1947)、ABS(1948) 等。到了 1950 年代，德国齐格勒和意大利纳塔发明了新的催化剂，使乙烯低压聚合成高密度聚乙烯 (1953)，丙烯定向聚合成全同聚丙烯 (1955)，并实现工业化，是高分子科学的又一个里程碑。

意　纳塔 (G. Natta)
(1903—1979)

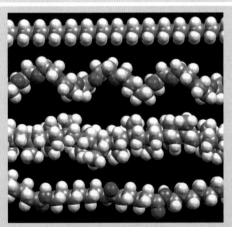

聚合物的几种典型结构

美国化学家弗洛里从 1940 ~ 1970 年代在缩聚反应理论、高分子溶液的统计热力学和高分子链的构象统计等方面作出了一系列杰出贡献，进一步完善了高分子材料科学理论。弗洛里也因此获 1974 年度诺贝尔化学奖，成为高分子材料科学的第三个里程碑。高分子材料科学继续高速发展。

美　弗洛里(P.J.Flory)
(1910—1985)

2.4.22 高分子成为科学

L：从1869年赛璐珞发明，到高分子材料科学形成，经历了多长时间啊？

H：如果以1920年斯陶丁格提出高分子的科学概念来计算，只用了近半个世纪。应该说，与一切科学技术一样，材料科学的进步也是在加速进行。你想，从发明铜冶金到金属材料科学概念形成，用了60个世纪啊。虽然人类利用天然高分子，如缫丝、漆器、造纸也可以追溯到很古的时代，但是，可以列入人类发明的硫化橡胶的成功(1839年)至1920年也只用了80年，从人工合成赛璐珞开始毕竟只用了50年。如果从1912年出现丁钠橡胶计算，则只有10年。材料科学步伐的加快是毋庸置疑的。当然丁钠橡胶出现已经处于高分子材料科学的形成阶段了。

L：金属材料科学的发展，对于高分子材料科学的形成也有积极促进吧？

H：很对。不过1920年德国科学家斯陶丁格在发表他的《论聚合》这一划时代论文，提出"高分子""长链大分子"概念的时候，还是面对一片反对声浪。尽管他预言的官能团间的反应可以形成"聚合"，已得到了聚苯乙烯、聚甲醛等证实。但在1926年德国的自然科学研究会上，化学家们仍然坚持主张纤维素是低分子，只有斯陶丁格一个人在力排众议。4年之后，在法兰克福召开的"有机化学与胶体化学"年会上，"高分子学说"终于取得了胜利，坚持纤维素是低分子的只剩下一位了。斯陶丁格的高分子学说在1932年法拉第学会上得到公认。作为高分子科学的奠基人，斯陶丁格也终于在1953年，提出高分子概念的33年之后，已成为72岁的老人时才登上了诺贝尔化学奖的领奖台。

L：这比鲁斯卡在发明电子显微镜半个世纪之后获奖，应该还算是早的呢。

H：是啊。高分子学说一经确立，便有力地促进了高分子合成工业的发展。从1920年代末到1940年代，大量新的聚合物被合成出来，如醇酸树脂(1926)、脲醛树脂(1929)、聚甲基丙烯酸甲酯(1930)、聚醋酸乙烯(1936)、丁基橡胶(1940)、涤纶纤维(1941)、聚氨酯(1943)等。到了1950年代，德国的齐格勒和意大利的纳塔发明了新型催化剂，使乙烯在低压下就可以聚合成高密度聚乙烯(1953)，丙烯可聚合成全同聚丙烯(1955)。齐格勒-纳塔催化剂的出现使得很多塑料生产不再需要高压，减少了成本；并且对产物结构与性质还可以实现控制，并带动了对聚合反应机理的研究，一些更好的催化剂不断开发出来。齐格勒和纳塔也因为这项重大的开创性贡献，分享了1963年度的诺贝尔化学奖。

L：那么，从此之后，高分子材料的发展速度就更进一步加快了吧？

H：正是！由于新的高效催化剂的问世，聚乙烯、聚丙烯的生产更加大型化，价格也更便宜了。此外顺丁橡胶(1959)、异戊橡胶(1959)和乙丙橡胶(1960)等人工高弹性体也获得大规模发展。不仅如此，这期间塑料又上了一个台阶：工程塑料不断更新换代，聚甲醛(1956)、聚碳酸酯(1957)、聚酰亚胺(1962)、聚砜(1965)、聚苯硫醚(1968)等各种高强度、耐高温的高分子材料相继出现，进入了一个高分子材料发展的新时代。高分子材料的成就又极大地促进了材料科学理论的发展。美国化学家弗洛里是其中最具代表性的人物，他从1940～1970年代在缩聚反应理论、高分子溶液的统计热力学和高聚物长链分子的构象与性能的关系方面取得了许多创造性的成果，为现代塑料工业的进一步发展奠定了基础，成为高分子科学史上新的里程碑，对高分子材料的进步起到了更大的推进作用。

2.4.23　合金设计的相计算

合金中的贵族，金属材料的王冠——镍基高温合金的合金元素到 1960 年代中期已发展到 10 种以上。1964 年美国学者波施等开始了根据平均电子空位浓度，筛分、排除拓扑密排相成分的探索。从此合金成分设计走出了尝试法，材料科学开始了一个新时代。

镍基高温合金的组织基体 γ 与主要第二相 γ'

1947 年前后，美国化学家鲍林提出元素电子空位浓度 (Nv) 概念。实验证明，镍基高温合金中拓扑密排相 (TCP) 的析出与固溶体平均电子空位浓度 ($\overline{Nv}$) 有密切关系，计算 γ 与 γ' 相的成分并求出其 $\overline{Nv}$，可以预测 TCP 的析出，实现合金成分的设计。

美　鲍林（L.Pauling）
（1901-1994）

镍基高温合金与其他合金一样，设计与调整成分仍是"尝试法"(Trial anderror)。这在 1964 年有了一个变化，美国的波施等提出镍基高温设计：筛掉能生成 TCP 的合金成分，保留不生成 TCP 的成分。这种半经验式的合金成分设计，终于从"尝试法"走出了"一小步"，这却是材料科学形成的一大步，即后来所称的 PHACOMP(相计算)。

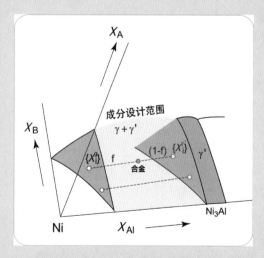

如果把镍基高温合金简化为 Ni-Al-A-B4 元合金，合金成分设计就相当于在 4 元相图的 γ+γ' 空间中选出一个点。

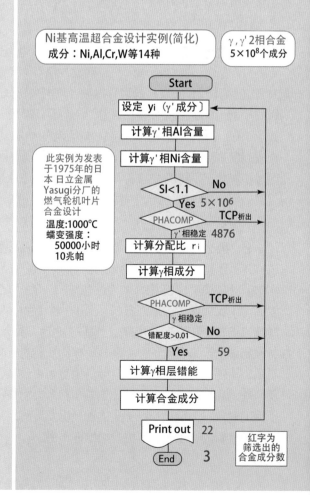

此实例为发表于1975年的日本 日立金属 Yasugi分厂的燃气轮机叶片合金设计
温度:1000℃
蠕变强度：50000小时 10兆帕

2.4.23　合金设计的相计算

L：您为什么选择"相计算 PHACOMP"的出现作为材料学成熟的标志性事件呢？材料发展中的大事件是很多的，像高分子材料出现、复合材料出现等等。

H：大事件固然很多。但是，自从有了材料学研究的那天起，人们期望的是什么？是不是期望有一天能够根据人类的需要，有目的、有计划、有步骤地创造材料，而不是配个成分，试试性能，"炒菜式"的研发材料啊？这种炒菜方式的学名叫"尝试法"，是人类认识事物的一个初级阶段。19 世纪发明那么多种材料，有的现在还在应用，连成分都没变，都是采用尝试法发明的。这样说，没有任何贬低尝试法的意思。恰恰相反，是在充分肯定尝试法的历史贡献，但同时指出它还要继续发展，而且后面的发展空间还十分广阔。

L：那么，要发展成一个什么样子呢？期望出现一个怎样的研究状态呢？

H：简单地说，从索拜把显微镜对准钢的试样进行观察那一天起，人们就在向往着弄清材料里的秘密、道理、规律、法则，希望有一天能够利用这一切，像设计一条船，设计一部机器一样，设计我们所需要的材料。这是追求人类的理想，追求科技的进步进程中的一个组成部分。一位研究自然哲学的老师对我说过，"发明"与"研究"是两个完全不同的过程，这里不能细说了。还是回答你为什么选择 PHACOMP 作为材料科学达到成熟的标志性事件这件事吧。我查看过大家经常引用的 1964 年波施（Boesch M.J.）等的论文，其实内容很简单，就是提出要对拓扑密排相进行分析，并没有报道计算空位浓度等步骤。这个论文被看成是 PHACOMP 的起点。也许还有内部研究报告没有发表，但能公开查到的就是这些。PHACOMP 是后来各国学者总结出的相计算模式，这种模式甚至并没有公认的代表性工作。但是，它却最能代表人们在摆脱尝试法方面所做的努力。

L：这种相计算仅仅是一种半经验模式，您为什么要这样看重它呢？

H：其实也并非我的一家之言。很多人看重这种模式，现在还有人继续应用它做改进镍基高温合金的研究工作。把它作为标志性事件是因为：人类第一次开始离开了"尝试法"，根据已有的数据、知识、规律、法则来试着做设计材料的工作了。这是一个值得重视的开始，仅是一小步，却是材料科学的一大步。

L：您在图中提到了鲍林。他直接关心了镍基高温合金的设计了吗？我倒是听说由于他的阻挠，以色列科学家谢特曼的准晶发现长期不能获得诺贝尔奖。

H：鲍林是一位贡献广泛的化学家，在社会生活中的影响力也很大。他的研究结果应用面很广，虽不见得对所有应用都很关心，确实没有看到他对高温合金设计有所关注，但这并不重要，设计合金时，仅仅是为出现拓扑密排相设置了平均电子空位浓度临界值，而这又是经验性的，与鲍林理论没有任何冲突。至于说鲍林阻挠了谢特曼的获奖，这个说法好像误解了诺贝尔奖的评奖。很难设想一个组织会听命于个人。还有人说阿雷纽斯阻挠了门捷列夫获得诺贝尔化学奖，可能都需作如是观吧。日立金属安来厂的研究在 1975 年正式发表，取得的影响十分巨大。图中介绍的例子就是这一结果，设计出迄今未知的 3 种性能优异的镍基高温合金。可以认为这是 PHACOMP 模式最有代表性的研究结果，代表人物是渡边力藏（R.Watanabe）等，这是应该重视的。

2 材料本传

低排放汽车

2.5 现代材料1——结构材料

从 1960 年代中期"材料科学"形成开始直到现在，材料进入了一个走向高技术发展的新时期。这便是材料发展的现代阶段。这个阶段也可以称作"高技术新材料"或"先进材料"阶段。在这一阶段里，材料发展出现了一个主要特征，即结构材料与功能材料的分野开始更加鲜明、确实。这个时期结构材料不仅数量上占居材料的主体地位，而且逐年有很大的增长。在 2012 年世界钢产量达到创纪录的 15 亿吨，水泥产量达 38 亿吨，玻璃产量 11 亿重箱。现在，我国在这几种材料的生产中都占据半壁江山，已成为材料产量的超级大国。但是，要成为现代化材料强国，还要结合我国的实际需要，进一步优化大量需求结构材料的产业，提高高端产品的比例。现代结构材料已出现了如下几方面的突出特点：

（1）已经形成了由金属材料、无机非金属材料和高分子材料等三大类材料构成的巨大群体，其类型、品种、规格不断丰富，向高性能和高适应性方向发展。例如，钢铁材料随生产工艺的不断进步，出现了纯净化、均匀化、细晶化，并进而出现了超级钢的新概念，极大地提高了各类金属结构材料的可期待性能水平；结构材料的轻质化也是一个显著特征。

（2）材料的发展走出了单纯的三维块体制备模式，通过制备科学和工艺条件的进步，向零维（粉末）、一维（纤维、晶须）、二维（薄膜、薄层、多层膜）形态的材料制备模式拓展。通过上述维度、形态的变化，赋予材料以新的结构特征和新的特异性能。例如，各种类型纤维材料的制备，极大地提高了材料的强度量级。

（3）通过复合，可以发挥金属、陶瓷、聚合物各自的优点，克服各自的弱点，赋予材料以前所未有的优异综合性能；使人类的材料设计，突破了在各种单质材料内部寻求强化、优化机制的束缚，实现了在更大范围内调动各种预期结构的控制，进而达到性能设计的目的；创造出单质材料所不可能具备的结构和性能特点；产生了聚合物基、金属基和陶瓷基的先进复合材料。

（4）认识到在接近原子尺度的纳米尺寸上可以造成前所未知的一维、二维、三维纳米结构特征，不同材料的纳米结构，有创造前所未知的优异性能的巨大空间；为创造全新的材料性能提供了新的可能性；为选择和利用各种不同的、可行的制备方式提供了全新的认识和目标，直至制备出具有纳米结构的各类新型材料。例如，纳米陶瓷的超高塑韧性。

（5）结构材料在向着更加能适应资源特点、耐受使用环境的方向发展，向着更加有利于环境保护、可循环应用的方向发展。

按着上述几方面的特点开发出的结构材料，便具有现代材料的高技术特征，正在以更高的力学性能、更高的轻量化特质、更高的耐热性、更高的环境适应性和更高的环境亲和性，来满足新时代各种工程结构的需求。

2.5.1　钢铁材料的新阶段

到 1960 年代末，各用途钢种已齐备，各国对新钢种的研发趋缓。而在追求结构钢材安全性方面合金化也不再显示有效性。但冶炼新工艺在钢材品质提高，特别是在夹杂物种类和数量控制上显示出巨大作用，而这些将对材料的安全性有更重要贡献。

由"合金化"转向"新工艺"

美国科学家伊文在格里菲斯和欧罗万理论的基础上，于 1958 年提出了断裂韧性的概念，完全更新了人们对材料安全的认识。新的断裂力学理论到 1973 年已完全成熟，并通过科诺特（J.F.Knott）的著作在国际材料学界发挥了广泛的影响。材料断裂韧性概念对材料安全的新认知，增进了对提高钢材冶金品质的重视，促进了钢铁生产向冶金新工艺方向的转移。

美　伊文（G.R.Irwin）
　　　(1907—1998)

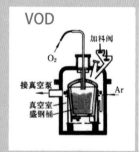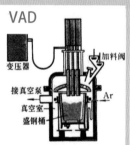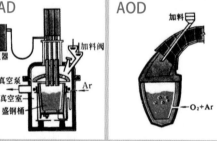

几种重要的炉外精炼技术

钢的纯净化

早在 1959 年前后就已开始了炉外精炼的探索，开发了真空脱气工艺 DH 和 RH。到 1960 和 1970 年代，又陆续开发出 VAD、VOD、AOD、WF、LF 等多种炉外精炼技术。

钢的均匀化

1980 年代获得普及的连铸技术不仅能大幅度提高生产效率，而且能提高钢的均质性。电磁搅拌、凝固加快等措施，使得钢的均匀性明显提高，成分偏析明显降低。

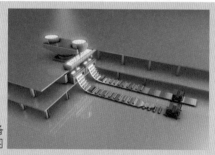

弧形连铸装备
示意图

钢的细晶化

1980 年代以后，各主要产钢国普遍采用了通过控制轧制和控制冷却的方法来大幅度细化钢组织的措施，使晶粒尺寸可以达到 1.0~10 微米的微米量级。

钢板控制冷却工艺

2.5.1 钢铁材料的新阶段

L：您说的新阶段是个什么概念？钢铁生产不是一直都在发展和更新吗？

H：问得对。但是在钢铁材料的进步过程中，存在一个由"发展新钢种"向"依靠新工艺"的历史性演变。主要靠新工艺实现质量与性能的进步，是钢铁材料进入新阶段的重大变化。这一变化有个理论基础是1958年美国科学家伊文对带有裂纹的连续体进行分析，首次提出了"应力强度因子"，并在格里菲斯和欧罗万理论的基础上提出了"断裂韧性"的概念，形成了材料断裂力学新方向，更新了人们对材料安全的认识。意识到发展新钢种在提高安全性方面作用不大，最值得强调的就是这点。1973年科诺夫的著作标志断裂韧性概念的完全成熟。

L：为什么这样看重一个概念？这个概念的重要性只有专家才能弄清楚啊！

H：这是因为进入钢铁材料时代以来，对于材料的安全，人类已经付出了巨大代价，有过惨痛教训。长期以来人们认为屈服强度越高，材料越安全。发生在19世纪末的灾难性事件，包括1912年的泰坦尼克号的惨剧证明，低温下的抗冲击能力才是安全保障，提高了对冲击韧性温度敏感性的认识。20世纪的很多低于屈服点的非冲击性脆断又证明，只有冲击韧性指标是不够的，必须认识材料中固有微裂纹的失稳扩展，才能消除安全隐患。断裂韧性的价值是很直观的。

L：现代"断裂力学"对钢铁材料工艺的最具体、最重要的启示是什么呢？

H：那就是提高材料的纯净度！最大限度地降低各种夹杂物数量，改善其形态，减小其尺寸。为此，去除钢水中的气体、杂质成了首要任务，否则它们将在不同阶段变成夹杂物。早在1933年法国的佩兰应用高碱度合成渣，在出钢时对钢液进行"渣洗脱硫"，已是炉外精炼的萌芽。1950年联邦德国用钢液真空处理脱氢以防止"白点"缺陷的产生。在这些初期研究工作基础上，1960年代末以来，各国加快了炉外精炼技术的研发，已出现几十种新技术，形成了炼钢工艺的新阶段。我国也于1957年开始研究钢液真空处理，1970年代从国外引入钢包精炼技术与设备。在提高钢铁材料纯净度，降低硫、磷以及多余碳含量方面发挥了重要作用，使降低氢、氧、氮等气体元素含量成为现代钢铁材料的主要目标。

L：那么，提高钢铁材料均匀度的努力，主要是指哪些工艺措施呢？

H：改变凝固技术是核心问题，其中最重要的是连铸技术。因为精炼后钢水是均匀的，不均匀性发生在凝固中元素在固相与液相间的分配，凝固得越慢，固相与液相间的成分差越大，近平衡凝固时这个差别近乎最大。理论上，凝固造成的不均匀虽然可以通过凝固后的扩散消除，但生产条件既不允许，靠固态扩散消除凝固偏析也没有实际可操作性。所以最可行的办法是加快凝固速度，使凝固远离平衡，让固相成分接近液相成分。连铸中的水冷结晶器就符合这一要求。

L：铸锭在固态下的扩散退火处理等工艺难道完全不会有效吗？

H：基本无效。道理很简单，固态扩散系数远小于液固反应时的扩散系数，均匀化需要极长的时间，实际上并不可行，除非是极小尺寸铸件成分的均匀化。但是，如果在液固两相状态下增加电磁搅拌等措施，对提高均匀性确实是有效的。

L：最后一项是关于材料的细晶化，这好像是一个永久性的话题。对吧？

H：是的。确实是一个永久性话题。但是在钢铁材料的现代生产中又产生了许多新技术和可能性，给性能提升带来了巨大空间，这主要是指控制轧制和控制冷却的技术，后面还将进一步探讨这一问题。

2.5.2　应战强韧需求

高强韧性一直是结构材料追求的目标，钢铁材料一直担此重任。20 世纪硬铝出现后开始挑战钢的地位。如果钢不能在比强度上胜过硬铝，优势将消失，所以屈服强度超过 1380 兆帕成为钢的一个门槛。1940 年代美国的 AISI4340 钢在热处理后达到这个标准。

英国科学家格里菲斯在 1920 年代已发现，材料在比理论强度（$E/10$）低 4 个量级时就会断裂，他认为这是材料中预存微裂纹应力集中造成的。在材料整体尚未到达 $E/10$ 之前，裂纹尖端应力已达到此值。在格里菲斯、欧罗万、伊文等的理论指导下对强韧性在不断进行深入研究。1940 年代美国的 CrNiMo 钢率先经淬火 - 低温回火达到了 1600~1900MPa，1950 年代又有 H11、300M 等一批高强钢达此水平。1960~1970 年代又研发出断裂韧性达到 160 兆帕·米$^{1/2}$ 的高韧性超高强钢，如 9Ni4Co 等。当前 18Ni 马氏体时效钢是强韧性最好的钢种。

英　格里菲斯（A.A.Griffith）
(1893—1963)

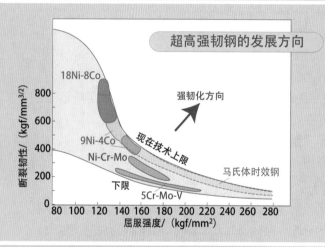

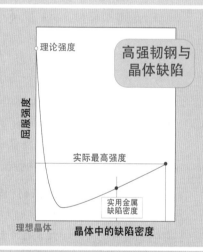

马氏体时效钢制客机起落架

马氏体时效钢制航天飞机大梁

2.5.2 应战强韧需求

L：直到 20 世纪中期为止，挑战强韧性都是金属材料，特别是钢的使命吧？

H：是的。当时铝合金已经走上历史舞台。由于铝合金密度小，所以在比强度上是占有极大优势的。硬铝的抗拉强度已达到 500 兆帕的水平，就是说已经进入钢的强度范围。所以，挑战强韧性有两个方面的要求，一方面要达到强度和韧性的尽可能高的配合；另一方面，也有一个从比强度上要超过硬铝的基本要求。所以，从 1950 年代起，把比强度超过硬铝的钢叫做"超高强钢"，超高强钢也因此有了一个门槛，这个门槛数值随硬铝强度的提高，在不同年代是不同的。它大体上相当于硬铝的强度乘以钢和硬铝的密度比。在 1950 年代，超过 1380 兆帕就是超高强钢了；而到了现代，这个数值已经被提高到了 1430 兆帕。

L：原来是这样。就是说，超高强钢的概念，实际是与硬铝比较而产生的？

H：正是。实际上当时就已经在瞄准航空甚至航天工业的需要了。达不到这个强度，钢在航空航天领域里是没有竞争力的。另一方面，1960 年代以后的一个重要变化是断裂理论的发展。虽然早在 1920 年代就出现了格里菲斯理论，解决了理论断裂强度应为杨氏模量 1/10（$E/10$）的估算，还明确了达不到这一估算结果的实际原因，是由于材料中无所不在的微裂纹导致了应力集中，造成了实际断裂强度的低下。这一理论由伊文进一步发展成为断裂韧性理论，并创建了断裂韧性指标，对强韧性不仅有了新的理解和认识，也有了新的表征方法。

L：超高强度钢的发展历史过程和基本种类的演变是个怎样的情况呢？

H：这可是有脉络可循的。超高强钢的发展史基本上是合金化程度不断增加的历史；也是碳含量不断下降的历史，同时又是断裂韧性不断提高的历史。第一阶段的 1940 年代，美国的中碳低合金度的 CrNiMo 钢 AISI 4340（我国称 40CrNiMo）通过降低回火温度，首先得到了 1600~1900 兆帕的屈服强度和适当的冲击韧性；第二阶段是 1950 年代，在 4340 的基础上添加 Si、V 的改进型 300M，以及加入 5%Cr 并添加 Mo、V 的中等合金度的 H11 等钢种，也能得到 1900 兆帕以上的屈服强度和良好的冲击韧性；第三阶段是 1960 年代，这是个特色突出的低碳高合金度时代，屈服强度已能达到 2000 兆帕以上，同时又有很高的断裂韧性。这个时期，已经实现了最高的强韧性配合。钢种以 9Ni、10Ni 和 18Ni 的含高 Co 的马氏体时效钢为代表，时效中靠金属间化合物析出强化。1980 年代，美国又开发出低碳高 Co 的 AF1410 新型二次硬化钢，达到了钢的最高强韧性水平。

L：既然超高强度钢是以航空航天为目标开发的，目前实际应用情况如何呢？

H：如果从实际生产数量来看，这些钢种都不是太多。但是无论哪个发达国家都不会忽视这种标志性的材料。虽然它的主要用途是航空航天领域，但是近年来汽车行业等领域也开始注意超高强度钢的应用，以追求轻量化，实现节能减排。有一点需要指出，对于超高强度钢来说，一直在追求提高韧性。这时，合金化已经基本不能奏效，冶金新工艺带来的纯净化才是更有效的手段。简单说，**"加法不如减法"**。合金化是添加元素，是加法；新工艺是去除杂质，是减法。我国 1980 年代以后从国外引进了冶金新工艺、设备和钢种，研发出了 34Si2MnCrMoVA、35CrNi4MoA 和 18Ni 马氏体时效钢等，成功用于飞机起落架、固体燃料火箭发动机壳体和浓缩铀离心机筒体等。我国的超高强度钢已经形成系列，正在包括航空、航天领域的高技术用途中发挥重要作用。

2.5.3 微合金化钢

进入 20 世纪中期,用量最大的低碳合金钢在发生深刻变化,主要倾向是合金元素用量的减少,但对性能的要求不仅没降低,反而对工艺性能和材料安全性的要求越来越高。微合金化钢的出现实际是材料科学的进步与冶金工艺改善相结合的一个范例。

从 1960 年代起出现钢微合金化的概念,逐渐为各国认同,并逐渐明确其含义为,在主加合金元素基础上,添加微量 Nb、V、Ti 等,成为在力学性能、耐腐蚀性、焊接性方面具有明显优势的钢种。

微合金化钢基本属性: ① 添加碳氮化物形成元素;② 元素加入量少,主要起细晶强化和沉淀强化作用;③ 钢控轧控冷工艺成为微合金化的工艺依托。李夫舍茨和瓦格纳在 1961 年构建的微粒粗化方程,成为重要理论基础。

德 瓦格纳(C.Wagner)
(1901—1977)

苏联 李夫舍茨(E.M.Lifshitz)
(1915—1985)

■ 超强钢
■ 特强钢
■ 更强钢
■ 高强钢
■ 中强可锻
■ 铝

现代汽车用钢是微合金钢的主要应用领域之一。此外,造船、桥梁、建筑、油气输送管线、深井油管等重要用途都需要这种高性能材料。

现代汽车用钢的强度分级更加精确,用材更加讲究,使汽车更加轻量化,油耗、排放更少,速度更快。

1973 年始建的九江长江大桥,使用了微合金钢 15MnVN。

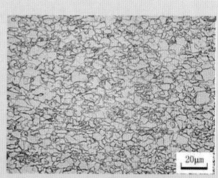

微合金钢的特点之一是可获得细晶组织,此为 15MnVN 钢的细晶组织。

2.5.3　微合金化钢

L：微合金化钢是个新概念吗？它与以前所说的低合金钢不一样吧？

H：是的。这是个新概念，与以前说的低合金钢很不一样。从1960年代起，冶金界出现了钢微合金化的说法，起初还只是个笼统思路，40多年之后，世界各国逐渐认同了其基本含义。所谓微合金化钢是指在原主加合金元素基础上再添加微量Nb、V、Ti等元素，使钢的力学性能、耐蚀性、焊接性等发生有利变化的钢种。元素的实际添加量虽因钢种而异，但微合金化钢已限定在热轧低碳和超低碳的范围里，几个公认的基本属性为：① 添加微量元素通过溶解－析出行为对钢的组织和性能发挥影响；② 合金元素量少，强化机制主要是细晶强化和沉淀强化；③ 钢的控轧控冷工艺构成了微合金化钢的组织转变依据。这时对其中Nb、V、Ti的含量通常有以下规定：①Nb，0.015％～0.06％；②V，0.02％～0.15％；③Ti，0.02％～0.20％。还规定Nb、V、Ti、三元素的总和一般不超过0.15％。有一个阶段，也将添加0.015％以下的Nb、0.05％以下的V或0.02％以下的Ti的非合金钢或低合金钢，称为这几种元素的**微处理钢**，如**钛处理钢**等。

L：把李夫舍茨和瓦格纳作为这种材料的基础学者，有什么特别理由吗？

H：有的。尽管李夫舍茨和瓦格纳并不是钢铁材料学家。但是，1961年建立起来的李夫舍茨－瓦格纳公式，使钢的微合金化变成了一个科学概念。在加热奥氏体化、控制冷却过程中，发生了微量元素的溶解、析出行为。碳（或氮）化物的析出长大符合李夫舍茨－瓦格纳方程所表达的定量关系；而预先析出的碳（或氮）化物的尺寸与数量又决定了奥氏体、铁素体晶粒的尺寸，这就是李夫舍茨－瓦格纳公式的价值。但有一点需要强调，在没有炉外精炼技术的时代，钢中的气体不可能降到很低的水平，微合金化钢便无法出现，这时无论加入多少Nb、Ti、V等元素，都只能进入夹杂物中去，而不能在溶解－析出中发挥作用。

L：那么，微合金化钢有哪些标志性的成就，令人刮目相看了呢？

H：有很多。先来讲一个道理。微合金化是为了解决低合金钢的降碳问题。为什么要降碳？碳虽然是提高强度最有效的元素，但碳高了使钢的成型性、焊接性、冲击韧性和许多性能下降。那么，降碳后如何能保证强度能不下降呢？这就要靠Nb、Ti、V等元素的微量添加。而微量添加为什么能有明显提高强度的效果呢？靠的是产生的碳化物（氮化物）的细小析出，析出物是在控轧控冷中的低温下形成的，温度越低析出物尺寸越小，因而沉淀强化效果也越大。更重要的是：微细析出可导致晶粒细化，而细晶强化机制已被普遍采用。就应用而言，汽车是微合金化钢第一个发挥重要作用的领域。汽车部件都是冲压出来的，碳不能高，否则冲压性能差；强度也不能低，否则钢板要加厚，增加车重，能耗增大。

L：桥梁没有能耗问题，可以重一些，为什么也要用微合金化钢呢？

H：桥梁是可以重一些，但自重太大会影响承载能力，所以仍需要高强度钢材；另外桥梁已经由过去的铆接改成了焊接，使桥的可靠性大大增加，这就对钢的焊接性能有了更高要求。第一个要求就是含碳量尽可能低。这样微合金化钢就必不可少了。此外，其他建筑用钢凡要求焊接性能者，都需要微合金化钢；输油、输气管线用钢同时需要高强度和高焊接性；造船用钢不仅同时要求高强度、高焊接性，而且要求耐腐蚀性能，这些用途都要求碳含量降低。因此，可以说降碳和高强度是低合金钢的普遍要求，微合金化钢便成了一项重大技术进步。

2.5.4　无碳氮钢（IF 钢）的兴起

　　"无间隙溶质钢（IF 钢）"就是无碳氮钢。其目标是只要铁素体，不要间隙溶质，以提高深冲性能。1949 年曾通过加入 Ti 实现了铁素体无碳化。但受当时冶金水平限制，碳氮仍高，需加的 Ti 多，因成本过高未能实行。直到 1967 ~ 1970 年，因真空脱气的应用，需添加的 Ti 量大减 (0.15% 左右)，才正式出现商用 IF 钢，并开发了含 Nb 的 IF 钢。

　　铁素体钢的深冲性能不仅要求固溶碳、氮含量少，而且需要控制钢板及钢带的织构，提高钢板 r 值。德国的邦格开创 ODF 织构表征方法，大大推动了 IF 钢、硅钢片等的织构在线监测。现代汽车用钢的深冲性能提高是开发 IF 钢的最大驱动力。1970 年代日本开始用连铸线生产少量 IF 钢，其成分为：0.005% ~ 0.01%C、0.003%N、0.15%Ti 或 Nb。1980 年代，采用改进 RH 处理可生产 C ≤ 0.002% 的超低碳钢，现代 IF 钢成分大致为：C ≤ 0.005%、N ≤ 0.003%、Ti 或 Nb 一般约为 0.05%。

德　邦格（H-J Bunge ）（1929—2004 ）

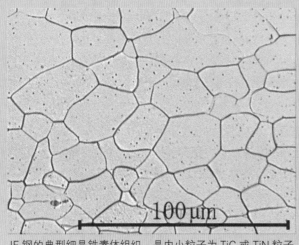

IF 钢的典型细晶铁素体组织，晶内小粒子为 TiC 或 TiN 粒子

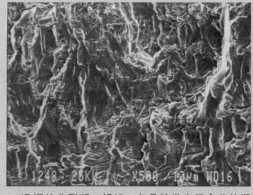

IF 钢的典型断口组织，各晶粒发生了充分的塑性变形，没有晶间断裂发生，伸长率很高。

　　1994 年全世界 IF 钢产量超过 1000 万吨。汽车工业的快速发展带动了 IF 钢生产。世界许多先进钢铁厂都非常重视 IF 钢生产，新日铁、蒂森克虏伯、美钢联等先进钢厂的 IF 钢年产量均在 200 万吨以上。20 世纪末日本 IF 钢年产量已超过 1000 万吨，并呈逐年上升趋势。我国也在大力开发 IF 钢，已开始批量生产。

2.5.4　无碳氮钢（IF 钢）的兴起

L：无碳氮钢应该不是 IF 钢的直译，而是中文意译吧？这应该是从外国引进的材料吧，连名字还没有翻译过来。幸亏现在不再扣崇洋媚外的帽子了。

H：是的。形势已经发生了根本变化，最主要的是中国已经变成了第一钢铁大国，已经没法再扣这种帽子了。IF 钢是无间隙溶质钢的简称，简化得挺有效率。虽然发端于 1949 年，通过向钢中加入 Ti，可使固溶态的 C 和 N 含量降到 0.01% 以下，但实际上兴盛于 1970 年代。这时日本已成为第一钢铁强国。IF 钢的原理与前面的微合金化钢是相似的，只是钢含碳量要进一步降低，钢基体中已没有了珠光体，只剩下铁素体。IF 钢要把固溶在铁素体中的碳和氮也弄出来，让铁素体中不再有间隙式溶质。这个目的也是靠加入微量 Ti、Nb 等实现的。

L：为什么 IF 钢技术的原理 1949 年已经明确，要等二十几年后才生产呢？

H：这是在等待炉外精炼技术的成熟。在此之前，钢中的 C、N 及气体元素含量较高，如果想让固溶态的 C、N 全部都析出来，需要加入的 Ti 含量也高，可高达 0.25% ~ 0.35%，由于 Ti 非常贵，所以无法实现商业化。到了 1967 ~ 1970 年，因真空脱气和脱碳技术在冶金中的成熟应用，大大减少了需要加入的 Ti 量，可减至 0.15% 以下，于是正式出现了商用 IF 钢；几乎同时，人们发现 Nb 也具有与 Ti 相同的作用，但是，受价格因素的制约，只应用于少量特殊的钢种。1970 年代日本首先生产了 IF 钢，其成分大致为：0.005% ~ 0.01%C、0.003%N、0.15%Ti 或 Nb。到 1980 年代，脱气 RH 处理进一步发展，可生产 C ≤ 0.002% 的超低碳钢。到 1994 年全世界 IF 钢的产量已超过 1000 万吨。归根结底，与其他新材料的兴起一样，IF 钢的迅速发展也是来源于需求的牵引，和对提高性价比的追求。

L：IF 钢的兴起与织构研究有关系吗？这里为什么特别提到邦格的贡献呢？

H：作为一种深冲材料，IF 钢的开发与应用都与材料的织构有密切关系。德国学者邦格是现代织构研究的创始人，他创建的织构现代表征方式 ODF 方法，极大地推进了材料生产过程中的织构在线监测。而深冲板的**塑性应变比 r 值**是与织构密切相关的，提高 r 值可以大幅度改善深冲性能。邦格的开拓性工作不仅惠及普通深冲钢板，而且对所有与织构有密切关系的材料，如取向硅钢片等的组织控制等，均有重要意义。所以特请读者关注邦格以及中国学者对织构研究的贡献。

L：IF 钢既然尽量要除去钢中固溶态碳，那么如何保证或提高强度呢？

H：这确实是个重要问题。在与铝镇静钢抗拉强度级别相同时，IF 钢不仅有塑性好、塑性应变比值 r 高、屈强比小等优点，同时也会有屈服强度过小的缺点。这两者是共生的，无法兼顾。为了提高强度，只有通过代位式溶质的固溶强化，和利用细晶强化等途径。P、Si、Mn 是通常可利用的强化元素，但采用磷来强化时，还需要添加极微量的硼来消除磷的晶界偏析。另外 Cu 也用来实现固溶强化。此外，还有保留部分间隙式溶质的烘烤强化方式。可见，IF 钢是个极其精致的钢种。由此可知，现代钢铁材料已经不再是可以粗放式生产的材料了。

L：的确很精致。IF 钢也不会只考虑塑性，也会有不同的强度级别吧？

H：正是。通过上述各种强化机制，IF 钢也是可以有不同强度级别的，主要是为了满足不同类型汽车以及汽车上不同类型部件强度的要求。高强度级别的 IF 钢已经成为各大钢铁公司竞相开发的品种。现在已经有 340 兆帕、370 兆帕、390 兆帕、440 兆帕等几个不同级别抗拉强度的钢种，主要是通过控制晶粒度来控制强度。

2.5.5 不锈钢的超低碳化

　　从 1912 年英国发明不锈钢以来，各国都在积极进行开发，到 1970 年代末产量已超过 1000 万吨。但各种不锈钢普遍存在晶间腐蚀问题。1960 年代以来的炉外精炼的发展，为不锈钢降碳和纯化创造了条件，低碳化已经成为解决不锈钢晶间腐蚀的最有效措施。

　　1960 ~ 1970 年代二次精炼和降碳技术的发展，为大幅度改善不锈钢质量带来机遇。特别是对晶间腐蚀的解决贡献巨大。碳 $< 300 \times 10^{-6}$ 的奥氏体不锈钢，碳 $< 100 \times 10^{-6}$ 的铁素体不锈钢，晶间腐蚀敏感性很低，称为超低碳不锈钢。

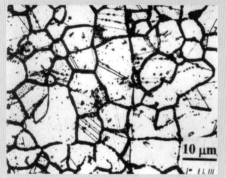

奥氏体不锈钢 304 发生的晶间腐蚀

　　美国物理冶金学家迪阿陡在钢的微合金化方面贡献颇大，对于超低碳铁素体不锈钢的稳定性、成形性也有重要贡献。

美　迪阿陡（A.J.DeAdo）
（1970 年卡内基－梅隆大学博士）

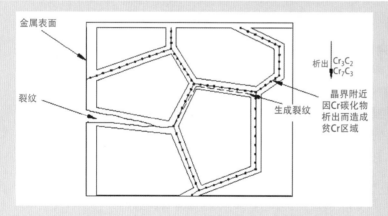

　　各种不锈钢晶间腐蚀的原因相同：都是由于铬的碳化物沿晶界析出，导致了晶界固溶态铬的贫化，贫铬导致钝化消失，最终形成腐蚀裂纹。所以，降碳成为防止晶界铬碳化物析出的关键问题。

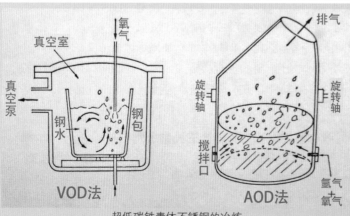

超低碳铁素体不锈钢的冶炼

　　1976 年后全球不锈钢的产量已超过 1000 万吨，成为特殊钢大品种。最便宜的铁素体不锈钢因为 VOD 和 AOD 精练技术的作用，可以将 C 和 N 降到 200×10^{-6} 以下。通过添加 Cr 和 Mo 创造出超低碳铁素体不锈钢：17Cr1Mo 和 18Cr2Mo，其抗应力腐蚀和点蚀能力远优于昂贵的奥氏体不锈钢。

2.5.5　不锈钢的超低碳化

L：马氏体不锈钢可用作手术刀，需要碳来提高硬度，也会不喜欢碳吗？

H：连碳钢中的碳都已不是必需的了。马氏体不锈钢确实需要碳，但手术刀能用几把？而且还有更好的手术刀材料。在大量生产的不锈钢中，碳都是有害元素。先从最早发明的Cr13型不锈钢说起吧。这本是一种物美价廉的材料，不生锈，价格也不高，特别是对氯化物有非常好的抗腐蚀能力。可是到了1920年代，就发现它有很大的毛病，那就是低温时它将变得很脆，对于缺口很敏感，还有晶间腐蚀敏感性，所以重要的用途就不能使用它。幸亏这时发明了18-8型奥氏体不锈钢，其最大优点就是不怕低温，无低温脆性。所以1920年代之后奥氏体不锈钢成了不锈钢的主流产品。到1950年代之后，奥氏体不锈钢能占不锈钢总产量的70%以上，已成为不锈钢的代表。当然，手术刀还是用马氏体不锈钢，而且含碳也高。

L：奥氏体不锈钢就没有缺点了吗？比方说，它就没有晶间腐蚀吗？

H：你问得对，奥氏体不锈钢也有晶间腐蚀。只要有碳就有晶间腐蚀，因为碳与铬（Cr）的亲和力很强，易形成碳化物。只要有碳化物析出，铬就会析出来。晶界是活性较强区域，这里极容易造成 $Cr_{23}C_6$、Cr_6C 等碳化物的析出，一旦这些碳化物析出，晶界周围便成了贫铬区，便不再有钝化膜形成，极容易遭受腐蚀，这就是晶间腐蚀的成因。所以，碳在这里扮演了盗取铬的不光彩角色。即使固溶处理后成分是均匀的，没有晶间析出，可是一旦有了加热机会，比如说焊接，铬的碳化物就会析出，就会有晶间腐蚀。后来科学家想个办法：在不锈钢中预先添加Ti、Nb等元素，它们与碳的亲和力比Cr更强。遇有析出条件时，它们会优先与碳结合析出，可保护铬不会受碳的"盗"取，也就没有晶间腐蚀了。这一招还很灵验，多少年来就靠像1Cr18Ni9Ti这样的材料来对抗晶间腐蚀。

L：这么说，晶间腐蚀问题已经解决了，碳也就不再是什么有害元素了？

H：那也不是，首先成本增加了，Ti很贵，Nb更贵。而且还有新问题发生：TiC、TiN等析出后造成抛光困难、耐腐蚀性能下降等等。1960年代以来的炉外精炼工艺给问题的彻底解决带来了新的希望：**不要总想着加点什么，得考虑去除些什么。** 研究证明，如果把碳降到（200~300）$\times 10^{-6}$ 以下，奥氏体不锈钢就可以不再有晶间腐蚀；如果铁素体不锈钢中的碳能够降到（150~250）$\times 10^{-6}$ 以下，也可以消除晶间腐蚀。1960~1970年代，正是靠AOD（氩-氧脱碳精炼）和VOD（真空脱气-吹氧脱碳）等炉外精炼技术的应用，大幅度降低了不锈钢中的碳，使得铁素体不锈钢和奥氏体不锈钢都消除了晶间腐蚀。到了1970年代，美国和日本已经在标准中取消了1Cr18Ni9Ti，虽然还保留着0Cr19Ni17Ti，但生产量也已经极小。就是说，降碳的炉外精炼工艺给不锈钢带来一个巨大的技术革命。

L：增加一道炉外精炼工序，难道就不会增加成本吗？

H：这里的经济账很复杂，不容易说清，如果简单地说，即使增加也很少。因为AOD和VOD两种工艺不仅通过脱碳改善性能，还有降低铬铁消耗等作用。如果与添加Ti等元素相比，成本肯定还有所降低。不仅如此，超低碳铁素体不锈钢如果进一步控制到 C+N<150$\times 10^{-6}$ 时，就成为"超纯铁素体不锈钢"，其固有的抗氯化物腐蚀、抗点蚀、抗应力腐蚀等性能可以优于价格更贵的奥氏体不锈钢，成为性价比优越的一种新型不锈钢，在热交换器、冷却器等特殊用途上显示出极大的应用潜力。这又是一个"新工艺"创造出"新材料"的良好实例。

2.5.6 中国发明的超低温用钢

1949 年新中国成立后，冶金事业从小到大。但遇到一个突出问题是当时对我国资源的结论竟是：天然缺少镍和铬。这给很多合金的开发带来了巨大困难。冶金科学家的使命之一是开发不用镍铬的合金。Fe-Mn-Al 系材料研究在这个大背景下展开。

中国科学家师昌绪从 1964 年起领导中科院金属所张彦生等研究人员开展 Fe-Mn-Al 系奥氏体耐热钢、无磁钢、低温钢等的原创性研究。这一研究在 1974 年发展成为 -253℃ 低温用钢 15Mn26Al4 的研究。其成果后被美国吸收，并进行应用开发。日本著名材料学家金子秀夫在其专著中称："这是首先由中国研究的超低温材料，其后由美国进行了开发。"

中国　张彦生 (1932—)

中国　师昌绪 (1920—)

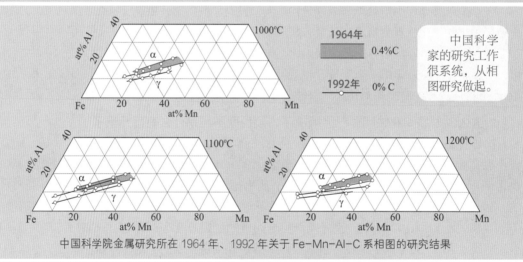

中国科学家的研究工作很系统，从相图研究做起。

中国科学院金属研究所在 1964 年、1992 年关于 Fe-Mn-Al-C 系相图的研究结果

1964 年获得的 15Mn26Al4 钢 -253℃ 的低温冲击试验断口组织

中国科学家的研究很完整，包括大型容器爆破试验。

15Mn26Al4 钢 -196℃ 的大容器爆破试验结果 1974 年

15Mn26Al4 钢 -196℃ 的小容器爆破试验结果 1974 年

2.5.6 中国发明的超低温用钢

L: 这里为什么要特别说明 Fe-Mn-Al 超低温用钢是中国发明的材料呢? 我国在材料研发方面的创新性成果应该是很多吧?

H: 这是因为超低温用钢是钢铁结构材料的一个重要类别。实事求是地说,我国现代科学技术起步较晚,发展也走过弯路。在重要类别结构材料方面,真正能说清楚是由中国**原创的**材料发明并不多。当然做出过改进或有一定程度创新的材料也还不少。早在 1950 年代我国探明的资源中,竟然缺乏制造钢铁材料的重要元素镍和铬,不得不寻求代用合金化的方案。中国科技工作者决心肩负起创造新合金体系的使命。Fe-Mn-Al 系超低温钢研究就体现了这一点。当时在 Fe-Mn-Al 系合金的总目标中,不只是为了超低温材料,还寄托着耐热材料、不锈钢、无磁钢等方面的希望,研究工作具有明确的战略意义。研究工作也是从十分基础的内容开始做起的。比如说,从 Fe-Mn-Al-C 系的相图实验测定工作开始做起。

L: 图中提到的金子秀夫是一位怎样的日本金属材料专家呢?

H: 据我能查到的有限资料得知:金子秀夫是日本著名磁性材料专家。1915 年生于东京,1939 年毕业于日本东北大学,工学博士。1959 年起先后兼任日本东北大学金属磁性材料和金属组织学两个研究室的教授,1963 年任美国加利福尼亚大学客座教授。1970 年代由于发明了著名的**可变形铁铬钴永磁合金**,而在国际材料界享有盛誉,具有广泛社会影响。著有《金属物性工学概论》(1965,朝倉),《磁性材料》(1977,日本金属学会),《新合金》(1985,産業図書;中译本《新型合金材料》,1989 年,宇航出版社)等。他在《新合金》一书中,以完全客观的立场评述了中国在超低温材料方面工作的开创性。他的专长是磁性材料,在日本东北大学担任磁性材料的教授,是一个有特殊荣誉的职务。

L: 这我知道,与本多光太郎有关吧! 那么从相图开始研究能说明什么呢?

H: 我想有两方面的含义。一是表示了一种决心,从最基础知识开始,立足于我国自己;另外是表示了一种自信,相信我们自己能够得到最可靠的基础支撑。多年之后,我有机会学习、了解该领域前辈科学家的工作时,为他们严谨求实的精神所感动,也为他们在完成材料开发后,仍继续完善相图研究而由衷钦佩。

L: 师昌绪先生作为材料学界的前辈,是我国高温合金和很多材料科研工作的引路人,原来在 Fe-Mn-Al 系统的研究中也发挥了开创性的指导作用啊。

H: 正是如此。张彦生先生也是以毕生之力,投身于 Fe-Mn-Al-Si-C 系低温钢研究之中,在他的以国际刊物论文为主体的"论文选集"中,收入了该领域的研究论文达 97 篇之多,在国际该领域研究中也是最具影响力的专家。

L: 除了基础性研究外,以金属所为代表的中国科学家们还做了哪些研究呢?

H: 研究工作全面而完整,做到了理论联系实际,水平高超。详细情况可参见参考书目中冶金工业部金属研究所编《-253℃低温用钢 15 锰 26 铝 4 钢资料汇编》。当时获得的 15Mn26Al4 低温钢成分(质量分数,%)为 :C0.13~0.19,Mn24.5~27.0,Al3.8~4.7,Si ≤ 0.6,S ≤ 0.035,P ≤ 0.035。达到性能: σ_b 500 兆帕,σ_s 250 兆帕,δ_5 30%,ψ 50%,a_K(-196℃)12 千克·米 / 厘米^2。**研究总结**包括:15Mn26Al4 低温钢的 ① 概况介绍、② 性能、③Fe-Mn-Al 系相图、④ 组织稳定性、⑤ 冷加工对 Fe-Mn 和 Fe-Mn-Al 合金组织性能影响、⑥ 高温性能、⑦ 低温试制工艺、⑧ 焊接、⑨ 容器制造性能和爆破容器制造、⑩ 模拟容器爆破试验等。

2.5.7 塑料升级——工程塑料登场

1940 年代玻璃纤维强化塑料的强度令人刮目相看。其实，如果没有玻璃纤维的强化，工程塑料也能在比强度上挑战金属材料。1970 年代的工程塑料是指用作工程零件或外壳、强度及耐冲击性能高、耐热温度达 100℃左右的塑料，工程价值重大。

工程塑料的发展

自 1970 年代兴起的五大工程塑料分别为：PA 聚酰胺；POM 聚甲醛；PPO 聚苯醚；PET(PBT) 聚对苯二甲酸乙（丁）二醇酯；PC 聚碳酸酯。

它们的绝对强度虽然比低碳钢低，但若论比强度已高于低碳钢。

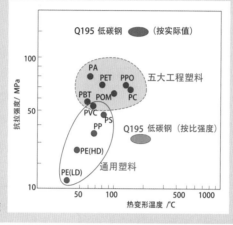

几种塑料与钢的比较

1902 年奥地利科学家舒施尼（M. Schuschny）（1862—1921）发明塑料袋，人们大称方便，现已成为难以治理的白色污染。其实，很多发明都有这样的两面性。

以工程塑料为主要构件改造有轨电车

以工程塑料为主要材料的设施

精密机器部件

结构用材

工程塑料的应用实例

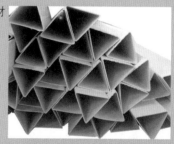

机器部件

汽车部件

电子产品器件

2.5.7　塑料升级——工程塑料登场

L：塑料是在什么时候升级的？我们能感受到吗？工程塑料是什么意思啊？

H：塑料的升级是逐渐地、缓慢进行的，但细心人还是能在日常生活中感受到。比如：汽车的门把手变成塑料了，照相机的壳体、数码相机的镜头变成塑料了，很多汽车和精密机器的零件变成塑料了，电熨斗变成塑料了，等等。这些塑料有一个共同点：性能明显提高，制品价格却有所降低。这些都是工程塑料。它们与塑料盆、塑料瓶、塑料袋、塑料薄膜等已经不再是同样的东西，但要给出一个严格的界限，却也并不容易。这个升级过程大致是在1970年代初开始，在1985年前后完成的。升级前的叫作通用塑料，升级后的用于机器部件、电子器件、高性能零件的塑料称为工程塑料。这时，形成了五大工程塑料之说，但都包括哪些塑料说法不完全一致，ABS（丙烯腈–丁二烯–苯乙烯共聚物）就时有进出。

L：原来是这样，连数码相机镜头都变塑料了，我说相机怎么总降价呢。

H：通用塑料主要指产量大、用途广、成型性好、价格便宜的塑料，它们都是热塑性塑料。如：**聚乙烯（PE）** 是产量最高的不透明或半透明、质轻的结晶型塑料，耐低温性能（可用于-70～-100℃）及电绝缘性好，化学稳定性强，耐大多数酸碱侵蚀，但不耐热，不宜做食品袋及容器；**聚丙烯（PP）** 是最轻塑料，密度为0.90～0.919克/厘米^3，无色、半透明，无臭无毒，可在水中蒸煮，宜用作食具，耐腐蚀，缺点是耐低温性差，易老化；**聚苯乙烯（PS）** 透明，较脆，宜做灯罩、玩具零件；**聚氯乙烯（PVC）** 通过加入增塑剂，可大幅度调整强度。总体上说，通用塑料强度比较低，使用温度也比较低，在70~80℃以下，可在图上找到它们的位置。为了比较，强度最低的钢铁材料Q195也标记在图中，无论是按实际强度还是比强度，通用塑料都无法与钢铁材料相比，特别是使用温度。

L：工程塑料顾名思义主要用于工程了，那么，五大工程塑料都是哪些呢？

H：这五大品类按比强度，都明显超过了钢材Q195，只是耐热温度还较低，但也都可以接近或超过100℃。五大工程塑料包括：**聚酰胺**（就是尼龙，PA），密度低、抗拉强度高、耐磨、自润滑性好、冲击韧性优异。可代替金属，广泛用于汽车等。典型制品有泵叶轮、风扇叶片、阀座、轴承、各种仪表等零部件及电子电器部件。是能够承受负荷的热塑性塑料，也是五大工程塑料中产量最大、品种最多、用途最广的一类。没用于日常生活只是因为太贵。聚酰胺的性能也有很大差别。

L：也应该是历史最久的工程塑料吧？工程塑料能有多大产量啊？

H：20世纪末，世界主要工业国家尼龙的消费量约为120万吨，从1997年到2000年逐年增加约7%，到2000年达到了147万吨。1981年日本共生产通用塑料465万吨，工程塑料40万吨（包括ABS）；同年美国生产通用塑料995万吨，工程塑料137万吨，产量虽只占总体的14%，而产值却是总体的26%。美国的工程塑料的主要用途也是在汽车和电器方面。

L：五大工程塑料还有另外四种，也都简单介绍一下吧。

H：还有**聚碳酸酯（PC）**，强度及延展性近乎有色金属，冲击韧性高，广泛用于汽车反射镜、飞机座舱窗等。**聚甲醛（POM）** 被誉为"超钢"，可大量替代铜材。**聚对苯二甲酸乙（丁）二醇酯[PET（PBT）]** 和**聚苯醚（PPO）** 都具有优异的力学性能、耐热性、绝缘性和耐蠕变性等，都是有特色的工程材料。

2.5.8　开辟新的纤维世界

1940 年代到 1960 年代后期，各国在玻璃纤维强化塑料（PMC）成就的鼓舞和启发下，在航空－航天业的推动下，对各种纤维材料的研制加大投入，力图在高比强、高比模量材料方面有新的突破，直到 1970 年代确实开辟出一个神奇的纤维材料世界。

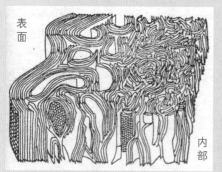

聚丙烯腈碳纤维的微观结构

1961 年日本发明家近藤昭男 (A.Shindo) 申请了由聚丙烯腈纤维制取碳纤维的专利，开启了高性能纤维材料的研发热潮；1963 年日本大谷杉郎教授发明沥青基碳纤维；1964 年英国空军的约翰逊 (J.W.Johnson) 等也发明了聚丙烯腈碳纤维，从此各类高性能纤维竞相开发。

大谷杉郎的碳材料专著

近藤昭男 1961 年的碳纤维专利说明书

碳纤维材料制部件

单根增强硼纤维

硼纤维的编织体

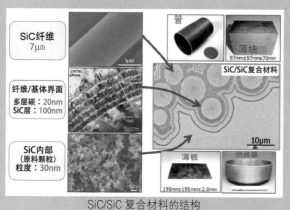

SiC/SiC 复合材料的结构

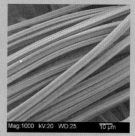

ALK-15 Al$_2$O$_3$ 纤维　　Al$_2$O$_3$ 平行长纤维

各种高性能纤维的力学性能

纤维种类	直径 /μm	密度 /（g/cm³）	强度 /MPa	比强度 /10⁶cm	模量 /GPa	比模量 /10⁸cm
硼纤维	100	2.57	3570	13.9	410	16.0
碳纤维	7	1.76	3600	20.7	240	13.8
石墨纤维	11	2.10	2200	10.0	700	33.3
碳化硅纤维	14	2.55	2500	9.8	200	7.8
氧化铝纤维	9	3.20	2600	8.1	250	7.8
凯夫拉	12	1.44	2800	19.4	64.8	4.5
玻璃纤维	20	2.55	2800	10.9	73.0	2.8

1990 年代丰田混合动力车身骨架采用碳纤维复合材料，车体重 420 千克，创造出百公里耗油 2.7 升的纪录。

2.5.8　开辟新的纤维世界

L：好像有人说过，人类认识和利用纤维材料的历史从远古就已经开始了。

H：是的。但是真正科学地、定量地认识到纤维材料与块体材料的差异，那还是从1930年代玻璃纤维的制作与应用开始的。这是人类第一次发现了材料维度由3维变成1维时，即由块体变成细长的纤维时，力学性能会发生巨大变化。因为材料的理论断裂强度决定于原子间的接合键，而实际材料的断裂强度却远低于理论强度，这是由于任何材料中都存在着微裂纹的缘故。材料越细，微裂纹越少，因此与理论强度也就越接近。所以，材料纤维越细，强度越高。以玻璃纤维为例：直径为100微米、50微米、10微米的纤维，其抗拉强度分别为300兆帕、560兆帕、1670兆帕。同理，纤维越长，微裂纹也会越多，强度也就越小。所以，长度为5毫米、20毫米、1560毫米的玻璃纤维，其抗拉强度分别为1500兆帕、1200兆帕、720兆帕。

L：这个规律太重要了，我以前从来没有认真注意过。其他更高性能的各种纤维情况如何呢？强度也都符合这一尺寸规律吗？

H：是的。都符合这一规律。先分析一下碳纤维，在各种纤维中碳纤维原料最丰富，性能最优越，堪称第一纤维。1959年美国联合碳化物公司UCC首先发明了**黏胶碳纤维**；不久，日本发明家近藤昭男博士在1961年又发明了用**丙烯腈制取碳纤维的方法（PAN）**，从此获得了性能最好的碳纤维，现已成为碳纤维的主流产品；1963年日本群马大学大谷杉郎（Sugio Otani）发明了利用**沥青制取碳纤维**的方法，从而获得了成本最低、原料最丰富的制取方法。至此，3种主要的制取碳纤维的方法均已问世。几种方法都有各自的用途，但以PAN碳纤维产量最大。从此，人类真正进入了由纤维材料担任主角的高强度和高比强时代。

L：从图中看PAN碳纤维也不是完整的，还有复杂的内部结构和细节啊！

H：正是这样。碳纤维也因此有不同的强度和模量，距离理论值还差得远。接近理想结构的碳纤维是碳纳米管，其抗拉强度可达50～200吉帕，弹性模量可达1000吉帕。所以，就力学性能而言，碳纤维还有极大的提高空间。硼纤维的结构简单，它的心部是一条15微米的钨丝，然后通过化学气相沉积（CVD）在钨丝上沉积出100微米左右的硼纤维，其抗拉强度和弹性模量也很高，特别是与金属的润湿性好，1970年代第一个成为铝基复合材料的增强体，只是成本太高。

L：像SiC、Al_2O_3这样的高熔点化合物纤维都是如何制造出来的啊？

H：1970年代，氧化物中熔点稍低的如玄武岩，可在1450～1500℃熔融后，再通过铂铑合金拉丝漏板高速拉制成连续纤维，这类似于玻璃纤维，其性能也相当于高强度玻璃纤维，颜色为褐色或金色。SiC的熔点太高了，1972年美国AVCO公司利用类似硼纤维的方法，采用在钨丝或碳丝上用CVD沉积方法，制成SiC/W或SiC/C复合丝。1974年起开发了多种转化法，可以制出10微米左右含有其他成分的SiC纤维。Al_2O_3则可用淤浆法、溶胶-凝胶法等多种方法制备出直径10~20微米的含有微量其他成分的纤维。这些纤维的使用温度可超过1000℃。

L：名气响亮的"凯夫拉"是一种什么纤维啊？它的主要特点是什么呢？

H：这就是大名鼎鼎的合成纤维芳纶啊，全称为"聚对苯二甲酰对苯二胺"。美国杜邦公司在1960年发明。其强度和模量分别是钢丝的5倍和2倍，密度仅为钢丝的1/5，在560℃不分解，不熔化。强度是石棉的10倍，而密度只是后者一半，广泛用于航天航空工业。1974年美国把全芳香族聚酰胺称为**阿拉米德**。

2.5.9　金属基复合材料问世

从 1960 年代后期开始，人们已经不满足于玻璃纤维强化塑料 (PMC) 的成功，力求在各种高性能纤维进步的基础上，促成在更多基体里构成复合材料。第一个，便是使先进复合材料从以聚合物为基 (PMC)，发展到以金属为基的复合材料 (MMC)。

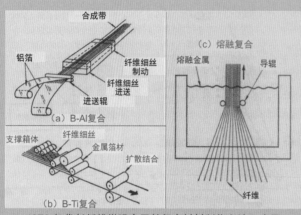

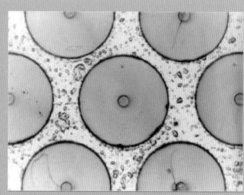

1970 年代长纤维增强金属基复合材料制作方法示意图

硼 (B) 长纤维增强 Al 基复合材料的电镜照片
硼纤维核心的细丝为钨丝

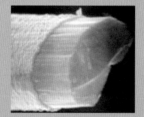

碳纤维预先无电涂铜

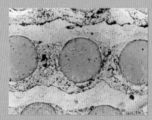

马氏体时效钢纤维强化铝合金，
纤维预先等离子喷涂铝

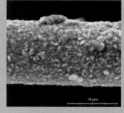

SiC 纤维预先
电镀 Cu

**长纤维复合
及预先表面处理**

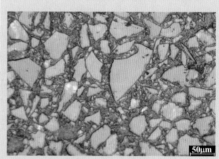

SiC 颗粒增强铝合金复合材料

**颗粒增强是金属基复合材料
(MMC) 中的一大类**

1960 年代末美国研制成功硼纤维强化 Al 合金 (MMC)，
工艺复杂，价格昂贵。1980 年代用于航天飞机 20 米长货架。

1990 年代美国民用飞机中先进复合材料
(ACM) 用量已占 30%，军用飞机则占 50% 以上。

2.5.9　金属基复合材料问世

L：**纤维强化树脂的比强度已很优越，为什么还要开发金属基复合材料呢？**

H：道理很简单，就是为了提高使用温度啊。还有一点也非常重要：就是提高导电和导热性。这对于要求散热的用途意义十分重大。所以尽管长纤维金属基复合材料的制作工艺极其复杂，也导致制作成本大幅度提高，但各国仍在义无反顾地竞相开发。由于对于比强度、比模量的追求，铝基复合材料将是最主要的品种。其中长纤维增强材料是主流产品。此外，金属基复合材料还有另外两种类型：一是颗粒增强复合材料；另一种是不同特点、目标的层状复合材料。这两种复合材料虽然制作方便，有重要使用价值；但与纤维和晶须增强材料相比，它们有一个重要共同点，这就是对金属基体的依存度更大。除铝基复合材料外，还有钛基、铁基、镍基复合材料等。它们的使用温度可达到更高，但是，其制作技术难度也更大，成本也更高。从 21 世纪起，更轻的镁基复合材料也已经进入研究阶段。

L：**最早达到实用化的应该是铝基复合材料吧？是用什么纤维增强的呢？**

H：硼纤维增强。金属基复合材料 1970 年代起步，但因为工艺复杂、生产成本过高而难以规模化生产。直到 1980 年代，美国的金属基复合材料才开始进入实用化阶段，主要用在航空航天工业。1981 年美国哥伦比亚号航天飞机的货舱桁架使用的就是硼纤维增强铝基复合材料。此后，由于高性价比增强体的大量出现，以及制备工艺的发展，使铝基复合材料居然也能够进入汽车行业。硼纤维的主要优点是与金属基体之间的润湿性好，化学反应程度低，所以界面性能好，纤维直径也适于操作。缺点是纤维直径过大，易产生纵向断裂，加之价格昂贵，使成本过高，减小硼纤维直径是新的研究热点之一。碳纤维是很好的增强纤维，但因为与金属基体（包括铝基体）间存在润湿性能差、化学物理相容性不佳等问题，另外碳纤维在复合材料制备过程中易受热氧化，致使碳纤维 - 金属基复合材料的实际开发仍处于探索、研制中。碳纤维上涂覆层状物和通过表面处理涂层改善润湿性是重要研究热点，其中包括溶胶 - 凝胶法涂覆 Al_2O_3 陶瓷层等。

L：**碳纤维这样的高性能纤维如果不能用在金属基复合材料上，那太遗憾了！**

H：现在人们还没有放弃通过碳纤维的各种表面涂覆以改善润湿性的探索，包括镀铜等；除表面处理之外，利用短纤维来强化，也是发挥碳纤维增强作用的又一途径，从 1990 年代起就受到各方面的重视。自从 1948 年美国贝尔公司首次发现晶须以来，已经开发了 100 多种晶须，其中包括 Al_2O_3 晶须等。晶须的应用从 1962 年开始。短纤维与晶须的利用，一般生产工艺较简单，有利于降低成本。此外，需要强调的是颗粒增强在金属基复合材料方面具有特殊重要的意义。

L：**您是说，是颗粒而不是纤维，那么这个特殊意义体现在哪些方面呢？**

H：例如，利用一些高熔点、高强度陶瓷颗粒如 SiC、Al_2O_3 等在增强铝合金时，不仅提高强度、刚度和耐热性，而且复合材料会兼备金属的塑性、韧性以及陶瓷的某些性能特点。如果用来增强其他金属时，比强度、比刚度的增加更明显。已受到世界各国的重视，在材料制备工艺、组织、力学性能等方面的研究已经取得显著成果。其中碳化硅颗粒增强铝基复合材料（SiCp/Al）具有高强度、高刚度、耐磨、耐疲劳、低热膨胀系数、尺寸稳定性高等优异性能，已经广泛应用于汽车、电子、体育用品、航空航天等领域。Al_2O_3 颗粒也是铝合金等金属基复合材料的有效增强体，正在进行广泛的实用性研究与开发。

2.5.10　陶瓷材料复合增韧

陶瓷结构材料具有高强度、高模量、耐高温、耐腐蚀等优点，缺点是脆性大，韧性不足。复合化也给陶瓷材料的增韧带来了希望。各种纤维这时再次发挥了神奇的作用。到 1980 年代，首先由美国研究成功陶瓷基复合材料，实现了连续纤维增韧。

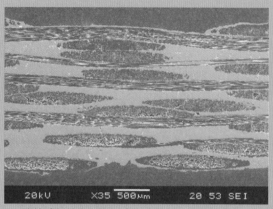

连续碳纤维交织增韧碳化硅陶瓷基复合板材组织

1970 ~ 1990 年代在陶瓷材料的复合增强增韧方面取得许多重大突破。增韧机制包括纤维、晶须增韧，相变增韧，颗粒增韧，原位自生相增韧等多种。出现空前繁荣的局面。

中国　张立同
（1938—）

2000 年代初中国学者张立同在连续纤维增韧碳化硅陶瓷基复合材料方面取得突破性重大成果并获应用。

美国宇航局燃烧试验后的碳纤维编织强化 ZrC 样品

SiC/SiC 复合材料发动机燃烧室

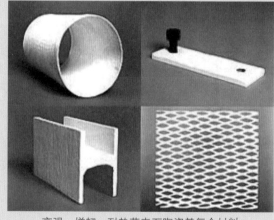

高强、增韧、耐热莫来石陶瓷基复合材料

根据基体材料和增强纤维，陶瓷基复合材料有很多种类，用途广泛。主要用于：航空航天部件，发动机耐热件，滑动构件，能源构件等。复杂刀具也是先进复合材料的典型产品。

陶瓷基复合材料发动机喷嘴

汽车滑动柱塞是碳纤维强化 SiC 陶瓷基复合材料——"蓝钢"制造的。

美军用飞机 F136 的陶瓷基复合材料制发动机喷嘴

2.5.10　陶瓷材料复合增韧

L：陶瓷材料的强度与硬度都很高，陶瓷基复合材料的目的不再是增强了吧？

H：是的。但有时还是用"纤维增强"、"晶须增强"这样的说法，这时"增强"的含义已经不再是"增加强度"，而是"增加强韧性"。更直接说，就是"增加韧性"了。因为陶瓷材料的弱点在于韧性的缺失，使其变强的含义就在于提高韧性。所以对于陶瓷这种特殊材料，讲"增强"与讲"增韧"，实际已经是同一个意思了，并没有本质上的不同。但是，确实并非进一步提高强度的意思。

L：既然是增韧，是不是应该加入韧性好、熔点高的金属，比如镍、钴等？

H：完全不是这样！这正是必须要强调的。1907年海恩斯确实曾发明过司太立合金，即钴基体与碳化物颗粒构成的多相混合合金，并以此为起点，在1940年代出现了"金属陶瓷"（cermet）这一材料品种，后来又发展成为一个高硬度材料系列。1960年代进入第二个发展阶段，以添加Mo和Ni来增进对TiC的黏结为其特征；到1980年代发展出引入氮化物的第三个阶段。这种金属陶瓷虽然也可列入复合材料之中，但是，这里讨论的陶瓷基复合材料及其韧化，却是与此类材料毫不相干的。而是纯粹的陶瓷材料，并不需要借助于金属来实现"增韧"或称"增强"。增韧机制是可以不离开陶瓷材料的，这一点务请切记。

L：那么，是借助于怎样的机制才能实现"韧化"的呢？很不易想象啊。

H：实现"增韧"的机制是很多的，先说长纤维的增韧。碳纤维平行排列于Si_3N_4陶瓷中，可使横向断裂韧性增加5倍，断裂功增加200倍。这还仅仅是单向排列的体积只占30%的碳纤维；如果经纬交叉编织，效果将更大。长纤维还能够实现三个方向立体编织，纤维的体积分数也将更大，增韧效果将更强。

L：这个容易想象。实际上已经是用增强纤维编制成一个构件了。如果是一个三维的编织物构件，那么陶瓷是如何添加进去的啊？能充满而无缺陷吗？

H：这的确是个制作工艺难题。1980年代以来，陶瓷基复合材料种类逐渐增加，制作工艺五花八门，难以尽述。先说说这个三维编织物的陶瓷填充吧。1990年代的连续SiC纤维增韧Si_3N_4陶瓷，首先是将Si_3N_4粉末制成浆料，将用沉积法制备的SiC纤维编织体浸渍其中，再利用各种方法排出气体，干燥后在氮气中烧结，温度为1300~1450℃。纤维体积分数可以达到50%左右。在纤维编织体与基体结合良好时，可以获得与铸铁相近的冲击韧性。有效吧？

L：编织体增韧明白了。如果是短纤维、晶须或颗粒，是怎样实现增韧的呢？

H：这些情况下的增韧机制有很大的差别，但是都与改善预存裂纹尖端的行为有关。总体来说，增韧就是要做到：① 减小或分散裂纹尖端的应力；② 增大裂纹扩展所需消耗的能量，提高裂纹扩展所需要的门槛值；③ 转换促使裂纹扩展发生的能量。凡是有利于上述三点的各种处理、组织变化都是能够发挥出增韧效果的。具体来说，短纤维增韧主要是通过：拔出纤维或晶须需要消耗能量、使裂纹转向也需要消耗能量；颗粒增韧主要是通过使裂纹弯曲或转向要消耗能量，在颗粒处萌生新的微裂纹时或使裂纹转换方向、使裂纹扩展时消耗能量。由于陶瓷通过长短纤维、晶须、颗粒的复合增韧有巨大的作用，所以颠覆了人们原来对陶瓷的看法。陶瓷的使用温度也明显提高，最高工作温度可以达到1900℃。1990年代以来，陶瓷基复合材料已经实用化，使用领域包括航空航天构件、发动机喷嘴等构件、能源机械构件、复杂工具、滑动摩擦构件等等。

2.5.11 碳-碳复合材料异军突起

1959 年美国空军创造出一种新型材料，碳-碳复合材料。其优势是高温力学稳定性高，抗烧蚀性强，可用于 2000℃。1970 年代在美国和欧洲获广泛应用。早期增强材料是碳纤维布，基体为酚醛等热固性树脂，属于两向增强材料。1970 年代末期起，三向细编织物增强碳-碳材料得到应用，为多向碳-碳材料的进一步发展创造了条件。

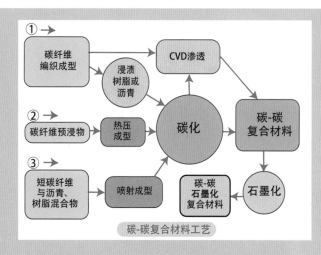

碳-碳复合材料工艺

碳-碳复合材料制风扇叶片

碳-碳复合材料组织

碳-碳复合材料制品

碳-碳复合材料撑竿跳用竿（AMOCO）

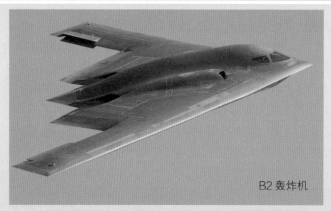

B2 轰炸机

B2 轰炸机的巨大优势部分来源于碳-碳复合材料

ATK X-43A 超音速飞机的机头材料
应用碳-碳复合材料

2.5.11 碳-碳复合材料异军突起

L：碳-碳复合材料是近年突然兴起的吗？为什么称为异军突起呢？

H：其实也并非近年才突然兴起，只是它的兴起与日常生活联系较少，所以有突然发现的感觉。自从 1959 年美国联合碳化物公司 UCC 发明黏胶碳纤维以来，美国空军就开始试制碳-碳复合材料。最初几年虽然发展较慢，但是到了 1960 年代末期，碳-碳复合材料便开始以新材料的形式面世。进入 1970 年代以来，已在美国和欧洲广泛应用。早期的碳-碳复合材料的增强材料是碳纤维布和石墨纤维布，基体为酚醛等热固性树脂。仿照纤维增强塑料工艺，先将浸有酚醛树脂的碳纤维布模压成型，再经高温处理碳化，树脂就转变成了热解碳或石墨。

L：碳-碳复合材料是在什么背景下出现的？其性能优势又体现在哪里呢？

H：背景主要是航天工业。主要性能优势是在更高温度下具有力学性能的稳定性。高分子基复合材料的使用温度仅为 20~40℃，特殊的高分子复合材料工作温度也很难超过 400℃；高温合金的最高使用温度也很难超过 1000℃；即使高温结构陶瓷也很难在 2000℃左右的高温条件下长时间工作。可是碳-碳复合材料虽然室温的力学性能优势不大，但它几乎是唯一可以在 2000℃的高温下长时间工作的耐热材料。美国航天飞机之所以选择碳-碳复合材料作为大气防热系统的材料，正是基于：① 在 1650℃条件下仍可维持其强度；② 有足够的刚度，并能适应往返大气层时的较大温度梯度。比如，航天飞机要高速穿过大气层，短时间表面温度可以达下列数值：最高 1795℃（顶头部、腹突部）；中温 800~1100℃（大部区域）；最低 600~800℃（局部）。从室温到 2000℃，碳-碳复合材料的抗拉强度从 523 兆帕变化到 680 兆帕。

L：优势确实很突出，看来碳-碳材料主要是服务于高空了，有地面任务吗？

H：由于其性能和密度优势，所以碳-碳复合材料主要用于制作要求密度小的高温结构零部件上，诸如航天飞机大气防热的高温部位、火箭推进器、喷气发动机零件、导弹发射架、高温活塞等领域；随着碳-碳复合材料工艺的日趋完善，特别是制造成本的下降，20 世纪末年以来，也已经在一些高性能的制动系统（刹车片）、人造骨骼、医疗设备、原子能工业等地面领域进行应用性开发，展示了广阔的应用前景。正因如此，各发达国家正在大力开拓这种耐热、低密度新型结构材料的应用领域，使其成为一个有特色的竞争者。

L：进入 21 世纪以后，碳-碳复合材料又有哪些新的发展和新的变化呢？

H：当前碳-碳复合材料还是主要应用于导弹的"再入头锥"；固体火箭发动机喷管；航天飞机头顶等耐热结构部件；商用、军用飞机以及赛车的刹车衬垫和刹车盘；热交换器；高功率电子装置的散热装置的耐热用途。低密度用途主要是在跳高撑杆等方面。近年来的主要新发展有：① 碳-碳复合材料表面抗氧化喷涂 SiC 等表面处理技术的开发。② 高导热型沥青基碳纤维及碳-碳复合材料开发。主要是高性能沥青基碳纤维的开发，使其更加接近丙烯腈碳纤维的水平，AMOCO 公司的沥青基碳纤维抗拉强度已达到 3.1 吉帕。③ 因应针刺碳-碳预制体成型技术的改进需要，多向编织体成型技术的开发。④ 快速低成本碳-碳制造技术的研发。⑤ 碳-碳复合材料用于核反应堆，以及碳-碳坩埚制造技术的开发等。力图达到使碳-碳复合材料能更快地成为用途更加广泛材料的目的。

2.5.12 金属间化合物结构材料热潮

1970 年代末两位年轻人的研究，导致 1980 年代世界性金属间化合物热潮的兴起。这个热潮的意义在于颠覆了人们对金属间化合物具有本征脆性的认识：它们不仅在功能材料领域大有可为，而且在结构材料领域里也是可以一试身手的。

美　刘锦川（C.T. Liu）
(1937—)

日　青木清（K.Aoki）
(1952—)

1970 年代后期，美国的刘锦川发现用 Ni 和 Fe 来部分取代六方结构 Co_3V 中的 Co，可使其变成面心立方 $L1_2$ 结构，使脆性的 Co_3V 变得具有良好塑性。1979 年日本的青木清与导师和泉修通过添加 0.02%（质量分数）左右的硼，可以使多晶 Ni_3Al 的室温伸长率由 0 提高至 40% ~ 50%。这些发现震惊了世界，掀起了金属间化合物结构材料的研发热潮。

未加硼　　　添加 0.02wt% 硼后

多晶 Ni_3Al 的室温弯曲结果

Ni_3Al 是 Ni 基高温合金的强化相 γ′，既然强化相是塑性的，而且 Ni_3Al 单晶具有屈服强度随温度提高的特性，于是 1980 年代最初的热点指向 γ′ 相 Ni_3Al。但是，后来在高温力学性能方面并未取得令人兴奋的结果。

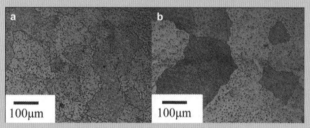

Fe_3Al 基 Al_2O_3 粒子复合材料的组织

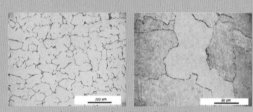

多晶 Ni_3Al 金属间化合物的组织

1930 年代 Fe_3Al 化合物已受到关注，1980 年代，以其价廉、质轻，备受各国青睐，作为耐热、耐磨蚀后备材料在开发。在克服其本征脆性、氢脆和合金化强化方面做了大量研究。

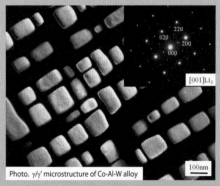

Photo. γ/γ′ microstructure of Co-Al-W alloy

含 W 的 $L1_2$ 结构 $Co_3(Al,W)$ 相，成了新概念 Co 基高温合金的强化相 γ′。

Co-Al 系中并没有化合物 Co_2Al，Co 基高温合金靠碳化物强化。但 2006 年日本科学家石田清仁及合作者巧妙利用 W 使 Co_3Al 由亚稳态化合物变成了稳态化合物，实现了 Co_3Al 的从无到有。使 Co 基合金可像 Ni 基合金一样能够用 Co_3Al 来强化，使 Co 基高温合金出现了新原理。

日　石田清仁（K. Ishida）
(1946—)

230

2.5.12　金属间化合物结构材料热潮

L： 据说结构材料也曾经有过金属间化合物的热潮，发生在什么时候？

H： 那是在 30~40 年前。而且都与先后发生的两起偶然性事件有关，事情都发生在两位年轻人的身上。一位是 1970 年代在美国航空和宇航局工作的著名华裔材料学家刘锦川（C.T.Liu），他对金属间化合物脆性的环境因素有深入的研究，提出了金属间化合物脆性来源的独到见解。此外，刘锦川还发现，用 Ni 和 Fe 替代金属间化合物 Co_3V 中的部分 Co，可以使其结构由 DO_{19} 变成为 $L1_2$ 型，性能也由脆性的变成有一定塑性的。另一位是 1979 年日本东北大学的年轻博士生青木清，他与导师著名材料学家和泉修合作，通过向多晶的金属间化合物 Ni_3Al 中加入微量元素硼，使 Ni_3Al 多晶材料由零塑性，变成了可以弯曲 180° 的塑性材料。青木清当年在日本春季金属学年会上发表这一结果时，与会的大部分专家及同行都不相信这是真的，认为肯定是哪里出了问题，认为这是一次错误内容的发表。

L： 看来新的结果要让大家接受，有时还需要先做好被误解的准备。

H： 是的。当时青木清与和泉修的方法是公开的，添加元素是质量分数为 0.02% 的硼，如果不相信完全可以自己重做一下。所以没用多少时间，这一结果立刻传遍了全世界。多晶 Ni_3Al 的"零塑性"被 0.02% 的硼彻底打败了，这也极大地挑战了固体物理等理论界权威们。如何解释这种戏剧性的变化，成了材料理论学者们的热门研究题目。Ni_3Al 就是镍基高温合金中的强化相——γ' 相，它的塑化牵动着多方面研究者的心。包括如何把这种强化相"本身"制成一种新的材料。

L： 这是太正常不过的联想。既然强化相是塑性的，干脆用强化相多好！

H： 是的。随着金属间化合物热潮的发展，人们回想起，1957 年威斯特布鲁克曾发现，金属间化合物 Ni_3Al 单晶体的屈服强度，有一个令人无比兴奋的性质，那就是：温度越高，屈服强度也越高。后来这一现象被称作"屈服强度的 R 现象"，或称为位错运动的"W 锁"。总之，对高温合金来说这肯定是个绝好的消息。但是，由于多晶体的 Ni_3Al 极脆，这一效应后来并没有人再去详细研究。戏剧性的事情还有，和泉修教授并不是搞高温合金的，他的兴趣是"Ni_3Al"中的铝这一半，他是位铝合金专家，而且已接近退休年龄。随着青木清毕业后离去，和泉修教授"到站"退休，实际上 Ni_3Al 金属间化合物热潮在日本东北大学金属材料研究所并没有燃起太高的温度，仅仅是大家偶尔调侃一下青木清而已。

L： 那倒有点遗憾。其他国家通过 Ni_3Al 研究，获得了高强度的高温合金了吗？

H： 其实也没有，事情有些诡异。为了提高 Ni_3Al 的强度，人们又重新回头向单相 Ni_3Al 合金中引入 γ 相，也就是镍基合金的固溶体基体。结果转了一圈又回到了镍基高温合金。最后人们认识到，原来只有强化相 Ni_3Al，没有基体 γ 相也是不行的。把强化相和基体结合起来的"界面"才是高温合金强化的真正关键。

L： "新概念 Co 基耐热合金"是怎么回事啊？涉及金属间化合物了吗？

H： Co 基耐热合金并不是靠 Co_3Al 型金属间化合物强化的，而是靠碳化物强化。理由很简单，Co-Al 二元系中并没有 Co_3Al 化合物。要使 Co_3Al 能够无中生有，除非有办法使 Co_3Al 化合物由亚稳态提升为稳定态才行。2006 年日本科学家石田清仁及其合作者通过向 Co-Al 合金中添加 W，巧妙地使 Co_3Al 化合物由亚稳态变成了稳定态，从此有了用 $Co_3(Al,W)$ 金属间化合物强化的新概念钴基高温合金。

2.5.13　钛的铝化物升温

　　钛的铝化物是最轻的金属间化合物，理所当然地最早受到了关注，1960 年代初美国就已进行了战略性研究探索。但当时冶金学、材料科学的基础还相对薄弱，进展还不够明显。但是到了 1980 年代，钛的铝化物已经成为金属间化合物热潮的一部分。

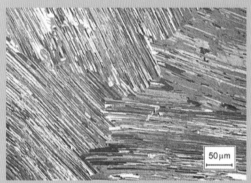

　　早在 1961 年，美国的 H.A.Lipsitt 就已开始了对 TiAl 化合物的研究。到 1980 年代美国的金永文等使研究进一步发展，对组织认识的深化，使 TiAl 化合物的研究进入实用化阶段。

Ti - 46.8Al - 1.2(Mo,Si) 新型 γ TiAl 合金的 α₂ 和 γ 相片层组织

美　金永文（Y-W. Kim）（2012 年来华访问讲演）

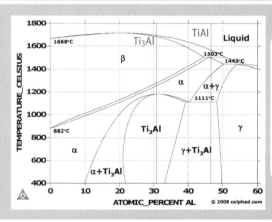

　　γ TiAl 化合物合金的密度优势最大，是最有吸引力的航空航天材料，而且最有可能先在汽车和发电厂的涡轮机和燃气机上获得探索成功。

γTiAl 化合物合金用等温锻造法制燃气机叶片

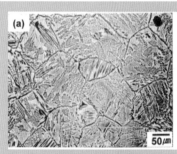

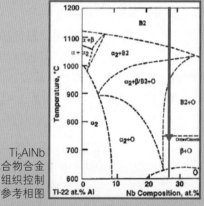

Ti₂AlNb 化合物合金　　　降 Nb 加微量 W 合金

Ti₂AlNb 化合物合金降 Nb 加微量 W 时的组织变化

Ti₂AlNb 化合物合金组织控制参考相图

　　从 1980 年代开始，还开展了 Ti₃Al 的研究，后来由于其环境脆化问题而终止。1990 年代后期转而研究 Ti₂AlNb 合金，该合金对损伤的较高容限性引起人们的关注，对于使用温度超过 500℃ 的航空部件有密度上的优势，已在风险较小的静态部件上试用；缺点是组织复杂，对控制因素过分敏感。

2.5.13 钛的铝化物升温

L：Ni$_3$Al 金属间化合物塑性化所引起的热潮有没有扩大到其他金属系统啊？

H：有的！很快大家把目光集中到 Ti-Al 系上来了。一时间铝化物成了大家密切关注的对象，因为 Ti 既是最轻的高熔点金属，Ti-Al 系又不负众望，存在 3 个稳定的金属间化合物：Ti$_3$Al、TiAl 和 TiAl$_3$，熔点都高于镍基合金，而且密度又是金属间化合物中最小的。与此相类似地，另一个关注点就是硅化物，也是由于密度、熔点上的优势，但是开始得较晚一些。

L：经过三十几年的研究后，Ti-Al 系的这三个化合物哪一种更有开发希望呢？

H：其实，研究已不止 30 年了。早在半个世纪前的 1950 年代后期，美国、苏联就已经开始注意 γTiAl 化合物了，但由于从室温到 700℃ 左右，这种化合物塑性差、断裂韧性低、裂纹扩展速率大，人们逐渐降低了对它们的应用期望。此外，当时对 Ti-Al 二元相图等相关基础问题的认识也有待深入。1980 年代的金属间化合物热潮，确实还是发挥了重新激发对 Ti-Al 系化合物的研发热情的作用。美国空军基地的研究者们用粉末冶金方法，通过合金化技术为研究带来了转机，最初的希望曾寄托在 Ti$_3$Al 上，并带动了各国的研发取向。但是后来发现，Ti$_3$Al 在 550℃ 左右会产生严重的环境诱发脆性问题，很难找到应对措施。到 1990 年代初开发热情已逐渐减退。而对于 TiAl$_3$ 人们本来也没抱太大的希望，虽然这是最轻的铝化物，但是由于太脆，连拉伸试样都难以制成，只能做压缩试验，做块体材料的希望甚微，后来只剩下研究表面耐腐蚀涂覆的人还对它有兴趣。

L：这样说来，只剩下 γTiAl 是有希望的了。

H：至少目前是这样。1980 年以后，γTiAl 化合物材料的研究进入了一个新时期，在这个时期做出贡献的人物非常多，代表性的 γTiAl 材料专家是美国材料学者金永文博士。这个时期取得的主要进步是：① 掌握了 γTiAl 化合物的组织（全片层、近片层、近 γ、双态）形成的规律，明确了含有一定数量 α 相（Ti$_3$Al）的 γ+α 双相组织合金是最有希望成为轻型耐热合金的；② 掌握了一定的提高室温塑性的规律；③ 改进了冶金生产工艺；④ 改进了成分设计思路，Nb、Cr 等成为最重要的合金元素；⑤ 明确了提高耐热性能的一些规律。

L：那么 γTiAl 化合物合金的研究已经达到可以实用化的程度了吗？

H：到 2000 年，从 750℃ 以下的比强度和比蠕变强度来看，γTiAl 化合物材料已经能够超过镍基高温合金了；室温塑性也已达到 2.5% 的数值；与镍或铁的铝化物不同，γTiAl 化合物材料显示了极好的应用前景，也制造出了多种实用零件。但考虑到 γTiAl 化合物材料的冶金生产工艺极其复杂，影响因素很多，零件可重复性仍不高。要在航空航天器上实际应用，目前还有差距，仍需假以时日。

L：Ti$_3$Al 型的 α$_2$ 相合金的改进型材料 Ti$_2$AlNb 的发展态势会如何呢？

H：1980 年代广泛研究的 α$_2$ 相合金，于 1990 年代已转型为 Ti$_2$AlNb，这是一种在 α$_2$ 相晶格基础上的三元有序结构，也被称作 O 相合金。在高温下有很好的比强度，有极好的成形性、室温塑性和超塑性。实际开发的 Ti$_2$AlNb 合金是一种由 O 相、α$_2$ 相、β 相组成的多相合金。随着处理温度的不同，相组成和组织也不同。既为性能控制提供了较大的组织空间，也使材料对工艺参数变得十分敏感，较难掌握。当前一个研究方向是降低 Nb 含量，减小密度，提高比强度优势。

2.5.14 先进陶瓷——更强的材料

1945 年后陶瓷材料发生重要变化。除大量生产日用、绝缘、化工等普通陶瓷外，还在微观结构、性能表征、无损评估、理论研究等进步的推动下，自 1960 年代以来形成了先进陶瓷新领域。在原料纯度、制作工艺、力学性能等诸方面发生了质的飞跃。

先进陶瓷材料的主要特征是：①高纯原料，②准确的成分，③先进的制作工艺，④优异的各种性能。

美　休蒙（P. Shewmon）
（1906—1973）

1965 年美国冶金学家休蒙第一次通过完美的实验证明降低界面能是烧结过程的主要驱动力，成为先进陶瓷制备的重要理论基础。

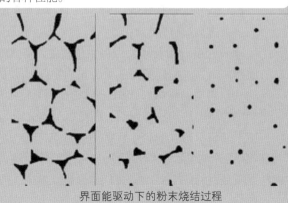

界面能驱动下的粉末烧结过程

1963 年问世的 ZrO_2 陶瓷材料是一个典型代表。它具有高韧性、高抗弯强度和高耐磨性。高纯 Al_2O_3 陶瓷也是先进陶瓷，它们已被广泛应用于各种领域。

用于要求高强度、耐磨性的结构用 ZrO_2 陶瓷

用于要求耐高温的功能性 ZrO_2 陶瓷

1974 年前后开发成功的 Si_3N_4 陶瓷材料极具特色。Si_3N_4 是强度最高的物质之一；耐高温性极强，强度到 1200℃不降，是 Ni 基高温合金的接班材料；同时有惊人的化学稳定性。此后还开发成功了 SiC 陶瓷，也是极有希望的下一代高温材料。Sialon 陶瓷也是一种极具优势的结构材料。

日　新原皓一（K.Niihara）
（1966 年毕业于大阪大学）

日本学者新原皓一是国际陶瓷纳米复相材料研究先驱，提出了陶瓷材料纳米复相材料基本模型。1990 年代在陶瓷基纳米复相材料领域做出了奠基性的研究工作。

Si_3N_4 陶瓷材料喷嘴

SiC 陶瓷材料部件

2.5.14 先进陶瓷——更强的材料

L：请您先解释一下什么是先进陶瓷材料，与普通陶瓷有什么不同吧。

H：好。所谓先进陶瓷材料是相对于传统陶瓷材料而言的，也称为高技术陶瓷或精密陶瓷，其特征为：① 原料由天然矿物转变为人工合成的高质量粉体，成分明确，纯净可控；② 结构改善，气孔减少，组成相明晰，均匀致密；③ 制备工艺优化，烧结温度提高，从 900~1400℃ 提高到 1200~2200℃，烧成后仍可继续加工；④ 显微结构、各项性能的表征方法明显进步；⑤ 重视材料理论方面的研究，从相邻学科获得了有力支持；⑥ 可获得传统陶瓷无法达到的优异力学性能、物理化学性能，以及其他各种特殊性能。

L：既然有了上述的各项特征，先进结构陶瓷的优异性能也应很可观了？

H：是的，可以用 ZrO_2 陶瓷做一个代表来加以说明。这是 1960 年代初问世的材料，是最早的高强度氧化物陶瓷。而氧化物陶瓷是先进陶瓷材料中最大的群体。原料为人工制造的 ZrO_2 粉体，该粉体通常由锆矿石提纯制得。ZrO_2 有单斜、四方、立方等几种结构，因而可通过相变增韧，也可通过加 Y_2O_3 增韧。所谓 ZrO_2 陶瓷是包含增韧剂 Y_2O_3 的，强度和韧性极高。另外，与传统陶瓷不同，先进陶瓷材料种类非常丰富，而且可清楚地分类为氧化物陶瓷、碳化物陶瓷、氮化物陶瓷等。还可以进一步细分到具体化合物，如：氧化铝陶瓷、氧化锆陶瓷、氧化硅陶瓷；碳化硅陶瓷、碳化硼陶瓷；氮化硅陶瓷、氮化铝陶瓷和赛隆（Sialon）等等。真是琳琅满目，不胜枚举。有一点需要说明，先进陶瓷材料虽然也有结构材料与功能材料之分，但很多化合物都两方面双跨。这也可以算是先进陶瓷材料的一大特色：就是说，存在先进陶瓷材料的结构、功能一体化的重要特点。

L：所谓结构功能一体化，也是与大部分先进陶瓷材料，都已经具备有密度小、强度大、耐磨性高、耐蚀性好等属于结构材料的性能优势有关吧？

H：是这样。在结构上主要用于：切削工具、模具、耐磨零件、泵和阀部件、发动机部件等方面。所以主要求是：高硬度、低密度、耐高温、抗蠕变、耐磨损、耐腐蚀等。切削工具我们将专门讨论，这里主要介绍结构部件用材料。按开发时间，1963 年问世的 ZrO_2 陶瓷断裂韧性最高，1960 年代 K_{1C} 就可达 6 兆牛／米 $^{3/2}$，Al_2O_3 陶瓷的 K_{1C} 也能达到 6 兆牛／米 $^{3/2}$，应当是当时的佼佼者。非氧化物先进陶瓷结构材料，首先是 1974 年前后开发成功的 Si_3N_4 和 SiC。它们都是共价键极强的化合物，所以在耐热性、高强度、耐蚀性、耐磨性等方面有突出的优势。

L：先进陶瓷材料除了结构功能一体化特征，还出现了哪些新的特点？

H：至少有两个新的动向值得注意：一是后面将提到的有纳米材料创始人美誉的德国科学家格雷特及其合作者凯尔奇在 1987 年就提出的陶瓷材料的纳米化。当陶瓷粒子尺寸达到纳米量级时，可以根本解决陶瓷的脆性，甚至使陶瓷具有超塑性；另一是日本科学家新原皓一在 1990 年代提出了复相陶瓷的新概念，并取得令人兴奋的结果。例如 Al_2O_3-SiC（体积分数为 5%）的晶内型纳米复相陶瓷，其室温强度可达到单组分 Al_2O_3 陶瓷的 3~4 倍，在 1100℃ 下的强度可达 1500 兆帕。

L：既然如此，用先进陶瓷、耐热陶瓷取代镍基高温合金是否已指日可待了。

H：目前还不行。有两个重要障碍：一是价格。先进结构陶瓷部件价格高达金属的几倍至数十倍，成本太高。二是可靠性问题。虽然先进陶瓷的脆性有了大幅度改善，但与金属相比，性能离散度仍比较大，可靠性将成为制约条件。

2.5.15 环境意识材料——材料终极期望

1970 年代初人们在经济快速发展中认识到可持续发展的重要，1972 年 6 月联合国召开了人类环境会议，提出了"人类环境"的概念，通过了人类环境宣言。从此材料的研发、生产、使用必须考虑这一重要内容。这正是环境材料的出发点。

日　山本良一（R.Yamamoto）
(1946-)

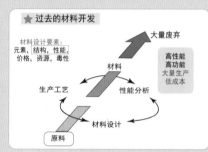

★ 过去的材料开发

材料设计要素：元素，结构，性能，价格，资源，毒性

大量废弃

高性能 高功能 大量生产 低成本

材料 — 生产工艺 — 性能分析 — 材料设计 — 原料

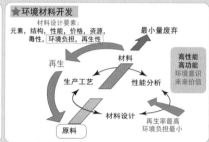

★ 环境材料开发

材料设计要素：元素，结构，性能，价格，资源，毒性，环境负担，再生性

最小量废弃

高性能 高功能 环境意识 未来价值

再生 — 材料 — 生产工艺 — 性能分析 — 材料设计 — 原料

再生率最高 环境负担最小

日本学者山本 1990 年代初提出环境材料的概念，并造了一个英文词：Eco-material，即 环境意识材料的缩写字。山本的大力呼吁获得各国学术、产业诸界积极响应。环境材料也称生态材料，其理念如上图。

再生材料制作的房屋

天然材料

可回收材料

环境材料的概念包括如下内容：◆再生材料；◆环境亲和感材料；◆可再生原料制备的材料；◆木、竹等天然材料；◆长寿材料；◆降解材料；◆有毒及不可再生材料的代用品。

长寿材料

全球污染主要来自材料生产和使用，仅建筑材料一项，占全球污染就达：空气污染的 24%；温室效应的 50%；水源污染的 40%；固体垃圾的 20%。建材的再生、聚合物的降解是环境材料的两大难题。环境材料是从这个角度，以拯救地球为己任的。

我们只有一个地球！

聚合物降解的难题

2000 年以来，已产生"循环经济""生态工业""材料寿命周期评价 (LCA)"等相关概念。

可怕的
砖建筑前景

2.5.15 环境意识材料——材料终极期望

L：环境意识材料就是环境材料吧？既然1972年联合国已召开了人类环境会议，通过了人类环境宣言，为什么还要强调山本良一对环境材料的贡献呢？

H：这是国际材料界公认的。山本良一是日本著名材料学家，东京大学教授，原来的专长是计算机实验、材料设计。联合国人类环境宣言发布后，他看到日本经济高速发展所付出的环境代价，于1980年代末愤而转变研究方向，在世界各国奔走呼吁："保护我们的家园——地球"，还创造了环境意识材料一词。山本良一热爱中国文化，熟悉中国古典，每引古贤警句，出口成章，常令中国同行自叹弗如。1992年他利用在日本召开世界材料大会之机，筹办"环境意识材料分会"，并自筹资金，邀请近20所中国大学的材料系主任参加会议，一起呼吁"环境意识材料"的重要性。他主编了《拯救地球》《环境意识材料总览》《一秒钟的世界》等多种有关保护环境的著作，成为各国民间学者中最积极的环境卫士。正因为上述原因，国际学术界肯定山本良一在环境意识材料发展方面的带头作用和重要贡献，成为人类环境意识觉醒的众多良知人物的代表者之一。

L：材料行业对环境破坏严重吗？大钢铁企业对环境问题通常是很重视的。

H：这个认识有问题。首先材料并不只是钢铁，更不只是大企业。企业越小，问题越大，治理越难。建材就是材料行业，问题很严重。有调查报告称，在全球的污染中，仅建筑材料行业所造成的部分，就占空气污染的24%，占温室效应的50%，占水源污染的40%，占固体垃圾的20%。这是多严重的情况啊！

L：那么，材料的环境问题只是一个增进"环境意识"的问题吗？

H：增进环境意识是一个重要方面，但这还不只是材料学家们的事，还需要企业家、各国各级官员们的参与。在如何实现"环境保护"方面，以山本良一为代表的材料学家们也提出了很多具体思路、方案和措施。归纳起来可以概括为：材料的环境协调性评价、生态环境材料的设计、材料在制备加工中的环境协调技术，包括零排放和零废弃加工技术，以及材料使用过程中的环境协调措施等。就是说，要把环境意识落实到与材料有关的每一个环节中去。

L：如果更具体地举一些与人们生活有关的实例，您会首先提到哪些呢？

H：其实，环境问题已经事关日常应用的所有材料。但是，其中可再生、可循环利用材料是最重要的实际问题。包括可再生降解塑料、家用电器中能回收利用的电路基板、生产及使用过程中低污染纸张及其再生等；也包括经自然微生物分解或能自动降解的材料如新型包装袋、由天然原料加工而成的高分子材料等；为净化环境防止污染设计的材料，如不释放有害气体的房屋装修材料、墙体、家具、高吸油树脂等；良性替代材料如无氟制冷剂等；清洁能源如燃料电池的储氢材料等，可以说是不胜枚举啊。

L：看来长寿材料是很受重视的，还开发出了"材料寿命周期评价（LCA）体系"等，这与很多产品的快速更新换代是否是相互矛盾的呢？

H：是的。不仅如此，环境保护还涉及很多材料学家无能为力的地方。有设计问题，有规划问题，甚至有社会问题。但是，材料学家还是要为材料长寿化而努力，这个方向不会错。现在日本已经提出不再进口铁矿石甚至工业废钢了。是否真能做到这一点，另当别论。但是从环境意识材料角度看，这是钢铁生产的新境界，这意味着钢铁生产可以在一个国家或地区实现再生和循环利用。

2.5.16 以新尺度关注物质——纳米材料出现

　　纳米时代的到来有一个标志性事件，这就是 1990 年第一次国际纳米技术会议，因为这是涉及整个物质世界的一个极特殊的事情。纳米材料不是某种实用材料的类型。它可以包括任何类别的材料，只要它的结构性质符合纳米尺度。

美　费曼(R.P. Feynman)
（1918—1988）

日　久保亮五（R.Kubo）
（1920—1995）

　　1959 年美国物理学家费曼预言：人类如能一个一个原子地制作物品，物品越小，物性越丰富。1962 年日本理论物理学家久保亮五提出：金属微粒小于 100 纳米时有强烈保持电中性能力，自由电子能级离散化，影响磁化率、比热容、核磁共振。这后来被称为"久保效应"。这些被认为是纳米材料时代到来的先驱性预言和工作。

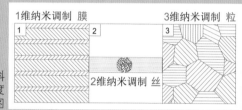

纳米材料调制维度示意图

1维纳米调制 膜　　　　3维纳米调制 粒
2维纳米调制 丝

日　上田良二（R. Uyeda）
（1911—1997）

德　格雷特(H. Gleiter)
（1938—）

中国　卢 柯
（1965—）

　　1963 年，日本学者上田良二用蒸发冷凝法制得金属纳米微粒，并做了电子衍射研究。

　　1984 年德国科学家格雷特等成功制得纯物质纳米粉，还将粒径 6 纳米的铁原位加压烧结得到纳米晶体块，开创了纳米材料研究新阶段。1990 年在美国召开第一届国际纳米科技会议，标志进入纳米新时代。

　　1989~1990 年中国年轻科学家卢柯与导师王景唐合作发明了非晶合金条带通过完全晶化获得小于 50 纳米尺寸晶粒的方法。

俄　瓦里耶夫 (R.Z.Valiev)
（2011 年来我国参加
NanoSPD5 会议）

　　1991 ~ 1993 年，俄罗斯学者 R.Z. 瓦里耶夫等研制出利用等通道挤压 (ECAP) 工艺制取块体纳米晶、亚微米晶金属的方法，被广泛采用。

ECAP 工艺制取纯 Ni 块体
纳米材料

非晶晶化法制备 Zr 基纳米合金

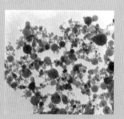

纳米 Ag 粒子

2.5.16 以新尺度关注物质——纳米材料出现

L：纳米只是一个尺度量级，为什么能与材料技术有如此深刻的联系呢？为什么纳米材料当前已成为大家最关心的材料话题了呢？其影响已远超出材料界了。

H：纳米的确只是个尺度量级，但是，它已经不是宏观尺寸上的大小之差，达到纳米量级，就是进入了另一个世界。当材料某个部分达到纳米尺度时，就是在接近原子尺度。比如，颗粒的界面：包括粒子表面、多晶体晶界、多相混合体相界等，在颗粒尺度为2微米、20纳米、2纳米三个级别时，界面的体积分数分别为0.09%、9%、80.6%。这说明，固态颗粒尺寸到达纳米量级时，与微米以上尺寸不同，原子的排布状态将发生由规则到混乱的改变。物理学家们正是基于这一点预测了材料性质将发生大幅度变化。这个变化是宏观尺度差异所无法造成的。

L：关于纳米结构维度，现在可以见到两种说法，一种是依据点、线、面、体来定义的0、1、2、3维方式；也有如图定义的1、2、3维方式。哪种更好呢？

H：两种说法表达着不同的含义，各有其道理。图上要表达的意思是："在几个维度上实现了纳米结构？"当然不能回答："在0个维度上实现了纳米结构"，那就是无纳米结构。所以只有1、2、3维。至于0、1、2、3维材料的说法，是在描述材料的宏观形态，每减少一个维度，都是认为这个维度的尺寸已经在向纳米尺度靠近。另外，纳米结构之所以引人关注，是已经出现了特殊性质。有人归纳出纳米结构的五大效应：① 体积效应，② 表面效应，③ 量子尺寸效应，④ 宏观量子隧道效应，⑤ 介电限域效应等。这有些抽象，具体说，这些效应可以导致新材料或材料新性质的出现，比如：电磁屏蔽，隐形飞机，特殊催化剂，特殊磁性、特殊光学、特殊力学性能材料等，大大丰富了材料特性，大幅度超越原有的性能极限。又因为纳米结构涉及金属、陶瓷、聚合物三大类材料，包括结构和功能材料的奇异前景，因此，纳米材料成为大家关注的话题是极其正常的。

L：那么，纳米材料和纳米结构是怎样制造出来的呢？有多长的历史了？

H：1963年日本名古屋大学上田良二教授用气体蒸发冷凝法首次制备了金属纳米微粒，并进行了电镜观察和电子衍射研究，这是最早的记录，但并没有引起很大反响。1984年德国萨尔兰大学的格雷特与美国阿贡实验室希格尔相继成功地制得了纯物质的纳米细粉。格雷特还进一步在高真空条件下，将直径为6nm的铁粒子通过原位加压成形，再经烧结制得了晶粒尺寸为纳米量级的块体。一般认为，这是纳米材料研究的正式开始。也就是说，如果要找一位纳米材料研究的创始人物，格雷特是最符合这个条件的。格雷特不仅制造了3维块体纳米结构，而且证实了纳米结构的WC-Co金属陶瓷确实具有特殊的力学性能。维氏硬度可以提高400左右，这是非常惊人的。可以认为1984年是纳米材料的开端之年，纳米元年。

L：在纳米材料研究的初期，中国科学家做出了哪些贡献呢？

H：1989～1990年中科院金属所当时的博士生卢柯与导师王景唐一起，发明了将非晶条带进行晶化处理，来获取完全纳米组织的方法，晶粒尺寸小于100纳米。不仅研究了这种相变的热力学和动力学特征，而且还以不存在空隙的样品，证实了在小于100纳米的晶粒度时，材料强度与晶粒间的反常霍尔－佩奇关系，即晶粒细化会带来强度下降。2000年卢柯及合作者还发现了纳米尺寸晶粒的铜可在室温超塑性延展，而不发生加工硬化；2003年又发现铁表面纳米晶化后，可使氮化温度从500℃降低至300℃。最近又发现Cu纳米孪晶与强度的正常霍尔－佩奇关系。

2.5.17 尺度之奇——纳米结构的性能

纳米虽只是一个尺度的量级，从 1960 年代起人们掌握了将材料制成 1 维、2 维和 3 维尺度量级的纳米结构的技术，并发现这种结构会带来性能上的惊人巨大变化，这给人们带来极大的想象空间，对纳米时代的未来寄予了极大的希望。

日 谷口纪男（R.Taniguchi）
（1974 年提出纳米科技）

1974 年日本谷口纪男教授提出低于 1 微米公差的纳米科技概念。纳米科技第一次独立登上历史舞台。1981 年，德国和瑞士的两位科学家发明扫描隧道显微镜（STM），从此又导致原子力显微镜（AFM）等问世，使人们第一次可以主动操纵单个原子在物质表面的排列状态。这一成就与 1931 年发明电镜的鲁斯卡一起，获 1986 年诺贝尔物理学奖。纳米科技成就从此接连出现。

国产扫描隧道显微镜（1990 年）

美 斯莫利（R.E.Smalley）
（1943—2005）

英 克罗托（H.W.Kroto）
（1939—）

美 柯尔（R.F.Carl）
（1933—）

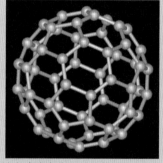

纳米碳球也称 C_{60}（巴基球）富勒烯

1985 年美国科学家斯莫利等制得纳米碳球（巴基球），其中填充不同金属可能成为：超导体、半导体，超级耐高温（1073K）润滑剂，高效电化学电池等。1996 年斯莫利等获诺贝尔化学奖。

1991 年日本科学家饭岛澄男发现碳纳米管，具有优异力学性能、场发射性能，可制成阴极显示管、储氢材料，也是最好的导体。

1990 年代开发出纳米陶瓷材料，是指在显微结构中，晶粒、晶界等处的结合都处在纳米（1 ~ 100 纳米）量级，使材料强度、韧性大幅度提高，出现超塑性，克服了工程陶瓷的弱点，在力学、电学、热学、磁学、光学等性能上产生飞跃，为工程陶瓷开拓了新领域。

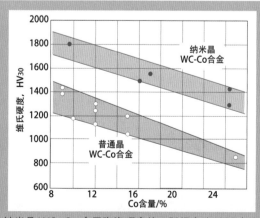

纳米晶 WC-Co 金属陶瓷硬度的飞跃提高（1996 年）

2.5.17　尺度之奇——纳米结构的性能

L：据说，早在1974年日本学者谷口纪男就使用了纳米科技这个词？

H：是的。他是一位机械学家，第一次使用纳米科技一词来描述薄膜沉积和离子束处理中涉及的纳米尺度的机械精度控制。国际上还有将纳米材料的发展划分为三个阶段的说法：1990年以前（第一阶段），实验室探索制备各种纳米颗粒粉体或合成块体，研究评估表征方法，探索特殊性能阶段。1990～1994年（第二阶段），发掘纳米材料物理和化学特性，并设计纳米复合材料阶段。1994年至今（第三阶段），纳米自组装、人工组装纳米结构材料体系阶段。

L：那么，到底纳米材料创造了哪些奇迹，让人们这样孜孜以求呢？

H：如图所示，根据格雷特1996年的报道，当WC的粒子尺寸从微米级细化到纳米量级时，维氏硬度可以提高400个单位。请注意：人类从铜器时代的最高硬度（维氏硬度600）提高到铁器时代的最高硬度的20世纪初（维氏硬度1000），花费了3000多年的时间。另外，根据格雷特1996年的评论，当Y_2O_3坯料粒子细化到纳米量级时，陶瓷材料的塑性变形行为将发生明显改变，这种脆性材料将出现超塑性。当然这里还有个烧结问题，既要满足相对密度的提高（达到100%）；又要保持晶粒不粗化，这要精心控制烧结工艺才能实现。功能材料方面的例子更是举不胜举。1988年日本学者吉泽等发现，FeSiBCuNb块体金属玻璃在部分晶化后，出现5~20nm的晶化相，结果表现出极高的磁导率。其原因被认为是：晶粒平均尺寸已小于磁畴的尺寸。另一实例是多孔硅的光致发光效应。单晶材料蚀刻加工后出现的蚀坑（或称蚀孔）为多边形晶粒或亚晶状，尺寸为微米、亚微米或纳米级，这就是多孔硅。1990年坎哈姆发现纳米多孔硅被光照射后的发光效应，发光波长大于入射波长。该特异现象后来被用于光电元件。

L：看来功能纳米材料能表现出更奇异的特性，最奇特的纳米结构是哪种呢？

H：那应该数1985年美国赖斯大学研究者发现的富勒烯，也称为"巴基球"或C60；另一种是1991年日本电气公司饭岛澄男发现的碳纳米管。富勒烯一词是用未来派巨大球形的建筑大师富勒的名字命名的。现在，这两种纳米结构也统称为碳纳米结构。这是至少有一个维度是小于100纳米的碳纳米结构。构成纳米结构的既可以是碳原子，也可以是非碳原子，甚至可以是纳米孔。碳纳米结构主要有三种类型：纳米碳管，纳米球碳（富勒烯）和纳米金刚石膜。

L：纳米碳结构有哪些特异性能呢？可以举个例子来说明一下吗？

H：可以。就以纳米碳管为例吧。所谓纳米碳管就是纳米尺度的管状石墨晶体，是单层或多层石墨片围绕中心轴按一定的螺旋角卷曲而成的无缝纳米管，每层都是六边形原子构成的圆柱面。从饭岛澄男发现纳米碳管以来，无数科技工作者描绘了它的未来可应用前景，称得上是万能型美妙材料：至高的强度，强度比最强的钢高100倍；可做储氢材料，可逆储/放氢量在5%（质量分数）左右，是迄今能力最强的储氢材料；可做隐身材料，对红外和电磁波显示隐身作用；可做纳米导线，电流密度可达铜的100多倍；做集成电路材料，比硅半导体更强大等等。

L：这是真的吗？太神奇了。难怪人们对纳米技术抱有如此巨大的期望。

H：当然也必须说明，这些还都只是前景而不是现实结果。纳米碳管已发现20年了，离这些远景还有很大距离，技术难度仍然极大。不过远景也不会是遥遥无期的。碳纳米结构一定会在将来不断创造出真正的人间奇迹。

2.5.18 难解对称性——准晶材料

在 1980 年代以前，人们认为固体只有两类，一是原子规则排列的晶体，另一是原子混乱排列的非晶体。1984 年以色列学者谢特曼在 Al-Mn 合金中发现了具有 5 次对称的准晶，是对晶体对称规则的一次尖锐挑战，在学术界掀起巨大波澜。

具有五次对称的晶体结构模型

在 1850 年已总结出晶体平移周期性。受平移对称约束，晶体的旋转对称轴只能有 1、2、3、4、6 等 5 种，而不允许出现 5 次或 6 次以上的旋转对称性。这种限制就如同不能用正五边形板铺满地面一样。所以 1984 年谢特曼等的发现遭到质疑是空前激烈的。27 年后终于认识到这正是人类对晶体认识的一次飞跃，谢特曼因此获 2011 年度诺贝尔化学奖。

以色列　谢特曼
（D.Shechtman）
（1941—）

中国　郭可信
（1923—2005）

中国　叶恒强（1940—）

中国　张泽（1953—）

1984 年起以郭可信为首的中国学者也发现了 5 次对称现象，并形成世界最强大的研究团体。在钛镍合金中发现的准晶相被同行称为"中国相"。

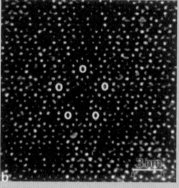

钛镍准晶相的高分辨电子显微镜照片

具有 5 次对称的电子衍射图

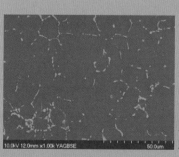

天然黄铁矿 FeS$_2$ 的 12 面体准晶

Mg-Zn-Y 合金中的准晶第 2 相

1990 年代末人们尝试利用二十面体准晶强化 Mg-Zn-Y 合金，抗拉强度可达 286 兆帕，延伸率达 21%。"准晶强化"既明显提高强度又有较高塑性的独特效果，极大地鼓舞了材料工作者。

2.5.18   难解对称性——准晶材料

L：诺贝尔物理学奖一直有多人共享的记录。既然中国的郭可信等和谢特曼各自独立地发现了准晶，为何不能分享诺贝尔物理学奖呢？

H：这问题可不是我能解释得了的。可能还是谢特曼的研究和论文发表都更早些吧。由于五次对称有悖于已知的对称原理，谢特曼在1982年做出研究结果之后，没有把握自己是否出了什么差错，而没有立即发表研究结果。经过法国科学家格拉梯的支持与鼓励后，才在1984年发表的。而郭可信等关于钛镍相准晶的论文发表于1985年。中国科学家以及法、美、加、日、印等国的研究对谢特曼的研究都是巨大的支持。格拉梯后来亲切地称钛镍相准晶为"中国相"或"郭型准晶"。这与后来高T_C超导的研究有点相像，尽管朱经武、赵忠贤等也都做出了重要贡献，但诺奖只给了瑞士的缪勒等。科学上的第一是很重要的，但人们普遍认为，郭可信及其团队的准晶研究是我国最接近诺贝尔奖的一个研究成果。

L：对谢特曼发出质疑的都是哪些人呢？主要的依据又是什么呢？

H：质疑的人确实是很多的，其中最著名的人物是前辈化学家，1954年诺贝尔化学奖得主L.鲍林。鲍林还是1962年诺贝尔和平奖得主，1968～1969年度列宁和平奖得主，在世界上有极其广泛的影响。他认为关于准晶的发现是"无中生有、无稽之谈"，并以具有复杂孪晶的衍射完全可以得到与准晶相同的衍射结果为依据，多次发论文质疑，甚至讥笑谢特曼："没有准晶相，只有准科学家。"可以想见年龄比鲍林约小40岁的谢特曼承受压力之重。就在谢特曼获诺奖之前，还有人发表论文称：用fcc结构金属旋转适当角度也可以得到与五次对称相同的衍射花样。但谢特曼及支持者们没有在压力面前屈服，坚持了自己的主张。

L：他们又取得了哪些方面的新证据呢？有哪些新的进展呢？

H：首先各国科学家在Al-Mn之外的其他合金中也发现了准晶，这些事实使人们确信准晶这类特殊有序固体结构的真实存在。准晶体可以在很多合金中出现，甚至发现自然界中早已存在准晶体。2009年确认：来自俄罗斯堪察加半岛的三叠纪铝锌铜矿石样本中，有天然CuFeAl二十面体准晶颗粒，证明这是一类特异但并不罕见的固态结构。还逐渐发展出类准晶相的概念，可以认为准晶是普通周期性晶体的一种变异。1992年国际结晶学会建议修改晶体的定义，以便将准晶纳入晶体之中。新定义是：晶体是"任何能给出明确离散衍射图的固体"。

L：准晶是仅仅具有理论意义呢，还是在开发新材料方面也有重要价值呢？

H：特殊结构应该对应着特殊性能。毫无疑问，不仅存在理论意义，也有实际价值。现已得知，准晶具有高硬度、高耐磨性、高热障、低摩擦系数、低表面能以及储氢特性等。尽管实际开发出的产品还很有限，但国外已有准晶不粘锅炊具系列，剃刀、手术刀系列等。研究还表明，准晶可作为隔热、储氢和太阳能吸收材料使用。最近有研究表明，准晶相粒子可以成为铝、镁合金的强化相。已有镁基合金强化的宝贵尝试称：利用二十面体准晶强化，可以使Mg-Zn-Y合金在室温下，屈服强度达到220兆帕，抗拉强度达到370兆帕，伸长率达到17%。随着合金中准晶相体积分数的增多，力学性能还能达到更高水平。这种既明显提高强度又对塑性降低不多的独特效果鼓舞着材料开发。当然也需指出，尽管准晶有上述独特作用，但质脆与疏松等缺点还是使其难以作为块体结构材料使用，虽然低维化会有重要前景，但成膜困难、性价比较低等问题仍待进一步研究解决。

2.5.19 最轻金属材料——镁的崛起

　　1755 年已发现了镁，它却是材料史中最后崛起的金属结构材料。由于它非常活泼，氧化物非常稳定，将镁变成工程材料用了一百多年的时间，做出贡献的人可列出很长名单。由于镁是最轻金属材料，工业化的驱动力一直都很大。

法　拉瓦锡(A. Lavosier)
（1743—1794）

英　戴维 (S. H. Davy)
(1778—1829)

德　本生（R. Bunsen）
(1811—1899)

　　化学奠基人拉瓦锡在 18 世纪已预言了 Mg 的存在，英国化学家戴维于 1808 年制取了少量的镁，但不纯。德国化学家本生于 1852 年发明电解法，使镁可以工业生产。

皮江的
实验室

　　镁资源极其丰富，但工业化却极其曲折。直到 1920 年镁价仍很昂贵，世界仅年产百吨。1941 年加拿大 L. 皮江博士发明硅热还原法，使镁成本明显降低。现欧美已主要使用镁热技术连续生产。但直到 1980 年代初，世界镁产量一直在 20 万吨左右。

拉铸镁
合金铸棒

加拿大　皮江(L.Pidgeon)
(1903—1999)

小型镁合金冶炼
除渣出料机器人

　　我国是镁资源大国，2012 年全球原镁产量 85 万吨，其中我国约占 82%，70 万吨，80% 出口。我国镁产业面临原镁生产厂多，小而分散，技术落后，污染较重等问题。近年来，国家安排了较多研究计划，在原始创新、环境保护、基础研究、技术改造 诸方面加大投资和支持力度，预计镁合金会有更大发展。

镁合金汽车轮毂

镁合金锭

2.5.19 最轻金属材料——镁的崛起

L: 镁及镁合金是最后一个工业化的金属结构材料吧? 镁的发现很晚吗?

H: 镁确实是最后一个实现工业化的结构金属,今后不会再有了。但镁的发现却不是最晚。以获得纯金属时间论,镁比钛早 102 年。1910 年制得纯钛,而 1808 年英国化学大师戴维(法拉第的老师)就制取了纯镁。戴维一个人在 19 世纪初发现了 9 种元素:钾、钠、镁、钙、锶、钡、硼、硅和氯,是发现元素的世界冠军。这无疑对于金属材料的发展也是极大的贡献。但是,镁的大规模工业化为什么又这样晚呢? 这是技术与经济两方面因素造成的。19 世纪中期德国已经建起第一座用于电解无水氯化镁的电解池,并于 1886 年建起了世界上第一个镁厂,用本生电解法制镁;而且发明了连续生产无水氯化镁的新工艺。直到 1915 年,德国都是主要产镁国。1916 年美国开始生产镁,也使用电解法。但是,这时镁价极高,每磅(1 磅 ≈ 0.45 千克)5 美元。1900 年全球只产镁 10 吨,1915 年增至 350 吨。

L: 那么,镁的生产成本是怎样下降的? 工业化是如何实现的呢?

H: 在两次世界大战期间,照明弹和燃烧弹等用途曾大大刺激了镁的应用与生产,在真空高温炉中用硅铁还原白云石(碳酸钙镁)制取镁的技术获得了快速发展。奥地利还发明了碳直接还原氧化镁的方法。1941 年加拿大的皮江发明外热蒸馏罐内硅铁还原白云石新工艺,使生产成本大幅下降。1950 ~ 1960 年代,法国发明镁热新技术,是内热式以硅铁或铝还原白云石的连续制镁高效新工艺,成本明显下降,目前是国外的主流制镁方法。我国则主要采用投资较低、规模较小的皮江法。

L: 要实现镁的工业化,降低成本是关键。而降低成本要靠技术,对吧?

H: 是的。镁是地壳中储量位居第四的金属元素,含量为 2.35%,仅次于铝、铁、钙。我国是世界第一镁资源大国,近年来还成了最大的原镁生产国,约占全球 40%。2011 年我国原镁产量约 66 万吨,其中出口约 40 万吨,国内消费约 27 万吨,约占总产量的 40%。国内材料开发与深加工比例比 10 年前明显提高。在最近 20 年兴起的镁合金大发展中,我国有明显进步。20 年前的工厂规模小、技术落后的状况也有所改观。但是,周期式皮江法仍是我国的主要制镁方式,能耗大、效率低、环境负担重的局面仍有待进一步改善。我国各界都有摆脱落后、争做镁合金大国的决心。我国已经形成了自己的镁合金体系,主要合金元素是 Al、Mn、Zn、Zr 和稀土元素等。那么,你对镁合金已经有了一些解吗?

L: 我的单反相机和三脚架都是镁合金的,轻的感觉很好!

H: 是啊! 作为结构材料,密度小确实是极大优势。镁合金的屈服强度可达 250 ~ 600 兆帕,这就使得镁合金的比强度、比刚度(强度、刚度除以密度)远高于钢铁材料。镁的密度只有 1.74 克 / 厘米^3,只有铝的 64%。从最近一波镁合金发展高潮看,是汽车工业和 3C 产业在起着主要拉动作用。所谓 3C 产业就是指电脑(Computer)、通信(Communication)和消费性电器(Consumer electronic)等三大新兴产业。汽车与航空航天器一样对轻量化也有极高的追求。据测算,汽车质量每降低 100 千克,百公里油耗可减少 0.7 升。镁合金的密度只有钢铁的 1/4,在汽车上使用 35 千克镁合金,可代替 140 千克钢铁,可实现降低油耗 0.7 升的节能效果。你的单反相机等属于 3C 产品,最有代表性的还有笔记本电脑和手机。当然,任何材料都有缺点,镁及镁合金的最大缺点是太活泼,太容易与其他元素结合,也就有易氧化、易腐蚀的缺点。目前正在研发克服这些缺点的技术。

2.5.20 特殊加工——镁合金应用

1822 年发明的压铸工艺，为镁合金走上实用化道路奠定了重要基础。虽然镁合金有一定的塑性，但压铸是主要生产方式。1990 年代以来镁合金约 90% 产品通过铸造成形，镁合金铸件总产量的 93% 是压铸工艺生产的，镁合金压铸性能优越。

美　多勒(H.H.Doehler)
(1872—?)

1964 年在多勒 92 岁时，美国纪念他对压铸技术的贡献

英　富兰克林(H.H.Franklin)
(1904 年压铸制造汽车零件)

现代国产镁合金压铸机

1822 年美国发明家威廉·乔奇 (1778—1863) 发明压铸用于铸造铅字。1849 年斯图吉斯制成第一台活塞压铸机。1904 年英国富兰克林开创用压铸方法生产汽车零件。1905 年美国多勒制造工业压铸机。1927 年捷克波拉克改进压铸机，铝、镁、铜等合金均可用压铸生产。1990 年代以来大量铸造生产镁合金。

镁合金主要性能特点

(1) 密度小，约 1.74 克 / 厘米³；
(2) 比强度和比刚度优于铝和钢铁，远优于塑料；
(3) 减震性能好，适用于消震用途；
(4) 无磁性，具有优良的电磁波屏蔽性能；
(5) 良好的散热性，仅次于铝；
(6) 压铸性好，最小壁厚可达 0.6 毫米；
(7) 良好的切削性能；
(8) 可 100% 回收利用；
(9) 耐腐蚀性差。

镁合金用于汽车的优势

 汽车部件

 汽车方向盘

(1) 减轻重量，减少能耗，减少排放；(2) 产品集成化，一个压铸件可取代多个组装件；(3) 良好减震性、降低噪声，提高舒适度；(4) 具延展性，提高抗冲击性。

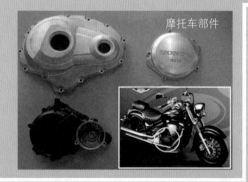 摩托车部件

 笔记本电脑壳体

 手机壳体

 相机壳体

镁合金用于 3C 产品优势

(1) 轻便；(2) 良好散热性；(3) 磁屏蔽性能；(4) 减震性。

2.5.20 特殊加工——镁合金应用

L: 镁很活泼,这一点我们都有很深的印象。中学时我们在化学课中做过点燃镁条的实验。镁在冶金生产以及应用过程中一定会有很多特殊的问题吧?

H: 是的。从纯镁到镁合金有一个重熔—合金化—成型的过程,由于镁是一种极活泼的金属,温度高于500℃时,氧化速率加快。温度超过熔点,氧化急剧加速,遇氧即激烈氧化而燃烧,并放出大量的热。所以熔化时必须要采用严格保护措施,主要是采用覆盖剂和保护性气氛。镁合金的成形主要是通过铸造,也有小部分是通过塑性变形来实现,由于要尽可能防止镁在高温的暴露,所以目前实用镁合金产品中,约90%通过铸造成形。其中压铸是最主要的工艺,全球镁合金铸件的93%用压铸工艺生产。也是因为镁合金比铝合金有更好的压铸性能,这包括:① 镁合金熔体黏度更低,流动性好,易于充满复杂型腔;② 铸件尺寸精度更高,明显优于铝;③ 结晶潜热低于铝;④ 对模具冲蚀比铝小;⑤ 压射周期比铝短。所以,虽然压铸是为熔点更低的铅字铸造发明的,现在却在镁合金成形工艺上发挥了重大作用。目前,铸挤变形工艺也在研发中。

L: 既然比强度、比刚度是镁合金的主要优势,那应该成为航空航天工业的主要材料啊! 实际情况是铝合金比镁合金更受欢迎一些,是这样吧?

H: 是这样。各种材料都有一个竞争问题,铝合金也在接受钛合金和各种复合材料的挑战。竞争对手越多,越能够推动不同材料的发展、进步。镁合金也是如此。尽管比强度、比刚度优势很大,但劣势也明显呀。比如:镁太活泼,耐腐蚀性差;因为是六方结构,塑性也不是太好;还有高温易燃,安全性差等。所以,虽然1950年代镁在航空工业上曾有过一段大量应用的历史,如在B36轰炸机上年用镁合金量曾达8.6吨,1950年代后期曾达年用量万吨;但最终因耐蚀性、抗蠕变、抗疲劳问题,而使应用量大幅度减少。但航空航天领域,减重需求太强烈了。1990年代以来,又开始了镁合金在航空座椅、踏板、轮毂上应用的热潮。

L: 工程塑料及其复合材料不是更轻吗? 与它们相比镁合金的优势在哪里呢?

H: 优势在于高导热性。导热性联系着散热性。几乎所有3C产品都有芯片的集成线路在工作,要产生热量,热量必须尽快散出,有时还要加专门风扇。镁合金的高导热性和散热功能是它成为3C产业宠儿的重要优势。在汽车上应用,散热性也不可或缺。另外一个优势就得说减振性能了,也称为阻尼性能。这也是其他材料没法比拟的。就拿三脚架来说,拍普通照片显不出来,假如你用超长焦镜头拍摄极远景物,拍摄效果会和三脚架以及相机振动有明显关系。你看过画报上高清晰度的照片了吗? 那都是在避免任何振动时拍出来的,这是一个小例子。阻尼性能还有更重要意义,比如航天器机舱,强振动中会导致人体不适,甚至疾病。精密仪表也需要减振,总之阻尼性能已经是一个极其重要的技术要求。

L: 除了作为结构材料之外,镁合金在功能材料方面还有什么突出优势吗?

H: 有的! 1968年美国最早研制出的储氢材料就是Mg_2Ni化合物。其实最早是研究纯镁储氢能力的。纯镁的储氢能力很强,达到7.5%(质量分数),即可以形成化合物MgH_2,但是MgH_2的分解温度过高,一个大气压下的分解温度达287℃。后来加入Ni,形成Mg_2Ni型化合物后,才将分解温度降下来。现已成为重要的储氢材料,并且在不断改进和研发中。最近Mg_2Ni型化合物在二次电池负极方面的应用已经成为一个重要的发展方向。

2.5.21　进入超级钢时代

钢铁材料发展到 20 世纪末，出现了一个巨大进步，这就是当时产钢第一大国的日本在 1997 年提出了"超级钢铁"的研发计划。其基本思路是逐渐减小钢铁生产对资源的依赖，提出把现有钢材强度提高一倍，以解决质量和数量需求的宏伟规划。

英　霍尔
（E.O.Hall）
（1951 年奠定霍尔－佩奇关系）

1950 年代初，英国科学家霍尔与佩奇(N.Petch1917—1992) 定量地阐明了晶粒细化对金属材料屈服强度的贡献，成为材料强化研究的重要基础。

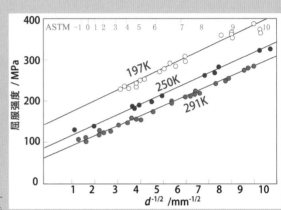

低碳钢 (0.11%C) 屈服强度与晶粒度关系的现代研究

超级钢出现

1997 年日本首先提出超级钢铁的概念。这是指利用普通低碳钢，在基本不改变材料成分，基本不提高成本前提下，通过控轧控冷，使强度提高 1 倍，其他性能保持不变的材料。特点为：①高纯净化；②低宏观偏析；③超细晶化。2002 年日本成功地将强度为 400 兆帕级别的钢强化到 800 兆帕。

我国在 2000 年代超级钢的研发也已经走在世界前列。

钢细晶化的价值

1980 年代以后，各主要产钢国普遍采用了通过控制轧制和控制冷却的方法来大幅度细化钢的组织，使晶粒尺寸达到 1.0~10 微米的程度。这是超级钢的主要生产手段。

控轧控冷钢的焊缝附近组织与普通轧制 (上) 的比较

2002 年中国产超级钢应用于上海东海大桥，钢板减薄后降低了大桥整体自重。

2000 年代控制轧制已成为各国生产超级钢的主要手段。

2000 年代日本 GTR R35 跑车应用超级钢以降低车重。

2.5.21 进入超级钢时代

L：为什么会出现一个"超级钢"时代，从何时起进入了超级钢时代呢？

H：超级钢是1997年日本提出的一个新概念（日文称"超级钢铁"），是一个为期十年的研发计划，现已基本完成。该计划直接起因于阪神大地震，震后日本痛感钢铁强度不够；此外，提高钢强度有利于汽车的轻量化；该计划还包括耐热钢、不锈钢等内容，所以日本提出的口号是"强度翻番，寿命翻番"。此计划也是节约资源、减低排放、保护环境的产物，直接导出了日本不再进口矿石的战略性口号的提出。该计划一出，在全世界产生了广泛影响。2001年欧盟启动了"超细晶粒钢开发"计划，2002年美国公布实施了两个"超级钢开发项目"。我国1998年启动了重大基础研究计划"新一代钢铁材料基础研究"的项目，并于2002年底基本完成研究工作，成功开发出了200MPa、400MPa和800MPa级的超细晶粒钢生产工艺，已在宝钢、本钢等处批量生产，并进一步列入国家高技术发展计划，在全国各行业推广应用。各国的发展计划虽不尽相同，但以日本提出的内容最为丰富。概括言之，超级钢时代开始于2000年，20世纪的最后一年。

L：您特别强调霍尔-佩奇关系的意义，是因为这是超级钢的理论基础吗？

H：是的。从20世纪初，人类开始大量使用钢铁材料以来，已经研究开发出了多种可导致钢强化的有效机制。但是，只有细晶强化是可以既能提高强度，又能同时提高塑性的机制。超级钢的开发不能以牺牲塑性为代价，细晶强化便成为唯一的希望。从0.11%C的低碳钢霍尔-佩奇关系图可以看出，通过细晶强化使屈服强度提高一倍是完全有可能的。霍尔-佩奇关系是1950年代确立的一个久经考验的规律，既有位错理论的支持，又有实验数据的证实。但是，在不改变钢成分的前提下，使钢的晶粒尺寸达到1微米量级是极其困难的。图中的最细晶粒相当于ASTM的10级左右，晶粒尺寸是10微米，而1微米的尺寸相当于ASTM晶粒度的16～17级。所以50年来，尽管人们已经知道超细化晶粒有巨大的强化作用，却从来没有实现过。20世纪末钢铁冶金设备水平大幅度提高，特别是强力轧制的开发，为实现低温控制轧制，进而获得钢的超细晶组织创造了条件。

L：日本提出了"强度翻番，寿命翻番"的口号，寿命翻番如何考核啊？

H：这就不可能是指一般建筑用钢啊。日本的超级钢计划还包括提高火力发电效率的目标，其中就有铁素体系耐热钢的研发；其次，还有海洋环境用及海岸工程用的无镍耐腐蚀不锈钢、无镍耐候钢等开发计划。这些钢材不再用强度翻番来考核，而更适合用寿命翻番来考核。在日本的计划中充分注意了对超级钢焊接技术的研究与评估。因为焊接是破坏细晶组织的大敌，所以，没有与超级钢相配套的焊接技术和评估体系，超级钢是很难获得有效利用并发挥作用的。

L：您怎样评价日本从此不再进口铁矿石的口号？

H：日本是一个资源贫瘠的国家，十分重视资源的回收与利用。从1970年起日本就成为亿吨级的世界性钢铁大国，而且是钢铁强国。四十几年来，进口了大量铁矿石。近年来除高价出口优质钢材外，也积累了大量的废钢。钢铁是一个比较容易再生的材料，日本又是第一个提出环境意识材料的国度。通过强度翻番、寿命翻番的措施来提高钢铁的使用效率，实现铁资源的循环利用，应当是一个值得重视的技术政策。不进口铁矿石意味着不再炼铁，会大大减少环境压力。

2 材料本传

用于探测反物质的钕铁硼阿尔法磁谱仪 AMS，在空间站上

2.6 现代材料 2——功能材料

从 1960 年代中期到现在，进入了现代材料阶段。这一阶段最重要的特征是功能材料概念的成熟，并受到世界各国的高度重视，获得了高速度发展。虽然以 1750 年多龙德发明消色差物镜为标志，人类早就已经开始了功能材料的探索。但到了 20 世纪初期，随着对材料物理性能需求的发展，功能材料种类才在不断增加。但当时因为这些材料的实际需求数量很少，还只是把它们叫做精密材料、特殊材料或特殊性能材料。直到进入现代材料阶段之后的 1965 年，才由美国贝尔研究所的莫顿（J.A. Morton）首先提出了"功能材料"的概念。其后很快受到欧洲和日本各研究所、大学及材料学会的响应，并得到各国材料科学界的重视和接受。正式将其与结构材料区别开来，用以表示能够满足电、磁、声、光、热等物理学、化学以及生物医学等各方面性能需求的材料。

功能材料在这一时期走向成熟，是人类进入第三次科技文明时代——信息时代的标志性事件之一。从 1959～1964 年，晶体管计算机取代了电子管计算机，人类社会进入了电子计算机的第二代。其后，到了 1970 年前后又很快进入了集成电路和大型集成电路的第三代和第四代电子计算机时代。所以，以半导体芯片材料、磁记录材料、光导纤维材料、液晶显示材料为代表的信息材料成为功能材料中最具代表性的主流材料。而面对信息产业的快速发展，开发出多功能、集成化和高灵敏度的信息材料，包括处理、存储、传输、显示等各方面的材料，也正是功能材料领域备受关注的研究开发方向。

除信息材料外，新能源和能源转换材料也是功能材料领域持续不断的研发目标。制氢、储氢、利用太阳能和其他再生能源的材料受到了广泛关注。随着纯电动汽车的开发，锂电池等蓄电池材料也成为热门开发方向。此外超导材料、催化剂材料、磁性材料，特别是生物医学材料等都有高度的科学价值和社会价值。

另外，在现代材料阶段，一个与实验研究并行的材料研究方法——"计算材料学"几乎同时兴起。这是由于材料科学已经形成，出现了很多材料学的量化规律；另一方面，计算机技术和计算方法也在快速发展。对于未知的材料学现象，新的材料结构的形成，新的材料性能的探究，已经可以不再只依靠实验研究这个唯一的途径来完成；已经可以通过计算材料学方法，来获取未知信息。已经证明：这是一种十分有效的方法。在现代计算机技术的支持下，相图计算、材料设计和材料组织形成过程模拟等，也已经成为现代材料科学的又一个重要分支。而且，功能材料的材料设计已经逐渐成为这一领域中最活跃、最有效的部分。此外各种材料制备工艺过程的计算机模拟，也已成为计算材料学的重要研究领域。

2.6.1 形状记忆合金

　　形状记忆效应是美国的瑞德等 1951 年在 Au-Cd 合金中最早发现的，但直到 1958 年，彼勒等在 TiNi 合金中观察到形状记忆效应，才引起科学与工程界的重视。到 1970 年代初，形状记忆合金已作为智能材料成功应用于机械、航空、能源和医疗等许多领域。

　　形状记忆合金 (SMA) 是材料领域最华丽的发明之一。在航天用天线中的应用，最具幻想意味。SMA 也是与最具魅力相变——马氏体相变关系最密切的材料，可联想到苏联科学家库尔久莫夫热弹性马氏体的研究。SMA 是集感知 - 命令 - 执行为一体的合金，典型的智能材料，是材料和部件智能化的重要例证，最具未来性前景。

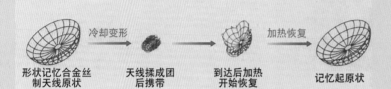

形状记忆合金丝制天线原状 → 冷却变形 → 天线揉成团后携带 → 到达后加热开始恢复 → 加热恢复 → 记忆起原状

美　彼勒（W.J.Buehler）
1958 年发明 TiNi 形状记忆合金

　　形状记忆效应 (SME) 起因于一种特殊的马氏体相变。母相（比如奥氏体）在冷却后变成了孪晶马氏体；在此温度进行塑性形变时，这种孪晶马氏体变成了马氏体的另一种变体；而这种变体在加热时直接变成了母相，使形状得以恢复——产生记忆效应。

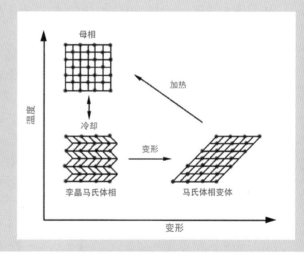

TiNi 合金的形状记忆效应用于医疗，已获得巨大效果。其中骨骼固定是形状恢复的妙用。

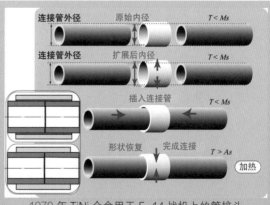

1970 年 TiNi 合金用于 F-14 战机上的管接头

2.6.1 形状记忆合金

L：一个时期以来，形状记忆合金经常成为新材料应用的一个热门话题。

H：是的。尽管一般认为是美国的瑞德（Read）在1951年第一次发现了Au-Cd合金中的形状记忆效应，并于1953年在In-Tl合金中也发现了同样现象，却并没有引起人们注意。直到1958年春美国海军研究所彼勒（Buehler）等发现了Ti-Ni合金的形状记忆效应，才引起了世界性的瞩目。特别是人们得知，可预先在地面用形状记忆合金做好一个庞大天线，然后冷却到低温，在低温把这个庞大天线揉成一个小团以便携带。带到太空没有空气阻力的地方后，在太阳的照射下，这个天线可以升高到制成时的温度，便能够"记忆起"当初的形状，展开成为巨大的天线，用于与地球间的通信。人们感叹于这个美好的设计和浪漫的应用。

L：据说在1969年美国阿波罗号载人飞船登月时，就利用了这种天线。

H：不！据我所知，形状记忆合金天线的这种应用，其实只是一个美丽的幻想，实际上并不曾发生过。虽然一些书籍上介绍过这个应用，包括一些学术性著作，但事实上并没有真的发生过。形状记忆合金与航空有关的应用，是1970年美国的TiNi合金管接头在F14舰载战斗机油压管路上的应用。主要是解决了密集管路上，大量管接头安装的实际操作困难，并保证了管接头可靠性、安全性等关键问题。这是形状记忆合金的第一个意义最大的应用，虽然听起来并不那么浪漫诱人，但是，其实价值非凡、十分重要。这是智能材料的第一次亮相。

L：是吗？您是说阿波罗登月时，形状记忆合金天线的应用并没有发生过？

H：是的！不是说阿波罗登月不曾发生，而是说，形状记忆合金天线的应用从来没有发生过。因为这个传说太美妙了，很多人可能因此不愿意说破这个秘密。天线问题困难太多。马氏体相变也是最富魅力的相变，库尔久莫夫有苏联马氏体相变之父的美称。他关于热弹性马氏体相变的研究，使他实际上成了形状记忆合金的理论开拓者。库尔久莫夫关于马氏体研究的很多贡献都是非常杰出的，比如发现了马氏体与奥氏体之间的K-S晶体学关系；确认了钢淬火硬化的原因是：碳使马氏体由体心"立"方结构变成了体心"正"方结构之故等等。

L：那么，能够最简明地解释一下，这种形状上的记忆是如何发生的吗？

H：我试试看。如中图所示。形状记忆实际联系着两个外部因素：形变和温变。这两个因素决定了两个内部变化——马氏体相变和逆相变。形变前是母相，即原始形状，温度变化（降温）使母相变成了孪晶马氏体。注意：这时宏观形状没变，其后在低温进行了形变（比如直的变成了弯的）。这时孪晶马氏体结构没变，只是马氏体的形态发生了变化（比如整体的变成了细碎的，单排的变成了双排的等）。在发生温度变化时（回升到原始温度），这种形态已变化的孪晶马氏体可直接逆相变为母相结构，这时形状便恢复了原始形状。这就是记忆的发生。

L：原来记忆就是恢复了原来结构的意思。为什么只有这些合金会记忆呢？

H：具有形状记忆效应的合金有如下两个重要的特点：一是在全部温度变化过程中不能发生原子的扩散，因为扩散是不可逆的；二是马氏体相变温度和逆相变温度要与形变温度相互匹配。能满足这两个条件的合金都可能成为形状记忆合金，并非只有TiNi合金。1970年代以来已在Cu-Al-Ni、Cu-Au-Zn、Ni-Al、Fe-Pt、Fe-Pd、Mn-Cu等很多系统的合金中，发现了形状记忆效应。已经开发了很多种形状记忆合金，在机械、电气、医疗等各个领域发挥着奇妙的作用。

2.6.2　发现金属玻璃

　　1960 年代人们首次认识到快速凝固金属可以不变成结晶态，而是变成像玻璃一样的非晶态。这种状态的性质与结晶态完全不同，如：超高硬度、极低塑性、极耐腐蚀等。这是异乎寻常的重大发现，后来认识到这种状态应当是金属玻璃。

美　坦布尔(D.Turnbull)
(1915—2007)

美　约翰逊(W.L.Johnson)
(1937—)

美　杜威（P.Duwez）
(1907—1984)

　　1960 年美国科学家 杜威等首先发现 Au-Si 合金的小液滴在极快速冷却时，能变成非晶状态；1969 年美国科学家 坦布尔等将 Pd 基合金制成 1 毫米厚的非晶；1993 年 约翰逊发现非晶形成能力极高的 Zr 基合金，临界冷速只有 1 开 / 秒。

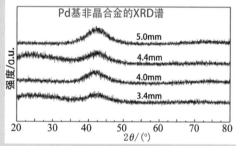

块体金属玻璃
的形态与尺寸

杜威与学生在用太阳炉做实验

2.6.2 发现金属玻璃

L：为什么说，发现金属玻璃是一件意义非常重大的事件呢？

H：这是因为：在人类使用金属的漫长的几千年中，从来没有认为金属与早已认识了的晶体，包括水晶、食盐、萤石、钻石、雄黄和各种矿石有任何共同之处。从近代化学诞生，到认识清楚金属是一种晶体，认识到金属凝固是一种结晶过程，用了 130 年的时间。1900 年埃文和罗森汉完全从理性认识清楚："金属即使塑性变形后仍是晶态"。到 1920 年代 X 射线金属学诞生，人们牢固建立了金属只能是晶体的概念。1934 年美国克雷默首次用蒸发沉积法制备了非晶态合金。布伦纳又于 1950 年用电沉积法制出 NiP 非晶态合金，用作耐磨耐腐涂层，因为极易晶化并没引起注意。可是到 1960 年，美国学者杜威把 Au-Si 金属合金以每秒 100 万摄氏度的冷速急剧冷却时，获得了后来被称作"金属玻璃"的非晶态合金。结果发表后引起极大震动。因为这距 X 射线法确认金属是晶体不到 40 年。

L：当时很震撼吗？金属也可以是非晶态的！这是过冷下来的液态金属吗？

H：是的！非常震撼！但是杜威教授冷静而持重。他对 X 射线衍射结果未能深信。在两位博士生兴奋的鼓动下，他写给《自然》杂志的文章只有半页。后来发现，当冷却速度提高到 10^6℃/秒时，快冷可使很多金属或合金变成非常规组织，包括成为非晶态，或称玻璃态。但是这里必须指出：金属玻璃态却并非过冷下来的液态，两者有着原则的不同。近年来，人们倾向于把玻璃态看作是过冷液态的二级相变产物。尽管熔点附近的液态与玻璃态都是原子的短程有序排列，但这两种短程有序态是不同的。简单地说，玻璃态是比同温度下的液态自由能更低的状态，但是却比晶态的自由能高很多，是一种亚稳相，因此有变成晶态的巨大驱动力。重新加热金属玻璃时，可以测出它转变成过冷液态的温度。该温度被称作玻璃转变温度，或玻璃化温度。但冷却时因速度太快无法测出这种转变。

L：不太好懂了，知道不是过冷液态就行了。金属玻璃的性能会很奇特吧？

H：正是！性能很奇特：强度极高，有优于任何不锈钢的超高耐腐蚀性，依旧保持着自发磁化（就是仍有软磁性或永磁性）等等。在发现之初，就对其未来的应用抱有极大期望。当时人们的第一个愿望，就是期待把必需的冷却速度（称作临界冷速）降下来。到了 1969 年，坦布尔就已经能够制备 1 毫米厚的 Pd 基合金的金属玻璃了，这说明，有的合金是很容易形成金属玻璃的。其实，早在 1950 年代坦布尔、安德森等就对非晶态固体的电子状态做过深入研究，为 1960 年代出现的金属玻璃研究高潮奠定了基础。1969 年，坦布尔研究组在金属玻璃的形成能力方面做出重要贡献，总结了对液体快淬 Au-Ge-Si 和 Pd-Si 非晶态合金的热容研究，首次观察到了 **"玻璃转变温度"** T_g 的存在。令人信服地证明：液体快淬的非晶合金确实是玻璃态。至此 **"金属玻璃"** 的名称被正式认可。

L：金属玻璃的判定用了九年之久，很慎重啊！这种"金属玻璃"透明吗？

H：不透明，它仍然是金属。金属的很多特征仍然被保留。但是新事物往往会被抵制，有人嘲弄杜威的 Au-Si 合金是"愚蠢的合金"。在杜威去世之后，他的学生约翰逊继续开展金属玻璃研究，并于 1993 年取得了重大进展，在 Zr 基合金中发现了可制成大尺寸块体的金属玻璃，临界冷速只需 1K/秒。事实证明金属玻璃非但一点儿都不愚蠢，而且非常聪明。它优异的性能足以说明，这不仅是一个金属新凝聚态的发现，而且是一个新材料的百花园。

2.6.3　金属玻璃新材料

　　从 1960 年代起，人们努力寻找更强玻璃形成能力的合金。已经知道，快速凝固并非制备非晶合金的唯一途径，至少还有机械合金化、电镀、严重塑性变形、自蔓延反应合成等。金属玻璃具有多种特异的性能，人们期望它们能发挥重要作用。

日　井上明久（A.Inoue）
(1947—)

1980 年代起日本科学家增本健与井上明久先后领导世界规模最大的非晶金属研究室，从事大量研究，在块体金属玻璃上取得极大进展。1997 年井上明久等制备出直径 72 毫米的 Pd 基金属玻璃。

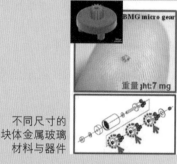

不同尺寸的块体金属玻璃材料与器件

非晶态钎焊料

NiAl 非晶态催化材料

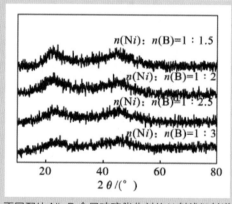

不同配比 Ni-B 金属玻璃催化剂的 X 射线衍射谱

高强度材料：金属玻璃高尔夫球杆

1970 年代非晶铁基合金制作的小型变压器铁芯

1990 年代金属玻璃黏结永磁材料器件

2.6.3 金属玻璃新材料

L：金属玻璃的性质那么诱人，大家一定会迅速跟上，应用开发一定不少吧？

H：正是这样。1989年起日本东北大学金属研究所增本健和井上明久就先后领导世界上最大的金属玻璃研究室，大力开发研究。1990年代起，井上明久等在大尺寸块体金属玻璃方面取得了突破性进展，在该领域居领先地位。1993年研究出大尺寸铁基金属玻璃，为进一步的应用研究创造了良好基础。井上明久本人也成为一位传奇式科学家。不仅有关寻找金属玻璃的著名"井上三原则"已为同行们所熟知，他也成为世界上最受关注的科学家之一。根据ISI检索统计，从1996年到2006年十年间，井上明久是全世界材料领域发表论文最多的作者，也是论文被引用次数最多的作者。总引用量已经超过3万次。这也说明金属玻璃已经成为最活跃的材料研究方向。井上明久2006年11月就任日本东北大学第20任总长，同年当选日本学士院人数固定为150名的院士之一。

L：果然是一位十分活跃的科学家，在中文网站上也能很容易地搜索到他。

H：是这样。这正是由于人们关心金属玻璃前景的缘故。早在1973年日本Araido公司就开始申请金属玻璃的发明专利，此后如雨后春笋，一个个专利破土而出。最早的应用指向是铁基金属玻璃作为软磁材料的应用。甚至有材料专家预言："非晶态金属将在20年内取代软磁材料硅钢片。"请大家不要嘲笑预言家的莽撞，它实际上代表了人类对这种新材料美好未来的热切期望。

L：为什么首先是软磁材料？在其他方面金属玻璃的特长不是也很突出吗？

H：这与制备金属玻璃的装备有关。最早开发出的制取金属玻璃的装备主要是单辊或双辊甩带机，因为冷却速度极高，可以达到每秒百万摄氏度量级。这种设备可以直接制备出带材，带材可直接制成磁性器件。以Fe-Si-B合金为代表的铁基金属玻璃磁导率极高，铁损仅为硅钢片的1/3～1/5，所以使人们浮想联翩。这使金属玻璃很快获得了应用。1980年代，美国金属玻璃的生产已达到年产数万吨的规模。这是因为金属玻璃除了在软磁特性上表现出极大优势外，也在其他方面表现出极大的性能优势。例如，钴基金属玻璃的抗拉强度可以达创纪录的6.0吉帕；金属玻璃是迄今最强的穿甲弹材料；金属玻璃还具有遗传、记忆、大磁熵等独特的性能。还有很多特异性能正在探索之中或尚待探索。半个世纪以来，人们关于金属玻璃的基础与应用研究一直长盛不衰。

L：这些好像大都属于潜在的应用。目前已经应用的突出实例都有哪些呢？

H：那也是不胜枚举的。例如，正在发挥金属玻璃特长的电磁器件已有效地用于放大器、开关和记忆器件上；日本TDK的金属玻璃录音机磁头，大大改善了音质；含铬金属玻璃由于耐点蚀和在氯化物和硫酸盐中的抗腐蚀性大大优于不锈钢，有"超不锈钢"之美誉，用于海洋和医学方面；海上军用飞机电缆、鱼雷、化学滤器、反应容器；医用特殊手术刀；作为催化剂和钎焊材料的应用也很有效；作为高强结构材料的应用更多，金属玻璃纤维已用作复合材料的增强体。

L：不过，金属玻璃也一定不会只有优点吧？主要问题和缺点是什么呢？

H：是啊！有一利必有一弊。获得金属玻璃是需要极快冷却速度的。高临界冷速仍是金属玻璃发展的制约因素。此外，晶化温度是金属玻璃使用温度的上限，也会因为使用温度的需求，而产生进一步提高晶化温度的研发目标。

2.6.4　液晶材料大放异彩

　　液晶材料是一种高分子材料，自 1850 年发现以来，经历了一个多世纪漫长的研究和开发过程才最终获得了应用。很多学科的学者做出了重要贡献，包括生物学、化学、物理学和材料学者。液晶材料的精彩应用，真正体现了多学科的有效联合与协作。

德　沃尔绍(R.Virchow)
(1821—1902)

德　莱曼(O.Lehmann)
(1855—1922)

奥地利　莱茵泽尔(F.Reinitzer)
(1857—1927)

　　1850 年德国生理学家沃尔绍发现天然溶致结晶。1877 年德国物理学家莱曼首次观察到液态晶化。1888 年，奥地利植物学家莱因泽尔在加热胆固醇脂时发现浑浊状熔体突变为透明液体。经深入研究，证实其为结晶性液体，遂命名为液晶。莱因泽尔和莱曼被誉为液晶之父。

法　弗里德尔
(G. Friedel)
(1865—1933)

　　1922 年法国晶体学家弗里德尔将液晶分为三类：向列型、层列型、胆甾型。1960 年代开始应用研究，1968 年美国 RCA 公司的海尔梅尔制成液晶显示器，从此掀起了持续的液晶开发热潮。

液晶的绚丽色彩

　　1971 年瑞士开发出第一台液晶显示器，研制出上万种液晶材料，用于显示器者千数。

　　法国科学家德热纳在对液晶研究中，解决了奇异光散射的 30 多年来的难题，获 1991 年度诺贝尔物理学奖。

法　德热纳(P.G.de Gennes)
(1932—)

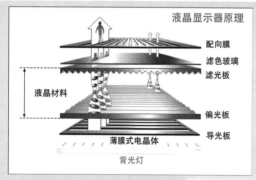

液晶显示器原理

配向膜
滤色玻璃
滤光板

液晶材料

偏光板
导光板
薄膜式电晶体

背光灯

　　1980 年日立制成低温液晶平面显示器；1990 年代彩色超向列型液晶平面显示器用于笔记本电脑，1996 年低温多晶硅液晶平面显示器用于数码相机；2000 年开发出电激光有机液晶显示器。

液晶的彩色结构

　　液晶面板显示器原理是靠偏转一定角度的液晶分子产生色彩，不是自发光，画质不如等离子显示。

立体液晶显示

2.6.4 液晶材料大放异彩

L：是不是可以说，液晶材料实际上是一种聚合物的功能材料呢？

H：可以这样说，但是，这种说法并不准确。液晶是像液体一样可以流动，又有晶体结构特征的物质，也可以说"液晶"是高分子材料的一种特殊状态。目前开发的液晶材料确实主要是利用它作为显示器的功能，所以说液晶材料是一种功能材料是不错的。但是，也有利用高分子材料的液晶状态来抽丝，制作纤维的应用。比如说，碳纤维的制作就有利用液晶状态进行抽丝的重要工艺，这时的液晶高分子就不是功能材料，而是结构材料。而且从研究历史来说，是利用液晶态来抽丝的研究在先，利用液晶做显示器的研究在后。埃利奥特（Elliott）和安伯罗斯（Ambrose）于1950年研究聚 γ 联苯酰戊二酸胺（PBG）抽丝，就是液晶高分子研究的开始；而显示器功能的研究是在20年后的1970年代才开始的。

L：那么，液晶材料是一种怎样的结构，为什么能够具有彩色的显示功能呢？

H：液晶是聚合物高分子所特有的液态与结晶态之间的中间物态。小分子是不会有这样的物态的。液晶除兼有液体和晶体的某些性质（如流动性、各向异性）之外，还有一些独特性质。液晶材料主要是脂肪族、芳香族、硬脂酸等有机物。目前，合成液晶材料已有上万种。液晶可分两大类：只存在于某一温度范围内的，被称为热致液晶；只在溶解于水或有机溶剂后而呈现的液晶状态，被称为溶致液晶，是当前生物物理的研究内容之一。液晶分子有盘、碗等形状，但更多的是棒状。根据分子排列方式，液晶可以分为层列型、向列型和胆甾型三种。那么，为什么液晶能有显示功能呢？原来是利用液晶的电光效应把电信号转换成字符、图像等可见信号的。无电信号时，液晶分子排列有序，清澈透明，一旦对其施加一个直流电场后，分子有序排列被打乱，液晶变得不透明，显示颜色，因而可显示数字和图像。液晶的电光效应是指干涉、散射、衍射、旋光、吸收等受电场调制的光学现象。由于温度变化时液晶会变色，所以也可用来指示温度；另外，液晶遇上氢氰酸等有毒气体也会改变颜色，因而可以用于示警。

L：与电子管显示相比，液晶显示的主要优势和特点是什么呢？

H：液晶显示的明显优点是：驱动电压低、功耗微小、可靠性高、显示信息量大、可彩色显示、无闪烁、对人体无危害等。因为液晶显示具有被动性，不像主动型显示那样，靠发光刺激人眼实现显示。此外，生产易于自动化、成本低廉、可制成各种类型显示器、便于携带等也很重要。由于这些优点，用液晶材料制成的计算机终端和电视可以大幅度减小体积、成本。液晶显示技术对图像、视频产品结构产生了深刻影响，促进了微电子技术和光电信息技术的快速发展。1973年日本声宝公司首次将液晶运用于制作电子计算器的数字显示。现在液晶是笔记本电脑和掌上电脑的主要显示设备，在投影机中也扮演着非常重要的角色。

L：液晶材料的出现对我们材料工作者都有哪些启发和提示作用呢？

H：从认识液晶到实际应用经历了一个世纪，在各种聚合物中开发时间是最长的。可见任何新现象的研究都不可因暂时看不清前景而放弃。聚合物的液态与固态之间有很大的中间状态，分子越大中间状态空间也越大。不同类型物质的有序与无序态有很大的相似性，液晶结构的变化也是有序－无序转变，与铁磁－顺磁转变类似。德热纳把所有的有序－无序态一起研究，因而取得了巨大突破。

2.6.5　奇异的功能高分子

从 1960 年代起，高分子材料不仅为人类提供了大量各种性能优异的结构材料，也开始挑战功能材料的领地。绝缘和导电塑料都是最有代表性的实例。此外在分离膜、液晶显示膜等诸多功能材料领域也表现出不可替代的作用，成为三大材料的全能性成员。

1976 年日本白川英树首次合成出具有高导电性能的膜状聚乙炔，对导电聚合物的研究做出重要贡献。聚乙炔是结构简单的低维共轭聚合物。美国的黑格和麦克狄阿密对这个重大发明进行了有效合作，在掺杂思路、结构分析等方面做出了重要贡献。他们因此共同获得了 2000 年度诺贝尔化学奖。

日　白川英树（H. Shirakawa）
（1936—）

美　麦克狄阿密（A. MacDiarmid）
（1927—2007）

逆渗透膜海水淡化

RO

超滤膜

UF

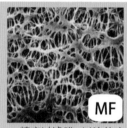

MF

精密过滤膜　以液体中
0.1~10 微米颗粒为对象

聚合物有很丰富的微观结构，可以承担不同尺度的气体或液体混合物的分离，成为净化空气、净化水质的有力武器。

塑料因导电而发亮的演示

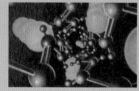

导电塑料结构的模拟图

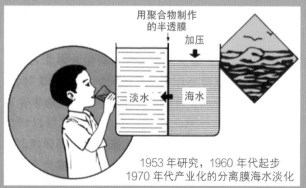

1953 年研究，1960 年代起步
1970 年代产业化的分离膜海水淡化

海水淡化用的是 RO 逆渗透膜

海水淡化用的逆渗透膜元件

2.6.5　奇异的功能高分子

L：功能高分子材料中，哪一种是产量最大、最容易被人们关注的呢？

H：我想，应该是电线用高分子绝缘材料吧。高分子材料绝大多数都具有优良的绝缘性，应用广泛，性能可靠。有统计称，1980 年代发达国家高分子绝缘材料消费量，占高分子总消费量的 5% ~15%。但是，令人惊讶的是：2000 年有一项与聚合物绝缘性有关的发明，获得了诺贝尔化学奖，其成果居然是日美两国科学家白川英树等发明的导电塑料。就是说，塑料这种用量极大的高分子材料，居然也可以由绝缘体改行变成导体。

L：这怎么有点"公鸡下蛋"的意味啊！您能说明一下它有什么意义吗？

H：这个意义其实非同小可，绝不是"多几个鸡来下蛋"的问题。首先准确地说，白川英树和美国的麦克狄阿密、黑格等获得的导电塑料是导电率可控导体，更应该把它称为半导体。它的出现将向计算机和信息科学的主要硬件——无机半导体的超大规模集成电路芯片发起挑战。目前的超大规模集成电路的线宽已窄至 0.1 微米，或称 100 纳米，已经趋于极限。再进一步提高集成度，需要向分子器件发展，使单个分子具有器件功能。由于高分子半导体材料具有结构多样性，且结构易于改变，便于制备分子器件。可以预测，如果分子器件出现，计算机的速度和存储能力将再增大 100 倍以上。这个进步幅度相当于此前 40 年计算机的总进步幅度。另外，半导体塑料还将在更多方面得到应用，如手机显示、大型平板显示、可折叠电脑屏幕以及太阳能电池等能源领域方面获得应用。

L：噢！这意义可太大了。他们三位是怎样联合取得如此重要成果的呢？

H：原来，白川英树 1960 年代在池田教授指导下攻读博士学位时，就制备过黑色的顺式聚乙炔。1970 年代，白川英树成为东京工业大学的助教，他的一位学生在做合成试验时由于看错了单位，加入的催化剂是计划数量的 1000 倍，搅拌机又半道出了故障，但结果却得到了银白色的聚乙炔薄膜，这使白川喜出望外。虽然这薄膜并不导电，但仍给他极大的鼓舞。他在继续研究时发现，在聚乙炔薄膜内加入碘、溴时电子的状态会发生变化。1975 年麦克狄阿密教授访日时注意到白川英树的研究，并立即邀请他去美国做博士后研究，于是便有了 1976 年他们三个人的合作。合作使得研究加速进展，1977 年白川英树在美国的学术会议上发表并演示了导电塑料的研究结果，并于 2000 年获得诺贝尔化学奖。

L：就是说，白川英树在做出获得诺贝尔奖的结果时，职称只是助教？

H：是。但 1979 年白川英树回国，成为筑波大学的副教授。除了导电塑料外，高分子材料在分离膜方面也有不可替代的优越性。由于聚合物的结构多样性，其内部可有尺寸、性质不同的空隙，可以在压力差、浓度差或电位差的推动下，借助流体混合物中各组分透过膜的速率不同，使之在膜的两侧分别富集，以达到分离、精制、浓缩及回收等各种目的。正因如此，从1849 年德国科学家惠柏思用硝基纤维素制成第一张高分子膜起，就开始了膜透过现象的研究。1930 年，将纤维素膜用于超滤分离。1940 年，离子交换膜被用于电渗析。1950 年，加拿大学者萨利拉简研究反渗透。1960 年洛萨和萨利拉简成功制备了第一张高效能反渗透膜。1970 年以来超滤膜、微滤膜成功开发和应用，有支撑的液膜和乳液膜及气体分离膜也相继问世。在各种分离中，海水淡化和氮氧分离是两个具有无穷魅力的、持续不断的研究开发领域，吸引了世界各国有志者的兴趣和参与。

2.6.6 钕铁硼和反物质探索

永磁材料一直是人类十分关注的功能材料。它在各个领域中都在发挥重要的作用，所以它也是发展最快的功能材料。从 1916 年第一种专用永磁材料发明，到 1983 年发明钕铁硼永磁材料，67 年间永磁材料的磁性能（最大磁能积）提高了 100 倍。

日 佐川真人（M.Sakawa）
(1943—)

以 $Nd_2Fe_{14}B$ 为主相的钕铁硼永磁由三相组成。有烧结和黏结（图）永磁体两种。

自第一个永磁材料KS钢发明以来，不到70年后发明了钕铁硼，磁性提高100倍！

1983 年日本科学家佐川真人发明了钕铁硼永磁材料，磁能积和矫顽力比当时最好的实用永磁材料 Alnico 提高 3~5 倍，震动了世界科学技术界。

美，中国 丁肇中
(1936—)

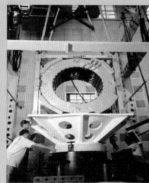

阿尔法磁谱仪在地面装配

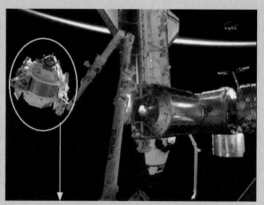

安装在国际空间站上的"阿尔法磁谱仪"

钕铁硼强力永磁体的发明燃起了物理学家丁肇中捕捉反物质的热情。1995 年起他主持设计了 α 磁谱仪 (AMS)，也称反物质太空磁谱仪。其核心部分是由中科院电工所研制的大型钕铁硼永磁体，重 2.2 吨，直径 1.2 米，高 0.8 米，中心场强为 1360 高斯。经过多次探测后，2013 年 4 月 3 日，丁肇中及其团队宣布：他们的成果让人类在认识暗物质的道路上迈出重要一步。阿尔法磁谱仪已发现 40 万个正电子，这些正电子可能来自人类一直在寻找的暗物质。

2.6.6　钕铁硼和反物质探索

L：又回到永磁材料的话题了，是因为钕铁硼是当今最强的永磁材料吗？

H：这当然是个重要原因，但又不完全因为钕铁硼是当前最强商用永磁材料，还在于永磁材料的发展速度。在近百年中永磁材料的进步速度是第一位的，可能还有短期内发展速度更快的材料，但持续100年高速发展的材料非它莫属。钢铁结构材料的屈服强度在这100年中也在不断提高，但是只提高了15倍左右。而永磁材料的最大磁能积提高了100倍。这也标志着功能材料受关注的程度。

L：钕铁硼永磁材料的发明应该是1970年代以后永磁材料的最新发展吧？

H：是的！永磁材料总是不断出现新的突破，你还记得本多光太郎的KS钢纪录被突破时痛心疾首的表现吧，他活到了1954年，应该看到了永磁材料纪录不断被刷新的局面，这才是科学技术进步应有的状态。1960年代出现了稀土永磁这个新品种，$SmCo_5$和Sm_2Co_{17}的最大磁能积，比出尽风头的铝镍钴（Alnico）永磁又提高了2.5倍以上，达到了250千焦/米^3。由于这是完全新型的金属间化合物永磁，人们一度认为这下可能会稳定一段时间了。但不到十年，1983年日本住友金属的研究员佐川真人又推出了钕铁硼永磁体，使得最大磁能积在这样高的水平上又翻了一番，这一消息震惊了世界材料科学领域，特别是功能材料界。

L：又是日本人，他们还要继续上演"永磁大战"的喜剧吗？

H：这次可不是日本人的内战。我国是稀土大国，有特殊的资源优势，我国也很快研发出来钕铁硼永磁材料，而且还是遍地开花："凡有粉末冶金厂处，皆能产钕铁硼。"这样一些"小土群"本来就无法抗衡永磁大国日本，加之日本早已料到可能出现这种局面，他们申请了在全世界都有销售约束力的专利。不要说乡镇小厂，就是国营大厂也无法与日本住友金属展开平等的竞争。在这次竞争中感到恼火的还有苏联，苏联学者早就研究过铁－钕合金，他们已经把Fe-Nd相图测定出来了，但还是差了一步。据说佐川真人在报告他的发明时，还引用了苏联学者的Fe-Nd相图。看来这次，是苏联人给日本人做了一回基础性的研究。

L：这里还有硼啊，没有硼的Fe-Nd相图会有指导意义吗？

H：这也许是日本学者故意开个玩笑吧。但是，当时也确实没有Fe-Nd-B系相图。在材料发明后，各国纷纷研究Fe-Nd-B相图，补上这一课是必要的。超高强永磁性能的钕铁硼的研究成功，惊动了一位著名实验物理学家，他就是美籍华裔学者丁肇中。他当时在研究宇宙大爆炸理论中预报的反物质。为了能够搜寻到这种反物质，他设计了一种"阿尔法磁谱仪"（AMS），核心部分正需要磁性能尽可能强的永磁体。因为中国已经能够制造高性能钕铁硼永磁体，丁肇中找到中国科学家和工程师们合作。中国多个单位联合，很快根据丁肇中的需要，制造出了一块重达2吨的钕铁硼环状永磁体，送上太空的空间工作站，开始了漫长的寻找反物质之旅。丁肇中说：中国学者们为磁谱仪的成功做出了决定性贡献。

L：钕铁硼永磁体还会称雄多长时间呢？它还是会有新的后继者吗？

H：你说对了，它还会有后继者。钕铁硼永磁体有它的缺点，主要是两点：一是居里温度太低，一是耐腐蚀性能太差。这两个缺点当然也都是和其他永磁体比较出来的。不过这两个缺点也确实影响它的使用。所以没过几年，科学家们又研究出了$Sm_2Fe_{17}N_x$的新永磁体。这种永磁体可能成为下一代的永磁材料，至少针对钕铁硼永磁体的两个缺点，已经显示出了性能优势。

2.6.7 最新的磁性材料

1960 ~ 1970 年代稀土元素的应用曾十分初级，主要用作钢铁材料的添加剂，而且机制还不甚清楚。自从稀土元素的化合物在磁性材料上崭露头角后，便一发而不可收。由于在诸多功能材料中发挥出特异作用，稀土元素已成为受各国瞩目的重要资源。

钐铁氮永磁材料

爱尔兰　科伊(J.M.D.Coey)
（1945—）

SmFeN 黏结永磁体

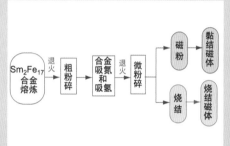

SmFeN 永磁体生产工艺

钕铁硼永磁材料诞生后 7 年，人们针对其弱点：居里温度低，耐腐蚀性差等，又开发了 $Sm_2Fe_{17}N_x$ 永磁体。1990 年爱尔兰科学家 科伊做出了决定性贡献。由于 N 原子是高温反应吸入 R_2Fe_{17} 晶格的，所以居里温度明显提高，达 750K。SmFeN 永磁体耐蚀性也明显提高，成为下一代稀土永磁合金的希望材料，目前仍在研发过程中。

巨磁致伸缩材料

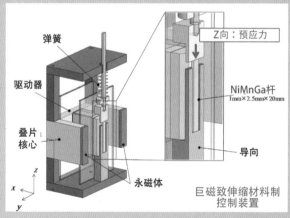

巨磁致伸缩材料制控制装置

巨磁致伸缩材料

巨磁致伸缩材料制微机械

1996 年美国巨磁致伸缩材料会议标志这种材料已成为国际关注的功能材料，它与形状记忆合金一样是集感知 - 判断 - 执行于一体的智能材料。传统磁致伸缩只有 10^{-6} ~ 10^{-5} 的量级，巨磁致伸缩要比传统材料的大 100 ~ 1000 倍。代表性材料为稀土元素 Tb 和 Dy 的化合物，具有输出功率大、能量密度高、响应速度快等特点，可应用于声呐、精密自动控制等元件。

2.6.7　最新的磁性材料

L：目前钕铁硼永磁体的继任者有怎样的性能优势呢？会成功接班吗？

H：其实，钕铁硼出世的同时，其接班材料的研究就开始了。后来，在 1990 年一位爱尔兰科学家科伊做出了决定性的贡献：新的永磁体是一种 Sm_2Fe_{17} 化合物化学热处理的结果。被称作 $Sm_2Fe_{17}N_x$ 化合物的是 Sm_2Fe_{17} 氮化处理的产物，参看工艺处理图。$Sm_2Fe_{17}N_x$ 具有优异的磁性能，居里温度可以高达 750 开，而 NdFeB 不超过 580 开，磁晶各向异性场为 11200 千安/米（140 千奥斯特），达到 NdFeB 的 2 倍，理论磁能积上限值为 447 千焦/米^3（56.2×10^{15} 奥斯特），与 NdFeB 相当。但是，它具有耐热性、抗氧化性和耐腐蚀性能，这些刚好都是 $Nd_2Fe_{14}B$ 永磁体所没有的。可以说 SmFeN 相对于 NdFeB 有明显的性能优势，可以说是又一个里程碑。其中居里温度的提高是提高使用温度的关键，是汽车等领域所急需的。

L：那么，毕竟 SmFeN 还没有大量产业化呀，主要问题出在哪里啊？

H：当前确实还是有一些问题需要解决。主要是：$Sm_2Fe_{17}N_{2.3}$ 化合物中的氮原子是在 300℃以上温度渗入 Sm_2Fe_{17} 化合物中去的，所以当温度重新升高到 550℃以上时，氮原子也会从 $Sm_2Fe_{17}N_{2.3}$ 化合物中脱溶出来，直至可能重新变成 Sm_2Fe_{17} 化合物。因此要做成全致密的烧结型磁体是非常困难的。所以，只能退而求其次：采用与树脂等塑料或低熔点金属混合，制成黏结型磁体，由于黏结型磁体中混入了黏结剂，便降低了磁能积，只能达到 150 千焦/米^3 左右。这正是 $Sm_2Fe_{17}N_{2.3}$ 还没有完全取代 $Nd_2Fe_{14}B$ 的重要原因。但一般相信，这个问题能够解决，接班还是会成功的。钐铁氮永磁体研究目前正向解决这些问题的方向前进：一方面是努力提高磁体及磁粉的磁性；另一方面是着手提高氮的分解脱溶温度，从而可以制出更致密的磁体；还有一个方向就是提高黏结剂的使用温度。用普通树脂黏结，也是使用温度不能提高的原因，如果黏结剂能在居里温度附近使用，再想办法尽量提高 $Sm_2Fe_{17}N_{2.3}$ 的体积分数，问题也可以接近解决。此外，目前还有关于以铈取代部分钐，以降低合金成本、提高性价比的研究。

L：在稀土元素及其化合物中，总能发现一些奇特的性能，这真是一个十分有趣的元素群体，您能再举一个具有奇异特性的稀土元素或其化合物实例吗？

H：巨磁致伸缩材料就是一种这样的稀土元素化合物。铽 (Tb) 和镝 (Dy) 就是形成这种材料的主要元素，都是稀土元素。磁致伸缩是所有元素在发生磁化时都会发生的共同现象，即长度变化，但一般并没有利用价值。只有磁致伸缩量足够大，才有利用价值，可以制成能量转换器、控制器等。比如说，使磁能、电能转变为机械能。普通磁致伸缩量只有 $10^{-6} \sim 10^{-5}$ 的量级；1960 年代发现巨磁致伸缩，可以达到普通磁致伸缩的 100 ~ 1000 倍，比如 TbDy、Tb_3Dy_2、Tb_2Dy 以及 TbZn 等。材料在交变电磁场下的往复伸缩是产生动作的原理。巨磁致伸缩材料可应用于声呐。1970 年代，美国海军就做了水下声呐设备的研制；日本则开发出巨磁致伸缩泵。这种材料具有响应快和精度高等特点，还可以用于消除机械运动所产生的振动。预期磁致伸缩材料可在未来的汽车、轮船和飞机等交通工具中得到广泛应用，一旦这种微机控制磁致伸缩伺服阀和液压筒取代了弹簧阻尼器，汽车将更加平稳。此外，磁致伸缩材料还可以应用于机械功率源、传感器、微定位、超精密加工控制、负热膨胀器件和医用超声波发生器等。

2.6.8 高 T_C 超导材料世界会战

自 1911 年发现超导材料以来，70 多年的时间里，临界温度 T_C 一直在 20 开左右徘徊。1986 年德国科学家柏诺兹和瑞士科学家缪勒指出，在氧化物系统中能够获得临界温度高达 33 开的惊人结果，并迅速在世界范围内掀起了前所未有的提高 T_C 的大会战。

高 T_C 超导材料是 1986 年 1 月由 J. 柏诺兹和 K. 缪勒等发现的。他们在 Ba-La-Cu-O 系统中获得了 T_C 为 33 开的超导体，从此掀起了在 Cu 氧化物中寻求高 T_C 超导体的全球热潮。1987 年一年内多次刷新 T_C 纪录，已达到 160K 以上。

瑞士 缪勒（K.A.Muller）
（1927—）

德 柏诺兹（J.G.Bednorz）
（1950—）

1986 年缪勒和柏诺兹的合作研究，获 1987 年度诺贝尔物理学奖

中国 赵忠贤
（1942—）

美，中国 朱经武
（1941—）

高 T_C 超导材料已有稀土 214、稀土 123、铋、铊、汞等。已获重要应用的有：①研制磁悬浮列车；②用于多层膜隧道效应制作计算机高敏读写原件；③舰艇超导扫雷具；④超导核磁共振仪等。

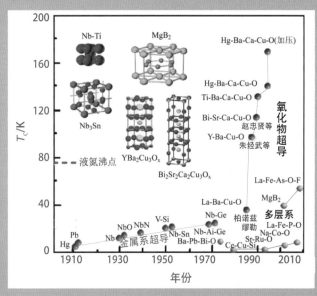

超导材料的发展历程

630 千瓦三相高 T_C 温超导非晶合金铁心变压器

1 兆焦高 T_C 超导储能线圈

2.6.8 高 T_C 超导材料世界会战

L：这个世界大会战发生在什么时候？持续了多长时间啊？是如何引发的？

H：本来超导材料自发明以来，都是在金属材料的范围内研发的。超导－常导转变温度，也称临界温度 T_C 最高也只达到22.2开。这期间已经有人将研究方向从金属间化合物转向了氧化物，但 T_C 温度并没有多大起色，1975年达到了14开。但是到了1986年，瑞士的缪勒和德国的柏诺兹在La-Ba-Cu-O系中取得了突破，获得了超过30开的 T_C 温度。1986年11月美籍华裔物理学家朱经武看到缪勒等的论文后，立刻做了重复实验，并证实了抗磁性效应，确认了该系统的超导现象。1986年12月朱经武已经把 T_C 提高到52.5开，远超过理论预测的35开。

L：朱经武真是出手不凡哪！这还不是世界大会战啊，只有三国两方啊！

H：1987年3月召开了千人国际超导盛会，其后世界会战开始。仅我国就有几十支队伍，连东北大学都有3支。再一次出现了"凡有粉末冶金炉处，皆能烧超导"的盛况。但真正有竞争力的只有几家：缪勒－柏诺兹、朱经武、中国物理所、日本东京大学等。1987年2月16日，美国华裔科学家吴茂昆、朱经武等发现了 T_C 高达热力学温度92开的超导体，2月24日，中国科学院物理研究所赵忠贤、陈立泉等发现了 T_C 在100开以上的超导体。日本科学家也独立地发现了100开的超导体。超导现象可在液氮温区(<77开)发生的愿望终于实现了，这是有划时代意义的进步。氮是空气的主要成分，而空气液化已经成为普通技术了。

L：T_C 超过77开后大战就告一段落了吗？该成果是何时授予诺贝尔奖的呢？

H：战斗正未有穷期。临界温度的攻关可以算告一段落了，但还有提高临界电流密度这一关要过！材料开发的难度也很大，氧化物要制成导线谈何容易？这才是材料工作者的应工角色。所谓超导大战实际是指临界温度超过液氮温区的大会战。这期间性能完全可以用捷报频传、日新月异来形容。高温超导的诺贝尔奖在1987年的冬天授给了柏诺兹和缪勒，应该说获奖者当之无愧。1986年4月柏诺兹和缪勒向德国的《物理学杂志》投寄的论文题为"Ba-La-Cu-O系统中可能有高 T_C 超导电性"。他们只说可能有，一方面是因为尚未对抗磁性进行测试，另一方面也是出于谨慎。在此之前曾不止一次有人宣布"发现"了高 T_C 超导体，后来都证明是某种假象之误。不过，如果朱经武能分享该次诺贝尔奖，应该并不让人意外。一方面他做了抗磁性证实，使高 T_C 超导有了物理依据，成分也有创新；另一方面他第一个冲过了液氮温度大关，是有划时代意义的。

L：这之后，应该进入高温超导材料的开发与应用阶段了吧？情况如何啊？

H：是到了材料开发的阶段！超导体在临界温度之下，应该有三个重要的性质：① 电阻为零。制成超导导线可以完全没有耗损，现在的难度在于导线的制作和应用。② 抗磁现象。在超导体上加外磁场时，磁力线完全不能通过此材料，也称迈斯纳效应。该效应可用来做磁悬浮列车，目前尚处于研发阶段，如日本；我国上海的磁悬浮列车使用的仍然是常导体。③ 约瑟夫森效应，也称为隧道效应，这是一种宏观量子效应。两个超导体之间夹一绝缘体薄层时，电子可以穿过绝缘层。这个效应已经得到应用，用高温超导与其他材料制成多层膜，可以制造极灵敏的探测器，计算机高灵敏度读写磁头就是这一性能的应用对象。

2.6.9 功能陶瓷——感官与能力延伸

1970～1980年代，先进陶瓷材料的另一个重要特色是开发出了种类极其丰富的各种功能材料。最突出的代表是高临界温度（T_C）超导体。另外还有对电、热、声、光、磁等各种物理、化学、生物信息敏感的功能材料。其中玻璃陶瓷是重要的一种。

感光玻璃陶瓷画

感光装饰玻璃

玻璃陶瓷是功能陶瓷的一大品类，康宁玻璃是其代表。1950年代末美国物理化学家斯图基为此奠定了基础。可以根据同样原理制备红宝石等各种颜色的宝石玻璃。

美 斯图基(S.D. Stookey)
(1915—)

1980年代以来功能陶瓷制各种类型传感器元件

光感陶瓷防爆元件

Al_2O_3 陶瓷催化剂载体

陶瓷光电转换元件

压电陶瓷电子元件

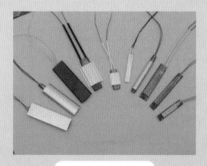

热敏陶瓷元件

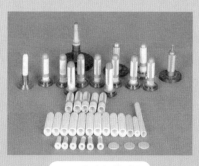

ZrO_2 陶瓷氧传感器

SnO_2 气敏陶瓷元件

2.6.9　功能陶瓷——感官与能力延伸

L：为什么每当谈起功能材料，总是首先提到陶瓷材料？它的优势是什么呢？

H：我想，首先是由于陶瓷在物质种类上的优势。如果把陶瓷的物种与合金的种类做个简单估算，可能是下面这样的。假如可用的金属有50种，则构成的二元合金系为1225个；如果这50种金属元素与O、N、S、C等5种元素形成化合物，会有250个系统，如果每个系统有两种化合物，则可构成的化合物组元数为500个，由500个化合物组元可构成的二元陶瓷系为460000个，是二元合金系的375倍。假如再考虑陶瓷在结构、组织、性能上的多样性，陶瓷种类优势将更大。这还仅仅是对二元系的分析，如果是三元以上的系统，陶瓷的物种优势将更大。另外，与聚合物相比，陶瓷物种优势也大得多。聚合物中元素种类最少，C、H、O、N占大部分，尽管聚合物分子大，可设计性强，链接、填充等也使物种大增，但从功能材料性质来分析，仍以先进陶瓷材料的种类最为丰富。

L：这个估算简单明了，可以接受。那么，为什么您特别强调玻璃陶瓷呢？

H：这没有什么特别理由，仅仅是因为人物、年代和事迹清晰。先进陶瓷阶段，材料的开发事关商业机密，往往人物、时间、事迹相对模糊。全面能说清楚的材料，屈指可数，原因仅此而已。玻璃陶瓷本身也确实种类繁多、影响很大。前些年流行的变色眼镜玻璃就是美国科学家斯图基在1959年发明的。后来他又发明了感光玻璃，这是在他发明了光化学加工玻璃之后的一个意外收获。1961年的一天，斯图基计划在600℃进行光化学加工玻璃的热处理，可是操作者出现了控温失误，当他赶到试验现场时，炉温已升到了900℃。按一般规律，玻璃应该在700℃左右熔化，可是他在炉中看到的居然是一块不透明的坚硬固体片，而不是一滩玻璃液体。他取出硬片，扔到水泥地面上，硬片弹起而不碎。这正是后来Fotoceram感光玻璃的最初形式，这个成分正是一种玻璃陶瓷的成分。

L：斯图基很勤奋，但运气也太好了。该如何评价功能陶瓷的现状与发展呢？

H：这个问题太大，很难回答。不过从宏观上思考一下也是必要的，不然，小问题就更无从谈起了。一些特殊功能陶瓷领域已经单独讨论过了，如：铁氧体、高T_C超导、半导体、人工晶体等等，这里就不再讨论这些问题。但就总体而言，功能陶瓷是指具有电、磁、声、光、热、力学、化学或生物功能的陶瓷材料。其种类繁多，用途广泛，让人有目不暇接的感觉。但是，目前集中关注的是铁电、压电、介电、热释电、半导体、电光和磁性等功能各异的新型陶瓷材料。它们是电子信息、集成电路、移动通信、能源技术和国防军工等现代高新技术的重要基础材料。随着现代技术的发展，功能陶瓷及其应用正向高性能、高可靠性、微型化、薄膜化、精细化、智能化、集成化、多功能化和复合结构方向发展。

L：那么，请举些例子来说明一下，当前最热门功能陶瓷材料的应用情况。

H：从下面四个方面来说明一下吧：① 导电陶瓷。是磁流体发电装置中集电极关键材料，也称半导体陶瓷材料。② 压电陶瓷。常用于制作压电器材、滤波器、谐振器和小型特殊变压器等。③ 纳米功能陶瓷。是指通过有效分散、复合而使异质纳米颗粒均匀弥散地保留于陶瓷基质中的复合材料，具有一些很特殊的功能。④ 光催化功能陶瓷。用溶胶-凝胶法涂覆于矩形蜂窝陶瓷体上，煅烧得到的纳米TiO_2光催化材料。当然，这样说仍然会漏掉一些很重要的材料。

2.6.10　人工晶体异彩纷呈

　　1902 年法国化学家发明焰熔炉法生长红宝石以来，人工晶体材料开始起步。1916 年丘克拉斯基为研究金属结晶速率发明了单晶直拉法。从 1960 年代起形成了以激光和非线性光学为中心的无机材料和医用人工晶状体为中心的两大人工晶体材料体系。

美　梅曼（T. Maiman）
（1927—2007）

波兰　丘克拉斯基
（J. Czochralski）
（1885—1953）

焰熔法生长
人工红宝石

天然红宝石

法　沃乃吉（A.Verneuil）
（1856 —1913）

　　1960 年，美国科学家梅曼以红宝石晶体为工作物质，成功研制出世界上第一台激光器，成功应用了举世瞩目的人工晶体功能材料。

可调谐激光 YAG 晶体

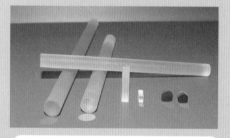

　　可调谐激光晶体是一系列新技术的基础，掺钕石榴石 Nd：YAG 是其中最常用者，占激光器用晶体的 80% 以上。

人工晶体生长用 2200℃ 焰熔炉

人工晶体生长用冷坩埚

　　人工晶体的重要技术是晶体生长，即将晶体物质制成单晶，从熔体中生长是一种常见的方法。图为熔化 Al_2O_3 的火焰炉（炉温可达 2200℃ 以上）和生长晶体用的坩埚。

英　利德雷（H. Ridley）
（1906 —2001）

透明人工晶体

人工晶体的新植入法

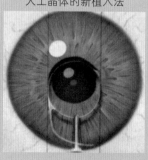

美　柯尔曼（C.D. Kelman）
（1930 —2004）

　　1949 年英国 利德雷医生等设计并为患者植入第一枚人工晶体，1967 年美国医生柯尔曼首次用人工晶体治疗白内障，给千百万人带来了光明。

2.6.10 人工晶体异彩纷呈

L：人工晶体里既有无机非金属又有聚合物，就唯独没有金属，是吧？

H：是的。因为这个材料群体的共同点是透明，而金属不具备这一性质，这是金属唯一无法参与的材料群体。据说"金属氢"是透明的，但还没出世，另当别论。人工晶体这一名字下其实包含了两种完全不同的材料。按时间顺序，一是为激光技术而人为设计成分、用特定技术制造的单晶体，这是无机化合物。也不排除人工制造生长自然界已有的晶体，如人造水晶、人造红宝石等。这个领域里，晶体生长技术占有重要地位，因为产物特征是单晶体。所以有时干脆把人工晶体就叫做晶体生长。另一是为植入人眼而设计的人造晶状体，这是聚合物。

L：把人工晶体单独划分出来，就材料种类而言，是否有足够数量的群体？

H：有。按功能来分，人工晶体可以有 20 多个大类。除半导体外，有激光晶体、非线性光学晶体、压电晶体、磁光晶体、电光晶体、声光晶体、闪烁晶体、光色晶体、超导晶体、纳米晶体以及医用晶体等。其中最重要的是：① 激光晶体，被成功应用于军事技术、宇宙探索、医学、化学等诸领域。此外，激光电视、激光彩色立体电影、激光摄影等都将是其新用途。② 非线性光学晶体，这是实现激光频率转换、调制、偏转等技术的关键材料。可将晶体输出的激光转换成新波段，开辟新光源，拓展应用范围。常用的非线性光学晶体有三硼酸锂、铌酸钡钠、偏硼酸钡、三硼酸锂等。③ 压电晶体，在无电场作用的外部应力下产生的电极化现象称为压电效应。水晶（αSiO_2）是一种理想压电材料，广泛应用于石英表、电子钟、彩色电视机等。近年来，又研制出许多新的压电晶体，如钙钛矿型铌酸锂、钽酸钾等，钨青铜型铌酸钡钠、铌酸钾锂等。可广泛地用于军民工业，如测压元件、滤波器、谐振器等各种传感元件。

L：以上这些大都应当是宏观单晶体，但也提到纳米人工晶体，是何含义呢？

H：这里的纳米晶体是指特征维度尺寸在纳米量级（1～100 纳米）的固态材料，包括三维晶体、二维纤维、一维纳米层和零维的原子团簇。最近钇铝石榴石(YAG)微晶透明陶瓷取得长足进展，晶粒尺寸为 10 微米，晶界只有 1 纳米，大大降低了光散射损耗。Nd：YAG 微晶陶瓷制作工艺简单，易于获得大尺寸激光工作物质，将向占据激光晶体首席 40 年之久的 Nd：YAG 单晶发起有力挑战，也属于此类。

L：人工晶体的生长技术既然那么重要，都包括哪些主要内容呢？

H：晶体生长是人工晶体的核心技术。人工晶体的生长方法主要有：① 溶液生长法，其中又可以细分为降温法、蒸发法、电解溶液法等；② 水热生长法的晶体生长又分为温差法、降温法（或升温法）及等温法等；③ 高温溶液生长法又称助溶剂法；④ 熔体中生长法，此法是最常用的一种人工晶体生长方法。

L：最早出现的有机医用晶体到底是一种什么材料，与透明塑料有何区别呢？

H：最经典的人工晶状体材料是 PMMA，是表面肝素处理晶体，也就是聚甲基丙烯酸甲酯。这种材料是疏水性丙烯酸酯，只能生产硬性人工晶体，与透明塑料并没有本质区别。但此种晶体却是在当时医疗水平下，唯一可以用于糖尿病人的人工晶状体。现在有多种新材料产生，医疗技术水平也提高了，糖尿病人也不再局限于 PMMA 人工晶状体了。1997 年以来，广泛采用硅胶和水凝胶制造人工晶状体。由于其质软，具有充足的柔韧性，又称为软性人工晶状体。

2.6.11　直接服务于人体——生物医学材料

　　1956 年诺贝尔生物或医学奖承认了德国医生福伯曼 1929 年在自己身上的实验，开启了心脏介入治疗的先河。此后无数先驱者相继做出贡献，使医疗进入了需要先进材料给予支持的时代。人体用材不仅需要自身制造，也需要材料界的进步与发明。

德　福伯曼（W.Forßmann）（1904—1979）	瑞典　塞尔定格（S. I. Seldinger）（1921—1999）	美　道特（C. Dotter）（1920—1985）	德　格伦兹（A. R. Gruntzig）（1935—1985）
1929 年	1953 年	1964 年	1974 年

心脏介入治疗的开拓者们

　　生物医学材料是用于与生命系统接触或发生作用的功能材料。除大脑外，所有的组织和器官都可以实现人工再生与重建。生物医学材料是其中的关键。

　　对生物医学材料的基本要求，除了力学、物理和化学性能之外还要求考察：①宿主反应与材料反应；②生物相容性；③中毒可能性。

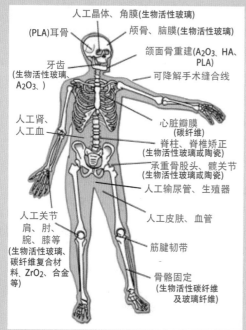

人工晶体、角膜(生物活性玻璃)

(PLA)耳骨

颅骨、脑膜(生物活性玻璃)

颌面骨重建(A₂O₃、HA、PLA)

牙齿(生物活性玻璃、A₂O₃、)

可降解手术缝合线

人工肾、人工血

心脏瓣膜(碳纤维)

脊柱、脊椎矫正(生物活性玻璃或陶瓷)

承重骨股头、髋关节(生物活性玻璃或陶瓷)

人工输尿管、生殖器

人工皮肤、血管

人工关节肩、肘、腕、膝等(生物活性玻璃、碳纤维复合材料、ZrO₂、合金等)

筋腱韧带

骨骼固定(生物活性碳纤维及玻璃纤维)

1964 年道特用气囊运送的支架

中科院金属所制无镍不锈钢心脏支架

中科院金属所制不锈钢骨板及螺钉

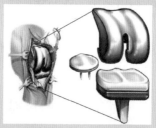

人造膝关节，钛合金等

　　生物医学材料涉及材料的所有种类。其中特别是：钛合金、钴合金、Al₂O₃陶瓷、羟基磷灰石、生物活性玻璃、生物活性聚合物、碳纤维复合材料、生物活性涂层等。

2.6.11　直接服务于人体——生物医学材料

L：何时才有了"生物医学材料"这个品类？对它都有什么特殊要求呢？

H：到 1987 年国际标准化组织（ISO）在法国召开的外科植入物会议的心血管（TC150/WG）分会，才专门讨论了"生物材料"（Biomaterial）的定义。会议认为"生物材料"是指**"以医疗为目的，用于和活组织接触以形成功能的无生命材料"**。包括那些具有生物相容性的，或生物降解性的材料。这就是最接近于"生物医学材料"这一含义的权威性定义。所以，现在人们还不很熟悉它，这里也有它的含义还在完善和不断变化的缘故。生物医学材料区别于其他材料的核心内容是**生物相容性**。一般认为，这将包含 3 个相互关联的方面：一是无致患可能的生物安全性，一是生物组织与材料表面反应的相容性，一是分子尺度的相容性。从这个角度看，在生物医学材料发展的初期，它只能是在当前应用的材料大军中，选择出来的一个最接近于要求目标的材料群体。

L：它属于功能材料吗？能介绍生物医学材料正式形成的标志性事件吗？

H：当然是功能材料，尽管它也经常有力学性能上的要求，比如心脏支架等。但它的存在首先是为了承担一个功能性使命。不过标志性事件却很难确定。应该说，医生是最关心新材料应用的人群。如果说在医生和普通人中都产生了强烈影响的事件，心脏介入治疗的成功，或许可算是最有标志性的。可以说无数医生、科学家为此做出了贡献，而 1964 年美国医生道特的成功却最有代表性。不过最能感动人的则是德国医生福伯曼的开拓与献身精神。1929 年，25 岁的德国医生福伯曼尝试在临床进行心导管检查。在尸体上进行了初步试验后，他在助手帮助下，将一根 650 毫米长的橡胶导尿管，插入了自己的肘静脉并送至右心房。为了确认导管位置，他步行到另一楼层的放射线科，向导管内注入了显影剂，记录下了人类历史上第一张心导管 X 射线影像。但是，他的贡献不仅没有获得应有的尊重，还被斥为"异想天开的荒唐行为"，并因此被医院解雇转行从事其他工作。直到 1941 年，两位美国心脏医生注意到他的开创性贡献，首次用心导管检查右心房及肺动脉状况，用以诊断先天性和风湿性心脏病。1956 年福伯曼和美国这两位医生因开创了"心导管术"而共同获得了诺贝尔生物或医学奖。

L：福伯曼医生总算得到了认可和安慰，"介入治疗"都使用了什么材料？

H：1990 年代以来，心脏植入支架用导管和球囊是与血液无不良反应的高强度聚合物材料，支架是无镍高强度不锈钢。近年来又出现了可降解的高强度镁基合金支架，在完成闭合血管的扩张任务之后，可以适时降解。总体上说，现存的各种合成或天然高分子材料、金属材料、陶瓷和碳纤维材料以及各种复合材料，都已加入了生物医学材料的行列，其制成品也已经被广泛应用于临床医学和科学研究。

L：今后呢？今后是否会针对医疗需要，开发出专用生物医学材料来呢？

H：我想会的！从现在起这种材料将不断被开发。但现阶段仍将是在原有基础上的改良和改进，特别是材料的表面改性技术的应用。因为生物医学材料与细胞的黏附，是在细胞膜蛋白层进行的。因此研究热点将集中在：① 清洁表面，包括阻碍蛋白黏附的材料表面改性。② 特殊表面的设计与改性。这种专用材料的开发，将体现在材料表面组成、结构和性质与人体蛋白分子的相互关系的研究方面，这将是生物医学材料的最基本的科学问题。

2.6.12 材料的最高境界——人工器官

1960 年心脏瓣膜的成功应用，开启了通过制造重要的人工器官，治疗重要病症的新时代。心脏是人体最重要的强烈运动的脏器，整体制造心脏是人工器官研究制作的又一里程碑。各种人工器官的制作带动了生物医学材料的不断发展和进步。

荷兰　考尔夫 (W. J. Kolff)
（1911—2009)

美　加维克 (R. Jarvik)
（1946—)

各种材料的人工骨关节

人工胃脏

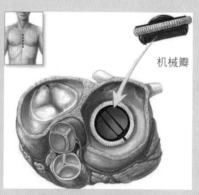
碳纤维心脏机械瓣的植入

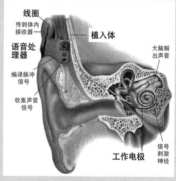
人工耳蜗原理

考尔夫的人造心脏

加维克的人造心脏 7 型

1943 年考尔夫人工肾透析研究成功；
1960 年人造心脏瓣膜成功；
1979 年 R. 加维克人造心脏植入牛体活 211 天；
1982 年考尔夫人造心脏植入人体活 112 天；
1982 年加维克人造心脏植入人体活 620 天；
1995 年世界上出现第一位接受永久性电动人造心脏患者。

2.6.12 材料的最高境界——人工器官

L：人工器官有定义吗？何时才有了"人工器官"这种产品的呢？

H：人工器官有多种定义，有的还包括用生物技术制出的器官。但这里单指用人工材料制成，能部分或全部代替人体自然器官功能的机械装置，所以也称**机械人工器官**。目前，除了大脑之外，几乎人体所有的器官都在进行人工模拟和研制中。不少人工器官已成功地用于临床，较著名的人工器官如人工肾、人工心肺、人工晶状体、人工耳蜗、人工喉等，在修复病损器官功能、挽救病人生命方面正在发挥重要的作用。通常，1943 年荷兰医生考尔夫血液透析的成功，被看作是人工肾的出现，也就是最早的人造器官。

L：为什么说人工器官是材料的最高境界？就是因为多了生物相容性要求吗？

H：是。人工器官所用的材料，在同时具备结构、功能材料性质的同时，又增加了一种**生物相容性**的要求，这非同小可。只要器官的设计在不断发展，材料必须不断跟进。例如，初期的人工心脏其实就是起搏器，完全是以搏动机器的思路来设计的，当时用的是 TiNi 形状记忆合金。后来发展到整体心脏的制作，由于发现了镍的毒性，所以含镍材料被淘汰。在把它当作一个"广义泵"研制时，它成为一个相对独立的"机器"，与人体的其他部分的连接则靠人工血管，相容性问题相对单纯化。聚酯（聚乌拉坦）被用作人工心脏的血管和心室材料。由于人工心脏极其复杂，不仅涉及材料学，还涉及医学、生物物理学、机械工程学、电子学等多学科的综合应用。而且使用时间长，事关人的生命与健康，这是科学技术发展的终极目标，所以从这个意义而言，它也应该是材料的最高境界。

L：人体器官极其复杂。材料复合的概念在应用于人体器官时有价值吗？

H：有重要价值。而且人体器官制作还在改变人们对材料复合的已有思路。比如，股骨头是人体中经常出现创伤和病变的关节部位。这就决定了这个器官不可能是一种材料能够高水平替换的。现在虽然有钛合金股骨头的替换，但是如果在模拟骨质、垫膜、筋腱的连接状态研究的基础上，开发出包括羟基磷灰石、金属、聚酯的复合材料一定会是一种更好的选择。此外，生物医学材料追求的最高目标是：所设计和合成的材料，应该是可引导或诱导组织的再生和重建，或者能够恢复已发生病变、已受到损伤组织的生物功能性材料。

L：这有点太深奥了。能够说得再具体、通俗些吗？

H：因为这是在谈论未来的目标，所以，我也很难说得更加具体。但是，最活跃的研究领域可能对理解问题有所帮助。这将包括：① 组织诱导生物材料，即可诱导组织再生和重建的细胞支架材料，这是 2004 年基于我国生物医学材料学者在骨诱导作用研究中提出的新概念。一般认为，无生命的生物医学材料不具有对活性生物组织再生的诱导功能，但我国学者在 1990 年代初发现，不外加任何生长因子或活体细胞的磷酸钙生物陶瓷，可以诱导新骨形成并最终被新骨所替换（这有点像**柳枝接骨**了），进而提出组织诱导生物医学材料的新概念。② 自然组织状态环境的水凝胶研究。③ 智能生物材料，又称环境响应生物材料等等。

L：您认为人工心脏这样的高级器官研究和制造的前景如何？

H：这已经远远超出了材料学的范围。我想，这里存在机械人工器官与生物工程器官的竞争、人工器官与器官移植的竞争等几方面的问题。

2.6.13　支撑现代文明的信息材料

自 1945 年第一台电子管计算机问世以来，电子计算机经历了 1956 年晶体管第二代计算机、1964 年集成电路第三代计算机、1971 年大型集成电路第四代计算机和计算机网络时代的飞速进步，这期间也伴随着信息材料不断发展、进步的身影。

美　安德森(P.W.Anderson)
（ 1923— ）

英　莫特(S.N.Mott)
(1905—1996)

单晶硅等半导体材料是计算机 CPU、内存等芯片的主要材料，在向高纯度、高集成化发展。

1947 年起 W. 肖克莱等发明的晶体管和面结型晶体管开启了信息新时代，半导体材料扮演了重要角色。1970 年代莫特和安德森对于无序系统的卓越理论研究使非晶半导体材料快速发展，使信息激光读写与存储技术大幅度进步。

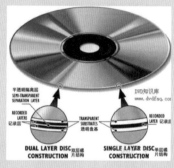

光盘材料主要有：
（1）基板 聚碳酸酯 (PC) 无色透明，最表面。
（2）记录层（染料层）三大类有机染料：花菁、酞菁及偶氮；可重复写用碳材料。
（3）反射层 高纯银或铝。
（4）保护层 光固化丙烯酸类聚合物。

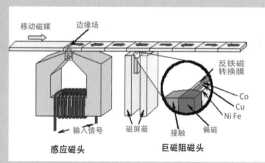

计算机读写是靠磁头完成的，巨磁阻材料大幅度提高了磁头读写密度、灵敏度

计算机 CPU 芯片

计算机光驱中的磁头

德　格伦伯格 (P.Grünberg)
（ 1939— ）

法　佛尔特 (A.Fert)
（ 1938— ）

1988 年佛尔特和格伦伯格各自独立发现巨磁阻效应，很快巨磁阻多层膜在高密度读出、存储上广泛应用，为计算机技术带来巨大变革，将磁盘记录密度提高 17 倍。巨磁阻效应还用于微弱磁场探测，使电子元件微型化、高度集成化。

2.6.13 支撑现代文明的信息材料

L：当今是信息时代，确实应该介绍、讨论一下信息材料了。

H：首先，先了解一下信息材料的含义。简单地说，所谓信息材料就是用来实现探测、传输、存储、处理、运算和显示信息的材料。问题在于"信息"的概念十分宽泛，1948 年数学家香农曾给出一个严格定义是"信息是用来消除随机不确定性的东西"。够严格了吧？但还是很难体会出准确含义。所以有时理解一个词或概念还要从不严格的说明开始。我们现在要讨论的"信息"一般是指电子信息：一些数据、一张图片、一段文字、一节视频等等。也就是电子学家、计算机科学家所说的"信息是电子线路中传输的信号"，这个理解很狭窄，却很具体，符合我们下面讨论的要求，也便于对信息材料的理解。

L：对！严格的含义以后再说吧。那么，还是再具体说说信息材料吧！

H：其实信息材料也分属其他范畴：如包括在功能材料中的半导体材料等，但也有完全没介绍过的。这里还是先描述一下整体轮廓：① **信息探测材料**是指对电、磁、光、声、热或化学性质敏感的材料，可用于制造传感器，以获取信息，如光敏材料、压电材料、磁性材料等，包括金属、陶瓷、半导体和聚合物等多种。② **信息传输材料**是指远距离传导的光导纤维（也包括其他通信器件材料、近距离传导电缆等）。③ **信息储存材料**主要是磁性粉末，用于计算机存储器；光存储材料有磁光记录材料、相变光盘材料等，用于计算机外存。④ **信息处理材料**是制造信息处理器件如晶体管和集成电路的材料。目前使用最多的是单晶硅，砷化镓也是一种重要的信息处理材料。⑤ **信息显示材料**主要指电致发光材料、液晶材料等。

L：为什么在传统材料学中几乎不介绍这些内容呢？不会是因为数量少吧？

H：恰恰相反！信息产业已是全球第一产业，据统计，2007~2009 三年中，电子信息产业产值一直居全球第一位，占 9.6% 左右，约 4.65 万 ~5.1 万亿美元。所以信息材料也应该是第一材料才对。那么，为什么传统材料学中会缺少或者完全没有介绍这个材料部分呢？其原因应该很多也很复杂。我想，第一位的原因也许是这个领域发展太快（产品演变快，元件更新快，材料变化快），以至于搞传统材料的对这个领域不熟悉，搞电子产业的人对材料学也不熟悉。其次是涉及材料种类太复杂：金属、陶瓷、聚合物三大类材料都有。再有就是信息材料涉及的各类信息功能，需要新的基础知识。因此，无论是在信息产业的内部或材料产业内部，一时还难以形成专业化的信息材料工程师的队伍。

L：是这样啊！您介绍的几位科学家在信息材料方面都有直接贡献吗？

H：情况不太一样！英国的莫特在 1960 年，美国的安德森在 1961 年，范弗莱克在 1952 年的工作虽并不涉及具体材料，但关于磁性和无序体系电子结构的研究，对后来非晶半导体研究具有重要指导意义。特别是莫特，他 1939 年曾写成《金属与合金性质的理论》一书，受到各国关注，1958 年还译成中文。不过，巨磁阻现象的发现却与信息材料有密切关系。法国科学家佛尔特和德国科学家格伦伯格独立地发现了巨磁阻效应而共同获得 2007 年度诺贝尔物理学奖。用于读取硬盘数据的技术得益于这项巨磁阻研究，硬盘尺寸近年将迅速变小。巨磁阻又称庞磁电阻，由于巨磁阻材料的开发，使读取硬盘的磁头的灵敏度、分辨率大幅度提高，硬盘的密度因此可大幅度提高，致使硬盘越来越小。

2.6.14 信息高速公路载体——光导纤维

1960年，美国科学家梅曼发明了第一台激光器后，为光通信提供了良好的光源。光通信有许多突出优点：频带宽、损耗低、重量轻、抗干扰力强、保真度高、成本低。1970年代，人们终于制成了光导纤维，光通信从此快速发展。

1965年高锟以实验为基础提出：以光代替电流，以玻璃纤维代替导线做长程信息传递，将带来一场通信业的革命，并明确提出当损耗率下降到20分贝/千米时，光纤维通信就会成功。1976年第一条光纤通信系统在美国诞生。

英，中国　高锟(Charles K.Kao)
(1933—)

1975年法国制成ZrF₄氟化物玻璃，1980年代日本制成损耗小于石英玻璃1/10的氟化物光纤。

1980年代后期开发的高聚物光纤有工艺性能好、价格廉的优势。

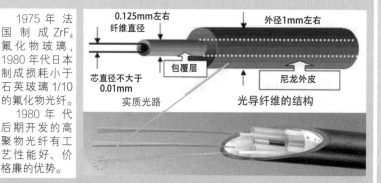

光导纤维的结构

0.125mm左右纤维直径

外径1mm左右

包覆层

尼龙外皮

芯直径不大于0.01mm

实质光路

1970年美国康宁玻璃公司的毛雷尔、凯克和舒尔茨用改进化学气相沉积法(MCVD)成功研制出传输损耗为20分贝/公里的石英光纤。

美　凯克（D. B. Keck）
（1941—）

美　毛雷尔 (R. D. Maurer)
(1924—)

克林顿会见石英光导纤维制造者之一的舒尔茨
美　舒尔茨 (P. C. Schultz) (1942—)

我国附近的海底光缆

2.6.14 信息高速公路载体——光导纤维

L：您是说，遍布世界、覆盖全国的信息网络是由光导纤维编织成的吗？

H：是的，目前至少其干线应该是这样的。最终将要实现"全光网络"，那时高速公路会修到你的家里。其实，光通信并非是从现代开始的，你还记得"周幽王烽火戏诸侯"的故事吗？那其实就是最原始的光通信啊。它具有传递信息快的突出优势。可惜那位昏君为博妃子褒姒一笑，竟动用了国家安全"按钮"，导致了杀身亡国的悲剧，自己也成了千古笑柄。1960 年美国科学家梅曼发明了红宝石激光器，从此人们可以获得频率稳定的光源，现代化光通信时代也从此开始。下面的问题就是如何利用、传播这些信号。

L：光是直线传播的，利用光导纤维是怎样解决了曲线传播问题的呢？

H：问得好。我们来回忆一下 1870 年英国物理学家丁道尔的有趣实验：他在装满水的木桶上钻了个孔，然后用灯从桶上边把水照亮，结果使观众们大吃一惊。人们看到放光的水从水桶小孔里流了出来，水流弯曲，光线也跟着弯曲，光居然被弯弯曲曲的水俘获了。表面上看，好像光在水流中弯曲前进。实际上，在弯曲的水流里，光仍然是沿直线传播的，只不过在内表面上发生了多次全反射，光线靠多次全反射向前传播。除了弯曲传播，还有一个"能见度"问题，就是传播中信息的损耗问题。激光器发明后，人们曾因为传播损失太大而对光通信失去了信心。生于上海的英籍华人高锟（K.C.Kao）通过在英国标准电信实验室的大量研究，对光通信提出了大胆而明确的设想。他认为，既然电可沿金属导线传输，光也应该可以沿着导光玻璃纤维传输。1966 年，高锟就光纤传输的前景发表了具有历史意义的结论。他分析了玻璃纤维损耗的主要原因后明确预言：只要能设法减少玻璃纤维中的杂质，使光纤玻璃中的损耗从每千米1000 分贝降低到 20 分贝，就能够实现光通信。这一结论使各国科学家受到极大鼓舞，明确了降低材料中损耗的技术，是实现光通信的关键。

L：那么，是谁第一个研制成功了低损耗的光导纤维呢？

H：世界上第一根低损耗石英光导光纤是在 1970 年由美国康宁玻璃公司的三名工程师毛雷尔、凯克和舒尔茨研制成功的。他们制出的光纤传输损耗达到了每千米 20 分贝。这是个什么概念呢？光透过玻璃后功率损耗一半的长度分别是：普通玻璃只有几厘米，高级光学玻璃也只有几米，而"每千米损耗 20 分贝的光纤玻璃"则可达到 150 米。就是说，光纤的透明程度已经比普通玻璃高出了几千倍！这在当时是惊人的成绩，它标志着光纤已达到了可用于通信的水平。

L：目前损耗最小的光纤能达到什么水平？还有，塑料光纤的水平如何呢？

H：对石英玻璃光纤的研究越来越深入，通过降低其中起吸收作用的过渡金属杂质，损耗最小的玻璃光纤已经能达到每千米 1 分贝以下的水平。至于塑料光纤，差不多与石英玻璃光纤同时起步，研究也取得很大进展。塑料光纤（POF）是由高透明聚合物如聚苯乙烯等作为芯部材料的，传输损耗要大一些，每千米约 180 分贝；但是，它也有力学性能好、密度小、成本低等优点。不仅适用于接入网支线的最后 100~1000 米，也可以用于各种汽车、飞机等运载工具上，是优异的短距离数据传输介质。另外，我国光通信事业的发展速度很快。中国自行研制的世界最长的 3047 千米北京—武汉—广州通信光缆，已于 1993 年开通，标志着中国已经进入全面应用光通信的时代。

2.6.15　最安全能源——太阳能转换材料

21世纪各类化石能源将逐渐枯竭，人们将转向直接利用太阳能。太阳能是足够用的，也是最安全的，但是转换它的技术难度很大。1922年爱因斯坦因成功地解释光电效应而获得诺贝尔物理学奖，这为光伏效应提供了依据，成为太阳能开发的原点。

美，瑞士　爱因斯坦（A.Einstein）
（1879-1955）

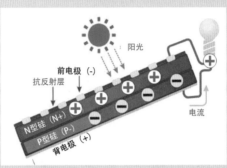

光伏效应电池的原理图

法　亚历山大·贝克莱尔
（A.E.Becquerel）
（1820—1898）

爱因斯坦对科学的贡献世所公认，但他获得诺贝尔奖却不是因为相对论，而是成功解释了光电效应，这曾令人错愕。但就对未来能源开发而言，这个理由也许更为适当。

1839年法国科学家贝克莱尔19岁时就发现光照能使半导体材料的不同部位之间产生电位差。这种现象后来被称为"光生伏打效应"，简称"光伏效应"。半导体薄片被叠放在一起，它们之间的界面就是P-N结。P-N结暴露于可见光、红外线或紫外线之下时，在P-N结的两侧产生电压。但这一效应并没立即引起重视。

目前利用太阳能的主要方式是靠光伏效应发电。1954年美国科学家首次制成实用单晶硅太阳能电池；1958年美太阳能电池用于卫星；1980年美建成1兆瓦光伏发电站；1990年代美建成10座兆瓦级电站。2009年中国太阳能发电超4000兆瓦，居世界第一，占全球40%，年产值超1000亿元。

1976年美国制成非晶态硅半导体光伏电池

太阳能是取之不尽用之不竭的清洁能源。每年地球接受的太阳能为6×10^{17}度（电），相当于全世界年使用总能量的1万倍。但很遗憾，太阳能实际用量只占电能的5%，原因之一是光电转换材料与技术存在问题。

太阳能源的样板别墅

2.6.15 最安全能源——太阳能转换材料

L：人类从用火以来一直都与能源密不可分。为什么近年能源成了大问题呢？

H：原因主要有两个：一是人口暴增；一是生产、生活方式改变。明朝初年，经过休养生息后的中国，人口还不到 6000 万，500 多年间人口剧增 20 倍；明朝人出行骑个毛驴就可以了，现在动辄奔驰、宝马。能源哪能不成问题？这还没有说生产方式和规模扩大对能源的需求。，生产方式和规模的改变是产业革命以来 300 多年的事；而生活方式的改变是近 100 年来的事，问题已经越来越严重。化石型能源百年之内即可枯竭，你说问题能不大吗？

L：数亿年的积存数百年即可消耗殆尽，人类还有办法吗？只有"核能"一途了吗？切尔诺贝利和福岛的惨剧还记忆犹新啊。光靠太阳能就够用了吗？

H：首先，核能也不一定必然连着惨祸，利用好了，核能也可以是最清洁能源。其次从理论上说，太阳肯定是够用的。每年太阳照射到地球上的能量合计为 6×10^{17} 度电，相当于全球年耗能的 1 万倍。但很遗憾，现在太阳能还远没有达到这一利用水平。目前太阳能的年利用率只占全球总能量消耗的 5%。太阳能没能很好利用，转换材料研发不力也是重要原因之一。现在太阳能发电原理还是靠 1839 年一位 19 岁的法国科学家贝克莱尔发现的光伏效应，这是指光照使半导体的结合部产生电位差的现象。这是由光子转化为电子、光能量转化为电能的过程。

L：这事与爱因斯坦这位伟大科学家有什么具体的关系吗？

H：有的。据说这里有个小故事，1920 年代的爱因斯坦在物理学界如日中天，如果他不能获得诺贝尔奖，别人都难已抢先。已不是爱氏需要诺奖，而是诺奖需要爱氏。但瑞典科学院还是不赞成以"相对论"这样的理论成果作为获奖理由，最后折中成：以爱氏"成功解释了光电现象"为由，而获得了 1921 年度诺贝尔物理奖。在发现光伏效应之后确实一直没有合理解释。1905 年，即爱因斯坦提出狭义相对论的同一年，他也确实发表过一篇利用量子理论解释光电效应的论文。

L：原来爱因斯坦的智慧之光还在温暖我们。光伏效应的利用情况怎样呢？

H：太阳能发电基于光伏效应。到了 1950 年代，美国用单晶硅制成光伏电池，为太阳能现代化奠定了基础。进入 1970 年代，能源和环保压力增加，1973 年、1980 年和 1992 年，美国三次制定了太阳能发电计划。日本和欧洲也在此期间制定相应计划。1990 年代联合国召开了一系列各国高峰会议，研讨制定世界太阳能战略规划、公约和基金，推动全球太阳能源开发，使之成为国际社会的共同行动。我国于 1971 年首次将太阳能电池应用于卫星，1973 年开始用于地面。我国光伏产业在 2004 年之后突飞猛进，连续五年的年增长率超过 100%，2007、2008、2009 连续三年，太阳能电池的产量居全球第一位。

L：看来各国都足够重视，光伏发电的前景和相关材料发展前景如何呢？

H：前景看好！光伏发电在 21 世纪将在全球能源中占重要地位，甚至成为能源供应的主体。预计到 2030 年总能源中可再生能源将占 30% 以上，而光伏发电将达 10% 以上；到 2040 年，可再生能源将占 50% 以上，光伏发电将占 20% 以上；到 21 世纪末，可再生能源将占 80% 以上，太阳能发电占到 60% 以上。光伏发电用半导体，现在最好的材料是单晶硅，单晶硅电池转换效率最高，技术也最成熟。但单晶硅成本高，是太阳能发电的重要障碍之一。寻找单晶硅替代品已成为重要任务。2013 年科技十大突破之一就是钙钛矿太阳能电池正在快速地进步。

2.6.16　氢能安全利用——储氢材料

　　随着化石能源逐渐枯竭和环境排放负担的加重，人们对二次能源利用研究加大了力度。其中氢能的利用占重要地位。氢能利用的关键问题是安全储存、释放和携带问题。自 1866 年首次研究钯储氢以来，一个世纪后该领域才有重大发展。

储氢材料的开发简史

1866 年格拉哈姆最早研究了 Pd 的储氢性能；
1970 年代美国布鲁克哈文实验室陆续开发了 TiFe、
　　　TiMn，MgH₂ 系储氢合金；
1971 年 W.E. 加斯提首先研究 LaNi₅；
1984 年 LaNi₅ 经改进，寿命提高，大批量生产；
1991 年日本科学家饭岛澄男发现了多壁和单壁纳米碳管；
1997 年美国学者狄龙开始纳米碳储氢研究。

　　英国化学家格拉哈姆是研究金属中气体扩散的先驱。1866 年首先研究了金属钯中氢气的存储，明确钯中能溶解几百倍体积的氢气，但钯很贵，缺少实用性。

英　格拉哈姆(T.Graham)
（1805—1869）

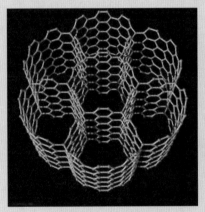

单壁纳米碳管结构示意图

　　1991 年日本 NEC 公司基础研究实验室专家饭岛澄男在高分辨透射电镜下检验球状碳分子时，意外发现了由管状同轴纳米管组成的碳分子。纳米碳管具有一系列优异性能，储氢仅是其中之一。它将成为自重最小、储量最大的储氢材料。

日　饭岛澄男(S.Iijima)
（1939— ）

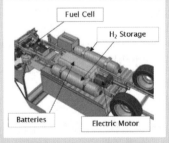

　　氢能利用的第一问题是存储：液态存储之不可取。

固态晶格中的空隙存储成唯一途径

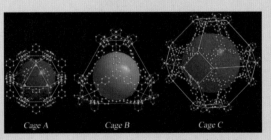

　　英国诺丁汉化合物结构研究组对 Cu-O-C 系晶体的空隙描述
　　小红球 Cu　灰球 C　绿球 O，红、黄、蓝大球，代表空隙位置。

2.6.16 氢能安全利用——储氢材料

L: 经常听说一次能源、二次能源、可再生能源，都是什么意思啊？

H: **一次能源**是指直接取自于自然界而没经加工和转换的各种能量资源，包括：煤、原油、天然气、核能、太阳能、水力、风力、地热、生物质能和海洋温差能等等。**二次能源**也称"次级能源"，是由一次能源经加工或转换得到的其他种类和形式的能源，包括煤气、汽油、重油、电力、氢气、蒸汽等。一次能源又分为可再生能源和非再生能源。**可再生能源**包括太阳能、水力、风力、生物质能、海洋温差能等等，它们在自然界可循环再生；而**非再生能源**包括：煤、原油、天然气、油页岩、核能等，它们不能再生，用一点，少一点，用完了，就枯竭了。由于我们现在实际应用的主要是非再生能源，所以危机才是深刻的。

L: 氢既然是二次能源，就是由其他能源转化而来，是不能解决化石能源枯竭问题的。如果用电解法制氢，干吗不直接用电呢？电也是清洁能源啊！

H: 你说得对！氢不能解决能源枯竭问题。它主要针对汽车、摩托车这类移动机器能源的清洁化问题，即解决排放与环境问题。所以储存是利用的前提，这才是问题所在。如果用电，当然可以考虑各种类型的充电电池。但目前或者充电电池的容量不够大，使用寿命不够长，或者充电时间过长，很难等待。铅蓄电池的自重也太大。假如充电电池容量足够大，寿命足够长，充电后可长时间放置，更换电池像汽车加油一样方便。那么，未尝不是与制氢、储氢可相互竞争的二次能源。但目前状况是，充电电池还没有这样的好消息，这里也有材料问题啊。

L: 储氢材料的研究已有很长的历史了吧？现在进展如何？

H: 自 1968 年美国研制出镁基储氢合金 Mg_2Ni 以来，已有 40 余年了。这种合金与氢有很强的亲和力，在一定的温度和压力下，氢分子可先分解成单个原子，然后进入合金原子之间的空隙中，或与合金反应生成金属氢化物。这时大量"吸收"氢气，放出热量。而当加热这些吸氢后的合金时，金属氢化物又发生分解反应，氢原子"释放"出来重新结合成氢分子，并伴随吸热效应。

L: 储氢合金能储存多大体积的氢气呢？够用来做汽车的燃料吗？

H: 可别小看储氢合金内的空隙，其储氢能力远超过高压氢气瓶。具体来说，相当于储氢钢瓶重量 1/3 的储氢合金，其体积还不到钢瓶的 1/10，但储氢量却是后者相同温度和压力条件下存储气态氢的 1000 倍，可见，储氢合金确实是一种理想储氢方法。不仅储氢量大、能耗低，而且重量小，工作压力低，使用方便安全。1969 年，荷兰菲利普公司发现了 $LaNi_5$ 的可逆吸放氢能力。1973 年起，$LaNi_5$ 开始被用来作为二次电池负极材料，但由于循环性能差，未能成功。1984 年，荷兰菲利普公司成功解决了 $LaNi_5$ 合金的循环容量衰减问题，为氢化物 / 镍电池发展创造了条件。1969 年美国国家实验室还研发出 Ti-Fe 化合物储氢材料。

L: 除储氢合金之外，还有其他储氢的途径和可能性吗？

H: 有的。一是 1975 年萨尔坦和沙乌提出有机液态氢化物（苯和甲苯）储氢，目前瑞士、意、英、加、日等国在积极开发；另一种就是近年来兴起的纳米碳材料储氢。特别是 1991 年日本科学家饭岛澄男发现纳米碳管以来，已经被描述为有可能成为自重最小、储氢量最大、优越性突出的储氢材料，正在全世界范围内进行积极探索。但距离实际应用也还会有较远的路程。

2.6.17 计算材料学兴起

自 1946 年电子计算机问世后，许多原来无法计算的问题有了求解的希望，因此一个涉及材料、物理、计算机、数学、化学等多门学科的计算领域在酝酿着。约 30 年后形成了以计算机实验（材料模拟与材料设计）为专长的新领域——计算材料学，并展示了广阔的发展前景。从此结束了材料研究的实验依赖和只能做定性理论研究的历史。

蒙特卡罗法是 1945 年前后由美国科学家冯·诺伊曼倡导，以研制核武器为目的开始研发的。最终由麦特罗帕里斯和乌拉姆完成。他们利用数值方法和技巧，第一次在计算机上实现了描述中子运动的统计性规律。这种数学分析程序，被称为 20 世纪的十大算法之一。这种通用算法在解决材料行为的模拟中，也发挥了重要作用。

美 麦德罗帕里斯（N.Metropolis）
(1915—1999)

美 乌拉姆（S. Ulam）
(1909—1984)

美 考兰特（R. Courant）
（1888—1972）

英 克劳夫（B.H.Clough）
（1935—2004）

有限元方法的思路可追溯到 18 世纪的欧拉时代。但现代有限元方法是 1941 年赫仁尼考夫首先提出的，用来求解弹性力学问题。1943 年美国学者考兰特第一次尝试定义分片连续函数和最小位能的原理，求解材料扭转问题。1950 年代，美国波音公司首次采用三角形单元用于解决平面问题。1960 年代初，克劳夫首次提出"有限元"概念，现已成为材料模拟的重要分析方法。

分子动力学是一套依靠牛顿力学来模拟粒子体系运动的方法，自 1957 年由阿尔德等建立以来，发展非常迅速，大量学者为推动其发展做出了贡献，其中意大利两位学者帕利内罗和卡尔在 1980 年代将分子动力学推进到基于第一原理计算的阶段，成为高度理性化的材料性能预测、预报和材料设计的有力手段。

意 帕利内罗（M. Parrinello）
(1945—)

意 卡尔（R. Car）
(1947—)

2.6.17　计算材料学兴起

L：所谓计算材料学已经离开具体材料了，有必要介绍这样枯燥的内容吗？

H：我认为还是有必要的。因为到了1960年代，电子计算机已问世15年左右了，很多过去知道的材料学规律，限于计算能力不能做定量计算的情况，已经发生了根本改变；必须通过实验才能了解材料未知前景的时代已经结束了；通过科学计算了解未知前途的期望，已经有可能变成现实。正是在这个时候，产生了"计算机实验"的新概念，既表达了对计算机能力的期望，也表达了对已知科学规律的信任。所以，一个以电子计算机为依托，基于数学、物理、化学、材料学等知识系统的"计算材料学"出现了，这是材料历史的必然阶段，就像从铜器时代过渡到铁器时代一样，是自然发生的，所以也是应该有所了解的。

L：我明白了。材料发展已到达了这样一个新阶段，是不应该回避和省略的。

H：不过，话又说回来。你说的也不无道理，讲材料如何计算、验证，远不如讲材料如何制作、应用，更来得实在和具体，难以取得很清晰的形象。所以只能概要地介绍一下计算材料学的相关事件和人物；至于原理、细节既非大家亟待弄清楚，也非我能轻易讲明白，就尽量从简了。第一个影响最大的事件，是蒙特卡罗法的诞生。这一研究的发起人是大名鼎鼎的、有计算机之父美誉的冯·诺依曼。1944年他参与了原子弹的制作，负责极困难的计算。他要对原子核反应中的传播做出"是"或"否"的回答。这需要几十亿次的数学运算和逻辑指令，而且要保持过程准确无误。他为此聘用了一百多名女计算员，用台式计算机从早到晚计算，也不能满足需要。无穷无尽的数字和逻辑指令，像沙漠一样考验着人的智慧和专注力。他领导乌拉姆和麦德罗帕里斯终于在1945年开发出一种概率计算方法，解决了这个难题。乌拉姆用摩纳哥的赌城名字命名了这一方法，使其带上了一种神秘色彩。此法应用极其广泛，绝不只限于材料学，但很多材料学问题都可用蒙特卡罗法得到很好模拟：如材料晶粒长大、相变进行速率等等。

L：有限元法计算方法的出现是在怎样的具体背景下产生的呢？

H：最早的应用背景是飞机的材料力学近似计算。但其基本思想可追溯到更为遥远的古代，用多边形计算方法求解圆面积，就是一种有限元方法。但作为一种现代近似方法，是在1943年提出来的，被称作矩阵近似方法，应用于航空器结构强度的计算，由于其简便性、实用性和有效性而引起力学家们的浓厚兴趣。经过数十年的努力，随着计算机技术的快速发展和普及，有限元方法已从结构工程强度分析的方法，扩展到几乎所有的科学技术领域，成为一种丰富多彩、应用广泛并且实用高效的数值分析方法。在材料领域的成功应用实例也不胜枚举，比如金属材料的塑性变形计算，复合材料结构的强度分析等等。

L：1950年代出现的分子动力学模拟的应用，是不是也十分广泛而有效啊？

H：是的，非常广泛。另外，近年来在实际材料的模拟过程中，经常需要对材料不同尺度的结构、形态与性能进行模拟。这时需要采用不同的模拟方法，以适应于不同尺度。实际上，经常把分子动力学方法和蒙特卡罗方法联合使用。近年，多尺度模拟计算已受到各方面学者的关注。特别是1980年代卡尔和帕利内罗建立了第一原理分子动力学模拟之后，使其适于研究纳米尺度的行为；蒙特卡罗法适于研究微米尺度的组织形态；而有限元方法适用于宏观尺度组织形态的模拟。通过多尺度多种模拟方法的联合应用，有可能将"纳观"与宏观联通起来。

2.6.18　计算相图与合金设计

美国科学家考夫曼从 1950 年代末起致力于用热力学计算方法构成相图，却遭到物理学家们的质疑，后者更支持第一原理研究探索。但在不断积累起的热化学数据的支持下，考夫曼坚持下来，并获得瑞典希拉特 (1961) 和日本西泽泰二 (1967) 等的积极支持。

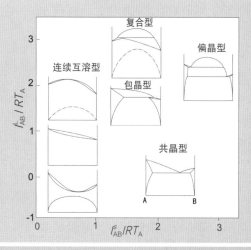

早在 1908 年荷兰学者范拉尔就在溶体中引入过剩自由能，提出通过理论方法计算相图的思想，但没有引起关注。左图是经西泽泰二教授整理的范拉尔理论计算相图的思路。

荷兰　范拉尔（J.J.van Laar）
(1860—1938)

美　考夫曼（L.Kaufman）
(1930—2013)

瑞典　希拉特（M.Hillert）
(1924—)

日　西泽泰二（.Nishizawa）
(1930—)

法　安萨拉（H.Ansara）
(1936—2001)

美，中国　张永山（Y. Austin Chang）
(1932—2011)

　　PANDAT 是 1996 年美国华裔学者 A.Chang 等提出的另一种通用相图计算软件，已被广泛应用。

　　考夫曼及其同道经过多年坚持终于成功了。1970 年代起被称作热力学数据与相图空间耦合的方法 CALPHAD 正式起步。
　　CALPHAD 方法将合金设计推进到热力学阶段，产生了通用计算软件 Thermo-Calc 等，与之配合的各类数据库也在不断完善。

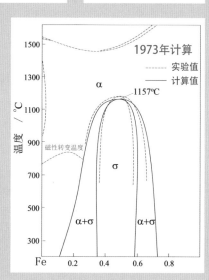

2.6.18 计算相图与合金设计

L：关于相图的计算与合金的设计是属于计算材料学的具体内容与成就吧？

H：正是。这是计算材料学中与材料设计关系最密切的内容，当然材料设计涉及的内容还要更加广泛。早在 1908 年荷兰化学家范拉尔利用一种被称作"正规溶体近似"的模型，探讨了二元合金相图的计算原理。这些计算都可以手工完成，因为与 60 年后出现的热力学计算相图的最大区别是：所有参数都是常数，只能做简单的相图类型计算。图版是日本的西泽泰二教授近年整理的结果，当时还没有几个实测的二元合金相图。1957 年实验相图大量涌现，另一位荷兰科学家梅杰令（J.L.Meijering）进一步推进了相图的热力学计算，但参数仍是常数。

L：以再现实验相图为目的的相图热力学计算是在何时兴起的呢？

H：应该是紧随梅杰令之后。1950 年代中期和后期，希拉特和考夫曼先后在美国著名材料学家莫里斯·考恩的指导下攻读博士学位，他们已经意识到：既然相图是系统热力学性质的外化形式之一，如果有了系统热力学性质的准确数据，应该能够再现相图。1958 年前后考夫曼把这种依靠化学热力学数据，通过热力学计算再现相图的构想作为博士论文研究方向，却并没有获得物理学家们的欣赏和肯定，后者建议考夫曼去尝试第一原理计算，因为第一原理计算的物理意义明确，而很多热化学数据看上去并没有明确的物理意义。

L：那么，考夫曼及其合作者选择了哪个方向呢？结果又怎么样呢？

H：考夫曼坚持了化学热力学的计算方法，因为在当时第一原理的计算结果，要做到足以与实测相图相互比较的程度是不可能的。从 1961 年起考夫曼的研究得到了瑞典师兄 M. 希拉特的大力支持；日本西泽泰二研究室从 1964 年起也给予了积极响应与支持；1970 年代法国学者安萨拉也加入这个队伍中。他们的坚持获得了最后的成功，这种方法后来被称为 CALPHAD 模式。这是一种通过建立合理的热力学模型，吸取包括实验相图在内的各种热力学、热化学、冶金学、电化学的数据，通过合理的计算，沟通相平衡温度、成分空间与热力学各种数据之间联系的一种研究方法。本书写作中获考夫曼逝世消息，谨致哀悼怀念之意。

L：这些数据实际都是一些多项式，并没有物理意义，难道不是个缺陷吗？

H：让多项式中的每一项都有物理意义是很难的。但作为一个参数并非完全没有物理意义。要使每个参数都有严格意义，只好选择第一原理方法了。第一原理模式的优点虽然大家都知道，但无论是当时和现在，要用第一原理来再现实测相图还无法做到。如果考虑到已有的实测相图这一最重要的资源，以及其他热力学、热化学数据资源，利用热力学模型建立起计算相图与数据资源之间的联系，无疑是一件非常有意义的工作。这不是简单模拟，而是热力学意义的再现。

L：您说的 CALPHAD 模式，还在合金设计方面发挥了重要作用吗？

H：正是这样！除了稳态相图计算之外，CALPHAD 模式中还包含了以下内容：亚稳态相图，相变驱动力，平衡相体积分数，无扩散 T_0 线；还包括优化各种热力学性质等等。平衡相体积分数计算已经属于合金组织设计的一部分了。至于合金组织与合金性能的关系，那还需要相应的数据库来支撑。现有的数据库中也有部分最基本的物理性能数据，如黏度、扩散系数等，而且也有与相变动力学有关的数据和功能。事实上，CALPHAD 模式中还可连接 DICTRA 扩散动力学软件，以及相场组织模拟软件等，可以向合金组织设计功能做进一步延伸。

2.6.19 第一原理材料设计

材料设计经历"尝试法"、"半经验法"(1964)、"热力学法"(1971)阶段之后,终于迎来了"第一原理"这个终极阶段,其标志性事件就是美国科学家科恩与英国科学家波普尔共同获得1998年度诺贝尔化学奖,从此相关的材料设计研究日趋兴盛。

美,奥地利 科恩(W.Kohn)
(1923—)

英 波普尔 (J.A.Pople)
(1925—)

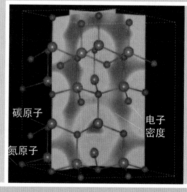

第一原理从头算 (ab-initio) 树状示意图

1925～1926 年由海森堡、薛定谔和狄拉克建立的量子力学为计算原子之间的键合能创造了条件,但是由于电子波函数方程过于复杂,几近无法求解。第一原理计算处于难行状态。从 1960 年代起科恩和波普尔分别寻找到代替求解薛定谔方程方法,获得了巨大成功。特别是科恩建立了电子密度泛函理论,对于材料设计产生了极大影响。

碳原子

氮原子

电子密度

第一原理计算预报了迄今为止最硬物质 $\beta-C_3N_4$ 的结构与性能。

第一原理计算是不依赖任何经验性参数,只需如下几个基本物理常数:m_e, e, h, k_B, c 和微观体系构成原子序数即可运用量子化学计算体系键合能、生成热等性质的方法。

第一原理材料设计的主要功能:①预测材料性质;②按需要根据理论设计新材料;③预报未知的新材料;④使材料的认识向纳米层次深入;⑤不断发展、扩充能力。

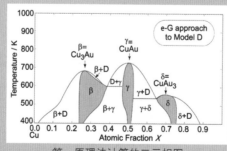

第一原理法计算的二元相图

第一原理材料设计的主要内容之一是相图计算。运用密度泛函理论计算内能,利用 CVM 方法计算混合熵以求得溶体的自由能。

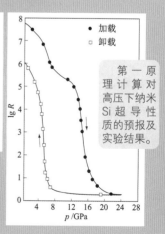

第一原理计算对高压下纳米 Si 超导性质的预报及实验结果。

2.6.19 第一原理材料设计

L：在这里我们又一次谈论材料的设计问题，又达到一个新的阶段了吧？

H：是的。这是又一个材料设计新时代的开始。其实纵观材料的历史：最原始的材料诞生之日，同时也是材料设计开始之时。或者说，材料应用与材料设计一直是材料研究的两个侧面：一个是材料直接为生产服务的侧面，即材料应用；另一是引领材料自身进步的侧面，即材料设计。如果从材料设计的角度看材料史，它历经了"尝试法阶段""半经验设计阶段""热力学设计阶段"一直走到今日，开始了"第一原理设计阶段"。我想今后是这一阶段的不断发展、完善，向着宏观材料设计进步的过程，应该是材料设计的最后一个阶段。

L：您是说前几个阶段已经结束，都应该来关心"第一原理设计"问题吗？

H：不！并非如此！材料设计的各种方法会有一个相互共存的阶段。这有点像材料的石器时代、铜器时代、铁器时代的重叠共存一样。这首先是因为材料设计本身的复杂性，材料设计应该是与材料相关的全部理性认识的总和。涉及的具体材料也会有极大的差别。比如，对组织不敏感的功能材料，第一原理计算可以在极大程度上预测材料的结构与性质，完成大部分设计内容；而对于与各尺度组织关系密切的结构材料，只有在明确组织因素与性能的关系之后，才有可能完成材料设计的基本任务。所以，不仅与材料组织设计有密切关系的热力学设计将会长期存在下去，而且与组织、性能有密切关系，积累了大量定量数据的半经验设计也会存在下去，直至这些经验能够被更理性的计算方式所取代为止。

L：既然"第一原理材料设计"还远没有成熟，那为什么要把它突显出来呢？

H：这是因为人们已经知道，这种方法具有极大的理论优势，它可以不依赖实验数据、经验参数，而只需要几个基本物理常数：电子静止质量 m_e，基本电荷 e，普朗克常数 h，真空光速 c，波耳兹曼常数 k，就可以预测某一具体微观体系的状态和性质。就是说，可以运用量子化学方法算出具体微观体系的电子结构和总能量，并进而算出键合能、生成热、相变热等热力学性质和物理性质，所以也称之为"从头算"方法。对于完全不具备实验数据的体系或亚稳状态，热力学设计将束手无策，而第一原理方法仍可计算下去，算出需要的相关参数，以接受验证。

L：那在您看来，第一原理方法阶段的标志性事件是什么呢？

H：小的事例很多，但科恩和波普尔共同获得1998年度诺贝尔化学奖最适合作为标志性事件。当然，科恩的密度泛函理论早在1960年代中期就已提出了。这种方法做到了：可以不用求解薛定谔方程，就能求算一个微观体系的电子密度，在量子化学计算中获得极大成功，被认为是化学史上的革命。但是，1998年度的诺奖，还是在全球范围内掀起了应用这种方法的巨大热潮。不只是材料设计，而且用第一原理方法求算未知热力学参数的研究也是在这时兴起的。

L：所谓第一原理方法"不依赖实验与经验"，难道是说可以不要实验了吗？

H：当然不是。这只是指材料设计的计算过程而言，而材料创造与发明既不会脱离材料学知识的基础，更不能脱离整个工程科技的需求大背景。离开这些，材料设计将失去目标与动力。第一原理材料设计目标将包括：① 材料性质的预测、物质种类的预测，特别是功能材料；② 使材料研究向终极方式迈进，在"凝聚态物理"、"量子化学"、"计算数学"等基础上，研究材料的结构与性质，设计人类从不知晓的"新材料"；③ 使材料维度的研究进一步向纳米量级迈进。

3 材料后传

请留下这蓝天

在这个部分中，根据近年来现代材料的实际发展状况，对未来 20 年左右的材料发展前景，做了力所能及的预测和展望。虽然很想对未来做一些更大胆的想象和瞭望，但很遗憾，能做到的仍只是对当前现状的某种合理延伸。材料发展到当下，给人"**印象最深**"的，已经不再是哪一种材料性能的提高，或者哪一种具体材料的改善，也不再是哪一个材料群体与另一群体的竞争。更重要的问题已经变成：整个材料产业如何继续发展下去？材料产业继续发展给人类带来的究竟是什么？这个问题也许不是，或不只是材料工作者的事，但是，却是我们无法回避、不能忽视的现实。300 年来的快速发展已经引起了资源的枯竭、环境的巨变。再也不能无视现状，再也不能片面强调材料本身的道理，即仅仅从材料性能改进、应用开发角度来研究了。世界之大，首先要能安放得下"**可持续发展**"的平台！

未来 20 年必须特别强调注意的是：可持续发展所面临的如下几个重要问题。最突出的是环境问题。经济要增长，产业要发展，而排放必须限制，环境必须保护，雾霾必须减少。这是现实的矛盾，更是历史的责任。发展不能愧对子孙后代。所以，与燃料消耗有关的运动机械如汽车、飞机、航空航天器用材料，必须轻量化，以有利于节能减排。冶金工程彻底解决排放的氢冶金，尽管 20 年内尚难以获得巨大的实际进展，但必须认真研究开发，绝不能只强调经济效益而虚待时日。

其次是能源枯竭、资源枯竭问题。再制造、再利用、节约材料、表面处理等与资源有关的材料和材料技术必须大力发展，新能源用材料和技术也是必须大力发展的领域。未来几十年是一个对从产业革命以来的大发展的**反省时期、回报时期、补偿时期**。大规模开采矿山，生产材料到今天，已经轮回到如何保护资源，善待资源了，这是未来的重要主题。当我国已经成为各类材料生产的超级大国的时候，也已经是这些材料的第一消费大国的时候，除了庆幸发展之外，我们还必须担当起**思索**的责任：这些消费都是必要的吗？有多少房屋是空置的？有多少高速公路上并没有几辆汽车？有多少贫困县、乡政府大厦在与白宫媲美？

第三点才是在解决前两个问题的基础上，应对各行各业新发展所提出的材料新问题。在这一研究开发中，要充分注意冲破传统三维块体结构思维的束缚，研究开拓 0 维、1 维、2 维材料的性能优势和各维度结构微纳米化的性能新空间。这中间，还包括轻量化材料、高温材料、环境意识材料等问题，以及与重大工程有关的各项材料对策。

最后，是材料的开发方式要与经济不断增长的速度相适应。单纯的实验研究要向计算材料学、材料设计靠拢和相互结合，以提高新材料的研发速度，以适应新形势对材料的需求。2011 年美国政府提出的材料基因组计划，也应引起我国各方面的关注、思考与适度的反应。

3.1 超级钢领军未来金属材料

1997 年日本首先提出了"超级钢"的概念，未来 20 年，超级钢将引领所有金属结构材料的发展。我国继成为第一产钢大国之后，大力研发超级钢，2005 年我国超级钢已达 400 万吨，20 年后，全球超级钢产量可超亿吨，我国需努力达到 4000 万吨以上。

中国研制的超级钢板材已用于一汽的汽车制造

中国　王国栋
（1942—）

中国　翁宇庆
（1940—）

鸟巢主体育场的结构主体

央视新大楼的基础部分

国家大剧院的基础部分

上面的各新型建筑都使用了"超级钢"的钢筋和型钢，强度为 400~500 兆帕。

钢铁材料的第一用户是建筑行业，在我国约占钢产量的 55% 以上，到 2006 年建筑用钢达 1.8 亿吨。包括民用建筑、工厂、矿井、桥梁、码头、管线等使用的钢筋、型钢、钢板、钢管等。

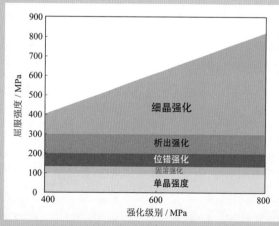

在钢的各种强化机制中，细晶强化是具有最大强化范围的机制。这是使钢实现强度翻番的主要保证。

控轧控冷是生产超级钢的主要技术手段

重庆钢铁公司被命名为国内第一条控轧控冷中厚钢板示范生产线，可以实现钢的细晶化。年产 120 万吨。

3.1　超级钢领军未来金属材料

L: 您是说，超级钢将领军包括钢铁材料的所有金属结构材料的未来发展吗？

H: 是这个意思。因为超级钢所建立的理念，应该包括钢的纯净化（去除夹杂物和有害元素）、均匀化（最大程度地减小偏析）和细晶化（控制晶粒尺寸）三个方面。其中，晶粒细化的技术难度最大，也是超级钢的核心部分。达到这三个方面的质量品质要求的水准，才能实现"强度翻番，寿命翻番"的简明而高水准的目标。从这个意义说，上述三方面的要求，应该对于所有金属结构材料都是适用的。各类金属结构材料中，不仅以钢铁材料的产量为最大，而且除钛合金外，也是熔点最高、冶金生产难度最大的材料。所以说，实现了超级钢的生产，对于各种金属结构材料都有直接的借鉴作用，因此可谓之引领。

L: 是如何把普通钢制成了超级钢的？都依靠什么工艺？其依据是什么呢？

H: 纯净化、均匀化虽然并不能提高强度，但这些工艺为实施钢的强化措施提供了足够良好的基体和基础。而提高强度，并实现翻番，则主要靠组织的细晶化，左下图定量地说明了这个道理。低碳低合金钢可以达到不同的强度级别，但在这些强度级别中，基础强度、固溶强化、位错强化、析出强化的贡献基本上是同一个量级。只有细晶强化的贡献能够有明显的差别，晶粒越细，强度越高。另外，晶粒细化还是唯一能够同时提高钢的强度与塑性的机制。那么，是什么样的工艺能够造成不同粒度的细晶组织，进而实现钢的细晶强化呢？这里面涉及的道理十分复杂，包括形变与再结晶、相变与析出、晶粒长大机制等等。但如果简单地说，晶粒细化是靠"控制轧制和控制冷却"工艺实现的。

L: 未来 20 年中我国的超级钢研究与发展能走在世界各国的最前列吗？

H: 我认为是能够做到的。我国已经是产钢超级大国，其中大部分是内需。因此有研发超级钢的巨大驱动力。超级钢所针对的正是钢铁家族中产量最大的部分——建筑用钢，所以也有巨大的用武之地。通过近十几年各种类型的研究与开发项目，我国已涌现出一大批高水平的钢铁材料各学科的专家，翁宇庆和王国栋是其中的代表性人物。我国从人才、投入、装备、生产数量与经验等几方面都有很强实力。应该有理由相信，我国未来将处于世界超级钢研发的最前沿，届时也正是钢铁强国时代的开始。当然，路还要一步步地走，要把全国的轧钢厂大部分改造成能够实施控轧控冷工艺，以满足细晶强化的需求，还需要一个很长的过程。所以，要在20 年内基本完成这一目标，绝非可以轻而易举地实现。

L: 超级钢的研发除了纯净化、均匀化和细晶化之外，还有什么重大问题呢？

H: 还有很多重大问题要解决。一是技术经济问题，超级钢的生产要引起成本的提高，这涉及价格变动和市场供需情况的变化。如何使这一具有巨大社会效益的产品能够受到供需双方的欢迎，还需要认真应对。第二是与细晶化相关理论问题需要解决。不同含碳量、不同合金元素含量钢种的细晶化机制有明显差异，目前中日两国的研究取向已经有所不同。进一步深化理论研究，获得认识的进步是推进超级钢发展的重要内容。第三是相关重要工艺问题研究需要解决。如超级钢化学冶金与细晶化的关联，提高超级钢的均质性工艺，超级钢焊接问题等等。上述三方面问题制约着21 世纪超级钢的发展与进步，必须认真面对。超级钢的发展需要全社会的关心。它不仅是材料理论课题，也是工艺技术问题。它不仅涉及经济规律，还会涉及社会发展，需要各方面的认真参与和研究。

3.2　未来钢铁材料的发展

　　1997 年提出的"超级钢"其实并不限于建筑用钢，还包括汽车这种最活跃变化的机器用钢材，和不锈、耐热钢等。20 年后，汽车等机器用钢、造船用钢、耐热钢等钢材质量与水平将在超级钢的引领下获得极大的提高，在技术进步中发挥重要作用。

　　我国钢材消费共三大领域：① 建筑用钢；② 机械(汽车约 5500 万吨，其他 2400 万吨，单位下同)；③ 其他，包括造船 (约 650)、货箱 (约 600)、家电 (约 550)、铁路 (约 400) 等。

> 　　钢材应用领域中最活跃变化的部分是机械领域里的汽车。每台汽车消耗钢铁约 1 吨。它是耐用消费品，又是运动的机械。既关乎能源又关乎环境。

汽车用钢要求轻量化、高强度、高塑性变形性、高焊接性

　　汽车用材的总方向是轻量化，由于钢材的不可替代性，2050 年以前钢材在汽车中用量不会少于 68%。轻量化途径主要是高强化，同时还要具有较高塑性和优良可焊性。

　　其他机械用钢种相对稳定，发展总方向是延长使用寿命。2050 年以前全球用于机械的钢材约 1.8 亿吨（占 20%）。追求耐疲劳和耐磨性的提高，超细晶非调质钢可能成为亮点；造船、货箱、铁路用钢等是提高强度以及耐腐蚀性能。途径是钢的纯净化、钢表面改性和细晶化。

机器用钢要求高耐磨、耐疲劳性

船舰甲板用钢要求高耐腐蚀性

货箱用钢要求高强度、高耐大气腐蚀性

热轧材料的冷却床用耐热钢

炉窑用篦链耐热钢铸件

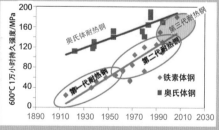

铁素体耐热钢未来将获得更大发展

　　耐热钢是仅次于高温合金的耐热材料，在 700℃以下使用，要求较高强度和化学稳定性。包括抗氧化钢和热强钢两类。前者承受载荷较低；后者承受载荷较重。耐热钢常用于制造锅炉、汽轮机、动力机械、工业炉、石油化工等部门的零部件，是有重要价值的材料，主要是含铬镍钼的钢种。

3.2 未来钢铁材料的发展

L： 这个题目好大！难道您真的要谈论所有钢铁材料的未来发展吗？

H： 当然不会。因为想不出更切合内容又不太长的标题，才变成了现在这个样子。其实我是想谈一下那些有可能在未来20年获得更大发展的钢铁材料。各种材料的情况很不一样，例如很重要的18-4-1型钨铬钒高速工具钢，诞生115年以来，几乎没什么变化，只是出现了一些代用型产品而已。再如Mn13耐磨钢发明已经120年，至今不仅成分未变，连代用型产品都没有，一直沿用至今。但是也有一些钢种，出世后没生产几回就淘汰了，当然也就难得还有人记得它们。比如19世纪造密西西比大桥的含3%~4%Ni的钢，只用过一次，就不再有人问津了。建筑用钢是一个成分变化最快的领域，我国在1960~1970年代也研制过很多种所谓"普通低合金钢"，真正坚持下来的只有16Mn等少数几种。但是，变与不变都各有其理由，变化并不见得是坏事，它反映了这个领域材料研发的活跃。研发是在追求变化，在变化中求得技术进步。建筑用钢的变化就可作如是观。

L： 那么，现在哪个领域是最活跃的领域，而且是在不断地追求进步的呢？

H： 那就得说汽车领域了。因为节能减排是全社会的要求和目标，人人皆知。而汽车又是家家户户都在思考购买的商品。它的节能减排问题也是一刻都不能放松的社会问题。而降低车重是节能减排的主要途径。一台小轿车使用钢铁量约1吨。是减重的重要对象。用塑料代替钢铁是减重的有效手段，但这却同时降低了安全保障，人们无法接受。提高钢的强度可以在保障安全的前提下减小钢板厚度，这种减重是大家都能接受的。研究表明，汽车重量每下降10%，油耗下降约8%，排放下降约4%。所以现代汽车设计师是"斤斤计较"地在考虑车重。超级钢是汽车行业最关注的钢种。但汽车用钢的高强化，与超级钢的应用并不是同一个问题。因为在汽车使用的每吨钢铁中，种类十分繁多。既有板、管、棒、带的差别，又有铸铁、中碳钢、低碳钢的差别，还有双相钢、IF钢、TRIP钢的差别，不一而足，需要分门别类地加以细致设计和恰当的应用。

L： 机器用钢也是用量很大的种类，未来的变化会很快吗？

H： 这里是指固定型机器，动力是电，没有减排问题。这些钢种是相对比较稳定的一群，但仍有节能问题。这类钢都是在热处理状态下使用的，1960年代以来就提出了不用热处理而实现高强度的途径，这就是**非调质钢**。1972年德国蒂森公司开发了第一个非调质钢49MnVS3锻钢，可以取代调质钢制作曲轴，抗拉强度能达到850兆帕，属于铁素体 + 珠光体组织型。其后各国竞相开发，很多非调质钢也用于汽车。1990年代以来，英、法、意、美等国相继开发出强度达到1000兆帕的非调质钢，钢的组织已有低碳贝氏体和低碳马氏体等类型。在超级钢的引领下，还有开发超细晶组织非调质钢的可能，将会在未来焕发出应有的光彩。

L： 还有哪些钢种在未来20年会有很大的变化，或者说有很大发展呢？

H： 为了提高火力发电热效率，发电设备用耐热钢的使用温度将会受到关注。将该温度由600℃提升到650℃或700℃，可以使热效率提高、煤耗降低、排放降低。耐高温（≥650℃）性能优异的第三代铁素体型（也称马氏体型）耐热钢将可能发挥重要作用。对于高温长时间服役的马氏体耐热钢，回火后组织将趋向平衡态，导致高温强度下降。因此，第三代耐热钢组织控制的关键在于基体和晶界稳定性，据此提高耐热性能，获得比目前9-12Cr型耐热钢性能更优越的材料。

3.3 守卫人类安全的核防护材料

自 1951 年美国首次利用核能发电以来，世界核电已有 50 多年的发展历史。截止到 2005 年底，全世界核电机组共有 440 多台，发电量约占世界总电量的 16%，对解决化石能源枯竭、减少 CO_2 排放发挥了重要的作用。这中间核电安全成为最大问题。

地震前的日本福岛核电站

20 年后化石能源将更加紧缺，利用核能的大方向不会改变。核能安全利用将会是永恒性话题。其中核电站用防护材料的开发是关键。其中锆合金的材料性能提升和技术更新将成为核心开发内容。

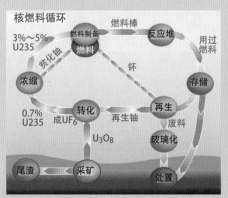

电厂核燃料的循环过程

1986 年 4 月 26 日切尔诺贝利核电站第 4 号反应堆爆炸，据估算，核泄漏事故的放射污染相当于广岛原子弹爆炸的 100 倍。

2011 年 3 月 11 日爆炸后的日本福岛核电站

我国核安全规划要求：2015 年，全国核设施、核技术利用安全水平进一步提高，形成综合配套的防御、治理、创新、响应和监管能力，保障环境核安全。到 2020 年，核电安全保持国际先进水平，核安全与核污染防治水平全面提升，保持环境质量的良好状态。

单根核燃料棒

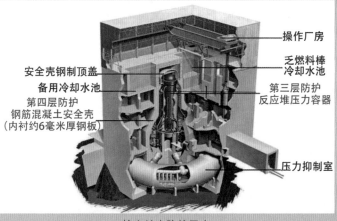

核电站中防护层次

3.3 守卫人类安全的核防护材料

L：日本东北大地震后发生福岛核泄漏，今后核电决策是否会有所变化？

H：我的看法是：如果有变化也只能是向更安全地利用核能方向变化，而不可能是向放弃核能的方向变化。我国的高级别共识估计也是：日本核事故促使我们对有关问题进行了更理性的思考。从全球角度看，关停所有核电站的主张是不现实的，也不符合相关各国的根本利益。在一些小国特别是核电比例较低的国家，核电发展可能会出现一定程度的倒退。但对中国，在确保安全的前提下，仍然应该妥善有效地开发核电，实现能源发展的现代化和多元化。发展核电是解决人类能源危机和环境危机的根本性选择之一，核电发展应该以人类持久安全为前提。像我国这样的大国，发展核电有利于国家安全、能源安全、科技创新和环境保护。2020 年我国核电容量将达到 4000 万千瓦，那也仅占全国电力容量的 4%。核能是后化石能源时代人类能源可持续发展的希望所在之一。

L：福岛核泄漏时期的景象记忆犹新，人类能够彻底安全地利用核能吗？

H：我认为，现在利用核能与当初原始人类利用火一样，付出代价是大家都不希望看到的，但也是难以避免的。人类的祖先从多少次惨痛的火灾经历中终于掌握了用火规律，而没有选择放弃用火；今天人类对于安全利用核能已经积累了很多经验，而且经验还会越来越完善。有人总结了 10 次最大的核灾难。1986 年苏联切尔诺贝利核泄漏是最严重的一次，达到 7 级，死亡53 人。起因于人为失误导致安全壳发生破裂引发大火，终至核泄漏。第二严重的就是福岛核泄漏，达到 4⁺ 级，起因于 2011 年难以预防的 9 级特大地震。由此分析，通过严格管理，加强地震预测，强化核保护措施，人类安全利用核能的更高目标是一定会实现的。最终一定能够达到全面、安全地利用核能源的目标。

L：目前，核能发电站的核保护措施都有哪些？用到了哪些保护材料呢？

H：现在的商业核电站是利用核裂变反应而发电，核电站一般分为两个部分：第一是利用原子核裂变生产蒸汽的核岛（包括反应堆装置和一个回路系统）；第二是利用蒸汽发电的常规岛（包括汽轮发电机系统）。所谓的核防护就是指对于这两个部分的防护。按照防御纵深进行的原则，在核燃料与外部环境空气之间设置了四道屏障。即第一道屏障：燃料芯块（核燃料）放在氧化铀陶瓷芯块中，并使得大部分裂变产物和气体产物（95% 以上）保存在芯块之内。第二道屏障：燃料包壳。燃料芯块密封在锆合金制造的包壳中，构成核燃料芯棒的锆合金壳，具有足够的强度，而且在高温下不与水发生反应。第三道屏障：压力管道和容器冷却剂安全系统。它将核燃料芯棒封闭在厚度在 200 毫米以上的钢质耐高压系统中，避免放射性物质泄漏到反应堆厂房中。第四道屏障：反应堆安全壳。用预应力钢筋混凝土构筑壁厚近 1000 毫米，内表面加有 6 毫米的钢衬，可以抗御来自内部或外界的飞出物，防止放射性物质进入大气环境。

L：看来锆合金是最关键的防护性金属材料，为什么选择了锆合金呢？

H：锆合金的热中子吸收率小、热导率高、综合机械性能好，又具有良好的加工性能以及与 UO_2 相容性好，尤其是对高温水、高温水蒸气具有良好的抗蚀性能和足够的热强性。因此，被广泛用作水冷动力堆的包壳材料和堆芯结构材料，成为核电站的重要防护材料，并在提高耐蚀、抗辐照等性能方面做进一步改进研究。如何通过合金化提高锆合金的相关性能，将会更加受到各国重视。

3.4 轻金属更受青睐

人类使用金属材料从铜开始，然后是铁，再后是钛、铝和镁，大体是一个密度递减的顺序。这一顺序恰好大致与人类追求降低动力能耗、降低排放的需求一致，也与人类致力于克服引力，离开地球的愿望一致。20 年后这一倾向将更加明显。

Al-Li 合金在直升机上的应用

未来的耐热 Al 合金尾翼及蒙皮

没有最轻，只有更轻。2008 年全球粗铝约产 4000 万吨，我国产 1200 万吨，世界第一。20 年后我国约产 2000 万吨。Al-Li 合金是更轻的铝合金，相对密度约 2.5，是为航空航天业开发的合金。在从海水萃取 Li 技术成熟后，Li 将降价。Al-Li 合金也会进入汽车，以降低汽车的重量。

在一辆普通汽车中消耗约 1000 千克钢和铸铁，而在一款欧洲汽车中，铝合金的重量从 1990 年的 50 千克增加到 2005 年的 131 千克（多用于发动机部件与汽缸），2010 年再增加 25 千克。用铝后不仅重量减轻，抗腐蚀能力也更优于钢，深受汽车工程师的青睐。

Al-Li 合金制作的汽车轮毂

奥迪 A8 的全铝车身结构

镁合金也将成为汽车材料

Mg 合金有良好阻尼性能使振动衰减，导热、导电性能良好。加之相对密度只有 1.74，是汽车减重的好材料。20 年后汽车用材中 Mg 合金可望从 0.3% 增加到 1.5%。

镁合金是天生的航空材料

Mg 合金是金属中密度最低的材料，所以在航空航天领域有特殊的应用优势。但由于耐腐蚀性等因素，目前还在试验阶段。20 年后将会有很大发展。

飞机发动机的 Mg 合金部件

Mg 合金有望制作汽车前桥

Mg 合金可制作汽车座位

装有 Mg 合金部件的飞机发动机

3.4　轻金属更受青睐

L：未来几十年，密度小的轻金属如钛、铝、镁基合金会进一步受到关注吗？

H：我认为会是这样。你看，作为结构材料使用的金属是按如下的顺序：从铜开始，然后是铁，再后是钛铝，最后是镁。

L：我曾看过一篇文章，说早在 1700 多年前的晋代中国就已经有铝了。

H：你是说晋朝著名人物"周处墓出土铝"吧？周处是著名京剧"除三害"的主角。但这是个大误会，也可以说是一件"糗事"。"周处墓里发现了铝"的事情发生在 1957 年，在清理文物时发现一片厚度、大小如指甲的铝片。后来在"文革"期间，经一位著名科普传记作家的渲染，铝片变成了"我国古代劳动人民的伟大创造"。但是，经过著名考古学家夏鼐、老一代化学家张子高、材料科学家柯俊等十数人、七八次认真分析鉴定，虽然认定了确实是纯铝片，但也同时确认：在无电的古代，绝无可能用化学方法制出纯铝。此事当时虽十分轰动，但夏鼐根据附近墓葬曾被盗，两墓淤土有混杂等情况判定：出现铝片是土层扰动的结果，绝不能作为古代制铝的证据，并于 1972 年发表了上述观点的论文。但很奇怪，夏鼐论文很少有人知道，直到现在还有人在传播"古人制铝"奇谈，实在是不应该发生的事情。

L：原来是这样。但听说作为航空材料的铝可能竞争不过复合材料，是吗？

H：铝合金在航空方面确实受到复合材料的严重挑战。最近一则报道称，美国波音 787 等飞机大量采用复合材料，使铝合金面临被淘汰的局面。但美国铝合金公司推出了可改变这一局面的新方案。他们经调查研究，将新飞机主承力构件使用新型铝合金与使用复合材料的方案做了比较，结果是近 3/4 的设计者选择铝合金，而管理者及商界却更青睐于复合材料。美国铝公司推出的新型铝合金中包括了铝锂合金。该合金使蒙皮气动阻力降低 6%。与大量采用复合材料的飞机相比，可减重 10%，制造、运营及维修成本降低 30%，显著降低生产风险，燃油效率提高 12%。如改进发动机，燃油效率还有可能再提高 15%。舒适度与复合材料制飞机相当。这也是一种必须认真对待的选择方案啊。

L：看来竞争仍十分激烈。铝锂合金在与复合材料的竞争中起了重要作用吧？

H：其实，铝锂合金并不是全新材料。早在 1924 年德国就研制成功工业铝锂合金——司克龙。1943 年，高强度铝锌镁铜合金问世，降低了铝锂合金的价值。1957 年，英国研制成含锂 1.1% 的铝合金，用于战斗机机翼和尾翼蒙皮，使飞机减重 6%。苏联则研制出含锂 2% 的铝合金。1967 年世界性能源危机爆发，各国重新关注轻型材料。由于冶金技术发展，可制出含锂量更高、强度更高的铝锂合金，并用于先进军用和民用飞机。铝锂合金成本只有碳纤维增强塑料的 1/10 左右。用铝锂合金制造波音飞机，可减重 14.6%，节省燃料 5.4%，成本下降 2.1%，年飞行费用将下降 2.2%。铝－锂合金确实竞争力很强。

L：轻合金受重视也包括汽车工业的发展吧？汽车也要求减重节能减排啊！

H：正是！新型铝合金，包括铝锂合金都受到汽车设计者的关注和欢迎。最近对轻合金的关注也包括镁合金在内。镁合金是所有结构用金属材料中的最轻者，镁合金的比强度明显优于铝合金和钢，比刚度与铝合金和钢相近。镁合金的减振性是铝合金的 100 倍，钛合金的300 ~ 500 倍，因而舒适感强，适于制造座椅。镁合金的外观及触摸质感极佳，使产品更具有豪华感受。

3.5 对钛合金的期待

钛是综合性能最好的低密度金属。20 年后，通过降低钛合金的生产成本，使其用途不仅在航空、航天业中有更大的增长，而且在此基础上进一步扩大到更多部门。比如，使其发挥减重、降耗、减排优势，目前在汽车工业的应用已初现端倪，前景光明。

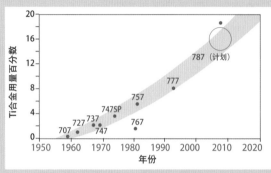

Ti 合金在飞机上的用量在增加

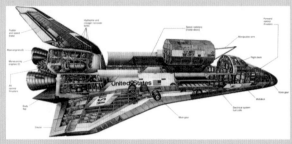

航天飞机上使用了很多种 Ti 合金部件

左图是波音飞机上 Ti 合金用量的变化。按此趋势，20 年后 Ti 合金在波音飞机上的用量将达到 30%。

钛合金在飞机上应用分解示意图

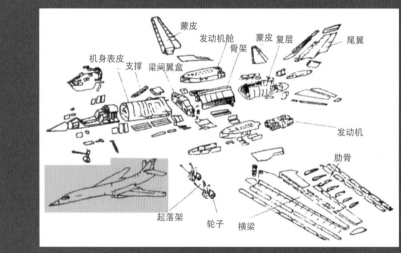

Ti 合金飞机锻件

Ti 合金在飞机上用于蒙皮、横梁、尾翼、起落架等关键部位上。

在汽车上应用 Ti 合金的各种典型部件

Ti 合金具有适应于汽车的高强度、低密度、耐腐蚀、抗氧化等优异的性能。1956 年美国曾制出火鸟 2 型全钛汽车，日本于 1968 年在赛车发动机上也使用了 Ti 合金，以获得高速度和提高其他性能。20 年后 Ti 合金的应用将明显增加。

各种连杆

各类半轴

多连杆及弹簧组合件

各类气门

3.5 对钛合金的期待

L: 在未来的几十年中，钛合金的发展会更受重视吗？能用在汽车上吗？

H: 钛合金的形势肯定会一派大好。钛有时也被划入轻金属的行列，其密度介于钢铁和铝之间，但其性能则超过钢铁。钛还曾被列入稀有金属，但它其实并不稀有，在用作结构材料的金属中，仅次于铝、铁、镁，在地壳中储量排名第四，比铜多61倍。但是，钛现在确实还是很贵的，不是特别重要的用途还真用不起钛。但这不是"物以稀为贵"，而是"物因难变贵"。钛因为太活泼，以至于没有能够熔炼它的耐火材料，它与各种耐火材料都发生反应，难就难在这里。其优势还在于贵而不重，密度小使钛及钛合金的主要用途集中在航空、航天工业上。就是说，如果有办法解决钛生产之"难"，它也会从"天上"回落"地上"。

L: 与复合材料相比，钛基合金还能够具有性能优势吗？主要有哪些呢？

H: 有！或者说各有优势。它们的用途有相互重叠的部分，也有不重叠部分。所以，一是可以各司其职，二是重叠部分也要竞争上岗。看谁优势更大、综合实力更强、性能/价格比更高。复合材料也并不便宜，而且连接问题很多、回收很难、耐热性有限。这三点都是钛合金的强项，有很强的竞争力。

L: 图中给出了钛在波音飞机上使用量的增加，能够说明上述竞争实力吗？

H: 是的。1947年，美国刚刚开始从卢森堡科学家克劳尔手中接过海绵钛的冶金技术，进行钛的工业生产时，当年产量只有2吨。8年后的1955年钛产量就猛增到2万吨，那时就主要用于飞机制造。到了1972年，产量达到了20万吨，生产成本有所下降。在与复合材料的竞争中，应用于波音飞机上的钛合金明显增加。Ti-6Al-4V合金逐渐成熟后，钛合金在与钢铁和铝合金的竞争中，显示出明显的性价比优势。1980年以后钛合金在波音飞机中的应用份额快速增加，到2030年，钛合金的用量可望接近30%。目前，在航天火箭和导弹中钛也大量代替钢铁。有统计称，全球每年用于航天工业中的钛，已达千吨以上。超细钛粉还是火箭的固体燃料，钛材料称得上是名副其实的航天金属、空间合金啊。

L: 与复合材料比，钛合金可制作的零件种类更多，是不是也是一个优势啊？

H: 是这样。钛合金是一种既可以铸造，又可以进行多种压力加工的材料。板、管、梁、带、锻件都能制造。这是复合材料无法比拟的技术优势。当然复合材料也有钛合金不能比拟的优点，比如：可设计性。但是钛合金的上述优势无疑扩大了它的应用范围。如图所示，它可应用于飞机的部件种类很多，包括发动机、起落架、蒙皮、横梁、尾翼、支撑筋、黑匣子等重要部件。

L: 汽车是一个不可忽视的市场，低密度能支持钛合金进入汽车领域吗？

H: 有希望。钛合金的应用是汽车在减重、降耗、减排上寄予重要希望的材料之一。但是，实现这个希望的最大障碍还是价格问题。世界和中国的钛合金已发展到了这样一个阶段：必须设法降低钛价格！钛合金的优良性能和广泛适用性已获得公认，阻碍其发展的主要是成本高，性价比低。未来几十年，降低成本的关键首先是革新冶炼工艺，降低原金属成本，其次是发展低成本钛合金，及开发有利于降低加工成本的新工艺、新技术和新设备。我国还有一个问题是大力加强攀枝花钒钛铁矿的综合利用问题。如果能利用低品位的共生岩矿，生产出低成本的海绵钛或合金海绵钛，我国钛合金应用水平必将走在世界的前列。

3.6　期望轻质化合物材料

　　金属间化合物多数密度较小，而钛的铝化物又是密度极小的材料，所以受到各方面的关注。经五十几年的研发试制，γTiAl 化合物显示了在航空、航天工业中有发展优势。20 年后，通过改进合金化及优化生产工艺，可以达到实际应用的目标。

γTiAl 化合物未来在飞机上的用量将继续增加

　　γTiAl 金属间化合物是最有希望的金属间化合物耐热材料，相对密度只有 3.8 左右，不到 Ni 基高温合金的一半，已经试用在各种型号的飞机上，预期 20 年后将大量用于飞机发动机等关键部件。图中给出了飞机试用的主要部件。

GE90 发动机使用了钛铝合金叶片

γTiAl 化合物发动机叶片

γTiAl 化合物制飞机涡轮

γTiAl 化合物未来在汽车上将大有作为

γTiAl 化合物汽车叶轮　　γTiAl 化合物汽车半轴　　γTiAl 汽车叶轮

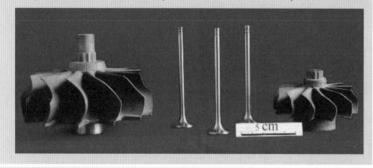

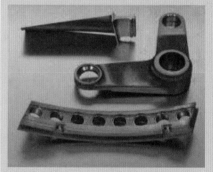

γTiAl 化合物制各种飞机部件

2011 年法国布加迪的威龙 16.4 号称"陶瓷汽车"，采用陶瓷、铝、钛、玻璃纤维、碳纤维等轻质材料制造，像一件完美的艺术品。价值 1600 万元，是全球唯一的一辆。

采用 SiC-C 刹车片的陶瓷刹车系统比原用的铸铁刹车系统有很大技术进步，重量也大幅度下降。

SiC-C 刹车片

各种汽车用陶瓷传感器

3.6 期望轻质化合物材料

L：金属间化合物热潮中崛起的 γTiAl 应该是一种有代表性的轻质化合物材料吧？那么，它未来 20 年的前景会怎样？能够获得实际工业应用吗？

H：1980 年代初国际上掀起金属间化合物结构材料的热潮，以 Ni-Al、Ti-Al、Fe-Al 系为中心，研究开发活跃。现在热度虽然已经大为减退，但是，γTiAl 还是最有希望成为实用金属间化合物的轻型耐热材料。其实 γTiAl 研究并非始于 1980 年代中期，早在 1960 年代，美国已开始战略性地研究这种材料。作为喷气发动机用材料，γTiAl 至少具备三大优势：一是比刚度比镍基高温合金高 50%；二是在 600~700℃温度有良好的抗蠕变性能，在特定用途上可代替镍基合金；三是高阻燃性，与镍基高温合金相当。所以从 1992 年起，德国在 700℃下成功进行了精密铸造 γTiAl 叶片的旋转实验；1993 年美国通用公司进行了发动机测试；1990 年代末更进一步进行了燃气涡轮发动机试验。1999 年以后，美国已将 γTiAl 列为航天、汽车和其他领域的备选材料，实际应用虽仍需时日，却一直没有放弃研发，在不懈地为进一步提高其综合性能而努力。包括提高下列性能：室温塑性、断裂韧性、高温蠕变性能和抗氧化性。提高 Nb 含量已成为今后的重要方向。

L：最近有在航空航天领域具体开发 γTiAl 材料的意向吗？

H：有的。美国通用公司将铸造的全套 γTiAl 低压涡轮叶片安装在大型商用运输机发动机上，通过了 1000 个飞行周期的考核试验。日本三菱公司等试验了 Ti-42Al-10V 合金叶片，该公司还开发了 Ti42Al5Mn 合金，并制造出涡轮叶片等部件。钛铝金属间化合物基合金，在航空航天用材料中已展现出可寄予厚望的发展前景，成为先进军用飞机发动机高压压气机及低压涡轮叶片的重要材料。通用公司计划在 GE90 发动机中用钛铝合金叶片代替镍基合金，将减轻发动机质量 200～300 千克以上。空中客车和波音公司正致力于提高发动机的推比。据分析，未来发动机市场对 γTiAl 低压涡轮叶片的年需求量高达百万件，将代替目前先进涡轮发动机最后一级的镍基叶片。美国宇航局报告指出：到 2020 年后，钛铝基合金及其复合材料的用量将在航空、航天发动机中占到 20% 左右的份额。

L：γTiAl 有可能在汽车行业上展示其轻质的优势吗？

H：有可能。一些 γTiAl 合金汽车零件的成功研制，以及实际测得的优良性能，使人们相信，通过适当的合金化及采用适当的加工，γTiAl 合金可望部分取代传统的高温合金，将在汽车发动机上首先得以应用，获得减重降耗减排的效果。进一步的工作主要是对这些零件在实际环境中长期应用时的可靠性进行评估。另外，降低生产成本，仍是提高其竞争力的关键所在。总之，未来 20 年内 TiAl 合金在汽车工业上是有应用前景的。

L：除 γTiAl 之外，还有其他轻质化合物材料可以在汽车上展示其优势吗？

H：也有。更轻的 SiC-C 刹车盘也意味着汽车重量的减轻，而且能够提升车辆整体操控水平。另外，普通刹车碟容易在全力制动时因高热而产生热衰退，而陶瓷刹车碟能有效、稳定抵抗热衰退，耐热效果比普通刹车盘高出许多倍。SiC-C 陶瓷刹车系统在未来汽车中将大有作为。另外，值得一提的是：为了增进人们的汽车减重意识，法国的著名汽车公司布加迪，在 2011 年制出一款"威龙 16.4"新型汽车，号称"陶瓷车"，其实，是集各种轻质材料于一身的样板车。

3.7 挑战金属——特种工程塑料

各种纤维强化聚合物的强度令人刮目相看。其实没有纤维的强化，工程塑料也能挑战金属材料。特种工程塑料是专门开发或进一步改进的高力学性能、耐热达 150℃以上的工程塑料，未来 20 年，特种工程塑料将发挥挑战金属的性能优势。

特种工程塑料性能进一步提高

特种工程塑料是挑战金属材料的主要品种。有 PPS 聚苯硫醚、PAR 聚芳酯、PI 聚酰亚胺、PEAK 聚芳醚酮等十几种。使用温度提高到 150℃以上，未来向更高强度和更高温度发展。

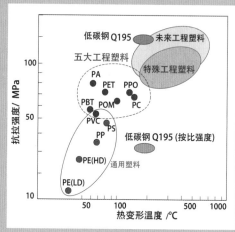

特种工程塑料聚苯硫醚部件

◀ 几种特种工程塑料与钢的比较

各种工程塑料和特种工程塑料将成为汽车、摩托车和民用直升飞机的主要结构材料。

以特种工程塑料为主要材料的直升飞机

以特种工程塑料为重要材料的摩托车

工程塑料和特种工程塑料将成为常规汽车材料

工程塑料和特种工程塑料制作的部分汽车部件

3.7 挑战金属——特种工程塑料

L：对未来的金属结构材料已经做了一些分析了。一般说来，复合材料代表着未来，但目前还太贵，单体的塑料是不是有可能对金属材料构成竞争呢？

H：应该可能。不过，先把塑料分成两大类。一类是"通用塑料"，另一类是"工程塑料"。这两大类塑料，按着强度及耐热性水平都已经表示在图中了。而通用钢铁材料也选择了一个代表，就是Q195。钢号的含义是屈服强度为195MPa的低碳钢。按着强度和比强度也分别标记在图中。简单地说，通用塑料除个别种类外，其强度和耐热性是没法与通用钢铁材料Q195相比的。当然，金属材料不只是钢，还包括铝、铜等有色金属，但钢的耐热性是最强的。

L：如名所言，工程塑料并不用在日常生活中，与金属竞争的应该是它们了？

H：正是！开发它们的目的就是提高使用温度，使其在100℃以上的强度或比强度能靠近通用钢铁结构材料的Q195。其中抗拉强度最高的是**聚酰胺（PA）**，强度高、密度低、耐磨、具有自润滑性及优异的冲击韧性，可代替金属广泛用于汽车等部件上。典型零件有泵叶轮、风扇叶片、阀座、轴承等，也用于各种仪表的零部件以及电子电器部件。**聚碳酸酯（PC）**的强度及延展性已经类似于铝、铜等有色金属合金，但冲击韧性更高，透明度极好，可着色，已广泛用于各种安全灯罩、汽车反射镜、飞机座舱玻璃、摩托车安全帽等。最大的市场是计算机、办公设备、CD和DVD光盘等。**聚甲醛（POM）**有"超钢"美誉，具有更好的耐热性，使用温度已超过100℃，有优越的机械性能和化学性能，主要用作精密度高的小模数齿轮、形状复杂的精密零件，可节省大量铜材。**聚苯醚（PPO）**具极好的耐热性，优良的机械性能、耐热性、绝缘性和高温耐蠕变性等，是所有工程塑料中耐热性最好的。总之，工程塑料已具备了取代金属材料的基本性能。

L：所谓特种工程塑料是耐热性更好的一群吗？它们是一些怎样的塑料啊？

H：比工程塑料更好的是特种工程塑料，产量更少，价格也更加昂贵。它们也叫做高性能工程塑料，是综合性能更高，长期使用温度在150℃以上的工程塑料，主要用于高科技、军事和航空、航天等用途。品种包括**聚苯硫醚（PPS）、聚砜（PSF）、聚酰亚胺（PI）、聚芳酯（PAR）和聚醚醚酮（PEEK）**等几大类。下面以**聚苯硫醚**为例介绍一下其性能特征。聚苯硫醚全称为聚苯基硫醚，是分子主链中带有苯硫基的热塑性树脂。**PPS**是结晶型（结晶度55%～65%）的高刚性白色聚合物，耐热性高（连续使用温度可达240℃），是机械强度、刚性、阻燃性、耐化学药品性、电气特性、尺寸稳定性等都极优良的树脂，尤其以耐磨、抗蠕变、阻燃性为优，有自熄性。高温、高湿下仍可保持良好的绝缘性能。流动性好，易成型。与各种无机填料有良好的亲和性，有利于进行填料改性处理。增强改性后可明显提高其机械、物理性能和耐热性。增强材料可以采用玻璃纤维、碳纤维、聚芳酰胺纤维、金属纤维等，但是以玻璃纤维为主。无机填充料有滑石、高岭土、碳酸钙、二氧化硅、二硫化钼等。

L：其他几种特种工程塑料如**聚砜**等的耐热性和机械性能如何呢？

H：**聚砜**等出现在1970年代之后，持续使用温度均可超过150℃，短时间使用能达到160℃以上。其中使用温度最高者为**聚酰亚胺（PI）**，持续使用温度可达240℃，2小时使用温度可高达450℃。特殊工程塑料问世后，完全颠覆了对塑料的认识。它们不仅比强度已远超过钢铁，绝对强度也已向钢铁逼近。

3.8 工程塑料用于 3C 产品

工程塑料及特种工程塑料是低密度材料，强度和耐热性的不断提高使其成为轻金属的有力竞争者。未来几十年其使用温度将进一步提高，而 3C 产业将是工程塑料及特种工程塑料的主要应用领域，我国基础尚薄弱，是需要重点研发的领域。

工程塑料和特种工程塑料也是精密部件的重要结构材料

特种工程塑料制各种高精度部件

特种工程塑料制各种高性能精密部件

特种工程塑料将成为电器和电子产品中重要元器件的构成部分

电器线路插板

印刷线路底板

电子线路底板

晶体管底板

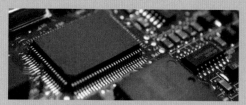

电子线路底板

2008 年最新潮 3C 数码产品的结构材料

2008 年推出的最新潮的 5 款 3C 数码产品：笔记本电脑、手机、数码相机的壳体结构都采用了工程塑料。如：丙烯腈－丁二烯－苯乙烯共聚物 (ABS)、聚酰胺 (PA)、聚甲醛 (POM) 等，未来应用趋势标志着材料水平的进一步提高。

索尼爱立信 F305c

诺基亚 5800MX

东芝 M830

尼康 P80

索尼 T77

3.8 工程塑料用于3C产品

L： 如前面所介绍的，所谓特种工程塑料，既有在工程塑料的基础上改进的耐热产品，也有专门开发出来的全新的聚合物材料，能否讲得再具体些？

H： 在这一点上，情况是不尽相同的。就开发历史而言，不同材料的差别也很大。例如，耐热性最强的聚酰亚胺（PI）是1950年代就已开发出来的高分子材料，经不断研究改进，达到了现在优异的综合性能。另外，美国杜邦公司是在原有的聚间苯二甲酰间二胺（Nomex）纤维的基础上，1972年又成功开发出了聚对苯酰胺（Kevlar-29）和聚对苯二甲酰对苯二胺（Kevlar-49）纤维，成为高水平的工程塑料。1980年代日本帝人公司与德国赫斯特公司合作开发了聚芳酰胺纤维，也是既有改进更有创新的实例。但与此不同，聚醚砜则完全是在1972年以后开发出来的全新材料，在结构上，兼有砜基和羰基，是一种共缩聚物。

L： 在3C产品上常用的工程塑料都是哪些啊？现在已经感到眼花缭乱了啊。

H： 确实如此。所谓"3C产品"是指计算机、通信和消费类电子产品三种，由于3C产品体积一般都不大，所以往往在中间加一个"小"字，统称为"3C小家电"。3C产品常用的工程塑料有：**PA（尼龙）**主要用于制造空气开关、接插件、各种线圈骨架，录音机、录像机的机芯、骨架、支撑件、齿轮、传动轮，以及电缆套等。**PC（聚碳酸酯）**主要应用在电器的透明部分。**PC/ABS合金**则用在电器外壳、显示器外壳、手机外壳、手提电脑外壳、电池、充电器外壳方面。**POM（聚甲醛）**主要用于电器、仪表结构件、各种齿轮、凸轮、传动轮、录音录像带轴芯。**PBT/PET（热塑性聚酯）**具有优良的耐化学腐蚀性能、电性能，因此在电子电气行业、通信业、电缆和照明行业应用广泛，在我国电子行业中用量最大，约占62%，主要用于显像管座、插板等。**MPPO（改性聚苯醚）**主要用于彩电回扫变压器骨架、超高频印刷线路板、笔记本电脑的接插件。

L： 特种工程塑料在3C产品上是不是用于更重要的用途上啊？

H： 是的。特种工程塑料可以长期使用在150℃以上，例如**PPS（聚苯硫醚）**、**PI（聚酰亚胺）**、**PEEK（聚醚醚酮）**、**LCP（液晶树脂）**等。由于电子、电器产品体积越来越小，重量越来越轻，因此特种工程塑料在电子电器行业的应用也越来越广泛，特别是一些需要耐热的和一些需要焊接的电器元件。PEEK薄膜还应用于多层印刷电路板，最高可达60层，长期使用温度高达260℃。

L： 工程塑料和特种工程塑料真是太重要了，未来发展趋势会如何呢？

H： 塑料目前在家电中的用量已占总原料的40%。随着家电产品日趋轻量化、小型化和个性化，工程塑料的应用将越来越广泛。但是，必须看到3C产品涉及的工程塑料种类很多，由于这些材料的技术含量高、投资大，目前我国工程塑料工业尚处于较低水平，大部分3C用的塑料还主要是依赖外资企业生产，或直接从国外进口。改变国内工程塑料的落后现状，是未来几十年的严峻任务。欧美各国工程塑料主要用于汽车行业。而在亚洲，工程塑料则主要应用在3C产业，比例超过50%。中国1998年到2005年工程塑料年均消费增长率为26%。预计今后仍将保持在15%～18%。随着中国电器产品出口量的增加，工程塑料和特种工程塑料的用量将呈上升趋势。在工程塑料应用新技术方面，有几个十分引人关注的重点：①等离子体高分子材料表面改性技术，尤其是电器产品；②微发泡注塑成型技术；③夹芯成型工艺；④纳米复合材料技术；⑤回收及降解技术等。

3.9 现代工具的悄然变化

20世纪后期因提高生产效率和降低金属消耗的需求,工具出现深刻变化,金属材料精确加工主要依靠切削的状况发生了根本转变,压力加工取代切削的变革加速进行。塑料与陶瓷材料的兴起,彻底颠覆了切削思维。模具变成了材料的通用工具。

金属材料时代的主要切削工具

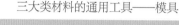

三大类材料的通用工具——模具

1980年代后期的变革

2000年后加速进行

塑料模具新特点: 订制生产、交货周期短、高附加值
塑料模具材料要求: 镜面性、耐蚀性、低变形性

大型精密制品模具718钢

要求热强性、抗氧化性

陶瓷材料用模具主要是压制模

压制陶瓷坯料
要求高硬度、高耐磨性
模具钢D2,高速钢

热压模具 钼合金TZM、高温合金

光学透镜模具材料不锈钢

普通塑料制品模具材料S55C钢

钢铁是各类模具的主流材料,金属材料用模具仍为主流模具

超塑成形模具
要求高热强性、高抗氧化性
TZM、Ni基高温合金

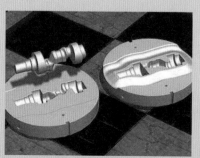

冷锻模具
要求高硬度、高强韧性
模具钢D2,高速钢

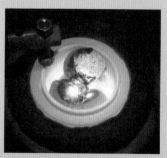

恒温锻造模具
要求高耐蠕变性、抗氧化性
TZM、高温合金、Si_3N_4

3.9　现代工具的悄然变化

L：工具是指加工材料的工具吧？是加工金属呢，还是包括其他材料？

H：我想说的是加工所有材料的工具。但是，这里有个问题。我们已经把人类的历史时期，按使用材料划分了若干个时代，比如石器时代、铜器时代等等。这个"石器时代"的"石器"既是指使用的材料，同时也是指加工材料的工具。到"铜器时代"还是大抵如此。到了"铁器时代"，情况发生了很大变化，材料变得种类繁多、用途多样，出现了专门用于加工材料的品类，称之为工具材料。特别是到了近代钢铁时代，在有了不同种类的钢之后，几乎立即有了"工具钢"的品种。它们担负着切削其他钢铁的任务，有极高的硬度、耐磨性和耐热性。

L：是啊！第一个钢种发明家就是发明合金工具钢的英国工程师马修特啊！

H：正因如此，"工具钢"从19世纪诞生起，其使命就是切削金属，肩负着"使材料变成器具"的使命，它与金属切削机床同时产生，一直到20世纪都是如此。但是，"使材料变成器具"这件事，在1980年代发生了巨大变化。这个时期的"世界加工厂"还不是中国，而是日本。1988年前后日本的"模具"工业产值达到了15607亿日元，超过了"机床"工业产值。这意味着："使材料变成器具"的第一装备不再是"机床"了，而变成了冲压机械；第一位的工具材料也不再是担任切削的"工具钢"了，而是冲压机械的"模具材料"。1988年发生在日本的这件事，可算作"使材料变成器具"模式转变的标志性事件。

L：噢！您说的悄然变化就是指冲压生产逐渐地超过了机床加工这件事吗？

H：正是！这个超越意义重大。因为用冲压法制造器具，有很多优点。比如：不产生切屑，节约金属材料；生产效率高；产品性能好；能源消耗少等等。这些优点逐渐被认识，冲压加工方式逐渐被推广，最后终于占了上风。其实还要强调一点，那就是模具加工不只针对金属材料。正是在这时人们意识到，金属、聚合物、陶瓷三大类材料都在接受以塑性变形为特征的"模具加工"。"模具"才是三大类材料的共同工具，模具材料才最有资格被称作"工具材料"。在我们身边，到处都有模具加工的塑料制品。所以到1980年代中期，很多国家塑料模具已经在模具总产值中占第一位了。陶瓷生产过程中，坯料压制是必需程序，尽管塑性变形很小，但在使用模具上是共同的，模具也是主流工具。

L：按您的说法，模具已经变成了第一重要工具，而且是针对所有的材料？

H：是的！从使用历史的角度来说，模具最初也是用来加工金属的，含有明确的塑性变形、使被加工材料塑性变形或被裁切等内容。但是如果把塑料、陶瓷坯料包括进来，模具的功用和使命已经扩大。依据用途，模具大致可以划分为：① 冲压模具；② 塑料模具；③ 压铸模具；④ 锻造模具；⑤ 陶瓷及粉末冶金压制模具等。当然此外，还有玻璃模具、橡胶成型模具、低熔点合金成形模具等。塑料模具和冲压模具占产值的70%以上，每种模具中都有不同的模具材料，但钢铁材料是模具材料的主流，也有少量的耐热合金、钼合金和陶瓷材料。模具材料几乎包括钢铁材料的全部种类。其中，塑料模具大量使用中碳钢，抛光后的镜面性是其特殊要求。冲压模具要求高硬度和耐磨性。锻造模具材料要求最为苛刻，因锻造方式和温度有很大差别。高温、高耐热蠕变性的要求将使耐热合金、高熔点金属和陶瓷材料也进入模具材料行列。但必须强调，模具不同于机床和刀具，不具有通用性，大都是专用的，需要订制加工。这给生产带来了很多新的特殊问题。

3.10 彻底解决排放之路——氢冶金

钢铁冶金是排放大户，高炉炼铁中的反应是铁矿石被碳还原，生成物是 Fe 和 CO_2，因还原剂是碳故称碳冶金，CO_2 排放由此而生。如果把还原剂改为氢气，反应产物是铁和水，可实现 CO_2 零排放。但是彻底解决排放，必先解决氢源难题。

对氢冶金技术的期望

为了降低铁冶金过程中的 CO_2 排放，发达国家在试验用氢来还原氧化铁，还原产物中的 CO_2 变成了 H_2O。该技术不仅降低碳排放，而且可使铁中 S 和 P 降到 0.02% 以下，为钢的纯净化开辟新的途径。

科技界对 20 年后氢冶金技术的进步抱极大希望。

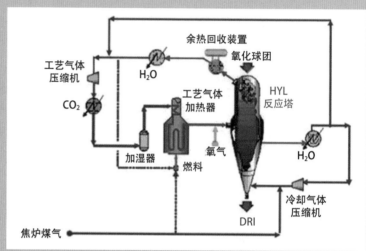

用焦炉煤气生产直接还原铁工艺流程　DRI 直接还原铁　HYL 气基竖炉

$$Fe_2O_3+3CO \longrightarrow 2Fe+3CO_2 \quad （碳冶金）$$
$$Fe_2O_3+3H_2 \longrightarrow 2Fe+3H_2O \quad （氢冶金）$$

焦炉煤气可成为主要氢源

宝日一号焦炉煤气加压器

72 孔焦化炉

焦炉煤气主要成分

自重整反应

$$CH_4+H_2O \longrightarrow CO+3H_2$$
（水煤气制氢）
$$CH_4+CO_2 \longrightarrow 2CO+2H_2$$
（甲烷裂解制氢）

组分	含量 /%
H_2	55~64
CO	8~10
CO_2	3~4
CH_4	20~25
N_2	0.1~6
O_2	1.5~1.8
H_2O	饱和水

焦炭水冷降温，水汽蒸腾

3.10 彻底解决排放之路——氢冶金

L: 未来的材料必须面对两个严酷问题：一是资源枯竭，一是环境保护吧？

H: 确实如此。但是，这两个问题都太大了，难以说清楚。先说说环境保护吧。首先是如何减排？我也只能分析一下人们目前提出了哪些应对措施。首先，中国在哥本哈根气候大会上承诺：将在 2020 年之前实现单位 GDP 二氧化碳排放量比 2005 年减少 40%~50%。未来十年中国经济总量还将有巨大增长，实现这一目标的压力实际上是极其巨大的。国外应对钢铁材料生产对环境造成的污染问题，首先提出了"氢冶金"的全新概念，这与他们有长期应用气体竖炉直接还原铁的经验有关。而我国从古到今的铁冶金都是"碳冶金"，而且主要是依靠固态碳来还原铁矿石，取出铁矿石中的氧，从而获得铁的过程，因而 CO_2 排放无法避免。冶金工业的 CO_2 排放量占总排放的 1/3 以上，我国是全球第一钢铁生产大国，所以转变钢铁生产方式势在必行。也需要考虑"氢冶金"的路线。"氢冶金"是靠氢来还原铁矿石，用氢取出铁矿石中的氧，进而获得铁。所以，排放的不是 CO_2 而是水蒸气，所以，可以彻底解决 CO_2 的排放问题。

L: 那么，氢从哪里来？到哪里去获得数量如此巨大的氢气啊？

H: 这的确是氢冶金的头号大问题。但我国的传统钢铁产业链中有一个巨大的氢资源，这就是焦炉煤气。按现在钢铁生产规模估计，年产焦炉煤气约 600 亿立方米，焦炉煤气中氢含量高达 60%，总氢资源约 360 亿立方米，这是实现氢冶金的最可靠的氢源。国外利用气体直接还原铁的竖炉技术已有百年历史。而我国因缺乏天然气资源，也缺乏气基竖炉（HYL）生产"直接还原铁"的经验。

L: 1 立方米纯氢气只能还原 1.6 千克铁，焦炉煤气都用来炼铁也还不够啊？

H: 是啊。焦炉煤气只含氢 60%，但其中还有 25% 甲烷，经裂解重整后，氢含量能提高到 70%，一氧化碳为 30%；如果氢全用来炼铁可还原 0.7 亿吨铁，这是很可观的，是气基竖炉的气源保证。利用焦炉煤气所能实现的氢冶金，还只能生产直接还原铁，即固态铁。不过这与最初"铁器时代"的"块炼铁"已经不同了，由于原料是粒状球团矿，固态还原后，成为粒状还原铁，是可以连续生产的。由于可以将含氢气体纯化为氢气，所以可以实现零排放。尽管氢冶金是改变钢铁工业高污染、高排放局面，节省炼焦煤，减少碳污染的最直接、最有效的技术措施；不过还存在各种各样的困难，首先是成本问题。但是，通过制氢途径的增加，氢冶金的不断进步，未来 20 年内氢冶金还是应该有很大进展的。

L: 您是说，应该积极推进氢冶金的研究与实验，逐步走向零排放目标吗？

H: 是的。氢冶金是转变钢铁发展方式的希望所在，是改变钢铁生产高能耗、高污染、高排放局面的有效、可行的技术措施，也是钢铁工业低碳化的终极性选择。但是，在现阶段没有解决大量、高纯度氢资源之前，也必然会长时间存在一个过渡阶段。在这个阶段里，也会长期存在从炼焦、炼铁开始的长流程冶金模式。因此，利用焦炉煤气生产"直接还原铁"的"氢冶金"是当前一种科学共识，而并非权宜之计。应积极推行，积极实验，而不是坐待氢资源的改观。在现阶段我国钢铁生产实践中，实行高炉铁和直接还原铁并行，是有中国特色的钢铁生产新策略，既能保证钢铁工业的可持续发展，又能大幅度解决碳排放问题。此外，氢气竖炉生产的直接还原铁纯度高（硫、磷含量为 0.002% 以下）。这种高品质铁用于电弧炉炼钢，可成为高纯度、高质量钢材的宝贵优质原料。

3.11 再制造——材料复活之路

针对资源问题，再制造开始于 20 世纪 80 年代早期，成为先进制造技术的组成部分和发展方向，并于 21 世纪成为一种极具潜力的新型产业。其中各种与材料相关的表面加工技术有重要的发挥空间，对全寿命周期和产品质量有重要影响。

再制造产品标志

冷焊、电火花涂镀技术可使数吨重的模具"再生"。

轧辊堆焊技术可用几百克材料复活几吨重的轧辊。

再制造技术大有可为

钢铁制品常常有重达数吨的个体，如轧辊、塑料模具、汽车冲压模具等，又经常因微小的磨损、瑕疵、伤痕而报废，十分可惜。如能有效修补，则能大大节约资源、工时。现已受到各国重视，将成为再制造产业的重要内容。

国外发达的再制造业

活跃的汽车再制造业标志

材料再生与"分拣冶金"

材料再生是环境意识材料的核心问题。金属再生与废料管理关系密切。不能严格分类保管不同成分的废钢，仍会造成资源的浪费。而严格的分类管理则是资源的有效保护。于是有了"分拣冶金"的概念，其含义在于精细分类保存才能真正实现再生；粗放重熔是资源的浪费。

最粗放的废钢管理

良好的分拣处理

曾数度准备当废钢出卖的库兹涅佐夫上将号航空母舰上有种类繁多的资源。

3.11 再制造——材料复活之路

L：所谓"再制造"技术是个什么概念？是针对什么问题提出来的？

H：准确地说，"再制造"就是一种对废旧产品实施高技术修复和改造的技术。它是针对损坏或将报废的零部件，在性能分析、寿命评估等基础上，采用一系列先进制造技术，使修复产品质量达到甚至超过新品的过程。这是针对未来材料生产面临的又一个严酷问题——资源枯竭，而提出的一种节约资源的应对措施。最典型的实例是解决重型、大型部件因少量损伤而报废，因而造成资源及工时浪费的问题。抽象的说明比较费解，下面还是举几个具体实例来说明。

L：那么，请先介绍最活跃的再制造领域和材料问题处于什么位置。

H：简单地说，再制造就是修复。因此，材料技术经常是十分关键的。最活跃的再制造是一些大型部件或工具。例如，一个巨大轧辊重达数吨，材料是贵重合金工具钢，却常常因小到几十或几百克的损伤而报废，报废后只好当作废钢去重炼。再比如，塑料模具也经常很大。大型家电壳体模具重达吨级，可能仅仅因为光洁度下降而报废，将造成材料和工时的巨大浪费。复杂塑料模具的工时费用，常常是材料费用的10倍以上。汽车车体冲压模具也是个体很大的工具，重量可达吨级。飞机模具有重达数十吨者。一定程度以上的磨损就能成为报废理由，所以十分需要修复技术。由此可以推知，修复一件重要部件，往往关乎一台重要机器的复活，是一种涉及资源节约问题的价值重大、前景宏伟的产业。

L：看来再制造真的大有可为。与国外相比，我国的情况如何呢？

H：再制造是首先从国外开始的，但我国跟进很快，而且在再制造理论和关键技术研发方面也已取得重要突破。例如，我国开发的纳米颗粒复合自动化电刷镀的再制造技术，已经达到国际先进水平。到2009年底，我国汽车零部件再制造试点企业已经开始工作，已经形成汽车发动机、发电机、变速箱、转向机等共23万台套的生产能力。而这种修复工艺多数要依靠材料技术，特别是可进行局部加工的材料技术，如堆焊、刷镀、溅射、喷涂、激光熔覆等。各国的再制造业将在废旧汽车零部件、工程机械、机床等领域形成批量化的生产能力，再制造产品也会达到与新品相同或相近的质量和性能。这是循环经济中"再利用"的高级形式。与制造新品相比，再制造可节省成本50%，节能60%，节材70%，几乎不产生固体废物。再制造产业的前景是十分广阔的。

L：所谓"分拣冶金"是个什么概念啊？也是针对资源节约问题的吗？

H：是的。"分拣冶金"现在还只是一个新概念或新说法。它强调了资源回收的重要性。比如说废钢，它主要是钢铁生产中不能成为产品的切边、切头、切尾等，其他才是报废的设备、构件中的钢铁材料。目前全球每年产生废钢3亿~4亿吨，占钢总产量的40%，废钢的90%用作炼钢原料，是一巨大的资源。废钢虽也有标准和技术要求，但多为生产安全而制订，较少考虑资源回收和资源利用的环节。进入21世纪以来，我国年回收废钢已接近亿吨。我国合金钢产量较低，约占钢总产量的5%，国外主要产钢国为10%~15%，废钢中合金钢的构成比例也与此相近。我国每年进口的大量废钢中，合金钢约1000万吨，内含合金元素约50万吨。这也是一巨大的资源。但是，如不进行严格分类管理，这些资源将化为乌有。"分拣"即分类管理，相当于提取冶金。对于一些大型钢铁制品类型的废钢，由于含有多种合金钢，如不严格分拣浪费便会很大。

3.12 资源位移——城市矿山

人们称那些富含锂、钛、金、铟、银、锑、钴、钯等稀贵金属的废旧家电、电子垃圾为"城市矿山"。而大量小型家电沉睡在家中，或随意丢弃，对环境造成污染。城市矿山总量已达数千亿吨，它们也可成为一座座不容忽视的"资源库"。

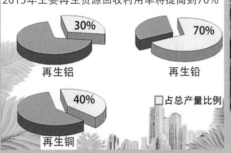

1吨废手机可提取400克黄金、2.3千克银　1吨金矿只能提取5克黄金

1吨废电脑可提取300克黄金、1千克银

再生铝车间

材料再生与"城市矿山"

产业革命后300年的掠夺式开采，使很多资源从地下搬到了城市。日本"城市矿山"资源测算：电子产品中，金0.68万吨，占全球天然矿储量的16%，排名第一；银6万吨，占全球天然矿山的23%，排名第一；铅560万吨，排名第一。300年的变化居然已如此巨大。

废旧电脑是重要的资源，但是分解、获取这些资源也是繁难的任务，有很多问题需要研究解决。

如果不走循环利用废旧轮胎之路，再过15~20年，我国汽车保有量将达到美国水平，届时全世界的天然橡胶都卖给中国也不够用。废轮胎还是重要的"制氢"原料。

3.12 资源位移——城市矿山

L：城市里怎么会真的有矿山存在啊？这只是一种比喻，或新的认识吧？

H：已经不完全是比喻，也不仅仅是一种新认识。自产业革命开始以来，已经过去 300 年左右了。经过 300 年的大量开采，全球 80% 以上的可工业化利用的矿产资源，已经从地下搬到了地上。这一事实已经是不容忽视的巨大变化。另一变化是：在快速更新、快速消费的经济运行中，这些昔日的资源已迅速地变成了"垃圾"，堆积在人们的周围。越是发达得早的地方，消费得快的地方，这种"垃圾山"就越多。据估计，总量高达数千亿吨，而且还在以每年 100 亿吨的数量在增加。靠工业文明发展起来的发达国家，正在造就一座座从地下搬上来的"垃圾山"或称"矿山"。从金属资源回收角度考虑，把城市理解为储藏一座座有用资源的矿山并加以开发，已经不再只是一种新认识，而是可持续发展的一条新途径。

L：您是说，不但要有新认识，它们也是具有实际开发意义的矿山了吗？

H：是的！已经不再是对资源的新认识，对"城市矿山"的开发价值也已经不容忽视了。日本《金属时评》杂志公布了下面的一些数据。日本"城市矿山"资源储量的测算值如下：在电子产品中金为 0.68 万吨，约占全球天然矿山储量的 16%，按矿山储量排名居第一位；银为 6 万吨，约占全球天然矿山的 23%，矿山储量排名居第一位；铟为 0.17 万吨，约占全球天然矿山的 38%，排名居第一位；铅为 560 万吨，储量排名第一。另外锂、钯的储量分别为 15 万吨、0.25 万吨，排名分别为第六、第三位。真的不可小觑啊！

L：真是超乎想象！这只是日本的测算，还是一致看法？我国的情况如何？

H：不只是日本，发达国家的测算大同小异。另一方面很多资料也证实，从 1 吨废旧手机中可以提取 400 克黄金、2300 克银、172 克铜；从 1 吨废旧个人电脑中可提取出 300 克黄金、1000 克银、150 克铜和近 2000 克稀有金属等。相比之下，天然矿山要逊色得多。由于金矿品位不同，从每吨矿石中提取出黄金的数量各异，但通常开采 1 吨金矿仅能提取 5 克黄金。因此，有人把"城市矿山"看成是高品位的真实优质矿山，并非言过其实。日本是个资源匮乏的国家，最先感受到了天然资源的枯竭，也最先感受到了城市矿山的价值，这是十分正常的。但是，我国也绝不应当忽视城市矿山的价值，我国目前保有电脑量近 3 亿台、手机约 5.8 亿部，这是两种更新速度最快的家用电器。已有近千万台电脑和上千万部手机进入了淘汰期。我国也应当考虑采用有效方法开发"城市矿山"，不仅有利可图，而且对于减少环境污染、增进资源利用和国家资源安全都具有重要意义。

L：日本真的开发这些"城市矿山"了吗？成效如何啊？我国该怎么办？

H：日本的城市矿山开发已取得了显著成效。例如，日本崎玉县一家回收公司，一年内从"城市矿山"中开采出 2.4 吨黄金、50 吨银、60 千克钯、30 千克铑以及近百吨铜、铅、铂等贵重金属。为此，2009 年初，日本政府拿出 7000 万日元支持"城市矿山"的开发，环境省选定若干个县继续试点。天然资源不足的日本，已经把开发"城市矿山"作为改变资源高度依赖于国外现状的最有效战略措施。《日本资源有效利用促进法》已确定了台式和笔记本电脑、液晶显示器等物品的法定回收目标。我国资源虽然比日本丰富，但也必须意识到天然资源总有枯竭之日，及早确定开发城市矿山的相关政策、法规是十分必要的，研究相关的方法、技术是符合我国长远利益和可持续发展战略目标的。

3.13 高温合金由"谁"接班?

世界各国竞相开发的高温用轮盘、叶片的镍基高温合金,当前的最高耐热温度可达1050℃,已接近镍基合金的耐热极限,为达到这一目标,已经在合金化、冶金工艺制度上做了最大努力。未来进一步提高耐热温度时,应该怎样更新材料呢?

航空与航天器的核心喷气发动机
其关键材料是耐高温材料

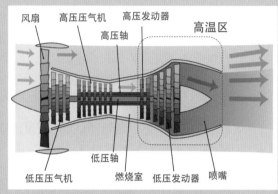

航空喷气发动机的结构和工作环境

镍基高温合金叶片除了通过合金设计,取得最佳成分和组织之外,20世纪后期对凝固工艺也做了极大改进。

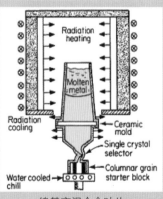

镍基高温合金叶片
的凝固工艺示意图

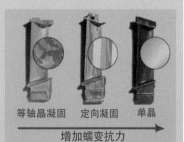

不同凝固工艺的组织

未来使用温度超过1100℃时,已不能再指望镍基高温合金

2006年SiC、Si_3N_4陶瓷材料的使用温度可以超过1200℃,左图是在喷气发动机上试用的Si_3N_4陶瓷材料部件。

Si_3N_4陶瓷叶片

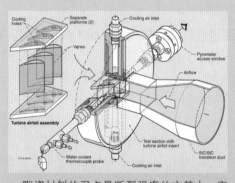

陶瓷材料的弱点是断裂强度的方差大,安全性小。为此需加增韧相制成复合材料(如SiC纤维增韧SiC),这时发动机要重新设计。

2008年美国发动机公司
SiC/SiC发动机研制成功

3.13 高温合金由"谁"接班?

L: 镍基高温合金已经应用60年了，今后它将由什么材料来接班呢?

H: 镍基高温合金已经辉煌了半个世纪以上，现在仍然是喷气发动机的首选材料，但它也确实已经快要走到尽头了。1960年代以后，随着Al、Ti含量的增加带来的 γ' 相分数的增加，γ 相基体中Cr、Mo、W含量的增加，合金强度增高；但是，与此同时，拓扑密排相（TCP相）析出所带来的脆化危险也在增加。这一问题催生了PHACOMP半经验合金设计的出现。10年后的1970年代又出现了CALPHAD模式的热力学合金设计，最大限度地挖掘了镍基高温合金的合金化潜力，使用温度已经接近镍熔点的77%，提高使用温度的努力已趋于极限。

L: 最近听说，镍基合金加入金属铼和钌（Re和Ru），使用温度可有所提高。

H: 是。这是最新的研究进展，但要付出极大的代价。每千克铼是4050美元，每千克钌是2822美元（白银的2.4倍），但使用温度仍难超越1100℃的极限。人们也曾把希望转向新工艺。① 定向凝固。这是1960年代后期的重要技术进步，使用温度达到1020℃。这是叶片纵向与柱状晶方向一致所带来的组织优化。② 单晶铸造。这是1970年代发展的技术，完全消除了垂直于叶片方向的晶界，使用温度达到1040℃。就延长使用寿命而言，普通精密铸造、定向凝固、单晶铸造三种工艺的效果的比例是：精密铸造叶片/定向凝固叶片/单晶叶片≈1：5：10。改进制造工艺，确实可以收到提高使用寿命的明显效果。

L: 这样看来，新工艺带来的效果，要远大于合金化的效果啊!

H: 正是这样。除了上面两种工艺之外，还有一种工艺也发挥过重要作用，这就是粉末冶金技术。它是将熔制完成的合金经雾化制粉、快速冷却、形成细粒，然后再经热等静压（HIP），最后高温锻造的方法。该工艺的核心是快速凝固、组织细化、消除偏析、均匀成分。可制作高性能涡轮盘优质材料，从1970年代开始应用。有数据表明，粉末冶金技术可将使用温度提高200℃左右，也显示了明显的效果。

L: 使用温度提高到1100℃以上时，用什么材料才能取代镍基高温合金呢?

H: 有多种可能。比如可以选择氮化硅陶瓷 Si_3N_4，它是极好的耐热材料。Si_3N_4 陶瓷是共价键化合物，其基本结构单元与金刚石相同。氮化硅的很多性能都归因于此结构。热压烧结氮化硅加热到1000℃再投入冷水中也不会破裂。温度到1200℃，Si_3N_4 仍具有很高的强度和抗冲击性，而且性能几乎不随温度变化。在1450℃以上才容易出现疲劳损坏，所以 Si_3N_4 的使用温度可达到1300℃。由于 Si_3N_4 的理论密度低，比钢和镍基耐热合金轻得多，是一种难得的轻型耐高温材料。

L: 碳化硅陶瓷使用温度也很高，它也能成为镍基高温合金的接班材料吗?

H: 能! 碳化硅也有共价键特点，但很难用普通烧结取高致密度材料。如何最大程度地降低其烧结温度，又不改变碳化硅陶瓷的各项性能，是当前的研究热点。碳化硅陶瓷是以SiC为主要成分的材料。不仅有优良的常温力学性能，而且高温力学性能（强度、抗蠕变性等）也是已知陶瓷中最好的。热压烧结、热等静压烧结的碳化硅材料，高温强度可一直维持到1600℃，是陶瓷材料中最高者。抗氧化性也是非氧化物陶瓷中的最好者。难得的还有低密度，只有3.1克/厘米[3]。碳化硅陶瓷的主要缺点是断裂韧性较低，即脆性较大。为此近年来以SiC陶瓷为基的复相陶瓷，如纤维（或晶须）增韧、异相颗粒增韧等的研究异常活跃。

3.14 海洋工程材料

　　20 年后人类将进一步依赖海洋，将出现更多的海洋工程。"海洋材料"虽然目前大部分还属于"建筑用钢"的品类，但由于服役的特殊性以及用途的重要性，还是应当单独分离出来，在明确材料未来服役方向的基础上，创造出一种新型材料。

　　海洋产业越来越重要，我国起步较晚，更需要加快步伐。2008 年我国海洋经济总值达 29662 亿元，占当年 GDP 的 9.9%，其内涵如下图。

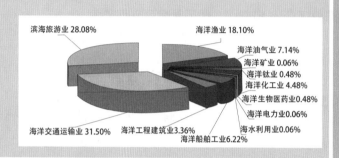

滨海旅游业 28.08%
海洋渔业 18.10%
海洋油气业 7.14%
海洋矿业 0.06%
海洋钛业 0.48%
海洋化工业 4.48%
海洋生物医药业 0.48%
海洋电力业 0.06%
海水利用业 0.06%
海洋交通运输业 31.50%
海洋工程建筑业 3.36%
海洋船舶工业 6.22%

半潜式海上采油平台

BP 公司的雷马 (Thunder Horse) 平台，坐落在 6300 英尺 (1920 米) 深的水中，至 2011 年是世界上最大的半潜式平台。

　　我国海洋油气业和海洋工程建筑业有了长足进步，但海洋经济距离发达国家占 GDP 17% 以上的水平，还有很大的上升空间。

　　海上平台用钢主要是屈服强度 300 兆帕以上的优质碳锰钢，必须在涂装状态下使用。油漆性能要求耐用 30 年。台上部为高强度、高韧性 AQ-FQ 级碳锰钢。

我国大型固定式海上采油平台

移动式海上采油平台

其他海洋用材包括：
钛合金；
不锈钢；
铝合金；
铜合金；
镍基合金；
均用于平台上的特殊装置。

材料研发主要包括：
研究造船钢板经验；
提高耐腐蚀性能；
提高耐疲劳性能；
提高涂料性能；
牺牲阳极技术；
无机聚合凝胶技术；
其他材料应用技术。

　　我国丰富的海上石油资源要求我们尽快发展相关材料技术，保证海洋产业的高速发展。

北京
渤海盆地
南黄海盆地
东海盆地
北部湾盆地
珠江口盆地
莺歌海盆地
东沙盆地
万安滩盆地
石油沉积盆地

我国近海石油沉积盆地分布

防止电化学腐蚀的铝牺牲阳极

青岛胶州湾跨海大桥

3.14 海洋工程材料

L：谈未来不能忘记海洋。中华文明曾被说成是黄土文明。如果是说文明的兴起或发源，或许不无道理。但由于近代的屈辱，这种说法带有一种失败的味道。今天我们终于可以在和平利用海洋方面，发挥全新的材料发展主动权了吧？

H：说得对！如果与材料联系起来，首先应当对海洋工程有一个全面的了解。这实在是一个太大的领域，工业部门多，学科也多。目前的标准说法是：**海洋工程是指位于海岸线"向海一侧"的各类工程，以开发、利用、保护、恢复海洋资源为目的。**具体包括：围填海、海上堤坝，人工岛、海上和海底物资储藏设施、跨海桥梁、海底隧道、管道工程，海底电缆光缆工程，海洋矿产资源勘探开发及附属工程，海洋能源工程，海水综合利用（海水养殖、人工鱼礁、盐田、海水淡化等）工程，海上娱乐景观工程，以及国家主管部门规定的其他海洋工程。

L：太多了，也太细了！好像只排除了海洋渔业、造船和航运三大部分。

H：图中给出了一个更大的海洋产业统计。我们可以从中发现，海洋工程还是只限于工程设施本身，与产业是有明显界面的。全球 2010 年海洋经济总产值已上升到 3 万亿美元以上。海洋油气、旅游、渔业、运输为当前海洋经济的四大支柱产业。其中又以海洋油气业为首。全球海洋石油储量约占总储量的 45%。各国的钻井平台已有 41% 左右服役超过 20 年，将在 5 年内更新。近海的油气资源因开采而不断减少，需要向深海发展。所以尽管海洋工程种类繁多，各种各样，但最有代表性的还是采油平台，这是我们应该瞄准的主要目标。

L：我国的情况如何呢？应该怎样分析海洋工程中的材料问题呢？

H：我国近年海洋经济有长足发展，2008 年总产值已近 3 万亿元，占 GDP 的 9.9%，已经高于全球平均水平。但是，如果与发达国家的 17% 左右相比还有较大的差距。如果说，百年前的海上之争主要依靠的是坚船利炮，现代的海上之争则主要是科技之战。为此，我国必须加强海洋重大工程及装备的材料研究与开发。海洋科技具有很强的系统性，往往是诸多领域科技成果的集成。但就基础而言，常常依赖于材料的科技发展，许多海洋领域研究往往受制于适用材料的短缺及其质量与水平。海洋材料研发需要将材料科学的知识，与生命、环境、化学化工、海洋地质、海洋物理等领域的问题结合起来，实现交叉和融会渗透，既要考虑材料科学自身规律与特点，又必须考虑海洋需求的特殊问题。以采油平台为例，全球近 5000 座海洋平台，主要材料是建筑用钢，屈服强度以 350 兆帕级别者居多，需求综合性能良好，特别是可焊性良好。而更高强度级别的建筑用钢也用来建造半潜式钻井平台，但是，同样也必须综合性能好、可焊性优良。

L：海洋工程用钢材的耐海水腐蚀性能应该是一个非常突出的问题吧？

H：是的。这是海洋工程用材料的特殊服役问题。海洋腐蚀问题特别复杂，包括大气区腐蚀、飞溅区和潮差区腐蚀以及全浸区和海泥区腐蚀。海水不仅是含盐高达 3.5% 的强腐蚀性电解液，而且还有海洋生物的新陈代谢产物、波浪潮流冲击作用，湿地腐蚀也成为极大的科学难题。当前的主要防护技术措施包括：① 正确设计、合理选材、规范施工、保证质量；② 正确的涂料和阴极保护相结合；③ 必要部分采用耐腐蚀合金材料，如不锈钢、海军黄铜、铝黄铜、铝青铜、铜镍合金以及钛合金等；④ 使用缓蚀剂；⑤ 防污处理和附着生物处理等；⑥ 开发专用的适合于抗海洋腐蚀条件的特殊工程材料。

3.15　当厚度极小化——薄膜材料

三维材料的某一维度如果不断变小直至微米、纳米量级，而另两个维度不变便成了膜。这时材料的结构、性质会发生巨大变化，磁头的演变便是一个极好的例证。未来 20 年材料的维度变化会继续展示出无穷的魅力，会不断给我们带来新的希望。

巨磁阻 (GMR) 磁头与磁阻 (MR) 磁头一样，是利用材料电阻值随磁场变化读取数据，但 GMR 磁头使用了磁阻效应更大的材料和多层薄膜结构，比 MR 磁头更为敏感，可实现更高存储密度，MR 磁头能达到的盘片密度为 $3 \sim 5 \mathrm{Gbit/in^2}$，而 GMR 磁头可达 $10 \sim 40 \mathrm{Gbit/in^2}$ 以上。

GMR 磁头是多层膜传感器

巨磁阻磁头

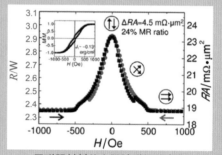

巨磁阻材料的电阻随磁场的变化

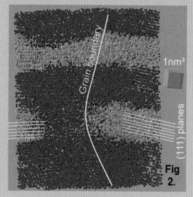

巨磁阻 GMR 磁头 Co/Cu 多层膜

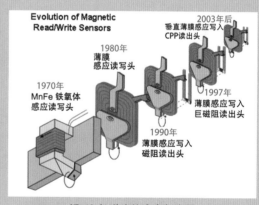

近 40 年磁头的演变与发展

超晶格多层膜 使两种晶格匹配好的半导体交替周期性生长，每层厚度小于 100 纳米，则电子沿生长方向将产生振荡，可用于制造微波器件。超晶格就是两种组元以几纳米到几十纳米交替生长并保持严格周期性的多层膜，这是一种人工晶格。

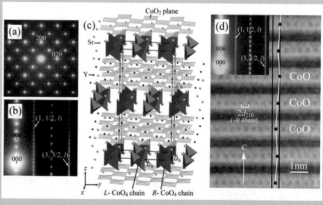

CuO_2 和 CoO_4 组成的多层膜的超晶格

3.15　当厚度极小化——薄膜材料

L：所谓薄膜，不就是材料在空间里的一个维度上不断变小，直到接近于零吗？这时材料的结构与性能会发生很大变化吗？这个变化会很特异吗？

H：所谓薄膜确实就是这样。但这个变化却是很不简单的，会给材料的结构与性能带来极大的变化。特别是几种薄膜叠在一起时，所发生的变化需要用神奇来形容。薄膜材料在技术上发挥影响的实例，电脑硬盘磁头是最有代表性的。最初的硬盘磁头是一个线圈缠绕的磁芯，如同录音机的磁头，是读写合一的。1990 年代初，硬盘采用薄膜感应磁头（TFI）读/写技术。盘片在绕线磁芯下通过时会在磁头上产生感应电压。1990 年代后期，推出了各向异性磁阻（AMR）磁头。这时使用感应磁头完成"写操作"，而由"薄条磁性材料"完成"读操作"。"读元件"在有磁场存在时，电阻随磁场变化，可产生强信号，提高了"读"的灵敏度。这种"读元件"就是多层膜，实用的各向异性磁阻 AMR 读磁头是三层结构，即读取磁盘信息的磁阻 MR 层、产生偏置场的软相邻层和间隔层。

L：听来很复杂。巨磁阻磁头就是磁阻磁头的升级版吧，也应该是多层膜了？

H：正是！目前比较常用的是巨磁阻磁头 GMR。由于在读取磁场信息时，产生的电阻变化更大，所以读取灵敏度大幅度提高。这一技术进步得益于两位诺贝尔物理学奖获得者的发现。1988 年法国的佛尔特在 Fe、Cr 相间的多层膜电阻中发现：微弱的磁场变化可以导致电阻的急剧变化，其幅度比通常的磁电阻要高出十几倍，他把这一现象命名为巨磁阻效应。巧合的是，就在此前 3 个月，德国的格林伯格研究组在具有层间反平行磁化的铁、铬、铁三层膜结构中也发现了完全同样的现象。9 年后的 1997 年，这一发现便导致了巨磁阻磁头 GMR 的发明。

L：巨磁阻磁头的多层膜很具体，还容易理解，超晶格多层膜该怎样理解呢？

H：1970 年美国 IBM 实验室的日裔学者江崎玲于奈和华裔学者朱兆祥提出了"超晶格"概念。所谓超晶格就是指由两种或两种以上不同成分、厚度极小的薄层交替生长在一起而得到的一种周期结构的材料。由于人们可以任意改变超晶格材料中不同薄膜层的厚度，因此可以控制它的周期长度。薄层厚度远大于材料的晶格常数，却接近或小于电子的平均自由程。所以这种多层膜的"周期长度"比各薄膜单晶的晶格常数要大几倍或更大，因此得到了"超晶格"的称谓。

L：那么，这种超晶格会是怎样制造的，又会带来怎样的特殊性能呢？

H：超晶格是在分子束外延设备上制出来的，精度甚至可以达到单原子层的程度。分子束外延生长薄层单晶时温度较低，材料成分可控，杂质和生长速度可控，可获得质量很高的界面。半导体超晶格的电子运动规律十分特殊，电子在垂直于界面方向上受到束缚，而在平行于界面的方向上运动自由，迁移率很高，可用来制作世界上速度最快的晶体管，可在高频下工作。美国物理学家称，最近开发出一种功能强大的超晶格摄像机，能让人们在黑夜中"看到"更加丰富的景色。新一代的摄像机是世界上第一个红外超晶格摄像机。这类摄像机只需 0.5 毫秒就能捕获一帧清晰画面，温度敏感性可以达到 0.015℃。有报道称，日本曾用超晶格摄像机拍摄了 2011 年日本大地震中因海啸损坏的核反应堆设备，为有关方面提供了精确的温度信息，协助制定了冷却策略。超晶格已不只是基础理论研究，已经取得了很多实际应用结果，未来 20 年将有更大的作为。

3.16　几种特殊薄膜材料

早在 1857 年 M. 法拉第就提出沉积法制膜的基本原理，1930 年代达到了实用化。其后发展出物理、化学气相沉积，分子束外延等多种制备薄膜的方法。从下面几例薄膜可以进一步看到，仅一个维度降低给材料性质带来的无比宽阔的拓展。μ

NdFeB 永磁薄膜通过磁交换耦合使剩磁增加，性能不断改善，已成为微电机械、磁记录、传感器和微波电路的重要材料。目前一些问题尚待解决，磁性能还有很大潜力，多层膜设计等也需进一步研究。

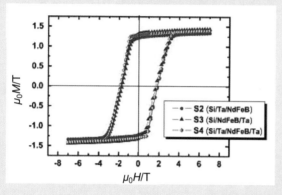
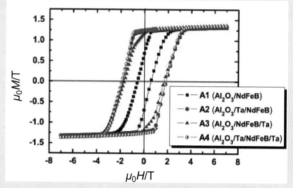

NdFeB 永磁多层膜的磁性能

金刚石薄膜不仅是最硬的材料，还是性能最好的半导体。金刚石薄膜将会成为下一代电子元器件材料。目前，金刚石已应用于精密机械领域，在微电子、热沉、光学、声学等领域也将得到广泛应用。

金刚石薄膜的表面形态。

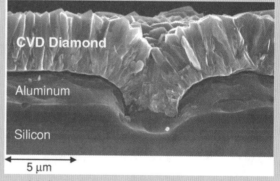

CVD 法制备的金刚石薄膜。可看出如何自 Si 核外延长出。

氧－氮分离是人类久远的梦想。右图是正在研究中的钙钛矿陶瓷分离膜。可以获得纯度为 100% 的氧气。目前还有一些技术问题尚待解决。期望 20 年内能获得突破性的进展。

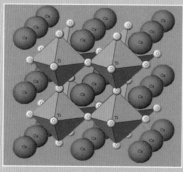

钙钛矿型晶体结构

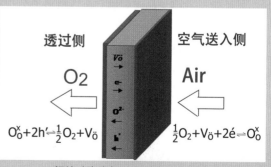

钙钛矿陶瓷氮－氧分离膜的原理

3.16　几种特殊薄膜材料

L：请再介绍几种具体的薄膜材料，让我们来体验一下这种结构的魅力。

H：好啊。先说说金刚石薄膜吧。目前发达国家年消费工业金刚石约 40 吨，其中 80% 以上是人造金刚石。自从 1954 年美国通用电气公司首次将人造金刚石用于切削工具以来，又于 1958 年首次利用化学气相沉积法制出了金刚石薄膜，此后再于 1974 年用离子束沉积方法制出金刚石薄膜。1982 年起，日本科学家松本和佐藤的热丝化学气相沉积（CVD）法获得成功，有利地推动了金刚石薄膜的批量开发，已使其达到了商品化的阶段，提高了其在材料科技发展上的地位。

L：难道人们仅仅是由于金刚石的高硬度，才对其进行薄膜研究开发的吗？

H：完全不是。毫无疑问，金刚石是世界上第一硬材料，但金刚石还有很多个第一：热导率第一，室温热导率是 Cu 的 5 倍，液氮温度的热导率是 Cu 的 25 倍；介电强度第一，可成为最好的绝缘体；透光谱宽第一，从紫外线直到红外线；热膨胀系数"第一小"等。因此金刚石薄膜有可能成为最有价值的功能材料。

L：您说金刚石是介电第一的绝缘体，可我听说金刚石是最好的半导体啊？

H：其实，这两种说法都是对的，这就要看金刚石的纯度了。如果高纯，那就是绝缘体；如果有特定掺杂，那就是半导体。这其实又构成了金刚石的另一优点：高掺杂性。在这些优异性能中，最有价值的也正是这一点，期望它成为最优异的半导体材料。由于计算机芯片的集成电路密度越来越大，工作时散热任务也越来越重，硅半导体的热导率不够大，所以散热性能已成为重要制约因素。如果以金刚石薄膜做半导体芯片，热导率极大，散热性极好，集成度可进一步提高，成为新一代计算机芯片材料。此外，金刚石薄膜还应用在光学领域，激光器件、微波器件以及大功率集成电路元件的散热领域（热沉材料），声学、电子学、探测器、传感器领域等，实用价值极大，但这些都已与高硬度无直接关系了。

L：说起薄膜材料大家还有一个梦想，这就是气体分离，特别是氮氧分离膜。有人曾说：你若能自由分离氮氧，我就能自由改变重力加速度，可见其难。

H：从空气中收集氧，从合成氨尾气中回收氢，从石油裂解混合气中分离氢和一氧化碳等，都是十分受关注的问题，也确实非常难。但事关能源和环境，再难也有很多科学家、工程师们在做不懈的努力。说到氮氧分离，有一种叫做氧气富集膜。日本开发了一种能从空气等混合气中有效浓缩氧的新型高性能高分子膜，这是在双甲苯基甲基苯乙烯（BSMS）中，加入 30% 的丙烯酸丁酯后共聚制成的。玻璃转化点高达 72℃，所以能在室温下加工成膜。氧透过率为 28.2，氮透过率为 6.1。氧 / 氮比为 4.6。目前该膜的主要缺点是，在气体通过量增大时，氮通过率也增大；而当对氧的选择性好时，通过量也较小。

L：最近听说，永磁材料也要做成薄膜，这是怎样的实际需求推动的呢？

H：这是微电子科学快速发展的需求。电子器件向着微、精、薄、智的方向发展，促成了相应磁性元件的薄膜化，包括永磁材料。当前还可以用块状永磁体经适当减薄来勉强达到目的。但当微型器件达到微米量级时，块体加工便难以满足要求了。因为高性能永磁材料都很脆，所以，微米量级薄膜永磁体必须直接制备在要求提供磁场的元器件上，这才能适应微机械系统的高性能需求。钕铁硼永磁材料薄膜的研究，几乎是与块状永磁同步开始研发的。磁性多层膜有广阔的应用前景和潜在的经济价值，是未来 20 年的重要研发方向。

3.17　材料涂层无所不在

涂层是表面改性的最有效手段。所以，靠表面发挥作用的材料从来离不开涂层表面处理。即使以支撑为主要作用的结构材料，仍需要防腐蚀、防氧化表面处理，镀锌钢板就是一例。所以材料涂层无所不在，未来 20 年的涂层需求将与日俱增。

第一涂层材料是热浸镀锌　2008 年全球的热浸镀锌钢板产量是 1.5 亿吨，而且主要是用一个钢号：Q195。由此可知热浸镀锌工艺必须成熟，不能容忍一点过失。

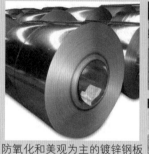

要求与基体结合紧密，镀层组织均匀致密。此工艺还需继续不断完善。

不同工艺的热浸镀锌层组织。

防氧化和美观为主的镀锌钢板

物理气相沉积 (PVD) TiN 陶瓷涂层

不仅使刀具金光灿灿，而且是表面改性妙方，提高寿命 5 倍很轻松。

表面硬度可达 HV2500 以上

氧化锆陶瓷涂层的重要用途

待喷涂的载人卫星太空返回舱(ZrO$_2$ 陶瓷)

下一代　兰博基尼　跑车将采用等离子喷涂陶瓷涂层

ZrO$_2$ 陶瓷涂层伞齿轮

Al$_2$O$_3$ 陶瓷涂层的多种用途

石油管道接头内壁　　缸套内涂层　宝石鉴定用透镜保护

热喷纳米陶瓷的美国海军舰艇两种部件

热喷涂陶瓷涂层

热喷涂操作

石墨件表面改性

小型输送辊

具有生物活性的医用陶瓷涂层

热喷涂增进生物活性的钛合金钉和固定部件

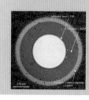

微米核的纳米陶瓷涂层

Si$_3$N$_4$ 涂层所能达到的精度

3.17 材料涂层无所不在

L：有人说"热浸镀锌"是"第一表面涂层"技术，您同意这种说法吗？

H：同意，因为这是用量最大的一种钢铁材料表面处理。全球 2011 年镀锌钢板产量为 1.75 亿吨，以每吨 1000 美元计，年产值为 1750 亿美元。此外，还有镀锌管、镀锌型材等，年产值应在 2000 亿美元以上。当今世界，规模这样巨大的表面处理产业应该绝无仅有了吧？另外，镀锌钢材品种又很单一，95% 以上的热浸镀锌钢板是两个钢种：屈服强度为 195 兆帕和 235 兆帕的综合性能优良钢种 Q195 和 Q235。由此可知，热浸镀锌工艺是一个多么重要的表面处理，质量、成本的毫厘之差，将涉及巨大的产值和效益，丝毫马虎不得。

L：噢！原来如此！那么该怎样准确认识"涂层"与英文词 Coating 的关系呢？

H：应该说，涂层一词是汉语固有词汇，其本义是**"施用涂料后所得到的固态连续膜"**，或者说涂层本义只是与涂料有关的表面层，而不包括由电镀、浸镀、（物理或化学的）沉积、溅射等获得的表层。但是，近年来涂层的含义发生了明显变化。变化的方向是明显向英文词 Coating 的词义靠拢。Coating 一词包含所有造成包覆、表皮的过程和结果。电镀、浸镀、沉积等造成的表层都可以称作 Coating。这一变化虽然还没有反映在辞书上，但是，为了不致产生新的混乱，这里约定专业词义从众，默认"涂层"一词包含"Coating"的所有内涵。

L：我也感受到了近年来涂层一词含义的变化，就算约定俗成吧！

H：物理气相沉积（PVD）是一种应用广泛的表面涂层技术。它是在真空条件下，采用低电压、大电流的电弧放电技术，使靶材蒸发并电离。利用电场加速作用，使蒸发物质的反应产物沉积在工件上。PVD 出现于 1970 年代末，第一代代表性涂层是 TiN，不仅金光灿灿，而且硬度极高，可以达到 HV2500。处理几小时，厚度可达数微米到十几微米，使各种切削工具寿命大幅度提高。20 世纪末又根据需要开发出 TiC、TiCN、ZrN、CrN、MoS_2、TiAlN、TiAlCN、TiN-AlN 等多种复合涂层。PVD 处理温度低，不会超过 600℃。对刀具材料的其他性能影响甚微，不导致变形；薄膜内为压应力，适于包括硬质合金在内的，形状复杂的精密刀具的涂层；PVD 对环境无不利影响，符合绿色制造方向。PVD 处理对涂层施用的对象除了要求有高硬度外，别无其他要求。因为硬度过低时，无法支撑很薄的高硬涂层，所以该处理工艺有很高的适应性。

L：如果想在工件表面造成较厚的涂层，有什么好的工艺可以推荐吗？

H：1980 年代兴起并广泛应用的热喷涂技术是一种好的选择。热喷涂是利用热源将喷涂材料加热至溶化或半溶化的状态，并以一定的速度喷射沉积到经过预处理的工件表面上，形成"涂层"的方法。热喷涂可在普通材料表面上，制造 10 微米到毫米量级的表面层，以达到防腐、耐磨、减摩、抗高温、抗氧化、隔热、绝缘、导电、防微波辐射等一系列不同性能的要求，所以是一种应用范围极其广泛的表面处理。该技术可以达到节约材料、节约能源的目的。把由喷涂形成的工作表面层叫做"热喷涂涂层"，把这种工艺方法叫做"热喷涂"或"热喷涂技术"。目前已是涂层技术的主流工艺，约占涂层总量的 1/3。热喷涂的特点除了要求和限制很少之外，还有：① 设备轻便，工艺简单；② 涂料选择性大，涂层厚度可控；③ 喷涂对象宽，变形小；④ 适用各种形状零部件，可用在所有固体材料表面上，并能大幅度改变材料的适用范围，意义非凡。

3.18 高熔点金属不会缺席

作为比镍基高温合金能耐更高温度的材料，已有陶瓷材料作后备军，但陶瓷材料性能离散度大的弱点不可能在20年内解决，所以尽管高熔点金属密度很大，但从安全性出发，它们仍有重要的前途，是不能简单、轻易地退出耐高温材料历史舞台的。

难熔合金仍会大有作为

W、Re、Ta、Mo、Nb等被称为难熔金属。主要因为它们的熔点高于当时测温用的热电偶。又由于这些金属密度很大，所以航空、航天发动机用材料对它们常望而却步。

TZM合金的强劲势头

加入微量Ti、Zr、C的TZM合金是性能优异的Mo基耐热合金，使用温度有望超过1200℃。唯抗氧化性能很差，需涂层或气氛保护方能使用。

Mo-Si基合金前程远大

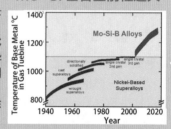

对于1100~1300℃的耐热合金寄希望于Mo-Si基多元合金。在密度接近于Ni基高温合金的同时，1100℃以上的力学性能可明显优于后者。这对陶瓷材料构成一种有力竞争。

难熔金属可制成各种型材

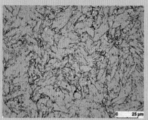

TZM合金的近单相组织

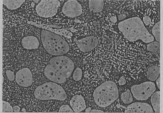

Mo-Si多元合金的硅化物组织

Nb基合金有密度优势

Nb的密度比Ni还小。以Nb-Si为基的多元合金可以成为比Ni基高温合金更轻的共晶组织高温合金（如右图，亮者为Nb相），使陶瓷材料不能专轻质之美。

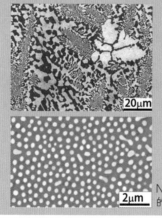

Nb-18Si合金的共晶组织

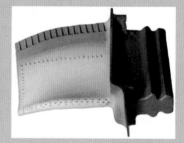

Nb-Si基多元合金制燃气轮机叶片

W基合金仍具潜力

金属钨熔点最高，且有高硬度、抗热震、耐腐蚀等优点，作为超高温材料，强化和降低密度都主要靠碳化物。质量分数可提高到40%的TiC和ZrC，能创造1500℃,150兆帕的热强性。

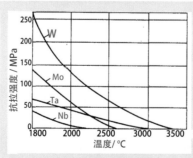

各元素的高温抗拉强度

钨铼热电偶技术优势很大，熔点高、热势大、灵敏度高、价格低，但须在还原气氛下使用。1931年由戈德克（Goedecke）研制出来后，在1960～1970年代得以快速发展。短时间可用于3000℃，长时间可用于2400℃。

3.18　高熔点金属不会缺席

L： 您曾提到高温合金的下一代材料可能是氮化硅、碳化硅等陶瓷材料，现在您又主张耐热合金中高熔点难熔金属不会缺席，这是否有些前后矛盾呢？

H： 我不认为有矛盾。任何历史时期，任何材料都不会是单一种类的，都会有不同材料之间的竞争。人类文明越发达，竞争局面会越激烈。即使在石器时代，也有石片和蚌壳的竞争、木器与竹器的竞争等。这符合事物联系的多样性原理。难熔金属一般是指 W(熔点 3422℃)、Re(3186℃)、Ta(3020℃)、Mo(2623℃)、Nb(2477℃) 等，钼基合金已经开发成耐高温材料了，只是抗氧化性能差些，只能用在还原性气氛下或惰性气氛下。在这一点上 W 与 Mo 相同。如果还原性气氛或惰性气氛不难造成，钼基和钨基合金都是有希望的。特别是钼基合金 TZM，已经有很多使用经验。TZM 中只加入微量 Ti、Zr，就克服了纯钼的再结晶温度较低的缺点，具有良好的低温和高温强度，可用于 1200℃，韧性也比较高，在高温领域得到了广泛应用，用于制造核能源的耐热部分如辐射罩、支撑架、热交换器、轨条，以及航天器散热面板等，也用于鱼雷发动机阀体、火箭喷嘴、燃气管道、喷管喉衬等，TZM 也被用作高温等温锻造模具。改善 TZM 合金的抗氧化性能主要靠喷涂技术，在合金的表面热喷涂一层有效的抗氧化层，如铝硅化物和硅化物涂层。如果抗氧化问题能够方便地解决，钼基合金是大有希望的。

L： 高熔点金属，也都是高密度金属。钨的密度高达 19.35 克/厘米^3，钼基合金 TZM 密度也超过 10 克/厘米^3。用作航空航天发动机耐热材料应算处于劣势吧？

H： 说得对。钼基合金要在航空航天器上发挥作用，必须降低密度，2007 年以来，在这方面也不断有重要的研究结果，其中就有 Mo-Si 系"硅化物"合金的研究，比如 Mo-Si-B 合金。这种合金可同时达到降低密度、提高抗氧化能力、提高高温强度等几个方面的目的，所以受到各有关方面的关注。甚至有人认为它可能在 20 年后接替镍基高温合金，成为能大幅度提高使用温度的下一代耐热材料。这种材料的密度与镍基高温合金相当，而热强性非常优异，前景十分诱人。此外，仅从密度考虑，铌合金也是很有希望的。铌的密度比镍还小，只有 8.57 克/厘米^3，但熔点比镍要高 1000℃。也可以通过加入 Si 和 Al 来提高抗氧化能力和降低密度。已经研究出了 Nb(81.8%)-Si (18.2%) 共晶合金，从组织分析是非常优越的，有希望成为高熔点、低密度高温合金的希望之星。

L： 如果不用于航空发动机，密度就不是问题。钨合金也应该有机会吧？

H： 不错。钨熔点最高，这个优势应该发挥。对于特殊用途，钨基合金的高密度还可能成为优势，这里不讲了。仅就作为耐热材料而言，它也是有前途的。近年来，国内外研究者相继开发出 W-Ni-Mn、W-Hf、W-Ir、Ta-W 合金等新型钨基合金。Ta-W 合金不仅具有很高的高温强度和良好的防腐性，而且在发电机热源的高强结构材料、炮身内衬材料和破甲药性罩等方面有广阔应用前景。W-Ir 合金可适应 2000℃ 以上的高温，在高温喷嘴、宇宙飞船等方面仍有很大应用潜力。就是说，当使用温度最重要时，密度也要让位于性能。更不要说地面用耐热材料了。W-Re 热电偶是高熔点金属功能材料的一个范例，自 1931 年发明后，在 1960 ~ 1970 年发展成为实用热电偶。可以实测的温度最高，也最便宜。长期使用温度可达 2000 ~ 2400℃，短期使用温度可达 3000℃。但由于极易氧化，必须在还原性气氛下使用，气氛问题已经在热电偶本体上得到了解决。

3.19　五彩缤纷碳纳米结构

碳是所有元素中发现纳米结构最多的。而且是唯一可以零维(C_{60})、一维(碳纳米管)、二维(石墨烯)、三维(金刚石)同素异形体纳米结构存在的元素。可以期待：20年后异彩纷呈的碳纳米结构一定能创造出多种多样、性能各异的碳纳米材料。

碳在0、1、2、3维空间展示了丰富的纳米结构，可以提供无穷的性能可能。把这与碳外层电子的杂化形式联系起来的相图形式如下图。

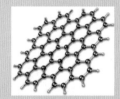
二维石墨烯结构

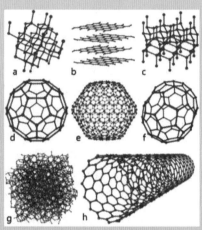
各种形式的碳纳米结构示意图

人造金刚石纳米级薄膜

人造金刚石微粒

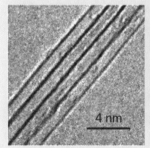
4 nm
纯化后的单层碳纳米管

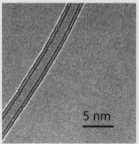
5 nm
纯化后的双层碳纳米管

200 nm
石墨烯形态 TEM 图

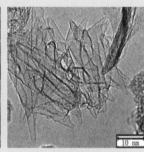
10 nm
碳纳米角的 TEM 图

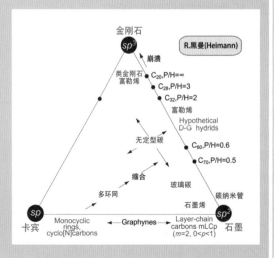

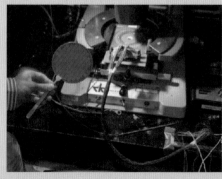

　　美国斯坦福大学2013年建成世界第一台碳纳米管计算机，其178个晶体管中，每个由10～200只碳纳米管构成。目前已能运行计数和排列等简单功能的操作。这一成果有可能开启电子设备20年后的新时代，被列为2013年十大科技突破之一。

3.19　五彩缤纷碳纳米结构

L： 近年来各种各样的碳纳米结构的发现应接不暇，为什么会是这样呢？

H： 简单地说，这是由碳的独特原子序数、独特电子结构造成的。碳原子的核外电子层是 $1s^2 2s^2 2p^2$ 的独特结构，因此，外层电子可以有三种杂化方式，即 sp^n 杂化：sp^1、sp^2、sp^3。所以碳原子间主要是共价键结合，固态碳所能形成的结构就决定于上述电子杂化成键方式。碳原子间除了能够形成单键之外，还能形成双键和三键，所以碳原子群可以构成链形、环形、网状等各种不同结构的固体。碳是所有元素中唯一具有零维（富勒烯或称 C_{60}）、一维（碳纳米管和纳米碳纤维）、二维（石墨烯）和三维（金刚石）同素异形体的元素。如果金刚石是极小的颗粒，那么，这四种同素异形体也就刚好可以构成四种纳米结构。

L： 既然纳米材料就是具有纳米结构的材料，碳纳米材料也应最具特殊性了？

H： 正是这样。碳元素的纳米结构类型十分丰富，碳纳米材料的种类也就多种多样。从1990 年代起掀起碳纳米结构的研究高潮之后，碳纳米材料的研究也正在不断深入，并向应用阶段发展，代表着纳米科学的繁荣与成熟。1985 年英国化学家克罗托和美国科学家斯莫利制备出第一种富勒烯，即 C_{60} 分子，为向球形建筑大师表达敬意，将其命名"富勒烯"。据称日本的饭岛澄男早在 1980 年就在透射电子显微镜下观察到了这种洋葱状结构。富勒烯是一种由碳原子组成的中空分子，形状可呈球形、椭球形、柱形或管状，其结构与石墨相似。石墨是石墨烯的层状堆积，而富勒烯不仅含有六元环还有五元环，偶尔还有七元环。2010 年科学家通过太空望远镜发现了外太空中的富勒烯，并认为可能正是外太空的富勒烯分子为地球提供了最初的生命种子。在富勒烯之前，碳的同素异形体只有石墨、金刚石、无定形碳，富勒烯的发现明显地拓展了对碳同素异形体的认识。

L： 发现富勒烯有极大的理论意义，应该获得诺奖，那么实用价值如何呢？

H： 如果把纳米碳管看成是富勒烯的同类，那么已经在储氢材料部分探讨过其实际应用价值。纳米碳管独特的化学和物理性质，以及在技术方面潜在的应用价值是极其诱人的。最近传出新的重要消息：美国斯坦福大学**建成世界第一台碳纳米管计算机**，被列为 2013 年十大科技突破，有可能引领 20 年后计算机的发展。虽然目前还只能运行极简单的操作，但前景不可限量，或将开启电子设备的新时代。如果仅就球形富勒烯而言，由于富勒烯形成机理已经基本明确，科学家们用各种方法合成分离了小至 C_{20}，大至 C_{240} 的富勒烯结构；还发现，当有金属原子嵌入而形成金属富勒烯时，可使极其不稳定的结构能够稳定存在。由 C_{60} 衍生物制作的太阳能电池具有柔性和低成本等特点，正在被开发。

L： 最近已有人提出了实心纳米碳纤维的一维纳米材料，其结构如何呢？

H： 这是一种在 2000 年以后新发展的材料技术，是一种不同于单壁碳纳米管的、直径为 50～200 纳米、长径比为 100～500 的新型一维碳纳米材料。纳米碳纤维的结构是多样的，有一种实际是超厚壁碳纳米管结构。由于芯孔与壁厚比例很小，而被看作一种实心结构。与微米级碳纤维比，纳米碳纤维具有更高的强度和模量，为普通碳纤维的 10 倍或更高。另外，与碳纳米管相比，纳米碳纤维在成本和产量上都有巨大优势。所以在复合材料（包括增强、导电及电磁屏蔽添加剂等）、门控场发射器件、电化学探针、超电容、催化剂载体、过滤材料等领域都有极好的应用前景，可通过等离子增强化学气相沉积和电场纺丝法制取。

3.20 纳米结构的特异性能

纳米材料并不特指某种类型的实用材料，而是对材料可能具有的结构尺度特征的称谓。所以任何材料都可以设法制成纳米结构状态，以追求某些特殊的性能。这些特殊性能可归结成几大类，实例不胜枚举。从这里的几例可以看到其巨大前景。

力学性能的改变 多晶材料室温屈服强度随晶粒细化而提高的现象是大家熟知的，有 Hall-Petch 公式描述。但晶粒小于 100 纳米时，该公式不再适用。而弹性模量显示出明显的随晶粒变小而降低的现象。

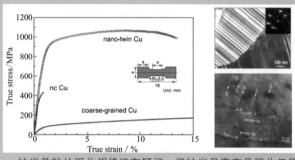

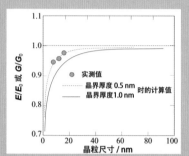

纳米晶粒的强化规律还有疑问，但纳米尺度孪晶强化仍服从 Hall-Petch 公式。可将 Cu 的屈服强度提高到接近 1000 兆帕的水平，而且仍有足够的塑性。

对组织不敏感的弹性模量在晶粒尺寸小于 50 纳米时开始下降，是空隙体积增加的结果。

材料磁性的粒子尺寸依存性

磁性物质的结构达到纳米尺度，磁学性能如矫顽力、饱和磁化强度、磁化率、居里温度等都明显变化。以超顺磁性最引人注意，关乎磁记录材料。可简单描述成磁滞回线变窄直至闭合的现象，并与温度、时间有关。

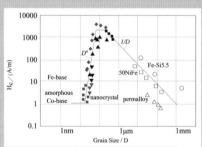

矫顽力的奇异尺寸效应

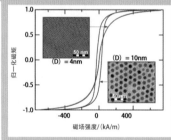

单畴粒子细化引起的超顺磁性

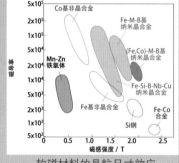

软磁材料的晶粒尺寸效应

气敏材料 SnO_2 粒子直径对气体敏感度有重要影响。这对检测有毒有害气体，保证环境安全有重要意义。

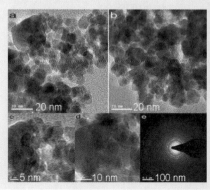

◀SnO_2 粒子的微观形态

▲SnO_2 粒子与纳米尺度的聚合物纤维复合在一起，可以制成对农药十分敏感的传感器。

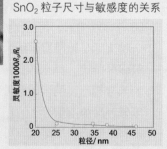

SnO_2 粒子尺寸与敏感度的关系

3.20 纳米结构的特异性能

L：在未来材料中，纳米材料是最能体现对科技、经济发展突出作用的吧？

H：是这样。"纳米材料"一词并不特指某种实用材料，而是对具有纳米结构材料的"总称"。任何材料只要有一个维度处于纳米尺度量级（1~100 纳米），就可称之为纳米材料，其性质就会发生巨大的变化。因此，我们确实有理由对纳米材料在未来科技、产业发展的深刻作用和宏大前景寄予前所未有的期望。

L：在结构材料方面，晶粒进入 1~100 纳米尺度后，仍会显示有益作用吗？

H：纳米晶对力学性能的影响规律，变得复杂起来，难以用一句话概括清楚。但是，相对于微米级晶粒，纳米级晶粒继续显示出"细晶强化"的有益作用，但是，需要强调如下几点：① 在 1~100 纳米的范围里，霍尔－佩奇关系不再成立，甚至显示出相反的关系；② 纳米颗粒陶瓷材料的塑性可大幅度提高；③ 与微米以上的粗晶材料比，弹性模量降低；④ 在 1~100 纳米的尺度里，"纳米尺寸孪晶"继续显示出符合霍尔－佩奇关系的规律，即屈服强度随"孪晶尺寸"的变小，而显示出明显增加的趋势，这是十分奇特的现象。

L：纳米结构材料给人以巨大鼓舞，特别是陶瓷材料。功能材料的情况如何？

H：这也是个很难简单回答的问题。功能材料的种类实在太多了，下面仅以磁性材料为例，来做一些说明。首先，像矫顽力这样的性能，在纳米量级表现出与晶粒尺寸的奇特关系。其次，磁滞回线形状也与晶粒尺寸有密切关联，这说明，纳米量级晶粒尺寸已是磁性的重要影响因素。纳米磁性材料，包括纳米软磁材料和纳米多层膜永磁材料的实际研发结果表明，这个判断是完全正确的。

L：能具体说明一下纳米磁性材料的实际研发情况吗？

H：如图中所示，如果把几代软磁材料都表示在一个以磁导率和饱和磁感强度为坐标的图中，处于右上端的材料就是最优秀软磁材料。图中地位最突出的是 (Fe,Co)－M－B 基纳米合金。与传统的硅钢相比，在饱和磁感强度相同时，磁导率提高了 100 倍。永磁材料是功能材料中进步最快的材料，100 年间创造了最大磁能积（永磁材料性能指标，矫顽力与饱和磁感强度的乘积）提高 100 倍的优异成绩。但是，如果想进一步大幅度提高最大磁能积已经变得越来越困难。可是，材料纳米结构的出现创造了一种新的机制：这就是把高矫顽力材料与高饱和磁感强度材料，通过纳米尺度的薄膜状态进行复合，可以造成两者性能相乘的结果，制造出更大的"最大磁能积"。例如，用 Fe-Co 软磁材料与高矫顽力的永磁材料 SmFeN 纳米薄膜进行复合，可以获得 1090 千焦 / 米³ 的最大磁能积。现在钕铁硼永磁材料的理论磁能积只有 512 千焦 / 米³。目前，已经能用此原理制备出最大磁能积达 200 千焦 / 米³ 的实际永磁材料，这种复合机制已经显示出非常光明的前景。

L：纳米尺寸薄膜已经创造了巨磁阻的奇迹，也能创造永磁材料的奇迹吧？

H：专家们预测，如果高矫顽力的 SmFeN 永磁体薄膜达到 2 纳米，Fe-Co 软磁体薄膜达到 9 纳米，可以制出 1 兆焦 / 米³ 的最大磁能积，能使最强的钕铁硼永磁体性能再翻一番，也应该算是奇迹了。重要的是它创造了一个新的复合相乘模式，这个意义是更大的。结构纳米化后，有三个基本效应产生，即：① 尺寸效应，② 量子效应，③ 界面效应。也就是说，无论哪个效应发挥作用，都会引起材料性能的巨大变化。比如，化合物 SnO_2 粒子是一种气敏材料，它的粒度对于检测气体的灵敏度有很重要影响，这应该就是一种界面效应。

3.21　未来重大工程的材料

　　未来 20 年，我国将有许多重大工程建设，如新能源汽车、大飞机等。这些工程中的材料创新与可靠性是高质量完成这些工程的重要保证。还有一些工程虽然不是第一次兴建，如磁悬浮列车、核电及其他能源工程等，也需要持续关注其材料问题。

　　造大飞机要"材料先行"我国已经确立建造大飞机的计划，机名 C919。2020 年以前可建成。机身、发动机、起落架三大部件需要先进材料。有什么样的材料才能造什么样的飞机，目前已启动 20 个专题在加紧科研攻关。复合材料和耐热合金应是其中的相关内容。

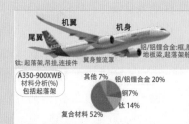

波音 777 双引擎客机可载客
282～368 人

波音 787 的梦想起落架

空客 A350 的
材料状况

波音 777 遣达
800 发动机

　　新能源汽车材料研究要"加紧进行"　十二五规划包括新能源汽车，目前太阳能、电能、氢能、混合能等都在加紧试验中，以达到减排目的。对各种能源材料的需求也十分迫切。其中电池将成为最重要部件。汽车材料轻量化问题，也将引起新一波的高度关注。

碳复合材料超轻电动
汽车可城市间往返

太阳能汽车

电能汽车在家充电

氢燃料
电池
公交汽车

　　磁悬浮列车材料要视需要而"行"　磁悬浮列车已在上海试制成功。我国城市密集区很多，磁悬浮列车具有巨大节能技术优势。目前是采用德国式常导原理。日本式为超导体原理，有速度更高等特点，对各种功能材料都有更高要求，特别是磁性材料、超导材料(低温超导和高 T_c 超导)、摩擦材料等。

德国式常导
磁悬浮原理

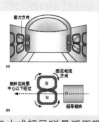

日本式超导磁悬浮原理

可用于磁悬浮的超导磁体

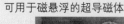

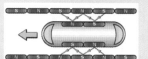

磁悬浮推进原理

上海的磁悬浮列车

3.21 未来重大工程的材料

L：我国即将开始若干重大工程，请您分析一下这些工程面临的材料问题。

H：尝试做一下。大家最关心的可能是大飞机项目，全世界能造大飞机的国家或地区只有美、俄、欧，欧洲若分成单个国家，也还不行，可见这是个关乎国家综合实力的大事。我国也并非能轻而易举地成功，相反，必须兢兢业业、事事谨慎。下面仅就材料问题略谈些看法。我国把150座位以上的客机称为大客机，而国际航运体系习惯上把300座位以上的客机称作"大型客机"。1980年，我国拥有完全知识产权的150座位大型喷气式客机"运10"成功飞行，实现最远航程8600千米，最大时速930千米/小时，最高飞行高度超过11000米。还在所谓空中禁区的西藏连续7次试飞均获成功。但"运10"尚未全部研制完成，1985年因经费等问题项目停止。2007年2月，国务院批准大飞机研制项目立项，到2009年12月，**C919大型客机**总体技术方案通过。2010年以来，负责大型客机研制的"中国商用飞机公司"在全球遴选供应商。这就是现在所说的大飞机项目。预计2015年完成大型运输机研制，2014年国产大型客机C919实现首飞，2016年交付航线使用。这些就是大家十分关心的大飞机项目的基本情况。

L：那么，发动机、机身、起落架三大构件的材料问题是怎样解决的呢？

H：这里要先说明，本次"大飞机计划"与"纯国产飞机"并不是一个概念，国际航空业也并不追求飞机生产的"本土化"或"国产化"。中国的大飞机计划追求的是"中国拥有完全自主知识产权的大飞机"。完全拥有自主知识产权的含义是指整体设计和整机制造。发动机生产是国际合作式，但是飞机的结构件，百分之百国产，这是国际通行的做法。即使是技术成熟的波音和空客公司也采取全球招标，这是安全运行的正确选择。C919的发动机是由美法合资的CFM公司为其量身打造的LEAP-X1C集成发动机，所以大飞机计划中不存在发动机用材料的研发和选择问题。当然，我国也同时进行国产发动机的研发工作，包括发动机关键材料——耐热合金。从安全角度考虑首选还是镍基高温合金。

L：原来如此，符合安全原则就好。机身材料怎么样，用复合材料吗？

H：当前国际大型飞机用材料的焦点是复合材料。国际两大飞机巨头——空客和波音公司竞争激烈，主要对决的项目也是先进复合材料的应用。2007年7月梦幻飞机——波音787下线，该机大量采用复合材料，占到全机结构质量的50%，大幅度减轻了飞机重量，可提高燃油效率20%，已经成为飞机发展史的一个重要里程碑。欧洲空客的超大型客机A380也于2008年交付使用，复合材料占到了其质量的25%，能达到25%就已经是国际先进水平了。我觉得应稳扎稳打，安全第一。我们还缺少经验，没有必要争这种先进的虚名。

L：大飞机的材料还要求综合性能优良的各种铝合金吧？

H：那是必须的。国产大飞机的前期，需要抗拉强度为650兆帕的高强铝合金、抗拉强度为450兆帕的高损伤容限铝合金（高断裂韧性材料），在中期还需要抗拉强度高达700~800兆帕的高强高韧耐蚀铝合金、600兆帕的高强高韧耐蚀Al-Li合金。大飞机项目还需要解决铝材规范的制定问题；需要开展抗拉强度在700兆帕以上的超高强铝合金，及使用温度在150~300℃的耐热铝合金的系统研究；需要现有铝合金的标准化和新研制铝合金的实际工程化。

3.22 对特殊领域的关注

　　未来的 20 年我国不仅将面对许多重大工程，而且也存在一些需要特殊关注的重要材料领域，这些领域随时间的推移将发生不断变化。而其中的一些特殊材料问题却无论涉及材料数量之多寡，都可能因问题的特殊性，对经济和科技产生重要影响。

面对轻量化钢铁材料的走向

　　新能源汽车要求进一步轻量化。钢铁也因此需要降低自身密度，目前 Fe-Mn-Al 系有望把相对密度降到 6.0 左右。另一方面也需要通过细化组织提高强度，进而在比强度上创造优势。

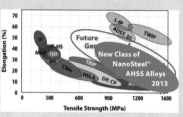

美国通用汽车公司（GM）总结的汽车用钢基本趋势

"GM"提出更轻、更快、燃料更有效理念，利用纳米钢制作车体是一种技术上的应对。

"GM"提出汽车用钢应当通过组织细化使强度上升到 950～1600MPa 的量级。

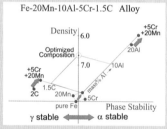

日本对汽车用钢轻量化的基本构想

面对新型铁基超导体的挑战

中科院物理所的研究团队

王楠林 赵忠贤 方忠
陈仙辉 闻海虎

时隔 20 年后的超导世界会战

日本科学家发现铁砷化合物的超导性质，中国科学家又发现一系列更高临界温度的铁基超导体，使之成为第二个高温超导体家族。

新型非贵金属催化剂材料的研发

　　高效催化材料是主要功能材料，多为贵金属 Pt、Pd、Au 等。贵金属资源有限，价格昂贵。开发非贵金属的催化材料是持续性任务。结构纳米化为高效催化材料的非贵金属化开辟了广阔的前景和途径。

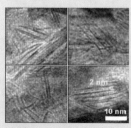

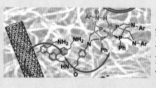

纳米碳管在分解水制氢中的催化作用

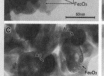

代替 Pt 的 NiMoN 纳米片

通过纳米结构制作的非贵金属催化剂材料

3.22 对特殊领域的关注

L: 新能源汽车是十二五规划的内容。汽车材料应该是一个重要关注点吧？

H: 是。其中汽车轻量化已经多次提到。这是在保证汽车强度和乘坐安全的前提下，尽可能降低整体重量，以减少能耗，降低排放。实验证明，汽车减重10%，燃油效率可提高7%；汽车减重100千克，百公里油耗可降低0.5升。正是在节能、减排的推动下，在新能源汽车的研发方面，使汽车轻量化已成世界性的发展潮流。说到材料，有一组欧洲汽车的相关数据：1995年，钢铁占汽车总重量的68%（933/1378千克）；2000年，钢铁降为62%（766/1244千克）；钢铁是汽车中密度最大的材料，也是强度最大的材料，因而是安全的保障。所以，减重虽然必须从钢铁代用入手，但是又必须能保证乘车的安全。

L: 我们坐进汽车之所以感到安全，就是因为有个钢制外壳在保护我们啊。

H: 是这样。钢铁材料不仅强度最高，而且还有价格便宜、工艺成熟等优势，一直是汽车上用量最大的材料。如果没有减重方面的竞争，汽车厂家是绝不会少用钢铁材料的。既要保障安全，又要减轻重量，最好的办法是提高钢的强度及综合性能，减薄汽车板的尺寸。1990年代，世界35家主要钢铁企业，合作完成了一项"**超轻钢质汽车车身**"的研究，车身钢板90%使用高强度钢板，可以在不增加成本的前提下实现车身减重25%，而且静态扭转刚度提高80%，静态弯曲刚度提高52%，结构模量提高58%，满足全部碰撞法规需求。这项研究成果极大地鼓舞了各界对汽车减重的信心，受到钢铁生产企业的好评。

L: 这样好的研究结果后来实施了没有呢？效果如何啊？

H: 请注意，这项研究是钢铁界做出的，实施则需要汽车界根据市场需求而定。当然，他们也会做自己的"超轻车身设计"，这是他们的长项。汽车界的减重方案主要是：① 主流规格车型持续优化，提升结构强度，降低材料用量；② 采用各类轻质材料如铝、镁、陶瓷、塑料、复合材料等；③ 结构优化，对局部加大强度的设计等；④ 采用承载式车身，减薄车身板料厚度。其中最主要措施还是采用各类轻质材料。可以看出，这与钢铁界的设计是有很大差别的。

L: 这会不会影响安全呢？如果弄个塑料汽车，轻是轻了，大家能接受吗？

H: 这不可能，不会设计个塑料汽车。一切会在科学依据指引下，在保障安全前提下进行。汽车厂老板们也不会做卖不出去的赔本生意嘛！不过，大家也不要一提塑料就感到低强度、不安全。前面提到，工程塑料和特种工程塑料的绝对强度已经接近钢的水平，不要说比强度了。问题已经是成本问题，这种材料要比钢贵得多，不是不敢用，而是用不起。目前还是只能用在最需要的地方。

L: 20年前已经有过一次超导材料世界会战？难道近年又将有大战的苗头？

H: 是的！日本化学家细野秀雄在2008年2月报道了铁砷化合物能成为超导临界温度为26开的超导体，几乎同时起步的中国科学家通过深入研究，获得了超过麦克米兰极限温度（40开）以上的铁基高温超导体。中科院物理所和中科大的物理学家已构成世界上最强大的队伍，所获得的重要发现，已使铁基超导体成为新的超导材料家族。目前大家关心的是：这一类铁基超导体，与20年前的铜基氧化物超导体是否为同一种超导机制；如果是不同的，这将意味着超导材料的重大突破。但是一个阴影是：即使肯定了这一突破，是否会出现铜基氧化物超导那样，诺贝尔奖只承认首创者瑞士、德国科学家的贡献呢？看来首创仍是第一要义。

3.23 "特斯拉"会领跑下去吗？

　　汽车工业是现代经济的火车头，也是污染排放的重要来源。新能源汽车的发展牵动各个领域和部门。材料领域也因此会受到极大的影响。硅谷思维的特斯拉全电动车2013年的突破性进展给汽车材料、能源材料和其他材料带来了极大的冲击和希望。

"特斯拉"
电动汽车标牌

特斯拉S型跑车

美　艾伯哈德（M.Eberhard）
（1960—）

　　2003年"硅谷"背景的汽车门外汉艾哈伯德创建了"特斯拉纯电动汽车公司"，经过10年的奋斗，终于在2013年创造了惊人业绩：S型跑车家用充电器，充电只需3小时；续航能力480公里，时速可达297.7公里，百公里加速4秒，受到用户欢迎。

美　穆斯科（E.Musk）
（1971—）

　　2004年成功商人穆思科向"特斯拉汽车公司"注入资金，担任了特斯拉公司董事长。2007年7月以担任CEO的艾伯哈德拖延开发速度，未能按时制出产品和成本超支等理由将其免职。

"特斯拉"为了提高续航能力尽量降低车重，车体用铝量超过了97%，还使用了碳纤维材料。

2007年底艾伯哈德
最终只能选择离开

一种松下18650钴酸锂电池

国产钴酸锂电池电源

　　"特斯拉"的主要技术秘密在于电池管理，这里有浓厚的硅谷色彩。全车用松下18650钴酸锂电池7000只，重约500千克。对所有电池进行精确管理。采用太阳能充电，全美已有9个充电站投入使用，2015年将增至100个。

"特斯拉"电动汽车的装配车间

3.23 "特斯拉"会领跑下去吗?

L: 什么是"特斯拉"?他会领跑什么项目啊?这与材料有关系吗?

H: 首先,"特斯拉"现在是新能源汽车的一个品牌,是由一位硅谷的电器工程师马丁·艾伯哈德联合塔彭宁等人创建的。"特斯拉"又是美籍斯拉夫裔物理学家 N. 特斯拉的姓。由于很多人认为,特斯拉虽然被用作磁场强度单位而名扬于世,但他是 19 世纪末的伟大天才,是被爱迪生等严重埋没的悲情英雄。用这个名字命名"全电动"汽车,容易唤起人们的同情感。新能源汽车是各国竞相研制,并大力开发的项目。我国也曾有汽车企业家发出过豪言:"我们曾在传统汽车领域落后世界 50 年,但是,我们将在新能源汽车领域起到领跑作用。"汽车,无论是什么能源的,都与材料息息相关。新能源汽车与材料就更加关系密切。氢能源、储氢材料等都是瞄准在汽车上的应用而进行大力研发的。

L: "特斯拉"领跑了吗,还会继续领跑吗?它到底取得了怎样的业绩呢?

H: 2013 年第一季度,特斯拉 S 型跑车的销售量,已经超过混合型能源的德系跑车。据全球汽车咨询报道:2013 年首季,美国市场"特斯拉"售出 4750 台,远超过奔驰 S 级的 3077 台和宝马 7 系的 2338 台,奥迪 A8 只售出 1462 台,这是空前的。这说明:人们已经不再担心全电动车的传统劣势项目——续航能力、充电时间、百公里加速时间等,很多人已经义无反顾地选择了**"零排放"**。全电动车在没有政府补贴的情况下也能够生存了,消费观念的成熟最让人兴奋。美国的更多富有者已经不再炫耀谁的马力更大,而开始炫耀谁能达到零排放了。

L: 那么,车的价格呢,经济性呢,用电和用油哪个更便宜呢?

H: 特斯拉 S 型跑车还不是最便宜的,目前最低售价是 8 万美元左右,还会有降价空间,也还有更经济的车型。谈到用电和用油的价格对比,也令人兴奋。特斯拉公司给出的承诺居然是:**终生免费充电!** 充电是靠特斯拉公司支持的太阳能光伏发电站,2015 年将在全美国建立 100 个免费充电站,现在只有 9 个。

L: 终生免费充电太有诱惑力了。它的电池是什么样的啊?应该很特殊吧?

H: 不!特斯拉并没有开发电池,它直接选用了日本松下的 18650 钴酸锂电池,人们可能想不到,这种电池其实就是用在笔记本电脑上的那种电池。这是一个极为大胆的尝试,连美国媒体都说:按正常思维,汽车厂家是不会往这方面想的。一台汽车(应该叫全电动车)用了 7000 节这样的电池。这种电池的"比能量"(单位体积或重量的能量密度)和电压都很高,一致性也很好,缺点是高温安全性差,单个尺寸太小(高 65 毫米,直径 18 毫米)。真正属于特斯拉的技术秘密是这 7000 个电池的连接方式和电脑管理技术。这是真正有硅谷血统的技术。

L: 还是要思考材料问题啊,我们该怎样应对特斯拉在材料问题上的挑战啊?

H: 首先,特斯拉是个严重信号。由**"电动车"**来取代**"汽车"**应该只是时间问题。首先还是要考虑降低车重的问题。每个电池虽只 70 克左右,但是 7000 个电池及壳体还是达到了 500 千克,尽管已经使用了大量的轻质材料,特斯拉 Mdole S 的车重已达 2.1 吨。其次,由于我国是锂资源大国,仅次于智利居世界第二位。降车重首先是要提高电池的比能量,应该还有潜力可挖。再有,电动车中高性能永磁材料用量的增加也是个重要动向。另外,能源实际上已变成了太阳能,光伏发电和电池用材料等将成为更大的热门。我国已经是光伏发电设备的出口大国,光伏发电新材料的研究和改进,都在受到特斯拉发展的拉动。

3.24　材料设计的未来

　　20 年后材料设计将会有更加重大的发展。这是材料科学、基础科学、计算科学进步的必然结果，也是材料需求与材料更新现状相互适应的必然趋势。材料不仅日趋复杂，而且必须对科学技术的进步作出快速反应，材料基因组的主张即基于这一点。

CALPHAD 等模式材料设计的走向

　　最早出现的 PHACOMP 为代表的半经验材料设计、CALPHAD 热力学设计由于有实验数据的支撑，仍将受重视。它们将在现有材料改进、各类数据库应用、复杂材料系统定向选择等方面发挥重要作用。

　　采用 CALPHAD 模式进行相图计算和材料设计时的基本过程

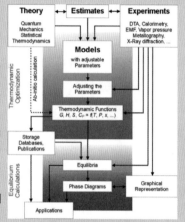

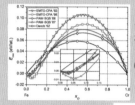

以核材料为背景，采用 CALPHAD 模式，不同文献计算的 Fe-Cr 二元系 0 开温度混合焓

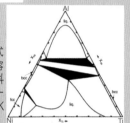

以 CALPHAD 模式和 Mar-gules-type 溶体模型，针对实用材料设计，计算得到的 Ti-Al-Ni 三元系 1600K 的等温截面相图

第一原理材料设计的未来

　　第一原理材料设计未来将逐渐成为研发新材料的重要手段。直至可以发展到向材料开发机构订制具有某种特定性能的材料。但近 20 年内尚难于达到如此程度。

　　第一原理材料设计的目标、途径及可实现领域的规划

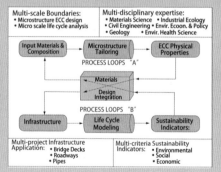

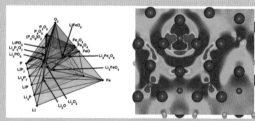

通过第一原理计算相平衡实现新能源材料设计

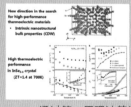

通过第一原理计算设计高性能热电材料

对材料基因组计划的期待

　　与人类基因组工程相类，材料基因组工程是通过第一原理计算，结合已知可靠数据，用理论去获得尽可能多的信息，建立其成分、结构和各种物性的数据库，并利用信息学、统计学方法探寻设计材料的模式，为材料研发提供更快捷的路径。

聚合物的一种特定官能团

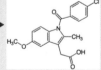

▲一个纳米科技团体的基础机制

材料基因组的基础与目的

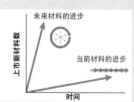

当前和将来对新材料需求状态的差异

▼对材料结构、性能多尺度描述的必要性

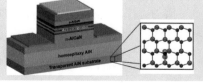

3.24 材料设计的未来

L：最后，来展望一下未来的材料设计吧，会出现怎样令人鼓舞的前景呢？

H：首先，前景会循序渐进地发展，不太可能出现令人特别震撼的突变式发展。过去曾出现过的材料设计模式，仍会继续下去，甚至最早出现的 PHACOMP 模式也不会废止而仍会存在。它的存在价值在于经验数据的高度针对性，它们的借鉴作用仍不可低估。虽然作为一种实用镍基合金数据库，它们的结构和功能与 CALPHAD 模式的相关数据库并不兼容，但仍然有其参考意义和改造价值。CALPHAD 模式只比 PHACOMP 晚了 10 年左右，现在已经建设了近40 年。这里所说的材料设计热力学模式，与 CALPHAD 相图计算的含义并不完全一样。材料设计热力学模式的说法在相关研究者中已有共识，它主要强调与第一原理材料设计模式的不同，强调与实验数据之间的耦合。对 CALPHAD 的清晰描述是：相图与热化学数据通过热力学计算的沟通，是建立在实测数据基础上的热力学统一形式。CALPHAD 一定会继续发展下去，原因在于，它虽然不是第一原理的模式，但它却是理性的，热力学自洽的。它会缺乏必要的数据支撑，但绝不会缺乏理论依据。由于它建立在实验数据基础之上，所以合理性一般不容置疑。不过，它仍然依赖于具体热力学模型的合理性与可靠性，特别是溶体类模型。

L：CALPHAD 模式与第一原理材料设计之间是什么关系呢？会永远并存吗？

H：我想虽然不会永远并存，却一定会长期并存。在 CALPHAD 模式缺少基础数据的时候，第一原理计算已经成为重要的数据来源。而就大量结构材料的组织设计而言，CALPHAD 模式很难被第一原理材料设计所取代。相反，由于 CALPHAD 模式可以很方便地进行如下扩展：① 与扩散行为计算的结合；② 与相场组织模拟的结合；③ 预测具有特定成分材料的液态、固态的**物理**性质，如表面张力、界面张力、黏度等；④ 对亚稳态相平衡结果的预报；⑤ 计算已知成分材料的平衡相分数等。可以预测，CALPHAD 模式支撑的热力学材料设计，与第一原理材料设计会长期并存下去，相互支撑借鉴，而不是相互取代。

L：目前，第一原理材料设计的主要问题是什么？今后会如何发展？

H：第一原理计算在材料分子研究、晶体结构研究以及新材料性能预测等方面，具有分析层次深入和预测准确度较高等优势，在新材料研究领域中正发挥着越来越重要的作用。但目前第一原理计算还无法模拟真实完整的材料体系，并进而直接指导设计高性能新材料，对性能的预测也限于基态附近。更接近实际体系的多原子理论计算方法，以及高性能的计算机硬件设备，尚待进一步发展。

L：最近由美国提出的材料基因组研究方向十分引人注意，您的看法如何？

H：我国材料科学界对此做出了快速反应，及时地介绍了相关背景及思路。这很必要。也有人表示已找到了某些材料的基因组，还有人拟对研究给予强有力的支持。这些对新鲜事物的敏感虽然是积极的，但是，由美国政府提出的"材料基因组"一词并没有相伴的科学概念，它只反映了经济与科技发展的趋向，希望新材料的研发有更快的响应速度，以适应不断加速的诸多方面的需求。过度的解读还缺乏明确的科学依据。目前各类材料的研发速度差别很大，许多对组织不敏感的材料，第一原理计算可发挥的设计功能比较容易体现；而对各种尺度的结构与组织十分敏感的材料，第一原理计算可发挥的设计功能还较难于实现。两种情况的材料开发速度不可同日而语，希望材料设计工作者有更明晰的思考。

科学技术史类

[1] 彼得·惠特菲尔德著. *世界科技史*：上、下卷. 繁奕祖译. 北京：科学普及出版社，2006.

[2] 查尔斯·辛格，霍姆亚德EJ，霍尔AR，特佛雷·I威廉斯主编. *技术史*：第I-Ⅶ卷. 王前，孙希忠等主译. 上海：上海科技教育出版社，2004.

[3] 泰利科特等著. *世界冶金发展史*. 华觉明等编译. 北京：科学技术文献出版社，1985.

[4] 韩汝玢，柯俊主编. *中国科学技术史*：矿冶卷. 北京：科学出版社，2007.

[5] 韩汝玢，石新明编著. *柯俊传*. 北京：科学出版社，2012.

[6] 迈尔RF著. 第一章 *物理冶金学的发展历史* // 卡恩主编. *物理冶金学*. 吴兵译. 北京：科学出版社，1984.

[7] 北京科技大学冶金与材料史研究所编. *铸铁中国*——古代钢铁技术发明创造巡礼. 北京：冶金工业出版社，2011.

[8] 石川悌次郎著. *本多光太郎傳*. 東京：日刊工業新聞社，1973.

[9] 罗伯特·W康著. *走进材料科学*. 杨柯等译. 北京：化学工业出版社，2008.

[10] 保罗·芒图著. *十八世纪产业革命*. 杨人缏，陈希秦，吴绪译. 北京：商务印书馆，2012.

[11] 郭可信. *金相学史话*（1）~（6）. 材料科学与工程，2000~2002，18（4）~20（1）.

[12] 师昌绪等编著. *现代材料学进展*. 北京：国防工业出版社，1992.

[13] 颜鸣皋等编著. *材料科学前沿研究*. 北京：航空工业出版社，1994.

[14] 西泽泰二，萬谷志郎，谷野 满，中川康昭，德田昌则. *人類と铁*. 仙台：日本東北大学開放講座，1992.

[15] 杨平编著. *材料科学名人典故与经典文献*. 北京：高等教育出版社，2012.

[16] 姜茂发，车传仁著. *中华铁冶志*. 沈阳：东北大学出版社，2005.

[17] 卢晓江主编，欧建志副主编. *自然科学史十二讲*. 北京：中国轻工业出版社，2006.

[18] 杜迺松主讲. *中国青铜器*. 北京：中央编译出版社，2008.

[19] 李京华著. *冶金考古*. 北京：文物出版社，2007.

[20] 吴 隽主编，张茂林，李其江，吴军明副主编. *陶瓷科技考古*. 北京：高等教育出版社，2012.

[21] 杜元龙著. *金属设备的卫士*. 济南：山东教育出版社，2001.

考古与历史类

[22] 张宏彦编著. *中国史前考古学导论*. 第2版. 北京：科学出版社，2011.
张宏彦编著. *中国史前考古学导论*. 北京：高等教育出版社，2003.

[23] 马利清主编. *考古学概论*. 北京：中国人民大学出版社，2012.

[24] 保罗G·巴恩主编. *考古的故事*——世界100次考古大发现. 郭小凌，周辉荣译. 济南：山东画报出版社，2002.

[25] 夏商周断代工程专家组 . *夏商周断代工程 1996—2000 年阶段成果报告* 简本 . 北京，广州，上海，西安：世界图书出版公司，2000.

[26] 岳南著 . 千古学案——*夏商周断代工程纪实* . 杭州：浙江人民出版社，2001.

[27] 张立东，任飞编著 . *手铲释天书* ——与夏文化探索者的对话 . 郑州：大象出版社，2001.

[28] 张征雁著 . *混沌初开* ——中国史前时代文化 . 成都：四川出版集团，四川人民出版社，2004.

[29] 古方著 . *冰清玉洁* ——中国古代玉文化 . 成都：四川出版集团，四川人民出版社，2004.

[30] 徐良高著 . *死城之谜* ——中国古代都城考古 . 成都：四川出版集团，四川人民出版社，2004.

[31] 李裕群著 . *山野佛光* ——中国石窟寺艺术 . 成都：四川出版集团，四川人民出版社，2004.

[32] 郭物著 . *国之大事* ——中国古代战车战马 . 成都：四川出版集团，四川人民出版社，2004.

[33] 牛世山著 . *神秘瑰丽* ——中国古代青铜文化 . 成都：四川出版集团，四川人民出版社，2004.

[34] 董新林著 . *幽冥色彩* ——中国古代墓葬壁饰 . 成都：四川出版集团，四川人民出版社，2004.

[35] 赵超著 . *云想衣裳* ——中国服饰的考古文物研究 . 成都：四川出版集团，四川人民出版社 .2004

[36] 布赖恩·费根著 . *世界史前史* . 插图第 7 版 . 杨宁，周幸，冯国雄译 . 北京，广州，上海，西安：世界图书出版公司，2011.

[37] 韦尔斯 H.G. 著 . *世界史纲* ——生物和人类的简明史：上、下卷 . 曼叶平，李敏译 . 北京：北京燕山出版社，2004.

[38] 成濑治，佐藤次高，木村靖二，岸本美绪监修 . *山川世界史総合図録* . 東京：山川出版社，1973.

[39] 世山晴生，義江彰夫，石井進，高木昭作，大口勇次郎，伊藤隆，高村直助 . *山川日本史総合図録* . 東京：山川出版社，1973

[40] 刘家和主编 . *世界上古史* . 长春：吉林人民出版社，1980.

[41] 顾颉刚著 . *中国上古史讲义* . 第 3 版 . 北京：中华书局，2009.

[42] 傅乐成著 . *中国通史*：上，下册 . 贵阳：贵州教育出版社，2010.

[43] 胡厚宣，胡振宇著 . *殷商史* . 上海：上海人民出版社，2003.

[44] 杨宽著 . *西周史* . 上海：上海人民出版社，2003.

[45] 顾德融，朱顺龙著 . *春秋史* . 上海：上海人民出版社，2003.

[46] 杨宽著 . *战国史* . 上海：上海人民出版社，2003.

[47] 林剑鸣著 . *秦汉史* . 上海：上海人民出版社，2003.

[48] 王仲荦著 . *魏晋南北朝史*，上海：上海人民出版社，2003.

[49] 王仲荦著 . *隋唐五代史*：上、下册 . 上海：上海人民出版社，2003.

[50] 李锡厚，白滨著 . *辽金西夏史* . 上海：上海人民出版社，2003.

[51] 陈振著 . *宋史* . 上海：上海人民出版社，2003.

[52] 周良霄，顾菊英著 . *元史* . 上海：上海人民出版社，2003.

[53] 南炳文，汤纲著 . *明史*：上、下册 . 上海：上海人民出版社，2003.

[54] 李治亭编 . *清史*：上、下册 . 上海：上海人民出版社，2003.

近代材料类

[55] C Zener. *Thermodynamic in Physical Metallurgy*.Cleveland, Ohio: ASM ,1950.

[56] A.H.Cottrell. *An Introduction of Metallurgy*.London:Published by Edward Arnold Ltd,1967.

[57] F Zackay, H I Aaronson. *Decomposition of Austenite by Diffusional Process*, Interscience, 1962.

[58] Krijn Jacobus de Vos. *The Relationship between microstructure and magnetic properties of Alnico alloys*，Technische Hogeschool，1966.

[59] Shewmon. *Transformations in Metal*.McGraw-Hill ,1969.

[60] R.A.Swalin. *Thermodynamics of Solids*.second edition.New York: A Wiley-Interscience Publication, 1972.

[61] G.A.Chadwick. *Metallography of Phase Transformations*.London : Butterworths Ltd.1972.

[62] D.R.Gaskell.*Introduction Metallurgical Thermodynamics*.Scripta Publishing Company, 1973.

[63] H.I.Aaronson. *Lectures on the Theory of Phase Transfomations*.New York: The Metallugical Society of AIME, 1975.

[64] F.B.Pickring. *Physical Metallurgy and the Design of Steels*.London:Applied Science Publishers LTD,1978.

[65] O F Devereux. *Topics in Metallurgical Thermodynamics*. A Wiley-Intersciece, 1983.

[66] T.B.Massalski,P.R.Subramanian,H.Okamoto,and L.Kacprzak,ed.*Binary Alloy Phase Diagrams*.2nd ed. ASM International, 1990.

[67] 三岛良績，岩田修一 . *新材料開發と材料設計学* . 東京：株式会社 Soft Science，1985.

[68] 科垂耳 A.H. 著 . *晶体中的位错与范性流变* . 葛庭燧译 . 北京：科学出版社，1960.

[69] 科垂耳 A.H. 著 . *理论金属学概论* . 萧纪美，吴兵，陈梦谪，林实译 . 北京：中国工业出版社，1961.

[70] 麦克林 D. 著 . *金属中的晶粒间界* . 杨顺华译 . 北京：科学出版社，1961.

[71] 史密斯 W.F. 著 . *工程合金的组织和性能* . 张泉等译 . 北京：冶金工业出版社，1982.

[72] M. 希拉特著 . *合金热力学和扩散* . 赖和怡，刘国勋译 . 北京：冶金工业出版社，1984.

[73] C. 基特尔 . *固体物理引论* . 万纾民，万寿民，萧静斋，李明荣译 . 北京：人民教育出版社，1962.

[74] 久保亮五 . *热力学* . 吴宝路译 . 北京：高等教育出版社，1985.

[75] 久保亮五. *统计力学*. 徐振环等译, 徐锡申校. 北京: 高等教育出版社, 1985.

[76] 哈森 P. 著. *物理金属学*. 萧纪美等译, 柯俊校. 北京: 科学出版社, 1984.

[77] 库巴谢夫斯基·O, 奥尔考克 C.B. *冶金热化学*. 北京: 冶金工业出版社, 1985.

[78] 西泽泰二. *微观组织热力学*. 郝士明译. 北京: 化学工业出版社, 2006.

[79] 郝士明著. *合金设计的热力学解析*. 北京: 化学工业出版社, 2011.

金属材料类

[80] 劳斯特克 W., 德伏莱克 J.R. *金相组织解说*. 刘以宽等译. 上海: 上海科学技术出版社, 1984.

[81] 布鲁克斯 C. R. 著. *有色合金的热处理、组织与性能*. 丁夫等译. 北京: 冶金工业出版社, 1988: 111.

[82] 莱因斯 C., 皮特尔斯 M. 编. *钛与钛合金*. 陈振华等译. 北京: 化学工业出版社, 2004.

[83] 希伯泰 C.A. 等著. *钢的淬透性*. 卢光熙, 赵子伟译. 上海: 上海科技出版社, 1984.

[84] 金子秀夫. *新合金*. 東京: 産業図書, 1985.

[85] 金子秀夫, 本間基文共著. *磁性材料*. 仙台: 日本金属学会, 1977.

[86] 三岛良绩. *金属材料学*. 東京: 日刊工业新闻社, 1970.229.

[87] 大和久重雄著. *鋼のぉはなし*. 東京: 日本規格恊会, 1984.

[88] 田中良平编著. *極限挑む金属材料*. 東京: 工业调查会, 1986.

[89] 舟久保熙康编 *形状記憶合金*. 東京: 産業図書, 1984.

[90] 西山善次, 幸田成康. *金属の電子顕微鏡写真と解説*. 丸善, 1975.

[91] 西澤泰二, 佐久间健人. *金属組織写真集*. 仙台: 日本金属学会, 1978.

[92] 须藤一, 田村今男, 西澤泰二. *金属組織学*. 丸善株式会社, 1978.

[93] 林栋梁, 杨安静编, 周志宏校. *钢铁热处理原理*. 北京: 机械工业出版社, 1961.

[94] 吴培英主编. *金属材料学*. 修订版. 北京: 国防工业出版社, 1987.

[95] 周寿增.*磁性材料* // 马如璋, 蒋民华, 徐祖雄. *功能材料学概论*. 北京: 冶金工业出版社, 1999.

[96] 何开元. *精密合金材料*. 北京: 冶金工业出版社, 1991: 19.

[97] 小岛浩. 硬质磁性材料 // 日本金属学会. *金属便览*. 丸善, 1990.

[98] 赵连城主编. *金属热处理原理*. 哈尔滨: 哈尔滨工业大学出版社, 1987.

[99] 徐祖耀. *马氏体相变与马氏体*. 北京, 科学出版社, 1980: 299.

[100] 冶金工业部金属研究所. *-253℃低温用钢 15 锰 26 铝 4 钢资料汇编*, 上海, 1974.

[101] 余宗深, 田中卓主编. *金属物理*. 北京: 冶金工业出版社, 1982.

[102] 陈振华等编著. *镁合金*. 北京: 化学工业出版社, 2004.

其他材料类

[103] 罗尔斯 K.M, 考特尼 T.H., 伍尔夫 J. 著.*材料科学与材料工程导论*. 范玉殿, 夏宗宁, 王英华译, 李恒德校. 北京: 科学出版社, 1982.

[104] 师昌绪，李恒德，周廉 . *材料科学与工程手册*：上、下卷 . 北京：化学工业出版社，2004.

[105] 马维 T.，韦伯斯特 R.K. 主编 . *材料工艺中的现代物理技术* . 北京：科学出版社，1984.

[106] 和泉修著 . *金属间化合物* . 東京：産業図書，1988.

[107] 石川欣造，澤岡昭，田中良平编 . *开拓未来的新材料* . 王魁汉，郝士明，王君昭译 . 北京：冶金工业出版社，1989.

[108] 山本良一编著 . *エコマテリアルのすべて* . 東京：日本実業出版社，1994.

[109] 片岡巌 . *新素材ユ－ザスブック（I，II）* . 東京：（株）技術評論社，1984.

[110]《高技术新材料要览》编委会编 . *高技术新材料要览* . 北京：中国科学技术出版社，1993.

[111] 马如璋，蒋民华，徐祖雄主编 . *功能材料学概论* . 北京：冶金工业出版社，1999.

[112] 贡长生，张克立主编 . *新型功能材料* . 北京：化学工业出版社，2001.

[113] 赵慕愚 . *相律的应用及其进展* . 长春：吉林科学技术出版社，1988.

[114] 国家自然科学基金委员会 . *无机非金属材料学* . 北京：科学出版社，1997.

[115] 方鸿生，王家军，郑燕康，杨志刚著 . *材料科学中的扫描隧道显微分析* . 北京：科学出版社，1993.

[116] 邱关明，黄良钊编著 . *玻璃形成学*，北京：兵器工业出版社，1987.

[117] 李见主编 . *新型材料导论*，北京：冶金工业出版社，1987.

[118] 乔芝郁，许志宏，刘洪霖编著 . *冶金和材料计算物理化学* . 北京：冶金工业出版社，1999.

[119] 熊家炯主编 . *材料设计*，天津：天津大学出版社，2000.

[120] 王君林，陈波编著 . *材料* . 长春：吉林教育出版社，2000.

[121] 马鸿文 . *工业矿物与岩石* . 北京：地质出版社，2002.

[122] 丁秉钧主编 . *纳米材料* . 北京：机械工业出版社，2011.

[123] 王荣国，武卫莉，谷万里主编 . *复合材料概论* . 哈尔滨：哈尔滨工业大学出版社，2004.

[124] 贾成厂主编 . *陶瓷基复合材料导论* . 第 2 版 . 北京：冶金工业出版社，2002.

[125] 赵玉涛，戴起勋，陈刚主编 . *金属基复合材料* . 北京：机械工业出版社，2010.

重要网文

[126] 冶金史 http://www.baike.com/wiki/%E5%86%B6%E9%87%91%E5%8F%B2

[127] 西方建筑史 http://baike.soso.com/v3624290.htm

[128] 漆线寻宗 http://www.xmnn.cn/xwzx/jrjd/200701/t20070120_115203.htm

[129] 中国与世界陶瓷简史 http://www.doc88.com/p-33771417408.html（资料整理：李幸，清华大学美术学院陶瓷艺术设计系）

[130] 中国古代服装 http://baike.baidu.com/link?url=YEYNZHv3UEntZqhWSluOz-R6XXqnp0 Kc6ZANyUgHkOALVWazEmprCTb6Otri37H3j2awHnY42EmVcww7U9R4Sa

[131] 精绝神妙的中国古代建筑 http://baohuasi.org/gnews/20101018/20101018211450.html

[132] 科普 . 钢铁是怎样炼成的？ http://blog.sina.com.cn/s/blog_720ddef301017bko.html

[133] 材料力学实验 http://wenku.baidu.com/link?url=Ygx_Oc9AwSTF1V7yVrEWO c1dJ8q8jnT SxezREDlaMgRITPDWXjqYx26swLIPrb4RIm9aD0m0jiefM4IPjxxhvUwHolbWx8PHxb18Qt9 V5Na

人物年代索引

G

H

J

基尔比（J.Kilby）（1923—2005）美　2.3.26

吉布斯（J.W.Gibbs）（1839—1903）美　2.4.9

纪尼叶（A. Guinier）（1911—2000）法　2.4.12

纪尧姆（C.Guillaume）（1861—1938）瑞士　2.3.7

加藤与五郎（Y.Kato)(1872—1967) 日　2.3.21

加维克 (R. Jarvik)（1946—）美　2.6.12

焦耳（J.Joule）（1818—1889）英　2.4.9

金永文（Y-W. Kim）（2012 年来华访问讲演）美　2.5.13

井上明久（A.Inoue）(1947—) 日　2.6.3

久保亮五（R.Kubo）（1920—1995）日　2.5.16

居里（P.Curie)(1859—1906）法　2.3.19

K

卡恩（J.W. Cahn）（1928—）美　2.4.20

卡尔（R. Car）(1947—）意　2.6.17

卡诺（S.Carnot）（1796—1832）法　2.4.9

卡罗塞斯（W.H.Carothers）(1896—1937) 美　2.3.29

卡耐基（A.Carnegie)(1835—1919) 美　2.3.8

卡斯坦因（R. Castaing）(1921—1998) 法　2.4.16

开尔文（L.Kelven）（1824—1907）英　2.4.9

凯克（D. B. Keck）（1941—) 美　2.6.14

考恩（M. Cohen）（1911—2005）美　2.4.20

考特（H. Cort）（1740—1800）英　2.3.1,2.3.2

考尔夫 (W. J. Kolff）（1911—2009）荷兰　2.6.12

考尔莫高洛夫（A.N.Kolmogorov）（1906—1987）苏联　2.4.19

考夫曼（L.Kaufman)(1930—2013) 美　2.6.18

考兰特（R. Courant）（1888—1972）美　2.6.17

柯尔（R.F.Carl）（1933—）美　2.5.17

柯俊（1917—）中国　2.2.10

柯尔曼（C.D. Kelman）（1930—2004）美　2.6.10

科恩 (W.Kohn)（1923—）美，奥地利　2.6.19

科伊（J.M.D.Coey)（1945—）爱尔兰　2.6.7

科垂尔（A.H.Cottrell)(1919—2012) 英　2.4.18

科根达尔（F. Kirkendall）（1914—2005）美　2.4.21

克拉克（A.Crark)(1804—1887) 美　2.3.10

克拉普鲁斯（M.H.Klapuloth）（1743—1817）德　2.3.31

克劳尔（W.J.Krall）（1889—1973）卢森堡　2.3.31

克劳夫（B.H.Clough）（1935—2004）英　2.6.17

克虏伯 (Alfied Krupp)（1812—1887）德　2.3.5

克劳修斯（R. Clausius）（1822—1888）德　2.4.9

克罗托（H.W. Kroto）（1939— ）英　2.5.1,7

库尔久莫夫（G.Kurdyumov）(1902—1996) 苏联　2.4.12 ,2.6.1

L

拉夫斯（F.Lavas）(1906—1978) 德　2.3.27

拉瓦锡 (A. Lavosier)（1743—1794）法　2.4.1，2.5.19

莱曼（O.Lehmann）（1855—1922）德　2.6.4

莱德波尔（A.Ledebur）(1837—1916) 德　2.4.6

莱茵泽尔（F.Reinitzer）（1857—1927）奥地利　2.6.4

朗道（L.Landau）（1908—1968）苏联　2.4.20

劳厄（M.von Laue）(1879—1960) 德　2.4.11

勒夏特列（H.L.LeChatelir）(1850 —1936) 法　2.4.7

李济（1896—1979）中国　1.7

李夫舍茨（E.M.Lifshitz）（1915—1985）苏联　2.5.3

利比（W.F.Libby）（1908—1980）美　1.7

利德雷（H. Ridley）（1906—2001）英　2.6.10

列别捷夫（S.V.Lebedev）（1874—1934）俄　2.3.13

列文虎克（A.v.Leeuwenhoek）（1632—1722）荷兰　2.4.4

刘锦川（C.T. Liu）(1937—) 美，中国　2.5.12

卢柯（1965— ）中国　2.5.16

卢瑟福（O.Rutherford）（1871—1937）英　1.9

鲁斯卡（E.Ruska）（1906—1988）德　2.4.15

伦琴（W. C. Rotgen）（1845—1923）德　2.4.10

罗伯茨—奥斯汀（W.C.Roberts-Austen）（1843—1902）英　2.4.8

罗林生（H.C.Rowlinson）（1810—1895）英　1.6

罗蒙诺索夫（M.V.Lomonosov）(1711—1765) 俄　2.3.11

罗泽布姆（B.Roozeboom）(1854—1907) 荷兰　2.4.8

洛克威尔（H.Rockwell）(1890—1957) 美　2.4.3

M

马丁（A.Marten）(1850—1914) 德　2.4.6

马丁（P. E. Martin）(1824 —1915) 法　2.3.4

马谢特（R.Mushet）（1811—1891）英　2.3.6

迈尔（R. F. Mehl）（1898—1976）美　2.4.19

迈瑞卡（P.Merica）（1889—1957）美　2.3.27

麦德罗帕里斯（N.Metropolis）(1915—1999) 美　2.6.17

麦克狄阿密（A. MacDiarmid）（1927—2007）美　2.6.5

麦克斯韦（J.C.Maxwell）（1831—1879）英　2.4.9

毛雷尔 (R. D. Maurer) (1924—) 美　2.6.14

毛雷尔（G.von E.Maurer）(1889—1959) 德　2.3.18

梅曼（T. Maiman）（1927—2007）美　2.6.10

缪 勒（K.A.Muller）（1927—）瑞士　2.6.8

莫斯（F. Mohs）（1773—1839）德　2.4.3

莫特（S.N.Mott）(1905—1996) 英　2.6.13

莫斯莱（H. Moseley）(1887—1913) 英　2.4.16

穆斯科（E.Musk）（1971—）美　3.23

N

纳塔（G.Natta）(1903—1979) 意　2.4.22

纳巴罗（F.R.N.Nabarro）（1916—2006）南非　2.4.21

能斯特（W.H.Nernst）（1864—1941）德　2.4.9

尼尔（L.E.Neel）(1904—2000) 法　2.3.19

诺伊斯（R.Noyce）（1927—1990）美　2.3.26

O

欧拉（L.Euler）（1707—1783）瑞士　2.4.2

欧罗万（E.Orowan）（1902—1989）匈牙利，美　2.4.17

P

帕利内罗（M. Parrinello）(1945—）意　2.6.17

裴文中（1904—1982）中国　1.7

皮江（L.Pidgeon）(1903—1999) 加拿大　2.5.19

皮卡德（G.W.Pickard）(1877—1956) 美　2.3.25

普利斯特里 (J.Priestley) (1733—1804) 英　2.4.1

Q

齐格勒（K.Ziegler）(1911—1999) 德　2.4.22

切尔诺夫（D.Chernov）（1839—1921）俄　2.4.7

青木清（K.Aoki）(1952—) 日　2.5.12

丘克拉斯基（J. Czochralski）（1885—1953）波兰　2.6.10

綦毋怀文（公元 6 世纪）中国　2.2.12

S

塞贝克（T.J.Seebeck）(1770 —1831) 德　2.4.7

塞尔定格 (S. I. Seldinger)（1921—1999）瑞典　2.6.11

三岛德七（T. Mishima）(1893—1975) 日　2.3.20

山本良一（R.Yamamoto）(1946—) 日　2.5.15

商博良（J—F Champollion）（1790—1832）法　1.6

上田良二（R. Uyeda）（1911—1997）日　2.5.16

舍勒 (C. Scheele)(1742—1786) 瑞典　2.4.1

沈括 （1031—1095）中国　2.2.12

师昌绪 (1920—) 中国　2.5.6

石田清仁（K. Ishida）（1946—）日　2.5.12

舒尔茨 (P. C. Schultz)（1942—）美　2.6.14

舒施尼（M. Schuschny）（1862—1921）奥　2.5.7

斯米顿（J.Smeaton）(1724—1792) 英　2.3.9

斯莫利（R.E.Smalley）(1943—2005）美　2.5.17

斯诺克（J.L.Snoek）(1902—1950) 荷兰　2.3.21

斯陶丁格（H.Staudinger）(1881—1965) 德　2.4.22

斯特劳斯（B.Strauss）(1873—1944) 德　2.3.17

斯图基 (S.D. Stookey)（1915—) 美　2.6.9

宋应星 (1587—1666）中国　2.2.11

索拜（H.C.Sorby）(1826—1908) 英　2.4.5

T

塔曼（G.Tammann）(1861—1938) 德　2.4.19

泰勒（G.Taylor）（1886—1975）英　2.4.17

坦布尔（D.Turnbull）(1915—2007) 美　2.6.2

汤姆森（J.Thomson）（1856—1940）英　1.9

唐英（1682—1756）中国　2.2.20

托勒密（C. Ptolemaeus）（90—168）希腊　1.1

托马斯（S.G.Thomas）(1850—1885) 英　2.3.4

W

瓦格纳（C.Wagner）（1901—1977）德　2.5.3

瓦里耶夫 (R.Z.Valiev) 俄（2011 年来我国参加 NanoSPDS 会议）　2.5.16

外斯（P.E.Weiss）（1865—1940）法　2.3.19

王国栋 (1942—) 中国　3.1

威尔逊（A.H.Wilson）（1906–1995）英　2.3.25

威斯特格林（A.Westgren）(1889—1975) 瑞典　2.4.12

维尔姆（A. Wilm）(1869—1937) 德　2.3.17

维斯特布鲁克（E.J.H.Westbrook）（1977 年超合金研究）美　2.3.28

翁宇庆 (1940—) 中国　3.1

沃勒（F.Wohler）（1800—1882）德　2.3.16

沃尔夫—巴瑞 （S.J.Wolfe—Barry) (1836—1918) 英　2.3.8

沃尔默（M.Volmer）（1885—1965）德　2.4.19

沃尔绍（R.Virchow）（1821—1902）德　2.6.4

沃乃吉（A.Verneuil）（1856 — 1913）法　2.6.10

乌拉姆（S.Ulam）(1909—1984) 美　2.6.17

武井武（T. Takei）（1899—? ）日　2.3.21

X

西多夫（J. Hittorf）(1824—1914) 德　2.3.25

西门子（W.Siemens）(1823—1883) 德　2.3.4, 2.4.7

西泽泰二（T.Nishizawa）(1930—) 日　2.6.18

希拉特（M.Hillert）（1924—）瑞典　2.4.20, 2.6.18

夏鼐（1910—1985）中国　1.7

肖克莱（W.Shockley）（1910—1989）美　2.3.26

谢里曼（H. Schilemann）（1822—1890）德　1.6

谢特曼（D.Shechtman）（1941—）以色列　2.5.18

新原皓一 (K.Niihara)（1966 年毕业于大阪大学）日　2.5.14

休蒙 (P. Shewmon)（1906 —1973) 美　2.5.14

Y

亚里士多德（Aristotélēs）（BC 384—BC322）希腊　1.1

叶恒强（1940—）中国　2.5.18

伊文（G. R.Irwin）(1907—1998) 美　2.5.1

约翰逊（W.L.Johnson）(1937—) 美　2.6.2

Z

张泽（1953—）中国　2.5.18

张立同（1938—）中国　2.5.10

张彦生 (1932—) 中国　2.5.6

张永山（Y.Austin Chang）（1932—2011）美，中国　2.6.18

张之洞（1837—1909）中国　2.3.3

赵忠贤（1942—）中国　2.6.8

甄纳（C Zener）（1905—1993）美　2.4.19

朱经武（1941—）美，中国　香港　2.6.8

佐川真人（M.Sakawa）(1943—) 日　2.6.6

后记

　　面对这样一个巨大题材，结构安排无比困难。但忘了哪位名人说过："爱好者多有一颗无畏之心"，我的情况也庶几近之。关于结构，虽曾思虑再三，但最终的选择却是所谓"阅读优先"原则：给读者以最大的阅读自由，可以随时起止。于是按历史先后，大体排序，分成若干自然阶段；再按内容多少，划分出若干自然小段，使内容体量不致过分悬殊；最后采用一题一图一议的形式，由两页构成一题，共构成152题，以便于读者根据爱好选择阅读内容。虽然牺牲了严格性，带上了随意性；但是，不如此实在想不出如何将漫长浩繁的材料史，具体化为一件科普作品。此书只能算一"略传"，挂一漏万的缺陷是无法避免的。

　　本书涉及时间之长，材料内容涵盖之广，在我的写作经历中前所未有。为了能在限定时间13个月之内完成，我确实做到了全力以赴，可以说：夙兴夜寐、靡有朝矣。但书中资料收集成为最大困难。前言中提到的已有资料和图片等基础，在以出版标准重新审视时，感到处处都是问题，必须重新收集或核对。

　　本书以突出人物、突出年代、突出材料发展的自身逻辑，作为写作初衷，因而把收集有重要贡献人物的照片或画像当作一个特殊目标，而且对此也情有独钟。每得一未见过人物的照片，如获至宝。人像的重要性，虽然很少有人论及，但我却感到其价值非凡，是文字资料无法代替的。例如，对没有留下任何形象资料的我国古代名人，如屈原、蔡伦、张衡、祖冲之等，现代艺术家为他们创作的画像，受到广泛肯定和极大喜爱就是一个明证，何况是材料历史中相关人物的真实照片或者肖像画。我认为它可以使人产生与前辈对话的宝贵感觉，认同他们的睿智、坚韧，领略他们的质朴、亲切，从而受到潜移默化的影响。

　　但是与爱因斯坦、伽利略等著名科学家不同，很多做出过重要贡献的材料学家、工程师、工匠的照片和画像是很难获得的。例如，我曾想求得法国现代计算材料科学家安萨拉的照片及有关资料，但久查未获。只好求助于曾留学法国并见过安萨拉本人的北科大乔芝郁教授，乔老师又指点我进一步求教有色金属研究总院的沈剑韵教授，沈老师为此特地去求她的一位法国朋友。历时一个多月，终于辗转获得了安萨拉的英文简历和宝贵照片。这仅是收集资料中的一例。本书共收集到260余位相关人物的照片，当然其中的难易程度是大相径庭的。我也深为经过反复努力仍未能获得的照片而深感遗憾。例如，碳纤维是现代材料中的最杰出创造之一，三种类型碳纤维的发明者都已经查到，但是，还是难以获得他们的照片和进一步的资料，只能暂付阙如，俟之后日。

再如，美国材料工程师波施（M.J.Boesch）在1964年发表的关于镍基高温合金相计算的论文具有特殊历史意义，为了查到这篇论文，我几经努力，终至束手无策；这时是东北大学副教授刘杨博士，施展才能，搜尽国内外途径，历时近一个多月，终于在清华大学的特殊服务渠道，获得了半个世纪以前的这篇并不显眼的文献。这些新老朋友在关键时刻仗义相助，费力劳神，非常令人感动。在此，谨向在收集有关历史资料、珍贵照片方面给予亲切关怀、大力支持的老朋友乔芝郁老师、沈剑韵老师、刘杨老师等，表示衷心的感谢。也向没提及名字却给予过各种帮助、鼓励的诸位友人、学生表示衷心的感谢。

此刻，我忘不了曾对我的请教，给以亲切解答的著名冶金材料史学家、北京科技大学韩汝玢教授；在整个写作过程中给予亲切关怀和积极支持的东北大学科技处刘华副处长；对最初创意提出过宝贵建议的厦门大学材料学院刘兴军院长，谨向她（他）们致以诚挚的谢意。东北大学蒋敏教授、李洪晓教授、刘杨副教授帮我审阅、校对了全部书稿，提出很多重要修改意见；东北大学秦高梧教授、任玉平副教授也审阅了大部分书稿，提出了关键性修改意见。谨向上述诸位，表示我由衷的感谢。向最早给我以殷切鼓励的陈亦民老师表示深切怀念。

2013 年 12 月于